U0316897

QUANGUO GAODENG YUANXIAO JISUANJI JICHU JIAOYU YANJIUHUI
2016 NIANHUI XUESHU LUNWENJI (GAOZHI)

全国高等院校计算机基础教育研究会 2016 年 会 学 术 论 文 集

· 高职 ·

全国高等院校计算机基础教育研究会　编

AFCEC

中国铁道出版社
CHINA RAILWAY PUBLISHING HOUSE

内 容 简 介

　　本论文集是全国高等院校计算机基础教育研究会近年来组织课题和学术研讨成果的体现，是由著名专家和全国各知名高职院校的院长、系主任和一线教师等编写的论文汇编而成，论文集分为特约论文、高职计算机基础教育改革与实践、高职电子信息大类专业课程改革与实践、技能竞赛促进高职人才培养、教育信息化支撑高职教学改革其他 6 个专题，共 67 篇论文。

　　本论文集可为高职高专院校管理者、专业带头人、教师、高等职业教育研究人员和企业相关人员制订专业及课程改革方案提供参考。

图书在版编目（CIP）数据

全国高等院校计算机基础教育研究会 2016 年会学术论文集.
高职 / 全国高等院校计算机基础教育研究会编. — 北京：
中国铁道出版社，2016.9

ISBN 978-7-113-22415-8

Ⅰ. ①全… Ⅱ. ①全… Ⅲ. ①计算机科学－教学研究－
高等职业教育－学术会议－文集 Ⅳ. ①TP3-4

中国版本图书馆 CIP 数据核字（2016）第 229517 号

书　　　名：全国高等院校计算机基础教育研究会 2016 年会学术论文集（高职）
作　　　者：全国高等院校计算机基础教育研究会　编

策　　划：秦绪好　翟玉峰　　　　　　　　　　读者热线：（010）63550836
责任编辑：翟玉峰　李学敏
封面设计：付　巍
封面制作：白　雪
责任校对：汤淑梅
责任印制：郭向伟

出版发行：中国铁道出版社（100054，北京市西城区右安门西街 8 号）
网　　址：http:// www.51eds.com
印　　刷：北京鑫正大印刷有限公司
版　　次：2016 年 9 月第 1 版　　　　2016 年 9 月第 1 次印刷
开　　本：787 mm×1 092 mm　1/16　印张：21.5　字数：548 千
印　　数：1～1 500 册
书　　号：ISBN 978-7-113-22415-8
定　　价：48.00 元

版权所有　侵权必究

凡购买铁道版图书，如有印制质量问题，请与本社教材图书营销部联系调换。电话：（010）63550836

打击盗版举报电话：（010）51873659

全国高等院校计算机基础教育研究会
2016 年会学术论文集（高职）编委会

主　任：高　林

副主任：鲍　洁　李　畅　秦绪好

成　员（按姓氏笔画排序）：

毕晶晶　李向红　吴洪贵　邹继阳

罗晓东　赵　楠　高　洁　盛鸿宇

鄢军霞　翟玉峰

前 言
FOREWORD

2016 年全国高等院校计算机基础教育研究会年会共征集出版论文集两册，分为本科和高职，本集为高职论文集。征集出版论文集的指导思想是针对当前我国经济发展新常态走向，使人才的需求结构和能力结构发生变化，从而引发新一轮高职教育和教学改革，论文须在高职教育领域围绕专业教育和计算机基础教育，从理论和实践层面，反映改革已取得的新成果和分析尚存在的问题，从而明确继续前进的方向。

本论文集得到教育部职业与成人教育司原司长、职业教育著名专家杨金土教授和全国高等院校计算机基础教育研究会荣誉会长、计算机教育著名专家谭浩强教授的大力支持和指导，他们分别为本论文集撰写了论文。杨金土教授的论文追根溯源、梳理总结了 20 世纪我国高等职业教育改革发展的历程，对教师深入认识高职发展历史、面向未来，结合自身专业领域，深化高职改革，把握发展方向，具有重要指导意义。谭浩强教授的论文深入分析了当前计算机基础教育教学改革的形势和存在的问题，从历史和现实的视角，为如何进行大学计算机基础教育改革指出了方向，对高职计算机基础教育改革具有重要指导意义。

本论文集的内容共分为六个部分：第一部分为特约专家论文，他们从各自的角度阐述了对当前高等职业教育专业和计算机基础教育教学改革和创新发展的认识；第二部分为高职计算机基础教育改革与实践（计算机基础教育指高职非计算机专业的计算机课程）；第三部分为高职电子信息大类专业课程改革与实践（高职电子信息大类含电子信息类、计算机类和通信类三个子类）；第四部分为技能竞赛促进高职人才培养（高职技能竞赛目的是引导高职教育因材施教，培养技术技能型精英人才）；第五部分为教育信息化支撑高职教学改革（借此推动高职教育信息化）；第六部分为其他（非以上主题的其他方面的论文）。

本论文集反映了高职教育多年来坚持学习借鉴国际先进经验，不断进行理论和实践探索取得的成绩，尤其是反映了当前国家经济转型升级，实现新常态发展，推动新一轮职业教育改革的实践和取得的改革成果。本论文集的征集和编纂有如下特点：首先，编纂高职论文集是在 2016 年年初才决定的，晚于本科近半年，但在短短几个月就完成了论文征集工作，充分说明高职教师参与和投入教学改革的热情；其二，论文内容涉及高职教学改革和建设的各个方面，说明新一轮高职教学改革已在高职领域广泛全面展开；其三，本论文集包括多篇企业和学校共同完成的论文，这些论文是他们长期深入开展产学合作、产教融合的成果总结，也反映了在新一轮高职教学改革中企业参与的积极性。

同时，论文集中的论文基本反映出当前高职新一轮教学改革还在发展中，没有到达终点，还存在不少问题有待解决的现状。例如：我国高职教育发展改革至今，学习借鉴世界各国经验不少，但中国职业教育的主流思想和模式是什么，具有怎样的中国特色？适应新经济发展，高职教育人才需求结构和能力结构的具体变化是什么，课程设计和教学过程应如何应对？最近提出的"现代学徒制"改革应主要解决现代学徒制的体制和制度建设问题，还是其教学模式改革问题？职业教育要培养工匠型人才，重点是工匠精神，还是工匠技能，其教学形式是什么？在人才培养方案、资源库建设中，如何体现在现代职业教育体系中不同层次教育之间的本质区别，以及它们与普通高等教育的区别，如何体现在人才培养和学历层次升级标准上？很多问题在理论层面还讲不清楚，在实践层面还存在较大的盲目性，这些都有待进一步研究解决。希望广大高职战线的领导和教师继续努力，在理论研究和实践基础上，继续提高论文水平，推动职业教育发展。

最后，本论文集的编纂得到全国高等院校计算机基础教育研究会高职电子信息、高职计算机与电子商务两个专业委员会的大力支持，更有赖于全国高职战线上教师们的广泛参与，以及有志从事高职教育的企业的积极合作；同时本论文集能够出版发行，得力于中国铁道出版社的大力支持和与学会的长期友好合作，在此一并表示感谢。

全国高等院校计算机基础教育研究会
2016 年 8 月

目 录

CONTENTS

一、特 约 论 文

二、高职计算机基础教育改革与实践

三、高职电子信息大类专业课程改革与实践

一、特约论文

20 世纪我国高职发展历程回顾

杨金土[1]

摘要：发展高等职业教育，是现代经济发展和社会进步的客观需求，是一定历史时期教育发展的必然趋势。本文试图追溯我国现代高等职业教育的起点，梳理自 20 世纪这百年时间里，高职教育产生和发展的粗略脉络，提出对于职业教育若干基本问题的看法。本文既回顾了我国高职教育百余年取得的成就，也提出了仍存在的问题和不足，以期做好充分准备，在大踏步前进中继续攻坚克难。

2016 年 6 月 28 日，教育部职业教育与成人教育司司长葛道凯在新闻发布会上说："快速发展是新世纪以来高职教育的重要特点；匹配产业是主要旋律；管用实惠是重要成绩"。葛司长首先展示 2015 年的规模——全国独立设置的高职院校 1 341 所，招生 348 万人，毕业 322 万人，在校生 1 048 万人，占普通高等院校在校生总数的 41.2%，"高等职业教育已成为高等教育的半壁江山"。同时介绍了 2006 年启动的国家示范性高职院校建设计划，中央财政投入 45.5 万元，拉动地方财政投入 89.7 亿元、行业企业投入 28.3 亿元，分两批支持 200 所示范（骨干）高职院校，重点建设 788 个专业点，改善办学条件、提高教学质量。

我以为，其中最具实质性的进展是，"高职教育由此进入内涵质量发展的新时期"，因为单从数量上看，"高职高专"的在校生数占本专科在校生总数的比例，在 2002 年就曾经达到 53%。

众所周知，联合国 2015 年提出了一份题为"变革我们的世界——2030 年可持续发展议程"的文件，涵盖 17 个可持续发展目标，教育是该"议程"的核心内容。2015 年 11 月 4 日，联合国教科文组织举行的第 38 次大会上，发布了"教育 2030 行动框架"，提出推进全球教育发展的七大目标，"确保人们享有优质的、覆盖各层次职业教育与培训"是其中的重要内容之一。

现在，我国正在组织"中国教育 2030"的研究和规划。中国职业技术教育学会于 2016 年 6 月公开发表了《从职教大国迈向职教强国——中国职业教育 2030 研究报告（学术版）》[2]，在其"引言"中写道："聚焦 2030，最核心的问题就是：届时，中国将会是一个什么样子？距离世界强国目标还有多远？我们应该做些什么？提出这些问题所遵循的逻辑是——中国的发展不是盲目的而是自觉的，不是自发的而是有目的的，不是无序的而是有规划的。它是三种趋势的叠加：一是不断发展的延续，二是新形势、新变化的驱动，三是国家战略的引导"。

诚然，历史的延续并非过去的重复，而是与时俱进的创新和进步，然而深入地了解历史，客观地认识历史，不仅有益当前，也是科学洞察未来和规划未来之必须，正如胡锦涛同志曾经指出："浩瀚而宝贵的历史知识既是人类总结昨天的记录，又是人类把握今天、创造明天的向导"。

关于我国现代高等职业教育的起点应该追溯到何时，学界见仁见智，它涉及对于职业教育若干基本问题的看法。本文自然仅从我个人之拙见出发，试图梳理出在 20 世纪这百年时间里，我国

---

[1] 杨金士，教授，教育部职业与成人教育司原司长，职业教育著名专家
[2] 《职业技术教育》，2016, 37(6)

高职教育产生和发展的粗略脉络，重点回顾改革开放后的 22 年情况，以期求教于各方专家。至于新世纪以来我国高职教育的改革发展盛况，业内同仁谁都比我更了解，更明白，恕我省略了。

清末—民国

我国为实业界培养实务型人才而举办学校，晚于西方国家，也晚于东方的日本，却早于我国的普通教育。在我国教育史学界，一般都把 19 世纪 60 年代初创办的实业教育作为近代职业教育的早期阶段进行研究，普遍认为当年的"同文馆"是我国现代教育之肇始，而我国的工业职业教育，则发轫于 1866 年左宗棠奏准在"马尾船政局"附设的"船政学堂"（初称"求是堂艺局"），距今整整 150 周年。顾明远先生曾于 2002 年指出："现代职业教育引入我国已经 130 多年了，其发端比普通教育还早。但步履之艰难，远甚于普通教育"[1]。

我国的高等职业技术教育，就其基本的服务面向和所培养的人才类型而论，应该起始于清末创办的"高等农工商实业学堂"。在 1898—1909 年间，清政府学部立案的高等实业学堂共计 17 所，至 1909 年，尚存 13 所，学生 1690 人。当时较多的人认为，其中以上海高等实业学堂水平最高，1911 年，该学堂已设有铁路、电机、航海、邮政四科。

清庭 1903 年（癸卯）制定、1904 年 1 月批准的《奏定学堂章程》（癸卯学制），包括学务纲要、学堂通则、考试章程、奖励章程以及各级各类学堂章程等 22 个文件，这是我国正式付诸实施的第一个现代教育学制体系，"高等农工商实业学堂"被列入其中，规定其修业年限为中学后三年，外加一年预科，最初分农业、工业、商业、商船四类。在《实业学堂通则》中指出："实业学堂，所以农工商各项实业，为富国裕民之本计；其学专求实际，不尚空谈，行之最为无弊……"。并在各类高等实业学堂的章程中分别明确其培养目标和主要的授业内容，均与当今的高职教育雷同。例如：高等工业学堂"以授高等工业之学理技术，使将来能经理公私工业事务，及各局厂工师，并可充各工业学堂之管理员教员为宗旨。"

1906 年后，陆续增设法政学堂、巡警学堂、方言学堂、财政学堂、医学堂、体操美术音乐学堂（主要培养教员）等，其中以改良吏治，培养佐理新政人才为宗旨的"法政学堂"发展最快，1909 年，法政学堂数和法科学生数占高等实业学堂总数的比例，分别高达 44.2% 和 62.7%，这显然与 1905 年废止科举制度之后人们的习惯性思维方式有关。

辛亥革命之后，北洋政府于 1912—1913 年制定、修补的《壬子癸丑学制》，把高等实业学堂改称为"专门学校"。1912 年 10 月，当时的教育部颁布《专门学校令》，规定"专门学校以教授高等学术、养成专门人才为宗旨。"可见其人才培养目标有些许变化，分科更趋多样化，分设法政、医学、药学、农业、工业、商业、美术、音乐、商船、外国语等 10 个科类，但基本的服务面向是产业，培养"专门人才"，意味着人才培养具有一定的行业针对性，因此在基本的制度设计上，仍是高等实业教育的沿袭。

1912 年，全国专门学校共计 111 所，学生 39 633 人，占高等学校学生总数的 98.8%。其后几年，普通高等学校发展更快一些，专门学校有所减少，至 1916 年减到 76 所，学生 15 795 人，占高等学校学生总数的 83.9%。

1917 年 9 月，民国政府颁布《修正大学令》，允许建立单科大学，1922 年的"壬戌学制"重申这一规定，进一步引发专门学校升办大学的"升格风"，至 1925 年，专门学校只留下 58 所，其

---

[1] 顾明远为彭世华著《职业教育发展学》写的《序》，湖南人民出版社 2002 年 8 月第 1 版

中公立 42 所，私立 16 所，学生共计 11 034 人，仅占高等学校学生总数的 30.4%。

在这期间，"专门学校"出现三大弊端：一是热衷升格；二是偏重政法，忽视农工商产业的实科教育；三是教学脱离实际。1928 年 5 月 15 日，在南京举行的第一次全国教育会议，通过了《中华民国教育系统案》（戌辰学制），在高等教育部分有如下说明："中国自采行专门学校制度后，趋重政法一途，流弊滋多，嗣又因受改变大学运动的影响，对专门学校益不注重，乃改为设立专科学校的制度，以注重实科。"从此，专门学校改称为专科学校。

1929 年 8 月，民国政府公布《专科学校组织法》，重新规定专科学校应"以教授应用科学，养成技术人才"为目标。1931 年 4 月，国民政府教育部公布《修正专科学校规程》，进一步明确"以教授应用学科，养成技术人才"为目标。1931 年全国有专科学校 30 所（国立 2，省立 13，私立 10，其他 5），学生（含其他高校附设的专修科）10 201 人，如果不含附设部分则为 7 034 人。然而，专科教育的经费紧缺，设施简陋，理工农医类专科更甚。据统计，1931 年 30 所专科学校中有 24 所的年经费在 10 万元以下，最少的只有 17 488 元；有 22 所设备总值在 1 万元以下，最少的只有 1 000 元；有 17 所学校藏书在 1 万册以下，最少的只有 1 027 册。嗣后，专科学校逐年有所减少，1937 年只剩 24 所，学生（含附设专科）减至 3 262 人。

鉴于专科教育的实用性和应急功能，抗战期间，民国政府大力发展专科教育，恢复了被迫停办的苏南工专、苏南蚕丝专科等，新建了中华工商专、东方语文专、国立音乐院等。至 1947 年已增加到 77 所，学生 23 897 人，包含了本科院校附属专修科和部分初中后五年制专科的学生数。上海美专（周海粟创办）、立信会专（潘序伦创办）、无锡国专（唐文治创办）、东亚体专、中华工商专、吴淞商船专等校在全国有较大影响。但在整个高等教育系统中，专科的发展不算快，1947 年占本专科学生总数的比例只有 15.5%。

上述史料，我们似可从中引出如下两个印象：

（1）民国期间的专科学校和清末的高等实业学堂，都具有服务产业行业、崇实务实这两个基本特性，虽然专门学校的指导思想有些许变化，但各类专门学校尤其是农工商类专门学校，仍然具有基本的产业和行业特征，因此它们之间实际存在着历史的延续性。

（2）在现代高等教育发展的过程中，短年制的专门学校和专科学校始终处于边缘地位，办学条件不佳，社会认可程度较低，导致此类高等学校的许多办学者求变心理比较普遍，发展不太稳定。

1949—1978

到新中国建立前夕，福建高工、上海美专、立信会专、无锡国专等校已在社会上具有较高声誉，东亚体专、中华工商专、吴淞商船专等也颇有建树。在一些本科院校还附设有专修科，同时还有部分初中五年制专科教育。然而总体上偏重文科和商科，工科仍然较弱。

新中国建立后，百业待举，尤以振兴工农业为要务，急需大量服务于各类产业的技术和管理人才。人民政府大力发展专科教育，1950 年颁布了《专科学校暂行规程》，1951 年颁布《关于学制改革的决定》，对原有专科进行整顿改造。当年全国有专科学校 71 所，学生达 40 941 人。

1952 年，学习苏联的经验，全面实行院系调整。由于苏联的学制体系中没有高等专科这个层次，因此我国也决定压缩高专，发展普通中等专业教育。院系调整后，大多数专科学校被拆并到本科院校或改办中专。

可是，经济建设急需人才，作为变通和过渡的措施，在普通高等院校又纷纷附设专修科，在清华大学等校，甚至曾一度动员已经进入本科学习的学生改入专科学习，以应急需。所以虽然专科学校数大减，专科学生数反而大增，1950 年至 1953 年，全国本科生从 12 万多人增加到 15 万多人，只增长了 21.5%，专科生却增长了 3.7 倍。1953 年，全国有高等专科学校 29 所，而高专学生数多达 60 648 人，占本专科学生总数的 28.6%。

后来，由于坚持发展中专，高专继续减缩，从 1953—1957 年，虽然高校学生总数增长一倍多，但专科学生却从 6 万多人降至 4.7 万人，只占本专科学生总数的 10.8%，1958 年初，全国仅存 10 所专科学校。

1958—1960 年，专科学校一哄而上，到 1960 年，专科学校增至 360 所，学生 187 108 人，占本专科学生总数的 38%。然而办学条件严重滞后，如 1959 年上海 14 所专科学校的教师队伍中，具有讲师以上职称者只有 2 人。

在 1961 年国民经济调整时期，专科学校纷纷下马，1964 年，全国仅剩专科学生 23 429 人，只占本专科学生总数的 3.4%。

1966—1976 年，高等专科教育同其他教育一样横遭浩劫，损失惨重。1976 年之后，许多学校积极恢复，同时还新建了一批学校，仅 1978 年，就恢复和新建了专科学校 98 所，当年专科学生达 379 586 人，占本专科学生总数的 44.3%。

1979—2000

1978 年底至 1979 年初举行的中国共产党十一届三中全会，在新中国建设史上具有划时代意义，我国的教育事业也进入一个崭新的历史阶段。1979—2000 年，是我国高职教育从多路探索走向合力发展的阶段。

20 世纪的最后 20 年，我国社会主义建设进入改革开放和高速发展的新时期，产业发展的科技含量迅速增长，国际化程度大大提高，对外开放的领域从一般加工业扩展到基础工业和高新技术产业，先进设备和技术大量引进。因此，各行各业对第一线技术型、技能型人才的数量和质量都提出了更高要求，还不断涌现出一些新的职业、岗位和人才规格。如以数控机床为主的机加工现场的技术人员；新设备的安装、调试、维修人员；30 万 kW 以上发电机组、日产千吨以上水泥转窑新工艺生产线、现代化冶炼生产线等的集中控制系统的技术人员；能适应高技术、大吨位船只工作，具有国际航运与交往能力的高级船员；12 层以上高楼和 24 m 以上大跨度建筑的现场施工技术人员；既懂得种养技术和农产品仓储、加工、运销，又会经营管理较大规模农林牧渔企业的生产经营者；新兴的鞋帽服装设计和制作工艺技术人员；计算机和电子信息技术人员；既有一定领域的专业知识，又有相应国际法律知识、国际交往和外语能力的国际贸易人员；具有较广泛的知识面又通晓本行业务的金融、保险、税务工作人员等等。这些人员的工作岗位，往往发现中等职业技术学校毕业生的水平不大够用，而普通高校毕业生又不大实用的情况。据上海"企业人才需求预测课题组"对 49 家企业，向 400 余名资深技术和管理人员征询对 1991—1993 年高校毕业生的评价结果：对专业基础知识和获取新知识能力两项，认为较强者分别占 47% 和 43%；认为专业面较窄、知识和能力的复合性不强者占 75%；认为专业实务能力缺乏的占 79%；认为独立开展业务能力不强的占 79%。这一调查结果表明，高等教育确需认真研究人才类型结构和教育类型结构问题，确需进一步重视更具实务能力的技术型、技能型人才的培养。这不能只停留在一般性的倡导和教学改革上，而是需要旗帜鲜明地确立一种类型的高等教育，专事培养具有更高职业综合素质的实务型人才。随着国内外形势的发展，市场竞争日趋激烈，社会对此类人才的需求日益迫切。《光明日报》在 1994

年初连续发表文章，大声疾呼："推动高等职业技术教育的发展是社会发出的强烈呼唤"。[1]

在这样的时代背景下，我国在 1979—1998 年期间，通过多种途径的探索，高等职业技术教育作为一种高等教育类型存在的时机逐步趋于成熟，其间最具里程碑意义的时间节点是：

——1985 年的《中共中央关于教育体制改革的决定》明确要求"积极发展高等职业技术院校"。

——1994 年党中央国务院召开全国教育工作会议上，国家领导人更系统提出发展高等职业教育的任务，同时明确了"三改一补"的发展途径。江泽民总书记说："要大力发展各种层次的职业教育和成人教育"。李鹏总理说高等教育"今后一个时期，适当扩大规模的重点是高等专科教育和高等职业教育"。李岚清副总理说："大力发展职业教育和成人教育，这是这次会议要研究解决的重大课题。""发展高等职业教育，主要走现有职业大学、成人高校和部分高等专科学校调整专业方向及培养目标，改建、合并和联办的路子"。这次大会是我国高职教育发展的重要转折，我国高职教育的发展从此得到实实在在的推动，提出发展高职教育的主要途径，实际上就是 1998 年实现"三教统筹"的前兆。

——1996 年颁布的《职业教育法》，把"高等职业学校教育"和"高等职业学校"以法律形式固定下来。

——1998 年，教育部实施"三教统筹"的管理体制。

在这期间，还有如下若干值得关注和回顾的事件：

——1980 年地方性的短期职业大学诞生。

——1985 年国家教委部署三所普通中专学校开始"五年制技术专科"试点。

——1986 年国务院发布《普通高等学校设置暂行条例》，包括了高职学校。

——1986 年召开了"全国职业技术教育工作会议"，副总理兼国家教委主任李鹏在会上说："一般地讲，像我们的高等职业学校[2]、相当一部分广播电视大学、高等专科学校……是不是应该算高等职业教育这个层次"。大体划下了高职教育的范围。

——1991 年 10 月 17 日发布的《国务院关于大力发展职业技术教育的决定》中再次强调"努力办好一批培养技艺性强的高级操作人员的高等职业学校"。

——1991 年 1 月 25 日国家教委与中国人民解放军总后勤部联合批准试办邢台高等职业技术学校。

——1994 年 4 月 28 日深圳高等职业技术学院挂牌成立。

——1994 年和 1996 年，国家教委两次发文总共批准 18 所中等专业学校试办五年制高职班。

探索之路

高等教育划分不同的类型毕竟并非易事。1988 年国家教委副主任朱开轩曾说："教育结构分几类，人才的结构，培养的规格、模式、学制这些问题……很复杂，又很重要，目前又很混乱。这个混乱不仅是教育部门自己的问题，与整个社会，以及配套的政策都有关"。[3] 于是，此前原有的高等专科、职业大学、成人高校、民办高校、中专校的五年制高职班，这五支力量分头探索，分路奋进，经过 20 年的艰难实践，才走上整合发展的道路。现在，让我们共同回顾当年这五支力

---

[1] 《光明日报》1994 年 5 月 1 日第二版"职大　大胆地朝前走"一文
[2] 实指职业大学
[3] 董明传主编《中国高中后教育研究文集》第一集，职工教育出版社，1990

量的探索之路。

（1）高等专科的改革

如前所述，新中国建立后的前30年，专科教育规模曾有过两次大起大落。1976年后，专科规模恢复较快，仅1978年就恢复和新建了专科学校98所，当年专科学生达379 586人，占本专科学生总数的44.3%。由于新一轮"升格风"的影响，1979年专科生占本专科学生总数的比例又开始迅速下落，至1981年，高等专科在校生为218 827人，占比只有17.1%。1982年国家编制的"六五计划"中要求"提高大学专科比重"。1983年4月28日，国务院批转教育部和国家计委《关于加速发展高等教育的报告》中指出："要在发展中逐步调整好高等教育内部的比例关系，多办一些专科"，使专科生的比重迅速回升，1986年，专科生的比重又达到35.9%。不过增加的学生数量主要是师范专科生，1981、1982、1983年的专科学生总数中，非师范专业的学生数只占38%、38%、43%。经济发展仍然急需新的人才补充。因此在1985年的《中共中央关于教育体制改革的决定》中进一步强调"要改变专科、本科比例不合理的状况，着重加快高等专科教育的发展"。至1989年，高专的招生数已占50%。40年的三起三落，使专科学校无法静下心来提高质量，追求特色。所以，专科学校办不出特色，人才规格不能满足企业要求，不完全是专科学校的责任。

20世纪80年代的多数时间，我都在高教二司工作，当时我们受德国"高等专科学校"（90年代已演变为"应用科学大学"）的启发，曾经想把我国高等专科也像德国那样办出自己的特色，但又对高等教育应该划分不同类型的问题缺乏认识，指导思想始终模糊不清。1983年我赴德访问回来之后，曾向我们的司长于世聪同志建议，把我国的高等专科学校改称为"技术学院"，按德国专科学校的做法，专门培养比较实用的技术人才。他要我直接向教育部"教育研究室"反映，我照办了，事后没有得到任何反馈。实际上，当时就要那么做的时机并不成熟，中德两国的制度差异、文化差异、教育理念和传统的差异都很大，学习人家的做法是很不容易的，而且必须同我国的实际结合，因此需要有一个很长的过程，试图一蹴而就的想法太天真了。

当然，高等专科的基本症结继续存在着。

1988年1月27—31日，国家教委在北京召开新中国建立以来第三次全国高等教育工作会议，会议认为，十一届三中全会以来，"由于种种历史原因，专科教育事业初期处于大起大落的不稳定状态。1983年以后，虽然事业规模有了较大发展，但是在专科教育的性质、地位、作用、发展方针、办学特色等一系列根本问题上，认识很不一致，方向很不明确，相应的某些政策措施也不利于专科教育的稳定和发展"。

1990年，国家教委高教司对普通高等专科教育的形势作如下估计：党的十一届三中全会以来，我国普通高等专科教育出现了崭新的局面，在事业上有了较大的发展。但是，由于历史的、现实的种种原因，专科教育在高等教育体系中仍然是比较薄弱的部分，面临着一些困难和问题。主要是：第一，专科教育的性质、定位、作用和发展方针，有待于进一步明确。第二，投入长期不足，办学条件普遍较差。第三，专科教育的办学特色不够明显，对培养目标、基本培养规格、修业年限和培养模式等问题，在看法上和做法上都有分歧。第四，专科教育与本科教育、高专与中专、普通专科与成人专科、专科学校与短期职业大学之间，上下左右关系不顺。[1]

笔者认为对高等专科教育情况上述两次估计都是客观的，中肯的。

1990年11月，国家教委在广州召开"全国普通高等专科教育工作座谈会"，这是对我国高等

---

[1] 《中国教育年鉴》1991 第164页

专科教育此后的改革发展具有重大历史意义的会议。国家教委党组书记何东昌在会上说："专科教育，过去 50 年代就发展过，当时作为人才急需的应急措施，现在看来，恐怕不能这样看。社会对人才的需求是多种多样的，有不同的侧重，不同的层次。对我们国家来说，能不能这样说，专科教育是与本科教育具有同样重要性，又有不同特色的一种高等教育。不仅仅是目前我们生产力水平低的时候是这样，就是发展到像德国这样具有经济实力的国家也同样需要，不是应急措施，而是使我们培养的人才结构更加适应于高度现代化经济发展的需要。我们要对专科的概念有一个更明确的认识。这次座谈会我们着重解决严格意义上专科的问题……我们的专科要培养有一定理论基础的、有扎实专业知识的、有较强实际能力的人才"。分管高等教育的朱开轩副主任在会上说："在今后一个时期，普通高等专科教育的基本工作方针是坚持社会主义办学方向，逐步理顺上下内外关系，深化教育改革，改善办学条件，提高教育质量"。

根据这次会议的精神，1991 年 1 月 6 日，国家教委发出《关于印发<关于加强普通高等专科教育工作的意见>的通知》，提出了我国普通高等专科教育的办学指导思想、今后一段时期内的工作方针和加强普通高等专科教育工作要采取的具体政策措施。该《意见》明确指出："普通高等专科教育是在普通高中教育基础上进行的专业教育，培养能够坚持社会主义道路、适应基层部门和企事业单位生产工作第一线需要的、德智体诸方面都得到发展的高等应用型专门人才。它同本科教育、研究生教育一样，都是我国高等教育体系中不可缺少的重要组成部分"。这个指导性文件使高等专科教育的改革和发展，在此后的几年中得到了巨大推动，取得了专科历史上从未有过的进展，其中高等工程专科的变化更大。

1993 年颁发的《中国教育改革和发展纲要》强调指出："要大力加强和发展地区性的专科教育，特别注重发展面向广大农村、中小企业、乡镇企业和第三产业的专科教育"。

然而，不可能所有问题都就此彻底解决。1994 年 11 月 16—20 日，全国高等工程专科学校校长会议在北京召开，我被通知与会。在这次会上，校长们强烈感到困惑的问题之一，还是"高专到底是一种类型还是一个层次？"国家教委主任朱开轩同志回答："既是类型，也是层次"。

1996 年《职业教育法》的颁布，高等职业教育法律地位获得确立，使高等教育类型的判别有了明确的法律依据和良好的时机。

高等教育的类型划分问题已无法继续回避。高等专科教育面临的所谓"关系不顺"，主要是指高等专科教育——尤其是工业、农林业、商贸和其他服务业类的专科教育——与高职教育到底是什么关系？北京工业大学原校长王浒认为："我国大专教育的任务就是进行高等职业技术教育"。[1]

我以为，作为对现实状态的表述，专科教育既是类型又是层次的说法是对的，可是就高职教育作为一种高等教育类型而论，如果在政策上长期把高职教育限制于低于本科的一个层次，就没有什么道理了。

事到如今，在高等教育类型结构问题上，确需做出正确的判断和选择，现代化建设不容我们继续迟疑不决。

1998 年，专科学校 428 所，比 1978 年增加 300 所，专科学生 117.4 万人，占普通本专科学生总数 340.87 万人的 34.4%。

平心而论，在我国的普通高等教育中，长期定位不明、发展最不稳定的是高等专科，政策支持薄弱、投入不足、办学条件较差的是高等专科，而面向生产和服务第一线培养人才的改革成效

---

[1]《光明日报》1994 年 4 月 21 日

最大的也是高等专科教育。时至 20 世纪末，高等专科的主要部分与高等职业教育"合龙"的时机终于到来了！

（2）职业大学的兴起

20 世纪 70 年代末，我国社会主义建设跨入改革开放的新时期，各地的人才需求如婴嗷嗷待哺，而当时的普通高校元气大伤，正在逐步恢复中。如 1980 年，全国 675 所普通高校只招生 28.1 万人，毕业生仅有 14.7 万人，可是当年普通高中的毕业生却多达 616.2 万人，进入高等学校十分困难，俗称"千军万马争过独木桥"。在这样的严峻形势下，部分大、中城市从本市的实际需要出发，依靠部分老大学的资源，因陋就简兴办起一批高等学校。由于社会急需，又多是生产和服务第一线需要的应用型人才，因而取名"短期职业大学"。

1980 年 8 月 27 日，江苏省人民政府发文批复南京市革命委员会"同意你市创办金陵职业大学"，我国第一所冠名"职业"的大学由此产生。该批文规定："金陵职业大学为市属、走读、不包分配的全日制高等学校"，学生"费用全部自理，并适当缴纳学杂费"。批文指出："创办走读职业大学，是发展高等教育事业，加速培养技术人才的一种办学形式。"当年 9 月招收首届新生 777 名，10 月正式开学，所需经费由市财政拨付。建校后的最初三年，每生每年缴费 50 元，学杂费收入占学校总收入的 5.3%。

随后，其他城市也陆续举办与金陵职大同样体制的职业大学。国办高等学校实行"收费、走读、不包分配"的新体制，是对传统高等学校办学体制的大胆探索和挑战，具有历史性贡献。但是在培养规格和培养模式方面应有怎样的特色并不十分明确，基本上套用了高等专科的做法。

1983 年 4 月 28 日，国务院批转教育部、国家计委的《关于加速发展高等教育的报告》中提出："积极提倡大城市、经济发展较快的中等城市和大企业举办高等专科学校和短期职业大学。"要求职业大学"为本地区、本单位培养人才。""一般应酌收学费。实行走读、毕业生择优录用"。

1983 年 5 月 10 日，教育部根据经国务院批准的教育部、财政部、国家计委、对外经贸部《关于利用世界银行贷款促进广播电视大学及短期职业大学发展的请示》，遴选 16 所职业大学给予贷款支持。后因北京职业大学的两个学院独立设置为两所学校，故又称"17 所贷款项目学校"。

1984 年 4 月 23—29 日，经教育部同意和支持的全国职业大学第一次校际协作会议在武汉市江汉大学举行，来自 20 个省、市 36 所学校 79 名代表出席，其任务是沟通情况，交流经验，组织协作，建立网络。会议决定在江汉大学成立全国职业大学联络站，筹建"中国职业大学教育研究会"。1984 年 8 月、11 月、12 月，全国 78 所职业大学分六片举行区域性会议，分区交流情况，分别成立协作组织。1985 年 11 月 4—10 日，全国职业大学第二次校际协作会暨中国职业大学教育研究会成立大会在长沙市举行。来自 25 个省、自治区、直辖市 96 所学校 136 名代表出席大会，国家教委副主任邹时炎出席并讲话。1986 年 11 月 25 日，由该研究会主办的学术性季刊《高等职业教育》由武汉市市委宣传部批复同意创刊发行。

此后，各地又陆续举办了一些职业大学，最多时曾达 128 所。

1988 年 4 月 7—10 日在江汉大学举行的中国职业大学教育研究会一届五次理事会，决定把研究会更名为"高等职业技术教育研究会"，并向中国高等教育学会申报，1988 年 4 月 20 日，中国高等教育学会行文批复："经我们研究同意，你研究会定名为'高等职业技术教育研究会'"。

值得特别一提的是，"高等职业技术教育研究会"不仅是一个情况交流、问题研讨、形成共识、组织协作的良好平台，更是高职教育改革发展的得力推动者，在高职教育尤其是职业大学艰难前行的过程中，努力沿着党中央国务院指明的方向，紧紧依靠各级领导部门的支持和业内同仁的共同奋斗，发挥着中流砥柱的作用。其间，江汉大学和天津职业大学相继担任该研究会的会长单位，为此做出了突出的历史性贡献。

在 1994 年之前，国家教委副主任邹时炎、王明达等领导同志都曾多次视察职业大学，参加职业大学教育研究会的活动。原高教二司和后来的高教司对职业大学及其研究会的工作请示也能及时给予回复和支持。在教育部机构内部，一直未曾明确由职业技术教育司分管职业大学，但历届司负责人都能积极参与职业大学的各项活动，发表讲话。可是我个人认为，在宏观上仍然有失应有的重视和管理。在 1980 年至 1994 年间，教育部除在若干相关文件中对职业大学做出过一些指示或指导性意见外，却未曾专门针对职业大学发过文件或单独举行过会议。使职业大学所遇的重重困难无法获得应有的帮助和解决，使部分职业大学，包括部分得到过世界银行贷款的职业大学，曾一度纷纷向普通高校靠拢，办学方向不够明确，办学特色也不够鲜明。正如国家教委当时分管高等教育的朱开轩副主任在 1989 年 9 月所说："职业大学也没有真正职业大学的特色，办职业大学的人也老在追求怎么变成普通大学，职业两字也不愿意要"。[1]

1990 年 10 月召开的"全国普通高等专科教育工作座谈会"上，提出职业大学可以分流的意见，在会后发布的《关于加强普通高等专科教育工作的意见》中提出："现有大多数短期职业大学在服务对象、专业设置、培养目标、培养模式、毕业生去向等方面与普通高等专科学校区别甚微，实际上是由地方举办的综合性高等专科学校。办学部门应根据本地区经济建设和社会发展的实际需要，认真研究这些学校的办学方向。一部分应办成以培养高级技艺性人才为目标的高等职业教育；一部分根据需要，经过上级主管部门审定并报国家教委批准，可以明确为普通高等专科学校"。这些"意见"在客观上对职业大学构成了严重伤害，使职业大学在 20 世纪 90 年代初期的几年，办学环境更加不好，部分办学者的情绪也比较低落。当年我在参加职业大学的部分活动中，对此深有感受。

1991 年 5 月 13—18 日，高等职业技术教育研究会第二届理事会第三次会议暨高等职业教育理论与实践研讨会在天津职业大学召开，会议一致认为，《关于加强普通高等专科教育工作的意见》中提出有关职业大学分流的意见，"实际上是否定了职业大学这种类型及其办学模式""专科也应属于高等职业技术教育范畴，十年来，专科与职业大学呈现了一种合流的趋势……因此，不宜把专科学校一律划入普通高校范畴，也不要把现有的职业大学排除在高等职业技术教育之外"。为此，"我们要求对'分流'的做法慎重考虑，不要规定期限，草率从事"。以上意见写入这次会议的《纪要》并上报有关部门。

1991 年 10 月 17 日发布的《国务院关于大力发展职业技术教育的决定》中再次强调"积极推进现有职业大学的改革，努力办好一批培养技艺性强的高级操作人员的高等职业学校。"但实际上并没有明显推进。

1994 年党中央国务院召开全国教育工作会议上，国家领导人更系统提出发展高等职业教育的任务，江泽民总书记说："要大力发展各种层次的职业教育和成人教育"。李鹏总理说：高等教育"今后一个时期，适当扩大规模的重点是高等专科教育和高等职业教育"。李岚清副总理说："大力发展职业教育和成人教育，这是这次会议要研究解决的重大课题。""发展高等职业教育，主要走现有职业大学、成人高校和部分高等专科学校调整专业方向及培养目标，改建、合并和联办的路子"。这次大会的召开，使职业大学的办学方向重新明朗起来，精神重新振作起来，发展高等职业

---

[1] 董明传主编《中国高中后教育研究文集》第一集，职工教育出版社，1990

教育的问题重新成为教育和社会舆论的热点。就在这一年，北京市人民政府明确指示北京联合大学要办成本市高等职业教育的中心，被业内人士称为我国高职教育重整旗鼓的标志性事件。

1994年7月发布的《国务院关于<中国教育改革和发展纲要>的实施意见》中明确提出："积极发展多样化的高中后职业教育和培训。通过改革现有高等专科学校、职业大学和成人高校以及举办灵活多样的高等职业班等途径，积极发展高等职业教育"。

1995年10月6日，国家教委发布《关于推动职业大学改革和建设的几点意见》，其主要内容，一是进一步明确职业大学在我国高等职业教育事业发展中的地位和作用；二是推动职业大学改革与建设的基本要求；三是要求地方政府加强对职业大学的领导，制定必要的政策措施，为职业大学的健康发展创造条件。这是职业技术教育司主办的文件，也是教育部专门为职业大学发布的第一个文件。同年12月19日，国家教委又印发《关于开展建设示范性职业大学工作的原则意见》，提出了示范性职业大学建设的标准，部署示范性职业大学建设工作。可惜缺乏相应的项目资金支持。

至1998年，全国职业大学回升到101所，当年招收新生62 751人，在校生共达148 561人，无论学校数和在校生数都是1990年以来最高。

到目前为止，仍然坚持"职业大学"校名的学校有10所，包括2000年在原新疆职工大学基础上更名的"新疆职业大学"。

（3）成人高等教育的新定位

1980—1985年，我国的成人高等学校从2 682所减少到1 216所，其中教育学院就减了1 074所，主要是资源调整的结果，所以全国成人高等学校的在校生数却从49.7万人大幅跃升到172.5万人，其中教育学院的在校生也从4.2万人增加到24.7万人。而成人高等教育存在的问题，重要的不是数量而是目标定位。

1986年，国务院批转《国家教育委员会关于改革和发展成人教育的决定》提出："职工大学、职工业余大学、管理干部学院应当利用自己同企业、行业关系紧密的有利条件，结合需要，举办高等职业技术教育，为企业事业单位培养生产、经营管理方面的专业技术人才"。

"七五"期间，时任高教三司（分管成人高教）司长董明传与上海二工大校长汤佩珍等同志合作，承担"七五"国家重点课题《高中后教育模式研究》，其研究报告认为："从高中后教育结构方面来说，当前存在着两个主要问题：一是单一化，二是类同化。"改变现状重要措施应该大力发展高等职业技术教育，而成人高等教育今后应该主要实施高等职业技术教育。笔者认为，《高中后教育模式研究》成果是我国高职教育发展史上具有重大理论和实践意义的成果，它的研究结论具有鲜明的科学性和前瞻性，对于当时及后来的高等教育结构改革以及高职教育的发展都具有现实的指导意义。

至1994年，有10个省、2个部委共41所成人高校和4所普通高校的成人教育学院试办了35种专业的高职班。

1995年11月9日，国家教委印发《关于成人高等学校试办高等职业教育的意见》，要求培养"德、智、体全面发展的实用性、技能性较强的生产、工作第一线的专科层次（含管理、操作、服务等）人才，毕业生应掌握职业岗位所要求的专业知识（技术理论），具有较高的职业技能和实际工作能力"。

创建于1962年的新疆职工大学，1996年，被原国家教委批准为全国首批高职教育试点院校并从1997年开始招收高职学生。2000年，学校更名为新疆职业大学，2007年教育部批准更名并备案。

1997 年全国有成人高校 1 107 所，专科学生 243.7 万人，占成人高校学生总数的 89.5%，主要的改革方向是实施高职教育，成人高等教育俨然已经成为我国高职教育的生力军之一。

（4）民办高职院校的崛起

1982 年 3 月 13 日，北京市工农教育办公室批复北京科学社会主义学会关于举办中华社会大学的申请，"同意立案"。这在新中国建立以来的教育史上具有开创性意义。

1983 年 1 月，中共中央书记处第 45 次会议讨论高等教育时提出，支持大型工矿企业、民主人士和新兴城市自办大学。

1983 年 4 月 28 日，国务院批转教育部、国家计委《关于加速发展高等教育的报告》中提出，要鼓励民主党派、群众团体和爱国人士高等专科学校和短期职业大学。

1984 年 3 月 6 日，北京市人民政府批复海淀区人民政府，同意该区试办一所"区办校助"大专性质的学校，定名为海淀走读大学，学制 3 年，学生一律实行自费、走读，毕业时发给大专毕业证书，国家不包分配，学校推荐，用人单位择优录用，基建投资及办学经费一概由海淀区自筹。所设首批专业都是适应本地需要的技术应用类专业。

1993 年 8 月 17 日，国家教委发布《民办高等学校设置暂行规定》，规定民办高等学校及其教师和学生享有与国家举办的高等学校及其教师和学生平等的法律地位，其学历教育纳入高等教育招生计划，学生毕业后自主择业，国家承认学历。民办高等学校不得以营利为办学宗旨。

1995 年 5 月，中国成人教育协会民办高等教育委员会成立，并经国家教委批准、民政部备案。1995 年 5 月 25—27 日，中国成人教育协会民办高等教育委员会成立会暨研讨会在北京召开。这是新中国建立以来民办高等教育第一个全国性团体组织。

1998 年 12 月和 1999 年 7 月，教育部高校设置评议委员会分别在湖南长沙市和河北三河市举行会议，共计通过了 25 所民办高等职业技术学院的建立。至 1999 年 10 月，全国具有颁发学历文凭资格的民办高校共达 37 所。

（5）创办五年制高职

改革开放以来第一次试办五年制专科班的是集美航海专科学校。1984 年 4 月 10 日，教育部在《关于高等工程教育层次、规格和学习年限调整改革问题的几点意见》中提出，"可以试办从初中毕业生中招生，学习年限五年"。1984 年 4 月 14 日，教育部复函交通部："经研究，同意集美航海专科学校试办招收初中毕业生、学制五年的专科班。"当年计划招生 60 人，实际录取 53 人。

1985 年 7 月 4 日，国家教委向航空工业部、国家地震局、上海市人民政府发出《关于同意试办三所五年制技术专科学校的通知》，同意在西安航空工业学校、国家地震局地震学校、上海电机制造学校试办五年制技术专科，以中专名义招收初中毕业生，二年期满时，根据学生的学习成绩和志愿，按国家确定的比例，择优选拔一部分升入专科继续学习三年，考试合格后发给高等专科毕业证书。其余学生继续按中专教学计划学习两年，考试合格后发给中专毕业证书。旨在试办一种职业技术教育性质的专科学校，同时引入竞争机制，激励学生更努力地学习。要求"无论四年制或五年制，都要坚持培养应用型、工艺型人才的方向不变，办出职业技术教育应有的特色。"使中专升格而不变性。试点过程中，人们对此项试点内容简称为"四五套办"。1987 年 6 月，国家教委再次发文，就有关试点工作和试验过程产生的若干政策性问题提出指导性意见。

1991 年 1 月 25 日，国家教委同意邢台高等职业技术学校试办初中后五年制技术专科教育。

1994 年 7 月 3 日发布的《国务院关于<这个教育改革和发展纲要>的实施意见》提出："通过改革现有高等专科学校、职业大学和成人高校以及举办灵活多样的高等职业班等途径，积极发展高等职业教育。"1996 年 6 月 17 日，国家教委主任朱开轩在全国职业教育工作会议上进一步将上述精神表述为："发展高等职业教育要与高等教育的结构调整相结合，充分利用现有教育资源，主要通过现有职业大学、部分专科学校、独立设置的成人高校改革办学模式、调整专业方向和培养目标来促进高等职业教育的发展。特别要积极鼓励专科办高职的探索与试点。在仍不能满足需要时，经批准可利用少数具备条件的国家级重点中专举办高职班或转制等方式作为补充。"这就是民间俗称的发展高职教育"三改一补"政策。

1994 年 10 月 18 日，国家教委下发《关于在成都航空工业学校等 10 所中等专业学校试办五年制高职班的通知》，试点专业共计 22 个，要求从职业分析入手制订教学计划和教学大纲，课程设置注重职业能力训练，实践性教学环节课时数应在教学计划中占 50%左右。

1995 年 11 月 18 日，10 所五年制高职试点学校在无锡市举行例会，讨论五年制高职的内涵、培养目标、特色和优势，以及制订教学计划的原则。

1996 年 6 月 14 日，国家教委再批准大连海运学校等 8 所中等专业学校举办初中后五年制高职班。1997 年 5 月 19 日，国家教委办公厅发文同意 1994 年始办的高职班扩大试点专业点数和招生规模。至此，试办初中后五年制高职的学校共有 22 所，试点专业 66 种，试点专业点 74 个。

1996 年 11 月 16 日，五年制高职试点校在郑州举行会议，成立"全国五年制高等职业学校协作会"，通过《全国五年制高等职业学校协作会工作条例》，决定编发《全国五年制高等职业教育信息》。

1998 年的教育部机构改革后，包括五年制高职的全国高等职业教育统一由教育部高等教育司管理，由于五年制高职中含有三年的中等教育，因此在 2001 年 8 月又划归职业教育与成人教育司管理。

2000 年 5 月 30 日，教育部下发《关于加强五年制高等职业教育管理工作的通知》进一步指出：五年制高等职业教育是我国高等职业教育的组成部分。

其实，中专教育与高职教育的紧密关系，除在部分中专校举办五年制高职班之外，还表现在如下三个方面：

① 工科、医科、政法、金融、税务、远洋航运等类中专学校都是四年制，它是两年高中义化基础上实施两年专业教育，采用了部分高等学校的教材，实际上具有高中后职业教育的性质。

② 20 世纪 60 年代前期，部分中专学校曾试行招收高中毕业生学习 2～3 年的做法。70 年代末至 80 年代初，普通高中毕业生数畸形增长，而普通高校的招生量一直很有限。1976—1980 这五年，普通高中毕业生数分别是普通高校招生数的 23.8 倍、21.4 倍、17 倍、26.4 倍、21.9 倍，社会上存在越来越多未能升入高等学校的高中毕业生，成为十分突出的社会问题。为此，国家一方面大力推进"中等教育结构改革"，加快恢复和发展中等职业教育，另一方面扩大中专学校招收高中毕业生的规模，其招生数占中专招生总数的比例，最高时达到 80%以上，民间俗称"大中专"。然而因此挤压了初中毕业生入学中专的机会，形成新的社会问题。因此后来又重新压缩中专面向高中毕业生的数量。可是在政法、管理、金融、税务、远洋航运等类中专学校，因毕业生年龄太小，无法适应工作需要，故坚持主要招收高中毕业生。至 1995 年，全国中专学校招收的 107 万新生中，高中毕业生仍占有 15%之多。不过，四年制中专和"大中专"毕业生只发中专文凭所形成的体制性矛盾一直存在。在 1996 年的全国职业技术教育工作会议上，时任国家总理的李鹏强调"中专这个层次是不可缺少的"，同时指出"这个层次需要把它理清楚"。国家教委党组书记何东昌讲得更为明确："中等专业教育在我国经过了三十多年实践的检验，证明是一种成功的教育制

度。……问题在于没有根据这个层次的作用和特点，恰当地确定它在职业技术教育中的地位。……国家教委要会同有关方面专门组织力量，抓紧调查研究，周密论证，提出解决这个问题的方案。"国务院办公厅转发该会议的《报告》指出："招收初中毕业生学制四年、高中毕业生学制二至三年的中专，与高等职业技术学校在培养目标上没有太大的区别，不应简单地划入中等教育"。李鹏曾责成国家教委和劳动人事部门提出解决的办法。然而经过多年的努力，很难有所进展。随着高等教育大众化水平的不断提升，尤其是高职教育的迅速发展，中专四年制和招收高中毕业生的情况逐步减少。

③ 许多高职院校是在中专校基础上升格的。根据姜大源同志统计，"100 所国家示范性高职院校、100 所国家骨干性高职院校中，80%～85%是由中职'升'上来的。"[1] 据我了解，这些"中职校"主要是"中专学校"。

合力发展

1998 年，对我国高职教育而言是个具有特殊历史意义的年份。在这一年，教育部根据党中央和国务院的决策，对高职教育的多种办学形式提出了"三教统筹"的管理思路，从管理体制上初步实现对职业技术学院（含职业大学、举办高职的民办高校和五年制高职）、高等专科学校和成人高等学校的资源进行整合，也就是以多种办学形式朝着共同的方向发展，共同探索培养高等职业技术应用型人才的目标、规格和模式。在此后的 17 年时间，高等职业教育开始统一以高等教育的一种类型现身于社会，形成多种办学形式合力奋进的新格局。

1998 年 3 月 16 日，国家教委、国家经贸委、劳动部联合印发《关于实施<职业教育法>加快发展职业教育的若干意见》提出，主要通过对现有高等专科学校、职业大学、独立设置的成人高校改革办学模式、调整专业方向和培养目标以及改组、改制来发展高等职业学校教育。在尚不能满足对高职人才需求时，根据地方和行业需求以及学校的办学条件，经国家教委审批，可以利用重点中专学校举办高职班或转制来补充。

1998 年 10 月，教育部进行机构改革并调整各司局的职能范围，普通高等教育、高等职业教育和成人高等教育有关人才培养的宏观管理和质量监控等工作职能，统归到高等教育司。

1998 年 11 月，高教司会同规划司、学生司及有关高等学校组成调研工作组，分赴浙江、山东、湖北和四川等省，对高等专科教育、高等职业教育和成人高等教育展开调研。同时委托北京、上海、广东、吉林和黑龙江的教育行政部门，按照统一的调研提纲和要求开展本地调研工作，并写出调研报告送教育部。

1999 年 1 月 11 日，教育部和国家计委联合印发的《试行按新的管理模式和运行机制举办高等职业技术教育的实施意见》提出，高等职业教育由以下机构实施：短期职业大学、职业技术学院、具有高等学历资格的民办高校、普通高等专科学校、本科院校内设立的高等职业教育机构（二级学院）、经教育部批准的极少数国家级重点中等专业学校、办学条件达到国家规定合格标准的成人高校等。按新的管理模式和运行机制举办的高等职业技术教育为专科层次学历教育，其招生计划为指导性计划，教育事业费以学生缴费为主，政府补贴为辅。毕业生不包分配，不再使用《普通高等学校毕业生就业派遣报到证》，由举办学校颁发毕业证书，与其他普通高校毕业生一样实行学校推荐、自主择业。对这部分高等职业技术和教育，国家不再统一印制毕业证书内芯。此项管

---

[1] 姜大源《中国对世界教育的独特贡献》www.jyb.cn　2016 年 06 月 28 日　来源：教育部网站

理模式，群众俗称"三不一高"政策，曾引发业内外一片哗然。我们暂不论这些政策是否完全科学、合理，在普通高校没有普遍推行的情况下，要求在高等教育系统中处于弱势地位的高等职业院校首先试行，使高等职业教育在社会公众心目中很容易形成"高等教育另类"的印象，对高等职业教育的负面影响是显而易见的，巨大的，理所当然地受到许多地方有关部门的抵制和高职院校的普遍反对。

1999 年 6 月 15 日开幕的第三次全国教育工作会议，再次强调"要大力发展高等职业教育"。同时，把高等职业教育的院校设置权、专业审批权和招生权都下放到了省级教育管理部门。

1999 年 2 月 24 日，教育部发布《面向 21 世纪教育振兴行动计划》，再次强调"积极发展高等职业教育"的决心，重申"三改一补"的原则，同时提出一系列新的要求和举措。

1999 年 5 月 5—7 日，全国高等专科教育人才培养工作委员会成立大会在北京举行，委员会成员由高等专科学校、职业技术学院和成人高等学校的部分院校长 50 余人组成。会议决定，将该委员会定名为"全国高职高专教育人才培养工作委员会"，承担全国高职高专教育人才培养工作的研究和指导任务。会议讨论修改了《关于加强高职高专教育人才培养工作的意见》《关于组织实施<21 世纪高职高专教育人才培养模式和教学内容体系改革项目与建设计划>的通知》《关于制订高职高专教育专业教学计划的原则意见》《高等职业院校、高等专科学校和成人高等学校教学管理要点》四个文稿。

1999 年 6 月 13 日发布的《中共中央国务院关于深化教育改革 全面推进素质教育的决定》中指出，"高等职业教育是高等教育的重要组成部分。要大力发展高等职业教育，培养一大批具有必要的理论知识和较强实践能力，生产、建设、管理、服务第一线和农村急需的专门人才。现有的职业大学、独立设置的成人高校和部分高等专科学校要通过改革、改组和改制，逐步调整为职业技术学院（或职业学院）。支持本科高等学校举办或与企业合作举办职业技术学院（或职业学院）。省、自治区、直辖市人民政府在对当地教育资源的统筹下，可以举办综合性、社区性的职业技术学院（或职业学院）""职业技术学院（或职业学院）可采取多种方式招收普通高中毕业生和中等职业学校毕业生。职业技术学院（或职业学院）毕业生经过一定选拔程序可以进入本科高等学校继续学习""经国务院授权，把发展高等职业教育和大部分高等专科教育的权力以及责任交给省级人民政府，省级人民政府依法管理职业技术学院（或职业学院）和高等专科学校。高等职业教育（包括高等专科学校）的招生计划改由省级人民政府制定，其招生考试事宜由省级人民政府自行决定"。其改革力度可谓大矣！

1999 年 11 月 8—10 日，第一次全国高职高专教学工作会议在北京举行，各方代表 200 余人出席，会议确定了今后高职高专教育教学改革和建设工作的思路和主要任务，启动教学改革和建设项目。高教司提出高职高专教育的六条特征，明确了它的基本的培养目标是："培养拥护党的基本路线，适应生产、建设、管理、服务第一线需要的，德、智、体、美等方面全面发展的高等技术应用性专门人才"。会后形成了《教育部关于加强高职高专教育人才培养工作的意见》，教育部于 2000 年 1 月 17 日以教高〔2000〕2 号文件印发，同时印发的还有《关于制订高职高专教育专业教学计划的原则意见》。

2000 年 3 月，教育部发布《高等职业学校设置标准（暂行）》，对高等职业学校校系两级领导的配备，专兼职教师队伍建设、土地和校舍面积、实习实训场所、教学仪器设备和图书资料的要求，以及专业与课程设置、基本建设投资和经常性经费等基本条件做出了规定。

2000 年 1 月 17 日，教育部发出《关于组织实施<新世纪高职高专教育人才培养模式和教学内容体系改革与建设项目计划>的通知》，2000 年 1 月 27 日，教育部高职高专教育人才培养工作委员会第一届二次会议在深圳召开，会议讨论修改《关于在高等职业教育、高等专科教育和成人高等教育中开展专业教学改革试点工作的意见》；讨论修改《关于开展高职高专教育教学工作优秀学校建设与评价的意见》；制订《新世纪高职高专教育人才培养模式和教学内容体系改革与建设项目计划》（简称《项目计划》）的实施办法，该《项目计划》从当年 4 月开始组织专家对 720 个单位申报的一千余个项目进行初审，当年 6 月底组织复审，最后确定第一批 60 个项目正式立项，发出立项通知后正式启动。

2000 年 3 月 23 日，教育部高教司印发《关于加强高职高专教育教材建设的若干意见》，成立教育部高职高专规划教材编写委员会，制订各类基础课程教学基本要求和专业大类培养规格，组织教材编写、出版队伍，力争经过五年的努力，编写、出版 500 种左右高职高专教育规划教材。

2000 年 6 月 12 日，教育部高等教育司下发《关于在高职高专教育中开展专业教学改革试点工作的通知》，决定"进行以提高人才培养质量为目的，人才培养模式改革与创新为主题的专业教学改革试点，经过五年的努力，力争在全国建成 300 个左右特色鲜明、在国内同类教育中具有带头作用的示范专业，推动高职高专教育的改革和发展"。

教育部高教司于 1999 年曾下发《关于同意上海市筹建全国高职高专教育师资培训基地（华东地区）的批复》，同意由同济大学、上海第二工业大学、上海商业职业技术学院组成这个基地。

2000 年 11 月 28 日，教育部高教司下发《关于批准成立全国高职高专教育师资培训基地（天津）的通知》，该基地下设天津大学、南开大学、天津工业大学、天津财经学院、天津职业技术师范学院、天津中德职业技术学院 6 所基地院校。

2000 年底，我国高职高专教育在校生达 141.85 万人，在 1999 年 93.66 万人基础上增长 51%。

由此可见，在 20 世纪的最后两年，高职高专的工作有声有色，使我国高职教育系统呈现一片欣欣向荣的大好局面。

尾声

发展高等职业教育，是现代经济发展和社会进步的客观需求，是一定历史时期教育发展的必然趋势。然而我国高等职业教育的兴衰起落，从来都不是孤立发生的，而是始终伴随着新旧高等教育思想的更替，反映了整个教育制度的进步与落后。回顾 20 世纪中国高等职业教育的百余年发展历程，跌宕起伏，峰回路转，实际上也是中国新旧教育思想不断更替的过程。这一过程，既表现了中国教育制度不断进步的主流方面，也反映了中国教育制度中落后势力的陈腐与顽固。

今天，我们回顾我国高职教育百余年的曲折历程，更知已有的成就来之不易，非常值得珍惜。然而我们在热烈庆贺辉煌的同时，必须冷静看到我国高职教育现实存在的问题和不足。葛道凯司长说，今后一个时期高职教育的发展举措，将从"更明的方向、更高的质量、更优的结构、更顺的体制、更强的保障、更加的公平、更好的开放"等 7 个"更"出发。在我看来，他也同时提醒我们，这每一个"更"的背后都存在一个亟待弥补的不足，而要实现每一个"更"，都是一个很大的研究课题，都是一场十分严峻的硬仗。

联合国教科文组织发布的"教育 2030 行动框架"指出："目前，迫切需要开发贯穿一生的灵活技能与能力，因为人们需要在一个更加安稳、可持续、相互依存的知识型及技术驱动型的世界里生活和学习"。要"确保所有人打下扎实的知识基础，发展创造性及批判性思维和协作能力，培养好奇心、勇气及毅力"。这是对每个国家整个教育体系提出的要求，中国的高等职业教育当然不能置身度外，也需要做出响应。我们准备好如何响应了吗？首先，如何理解"灵活技能与能力"？

如何理解"更加安稳、可持续、相互依存的"知识和技术？如何"确保所有人打下扎实的知识基础，发展创造性及批判性思维和协作能力"？如何"培养好奇心、勇气及毅力"？恐怕都是并非容易回答的问题，要在教育教学实践中付诸实施，其难度更加可想而知。

总之，我国的高职教育要有充分的准备，在大踏步前进中继续攻坚克难。

参考文献

[1] 教育部计划财务司. 中国教育成就（1949—1983）[M]. 北京：人民教育出版，1984.

[2] 教育部计划财务司. 中国教育成就（1980—1985）[M]. 北京：人民教育出版社，1986.

[3] 李蔺田. 中国职业技术教育史[M]. 北京：高等教育出版社，1994.

[4] 刘桂林. 中国近代职业教育思想研究[M]. 北京：高等教育出版社，1997.

[5] 闻友信，杨金梅. 职业教育史[M]. 海口：海南出版社，2000.

[6] 潘懋元. 中国高等教育百年[M]. 广州：广东高等教育出版社，2003.

[7] 夏金星，彭干梓. 中国职业教育思想史[M]. 长沙：湖南人民出版社，2013.

[8] 中国高职研究会. 中国高等职业技术教育研究会史料汇编[M]. 北京：高等教育出版社，2002.

[9] 杨金土. 30 年重大变革：中国 1979—2008 年职业教育要事概录[M]. 北京：教育科学出版社，2011.

脚踏实地 从实际出发
推进高校计算机基础教学改革

谭浩强[1]

摘要： 本论文是谭浩强教授在最近一次研讨会上作的发言，根据大家意见整理。论文包含"应当充分发挥民间学术团体的作用、几年来计算机基础教育改革的回顾、在进行教学改革时应当注意的几个问题"等三个部分，针对当前以计算思维为导向的计算机基础教育教学改革的现状，从不同方面提出应如何推动和深化高校计算机基础教育改革的看法，文中观点也可供高职计算机公共课程教学改革参考。

从 1978 年起我从事计算机普及和高校计算机基础教育，至今已近 40 年了。1984 年，我们发起成立全国高等院校计算机基础教育研究会，专门研究高等院校中面向非计算机专业的计算机教育。从 1984 年到 2008 年，大家推选我担任研究会的领导工作，2008 年后我不再担任研究会会长，但是仍然关心和支持高校计算机基础教育的发展，曾应邀参加了有关学术团体和出版社举办的计算机教育论坛，参加了一些课题的研究活动，和老师们交流信息和看法。很高兴地看到近年来随着信息技术的迅猛发展，全国高等院校计算机基础教育取得很大的发展。我从中得到了许多新的信息，学习到新的知识，也有一些新的感悟。愿与大家分享和共勉。

1 应当充分发挥民间学术团体的作用

全国高等院校计算机基础教育研究会是经民政部批准的、我国唯一的研究高校非计算机专业计算机教育的全国性民间学术团体，研究会成立 30 多年对推动我国高校的计算机基础教育起了重要的作用。我觉得作为全国有影响的学术团体，研究会有下面几个显著特点：

（1）代表性广。参加研究会和有关学术研讨会活动的人数众多，群众性广，他们都是来全国各个基层组织，既有 985、211 等重点大学，也有一大批一般院校：既有沿海发达地区的学校，也有西部欠发达地区的学校；既有资深的百年老校，也有近年新建院校；既有理工类学校，也有文科艺术类学校；既有本科院校，也有高职高专院校；既有经验丰富的老专家，又有一大批在第一线从事教学工作的中青年教师。代表了各个层面，反映了不同情况，丰富了各种经验，说出了各种声音。大家从不同角度提出问题，思路开阔，集思广益，会使我们思考问题更加全面，很有好处。

（2）与群众有密切联系，接地气。研究会有覆盖全国的组织网络。除了定期举行学术年会外，每年都与有关出版社合作举办各种计算机教育论坛，有几百所学校代表参加。针对各个领域的特点，研究会设立了理工、农林、医学、文科、财经、师范、高职高专等专业委员会。此外，全国

---

[1] 谭浩强，全国高等院校计算机基础教育研究会荣誉会长、计算机教育著名专家。

各省（直辖市、区）都成立了地区性的研究会组织。这就形成了覆盖全国各地区、各专业的组织网络，分别研究各地区和各专业的问题，分别组织活动。所有学校的老师都有机会参加所需要和适合的活动。研究会通过各种渠道和广大教师保持经常联系，了解基层教师的情况和要求，能做到上情下达，下情上达，相互启发，方便沟通。

（3）面向实际，实事求是。由于研究会的成员绝大多数来自基层，大家自然关心实际问题的解决。研究会多年来形成一个良好的风气，就是面向实际，面向对象，一切从实际出发。认真研究面临的实际问题，从实际中提出问题，从理论与实践结合的高度研究解决问题的方法，并且在实践中总结和检验。而不是关起门来凭空臆想，或从杂志缝里找题目，热衷于脱离实际的空对空的抽象议论。

（4）群众性学术团体和一般群众组织不同，它是一个高智力的智库，云集了一批来自各方面的专家，他们有专业知识、有实践经验、有工作热情、有群众基础，作风正、甘奉献、不占编制、不取报酬、努力工作、献计献策。这样的高智力群体是值得重视的，如果充分发挥其作用，会有利于领导部门的科学决策和民主决策，减少失误。

（5）平等民主的学术氛围。学术团体不是行政机构，没有行政权力，它不采取行政手段进行工作，而是提倡在学术领域中充分发扬民主，交流经验，推动教学改革。在我们这里，学校有大小，职称分高低，水平有差别，但是每个人都有机会充分发表意见，都得到尊重。大家动脑筋，提问题，提倡不同意见的争鸣，以引发深入的思考。无论哪一个人的讲话，都不会被作为绝对真理，都不会要求必须执行。学术问题不能少数服从多数、下级服从上级。多数未必正确，上级不一定比下级高明。学术问题不能由领导作结论，只有实践才是检验真理的唯一标准。

工作方法是从群众中来，到群众中去。努力发现各校的新鲜经验和创造精神，进行交流和推广。所有意见和方案都只供参考，都没有约束力，认为对的就吸取，不同意的就不执行。每个学校根据自己的实际情况，综合吸取所有的有益的意见和经验，形成适合自己的方案。

全国过于统一不是好事，清华大学和边远的新建学校能采用同一个方案吗？脱离实际、强求一致不利创造性的发挥，不利于教育改革的发展。应当提倡在大方向一致的前提下百花齐放、推陈出新，形成多样化生动活泼的局面。这是目前做得很不够的，也是需要当大力提倡的。

以上这些特点说明：民间学术团体有巨大的优越性和活动的空间，任何官方机构都不可能代替群众性的学术团体，政府和社会应当重视并充分发挥学术团体的作用。

2　几年来计算机基础教育改革的回顾

几年来在高校计算机基础教育领域进行了广泛深入的教育改革研讨与实践，取得明显的效果。大家站得更高了，思路更开阔了，改革的实践更丰富了，成果也多了。

根据我的观察，这几年的研讨和改革主要围绕以下几个方面进行的：

（1）关于计算思维的研讨。关于计算思维，目前国内外哲学界和科学界还没有一致公认的看法，对其定义与内涵也无共识。有的提数字思维，有的提网络思维，有的提互联网思维，有的提智能思维。提法不同，都有道理。思维属于哲学范畴，应当听取多方面的意见，进行深入的研讨。

应当说前几年全国开展的关于计算思维的研讨是有积极意义的，使人们在教学中注意对科学思维的培养。大学不仅要重视科学技术的传授，还要重视科学素质的培养，培养科学精神、掌握科学方法。

（2）教学内容的改革。在计算机普及的初期，计算机主要是单机运行的方式，那时的教学内容是与此相适应的。现在已发展到互联网时代，互联网、大数据、云计算成为了信息时代新的手段。教学体系和教学内容显然需要"动大手术"，重新设计，以适应今天的需要。

近年来，许多学校根据需要改造了原有的课程，设置了新的课程，尤其是把信息技术与传统学科相结合的课程，如医学信息基础、计算生物学、海洋信息学等。非计算机专业的计算机教学内容必须与时俱进才有存在的价值，才有生命力。

（3）教学方式的改革，尤其是 MOOC 和翻转课堂的推广，突破了传统教学观念和形式，充分利用优质资源，实现资源共享，有利于以先进带动一般，缩小差距。

（4）对计算机应用的深入研究。非计算机专业中的计算机教育实质上是计算机应用的教育，服务于各有关专业，与各专业密切结合。尤其是应用型大学和高职高专更是如此。但是过去我们对计算机的应用系统研究是不够的，有的教师（包括一些专家）有意无意地轻视应用。在设计课程体系和教学内容时总是以理论为主线，或者把应用理解为简单的工具使用。没有真正建立以应用为目标和主线的课程体系和教材体系。

近几年有所突破，尤其是以吴文虎和高林教授为首、有二十几个院校参加的课程研究组（铁道出版社支持的），在三年时间内对面向应用问题做了系统深入的研究，从理论上和实际上提出了以应用为目标和主线的教学目标、教学理念、课程体系、课程内容、教学方法以及怎样培养应用能力等问题。其成果体现在中国铁道出版社出版的《大学计算机基础教育改革理论研究与课程方案》一书中，大家反映很好，认为观点明确，切合实际，具体可行。当然还要在实践中检验和进一步完善，但是应该说：这是计算机基础教育领域中的一个重要突破，尤其对于广大应用型大学的意义更为重要。希望引起大家重视。

高职高专院校的改革方向明确，脚踏实地，取得了明显的效果。

3 在进行教学改革时应当注意的几个问题

我认为在进行教学改革中应当注意以下几个问题：

（1）改革必须要有全面的思路，要时刻思考我们计算机基础教育的性质、目标和任务是什么？

作为指导和研究计算机教育的机构应当全面考虑和提出计算机育改革的思路和方案。要使教师有一个全面的清晰的概念。

我觉得计算机基础教育应当综合考虑三方面的因素：一是信息技术的发展，二是面向应用的需求，三是科学思维的培养。这是一个三维模型。一个完整的教学改革方案应当包含这三方面的要求。我们多年来一直提倡在教学中要"讲知识、讲应用、讲方法"就是这个意思。不同类型不同层次的学校在这个三维空间中的坐标点会有不同，但是任何时候都不能只讲某一方面而忽视其他方面。例如：强调计算思维时不能忽略信息技术的发展和计算机应用的要求，同样强调计算机面向应用时不应当忽视在教学中注意培养科学思维以及信息技术发展的趋势。否则会出现片面性。

在进行经验交流时，对于从不同角度提出来的经验和方案，不应盲目简单照搬，应当提倡大家结合实际情况进行消化、分析和综合，取其长去其短，吸取适合本校的经验，使之本土化。

（2）要注意对不同的对象要求应当是不同的，不应混淆。

例如：关于计算思维的研讨，对研究者和一般教师的要求是有很大不同的。研究者可以研究深入一些，而对一般教师，没有必要去研究思维的定义、内涵、要素等有关哲学的问题，就如同数学教师不需要先学习逻辑思维的定义才能讲数学课一样。学生在学数学的过程中自然而然地培养了逻辑思维。

计算机专业和非计算机专业的培养目标和教学体系有很大不同，不应把计算机专业的要求和做法简单地搬到非计算机专业。同样，对研究型大学和应用型大学要求是很不相同的，不能把研究型大学的要求和做法照搬到应用型大学甚至高职高专中去。要因地制宜，因校制宜，各按步伐，共同前进。

我觉得应用型大学应当多研究些计算机应用的需求和规律，这是当前的短板，而且是可以大有作为的。最近我常想一个问题："互联网+"是谁提出来的，是我们的院士、科学家、教育家、大学教授吗？都不是，是马化腾、马云、雷军等人向李总理提出来的，他们是第一线的应用者，他们对时代发展的命脉感受最深，对用信息技术推动社会经济的要求最迫切。而我们一些专家在这个事关国家发展大计的重要问题上没有声音，而这本来是信息技术发展的大好机会啊！我们有些人习惯于在象牙塔里研究抽象问题，而对事关国计民生的大问题兴趣不大。这个问题值得深思。希望有更多的人来研究怎样使信息技术更好更快地推动社会发展，培养出有较高应用能力的大学毕业生。

（3）多关心实际效果，少一些书生气，不要钻牛角尖。

曾听到几位老师在争论：递归属于计算思维，那么递推算不算？我听了觉得很奇怪，也挺有意思。心想讨论这个问题有什么实际意义呢？可能他们认为如果是计算思维就应当重视，大力推行，如果不是就不用管了。我想，管它什么思维，只要是有利于培养科学思维，都应当提倡和重视。难道计算机教育不需要培养学生的理论思维和实证思维吗？不能说计算机教育只是为了培养计算思维，而不培养其他科学思维。这样就会钻牛角尖。

不要把计算思维讲得那么玄乎、那么高深，美国一个研究机构提出对小学三年级学生培养计算思维能力的例子是："重复的工作让计算机去做"。请看多么简单，多么自然而然，多么容易接受。他们还用通俗的例子向中小学生讲解"并行"的概念，它体现在具体生活之中，毫无故弄玄虚、高深莫测之感。要善于把复杂的概念简单化，而不要把简单的问题复杂化。

有的人思想过于简单化，一说好的就好得不得了，而不去作全面分析。前一时期宣传 MOOC 时，有的报纸说，以后全国学生都可以上清华北大甚至哈佛了。有的校长说教师数量要砍一半。果真这么简单吗？那么全国只要办一个 MOOC 大学就够了，有现在的中央电大就行了。实际上，在推广 MOOC 过程中有很多问题要研究，很多矛盾要处理。美国最近也有一些不同的看法。其实任何方法都有其两面性。遇到新问题要全面分析，既看到优点，也看到其短处和局限性，找到扬长避短的方法，不要一哄而起，见难而退。大起大落。

我水平不高，但是自问比较实际，不那么容易跟风，什么事情都要想清楚再干，三思而后行。以上不成熟的看法，作为百家争鸣的一个发言参加讨论，请大家指正。

以现代职业教育思想为指导，
推进高职计算机基础教育改革

高 林

（北京联合大学，北京 100101）

摘要： 2012 年本科以计算思维为导向的计算机基础教育改革开展以来，大大促进了高职领域的计算机基础教育改革，"以什么为指导思想"是高职计算机基础教育改革要解决的关键问题。本文提出以现代职业教育发展理念为指导思想，推进高职计算机基础教育改革，使高职计算机基础教育改革与高职教育改革遵循同样的理念，从而可使高职人才培养整体上得到进一步优化。

1 现代职业教育思想和高职计算机基础教育改革

21 世纪第二个十年以来，伴随本科以计算思维为导向的大学计算机基础教育改革、不同学术观点的讨论以及实践探索，也推动了高职领域的计算机基础教育改革。与本科不同，高职计算机基础教育课程体系中并没有计算机基础教育的概念，但与本科相同的是在高职人才培养方案中同样具有本科计算机基础教育的内涵。所以本文借用本科计算机基础教育的概念，将高职计算机基础教育定义为：在高职专业人才培养方案中的计算机公共课程和非计算机专业中的计算机课程，如程序设计、数据库、网络技术、多媒体技术等。

高职计算机基础教育改革应遵循什么样的指导思想？即以什么为导向？将是本文重点讨论的问题。所谓"导向"即指在教育中有研究对象应遵循的逻辑过程和逻辑结构，本科提出以计算思维为导向，即指课程体系和课程内容要按照计算思维的逻辑结构组织。培养科学思维能力是现代职业教育的目的之一，但不是导向，职业教育的基本特征是"面向应用"，即其课程体系和课程内容的设计是以经济社会发展对人才的需求为基础，所以高职专业设计的起点是职业分析。对高职的计算机基础教育，如果其改革理念能与高职教育理念一致，将会使高职计算机基础教育与高职教育遵循同样的理念，从而使高职人才培养整体上得到优化。

下面将具体分析高职教育改革所遵循的现代职业教育思想：20 世纪 80 年代末随着德国工业向高端化发展和与信息技术结合，企业传统的单纯的操作性、技能性工作任务，逐渐被灵活性、整体性和以解决问题为导向的设计性、综合性工作任务所取代，使人才的需求结构发生变化，对传统技能型人才的综合能力和创新精神提出了更高要求，这实际上是对教育，尤其是职业教育提出了更高要求。以德国不来梅大学技术与教育研究所（ITB）组织的，来自欧洲各国的研究团队，对新工业化形势下人的作用和人与技术、知识的关系进行研究，提出了新的以人为本的教育理念。其核心理论认为："在技术与社会需求间存在人的设计空间（其中"设计"为德文 Gestaltung，有设计、建构、创新之意，本文简称为"设计"）"。在此理论指导下，90 年代 ITB 提出了设计导向课程理念和目标，解决了设计导向的课程形式和课程开发方法问题。因此，设计导向的职业教育理念和课程开发方法被认为是国际上最先进的职业教育指导思想。

2006 年，我国教育部在职业教育中推广"设计导向，基于工作过程的职业教育理念和课程模式"，并结合我国国情和经济社会发展，尤其是伴随我国经济发展新常态和工业转型升级对人才能力结构的新需求，推动职业教育改革的深化，在此过程中逐步形成我国主流的现代职业教育思想和人才培养模式，可以概括为以下内容：

基本特征：面向应用。

理论基础：伴随我国经济发展转型升级，在单纯掌握知识技术与职业工作需求之间存在人的设计空间，即对人才创新和解决问题等方面表现出的综合能力的需求，且随着产业形态高端化，以及技术人才层次的高移，设计空间也将逐步拉大。因此填补这一设计空间成为新一轮职业教育教学改革的核心内容之一。

教学理念：设计导向。

课程目标：知识、技能基础上的综合能力培养。

课程内容：基于工作过程的知识、技能与综合能力。

课程类型：理论课程、实训课程、项目课程。

其中，教学理念中的"设计导向"是指：伴随产业形态高移，要求职业教育不仅要注重技术和知识的掌握，具有"技术适应能力"，更重要的是要具备解决问题，创新创意和参与设计工作任务的综合职业能力。所以"设计导向"也可理解为"解决问题导向"，但与解决问题导向不同的是设计导向给出了解决问题的理论内涵、具体方法和实施途径。

课程目标中的"综合能力"具体包括三种能力：

专业能力：合理利用专业知识和技能，通过独立思考和行动，解决问题、改革创新和评价结果的能力。

方法能力：独立学习，科学思维，设计任务与实施行动，批判性反思和新的实践的能力。

社会能力：沟通交流，团队合作，包容谅解，责任意识、法制思想和工匠精神等。

我国现代职业教育思想是在借鉴国际先进职业教育理念基础上，与中国实际相结合的产物，具有中国特色和国际先进性。如果以其为上位理念，指导高职计算机基础教育改革，使高职计算机基础教育的理念与高职人才培养的理念一致，将会更有利于高职人才培养质量的提高。

2 设计导向的高职计算机基础教育改革

本文以现代职业教育改革理念和新一代信息技术发展为背景，提出设计导向的高职计算机基础教育改革的理念和模式：

（1）背景：在信息技术与各专业对计算机应用的社会需求之间存在人的设计、建构与创新空间，且随着新经济的发展和产业形态的高移，对专业与计算机相融合解决实际问题的综合能力要求越显突出，计算机基础教育要在掌握新一代信息技术应用基础上，重点提高基于计算机技术应用的设计能力。计算机技术应用的设计能力可概括为：本专业对信息技术和新一代信息技术应用的掌握，以及通过思维与行动解决问题的能力。

（2）理念：面向非计算机专业的计算机技术应用，尤其是面向新一代信息技术（"互联网+"）与专业相融合的发展需求，以计算机基本知识和技术为基础，以设计为导向，以解决问题和创新能力提升为目标，实施高职计算机基础教育课程改革。

（3）模式："4 平台+1 空间"，即 4 级计算机技术应用的课程平台和一个综合能力提升的设计空间，如图 1 所示。

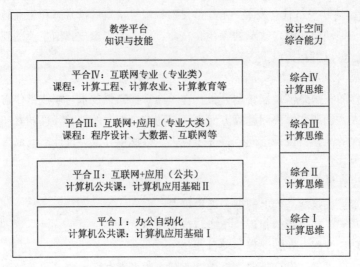

图 1　高职计算机基础教育课程体系架构

其中第 1 级课程平台称为办公自动化应用课程平台：对高职来说就是计算机公共课程平台，仅包括"计算机应用基础"一门课，内容为操作系统、办公软件应用等。该课程形成于 20 世纪八九十年代，面向微机诞生以来各行各业广泛使用的以办公自动化为主的工作。当时计算机应用的普及大大改变了人们办公的形式，如在教育领域开始了文件管理数字化，信息传送网络化，随着多媒体、多功能教室的普及教师教学逐步数字化（例如：PowerPoint）。

第 2 级课程平台是"互联网+应用课程平台"，即新一代信息技术应用课程平台：这一平台是我国经济社会发展新常态对大学生计算机应用的新要求，也是当前计算机基础教育改革的主要内容。平台涉及的计算机技术可包括网络技术（互联网、移动互联网、物联网、云计算）、数据科学与大数据分析、人工智能等方面，这一平台目前还在发展改革建设中，难点在于从整体上归纳出新一代信息技术应用的共同点，以及新的知识技术技能需求，从而构建一门针对非计算机专业的计算机技术应用基础课程，成为一门新的高职计算机公共课程。

第 3 级课程平台是高职专业目录中的专业类计算机应用课程平台：高职与本科不同，除公共课程外没有设置专业基础课，而是直接由职业分析导出专业课程，对于计算机基础课程，除一门计算机公共课程外，其他都是专业课程，如程序设计等都是高职各专业自行决定设置，这又造成基础性质课程专业化，失去其课程逻辑体系的共同特征，因此有必要增加一类以高职专业目录中的专业大类或专业类为基础的平台课程，在专业职业分析基础上，再归纳出本专业类的计算机基础课程，如程序设计、数据库应用基础、大数据技术与应用、互联网技术与应用、人工智能应用、机器人技术等都将成为该平台可能的课程，以供各专业选择性开设。

第 4 级课程平台是各专业与计算机相互融通的计算机应用课程平台：这一平台是由各专业对新一代信息技术的新需求开设的，在本科教学中已有类似的课程，一般用"计算+学科"或"计算+产业"的课程名称，如计算医学、计算生物学、计算农业、计算工程等，高职也应开发相应的课程，以满足高技能人才对专业与新一代信息技术融合的需求。

综合能力提升的设计空间是在四级应用平台课程基础上，对学生综合能力的提升，提到综合能力必然涉及本科计算机基础教育的计算思维导向问题，本科提出计算思维为导向的计算机基础教育改革意味着课程的载体和能力提升都是计算思维，这对高职很难做到，高职的基本特征是面向应用，所以对计算机基础课程改革首先要明确新形势下高职对计算机基础教育的新需求并构建四级课程平台，作为包括计算思维能力在内的设计能力培养的基础和载体。本文对计算思维的定义比本科更具广义性，是指在现代社会中信息技术使人类思维形式改变或产生的新思维形式，可包括：计算思维（如本科定义）、算法与程序思维、网络思维、大数据思维、人工智能思维等。而且在高职教育理论中，思维能力的上位概念是设计导向的综合能力，包括对所要完成任务或解决问题的设计、建构、创新等方面，思维和行动是设计之必须，只不过在计算机基础教育中载体是计算机，综合能力提升中的思维能力应以计算思维为主。

3 高职计算机基础教育改革的教学实施

表面看"4平台+1空间"的高职计算机基础教育课程模式中课程显得较多，对于非计算机专业似乎学时不够用。但该模式仅仅是各专业通用的一个课程框架，其中很多课程应由不同专业选学，下面给出具体的教学实施原则。

（1）对高职不同专业计算机基础教育的教学实施原则。

① 逐步过渡减少和取消传统的第1级教学平台课程（主要应由基础教育解决）。根据入学新生对传统的"计算机应用基础"课程内容掌握情况，逐步减少课程学时，或可通过教育信息化（MOOC、SPOC等）手段，由线上线下相融合的课程形式解决。

② 通过因材施教、分班教学等手段开出第2级平台课程，即一门新的"计算机应用基础"课程，作为新的计算机公共课程。

③ 依据不同专业类对新一代信息技术的需求，选择性开设第3级平台课程。

④ 由专业决定是否开设第4级平台课程。

⑤ 所有课程都应实施设计导向，结合课程内容提升综合能力，培养运用计算思维解决问题的能力。

（2）对现代职业教育体系的教学实施原则。

对现代职业教育体系仍可以依据该模型实现计算机基础教育的中高职、高职和本科之间的计算机基础课程和教学衔接。

① 第1级平台课程应由中职解决。

② 由于中职升高职学生对第1级平台课程内容已有较好掌握，使高职可以专注于第2和第3级平台课程教学。

③ 对于专升本学生重点放在第四级平台课程教学。由此构成现代职业教育体系的课程有序衔接。

④ 同样，对各级平台课程都应以设计为导向，培养计算思维，提升计算机应用的综合能力。

4 模式实施中需研究解决的主要问题

（1）设计开发"4平台+1空间"模式新课程。

上述计算机基础教育课程平台中的第二至四级平台都涉及新一代信息技术在非计算机专业中的应用，依据面向应用的原则，首先必须分析各行各业对新一代信息技术应用的需求，进行分析归，从中提取相关知识点、技能点，以及综合任务等项目课程资源要素，构成平台课程设计的基础。

（2）创新设计导向和计算思维能力培养的教学形式。

设计导向的综合能力培养是每级课程平台中的每一门课程都具有的任务，其课程和教学形式不同于我们传统和熟悉的，以教师教授为主的教学形式。而通常采用的是理论课程教学中的启发式、讨论式教学和设计导向综合能力培养课程中的项目化教学，其难点在于他们都是以学生学习为中心的，教师一般对这种教学方式和教学法不熟悉，当前的教学管理制度对这种教学形式也尚欠缺支持和鼓励。因此这是当前高职计算机基础教学改革中的一个难点，也是计算思维能力培养要解决的重要问题。

（3）需要教育信息化的支持。

教育信息化的支持是上述高职计算机基础教育教学改革方案得以实施的基本保障，包括两个方面：一是数字化教学资源建设，当前其短板在于以综合能力培养为目标的项目课程中的项目资源不足、质量不高；二是教学中教育信息化的应用，前一阶段教育信息化的重点在于对课程开发技术的熟悉，多为对国外经验的引进，较少考虑国内教学需求，尤其是职业教育的特殊需求，为此也进行了大量的投入，其结果有经验也有教训。下阶段重点要以需求为导向，结合当前高职计算机基础教育教学中的问题和痛点，分析高职计算机基础教育教学改革方案的新要求，针对高职计算机基础教育对教育信息化的刚需，发挥线上线下课程各自优势，推进计算机基础教育教学改革落地。

5 大学本科计算机基础教育教学改革已逐步呈现"面向应用、设计导向"的发展趋势

教育部教指委自 2013 年提出"以计算思维为导向"的大学本科计算机基础教育改革以来，大大推动本科院校的计算机基础教育改革，但在一些基本问题上也存在着不同观点和不同意见的交流和讨论，如：在指导思想上是否要"以计算思维为导向"，即课程内容是否要按计算思维的逻辑结构组织，改革初期曾有主张计算机基础教育的第一门课程改为"计算思维导论"。但从最近出版的由教育部教学指导委员会编写的《大学计算机基础课程教学基本要求》一书，和教指委领导的讲话中都传达了如下信息：在坚持以计算思维为导向的新一轮教学改革基础上，提出大学计算机基础教育改革要体现信息化与专业化相融合的应用能力培养；计算机基础教育的改革思路是：教学理念以计算思维为导向，教学体系强调掌握基本要求、核心概念和核心内容，教学方式采用翻转课堂等；在培养学生应用能力基础上，进一步培养学生对于计算机应用的深度理解和计算思维模式的习惯，掌握运用计算机技术分析解决问题的能力和方法，获取评价和使用信息的素养，以及基于信息技术的交流与持续学习的能力等。

从以上内容不难看出，经过几年的改革实践，尽管现在仍然坚持"以计算思维为导向"的提法，但在概念的内涵意义上，都基本与"面向应用、设计导向"相一致，从而使对大学本科计算机基础教育教学改革的认识在实质上不断提高和取得共识。所以坚持这一发展趋势，无论高职还是本科的计算机基础教育改革都将更加适应我国新经济的发展和取得更为理想的成果。

参考文献

[1] 欧盟 Asia-Link 项目关于课程开发的课程设计课题组. 学习领域课程开发手册编[M]. 北京：高等教育出版社，2007.

[2] 教育部高等学校大学计算机课程教学指导委员会. 大学计算机基础课程教学基本要求[M]. 北京：高等教育出版社，2016.

新常态时期高职教育：需求、挑战与应对

鲍 洁

（北京联合大学，北京 100101）

摘要：面对我国经济社会发展新常态，实施国家战略"互联网+""工业2025"与创新驱动发展，本文分析思考当前高职教育面临的挑战、存在的问题与应对之策。

目前我国经济的发展在经过30多年高速增长后正在新常态的大格局下稳步推进,正在经历经济结构的重大调整、发展动力的根本转换、发展方式的深刻变革、发展层次的大幅跃升，这是经济迈上更高发展阶段的必然。这一阶段出现的新变化，带来新的机遇与新的挑战。深刻认识我国经济发展的新常态的内涵特征，以及提出的新任务和新要求，才能主动适应和积极引领新常态。在当前国家经济发展新常态的大背景下，高等职业教育也需要认清自身面临的需求与挑战，从而积极应对并充分发挥作为国家社会经济发展重要基础的作用，提升高职教育发展水平。

1 我国经济发展的新常态

"新常态"的提法早在2002年就在西方媒体上出现，之后，随着太平洋投资管理公司CEO埃里安在其著名的题为《驾驭工业化国家的新常态》的报告中，正式用新常态概念来诠释危机后世界经济的新特征（El-Erian，2010）以来，"新常态"这个词开始在发达的经济体盛行,主要来描述西方发达国家应对金融危机进行深度调整的过程。在我国，随着经济的进一步发展,也出现了具有中国特色的"新常态"特征，由习近平主席在2014年5月10日对河南考察时首次明确提出。随后在习主席一系列的讲话中，特别是2014年12月9日中央经济工作会议上，习主席详尽分析了中国经济新常态的趋势性变化，并强调指出："我国经济发展进入新常态，是我国经济发展阶段性特征的必然反映，是不以人的意志为转移的。认识新常态、适应新常态、引领新常态，是当前和今后一个时期我国经济发展的大逻辑。"[1]

1.1 新常态的特征

我国经济发展进入新常态主要呈现出以下特征：

（1）中高速发展。中国经济经历了30多年的高速增长之后，现在合乎规律地需要阶段性地有所改变，原来的两位数10%以上的高速增长状态，不可能一直持续下去。各个国家、各个经济体的发展经验无一不表明，这样的一种高速发展阶段势必要发生变化。因此经济增速要换档回落，从过去10%左右的高速增长转为7%~8%的中高速增长是新常态的最基本特征。

（2）结构调整优化。新常态下，经济结构发生全面、深刻的变化，以低碳、绿色、循环经济为导向，不断优化升级。产业结构方面，一产农业稳定发展、二产工业升级发展、三产服务业做大做强，第三产业逐步成为产业主体；需求结构方面，消费需求逐步成为需求主体；城乡区域结构方面，城乡

区域差距将逐步缩小；收入分配结构方面，居民收入占比上升，更多分享改革发展成果。

（3）发展动力转换。随着劳动力、资源、土地等价格上扬，过去依靠低要素成本驱动的经济发展方式已难以为继，新常态下，中国经济将从要素驱动、投资驱动转向创新驱动。政府投资让位于民间投资，出口让位于国内消费，创新驱动成为决定中国经济成败的关键。

（4）风险凸显多挑战。新常态下面临多方面的新挑战，去产能化、去杠杆化、去泡沫化仍将持续一段时间，不确定性风险增大，不稳定性因素增多，如国际地缘政治风险增大，国内社会矛盾加剧，这些风险因素相互关联、相互影响易引起连锁反应，并呈现显性化趋势。

1.2　新常态实施的国家战略

我国经济发展进入新常态，实质上就是经济发展告别过去传统粗放的高速增长阶段，向形态更高级、分工更复杂、结构更合理的高效率、低成本、可持续的中高速增长阶段演化，是引领我国经济进入一种综合动态优化的过程。为了推动这一演进与优化的过程，实现全面建成小康社会、持续推进中国现代化和中华民族实现伟大复兴的目标，一系列国家战略开始实施。

（1）互联网+。

2015 年 3 月 5 日国务院总理李克强在十二届全国人大三次会议上所做的政府工作报告中首次提出，要"制订'互联网＋'行动计划，推动移动互联网、云计算、大数据、物联网等与现代制造业结合，促进电子商务、工业互联网和互联网金融健康发展"。2015 年 07 月 04 日国务院正式发布《关于积极推进"互联网+"行动的指导意见》（国发〔2015〕40 号），明确指出"互联网+"是把互联网的创新成果与经济社会各领域深度融合，推动技术进步、效率提升和组织变革，提升实体经济创新力和生产力，形成更广泛的以互联网为基础设施和创新要素的经济社会发展新形态"。互联网具有降低交易成本、促进专业分工和提升效率等特点。"互联网＋"其实就是把互联网和各行各业结合起来，从而创造一种新的业态，鼓励产业创新、促进跨界融合，通过对原有行业的"升级换代"，从而释放出新的增长点。因此，"互联网+"战略的实施，不仅仅是互联网移动了、泛在了、应用于某个传统行业了，更加入了无所不在的计算、数据、知识，造就了无所不在的创新，从而改变了经济形态与社会形态，改变了我们的生产、工作、生活方式，也促进了经济转型升级、引领了创新驱动发展的"新常态"。

（2）中国制造 2025。

当今，新一代信息技术与制造技术融合，正在给世界范围内的制造业带来深刻变革。智能化、服务化成为制造业发展新趋势。泛在连接和普适计算将无所不在，人工智能、虚拟化技术、3D 打印、工业互联网、大数据等技术将重构制造业技术体系。产品的功能在极大丰富，性能发生质的变化；单件小批量定制化生产将逐步取代大批量流水线生产；基于信息物理系统（Cyber-Physics System，CPS）的智能工厂将成为未来制造的主要形式，重复和一般技能劳动将不断被智能装备和生产方式所替代。制造业重新成为全球经济竞争的制高点，各国纷纷制定以重振制造业为核心的再工业化战略。美国发布《先进制造业伙伴计划》《制造业创新网络计划》，德国发布《工业 4.0》等。而我国制造业正面临着发达国家"高端回流"和发展中国家"中低端分流"的双向挤压。制造业发展的资源能源、生态环境、要素成本等都在发生动态变化。2015 年 3 月 25 日李克强总理召开的国务院常务会议部署加快推进实施《中国制造 2025》，明确指出以推进信息化和工业化深度融合为主线，大力发展智能制造，从而构建信息化条件下的产业生态体系和新型制造模式。《中国制造 2025》为中国制造业在经济发展新常态中转型升级、实现由大变强的目标指明了发展方向。

（3）创新驱动发展。

早在 2012 年底召开的"十八大"就明确强调要坚持走中国特色自主创新道路、实施创新驱动发展战略。进入新常态时期，其重要特征之一是要转换发展动力，从要素驱动、投资驱动转向创新驱动。而推动、落实这种发展动力转换，是实施创新驱动发展国家战略。2015 年 3 月 15 日中共中央、国务院出台文件《关于深化体制机制改革加快实施创新驱动发展战略的若干意见》，提出了我国实施创新驱动发展的总体思路、目标和要求。2016 年 5 月中共中央、国务院又印发《国家创新驱动发展战略纲要》，对实施创新驱动发展战略做出了总体部署，提出把创新驱动发展作为国家的优先战略，以科技创新为核心带动全面创新，以体制机制改革激发创新活力，以高效率的创新体系支撑高水平的创新型国家建设，推动经济社会发展动力根本转换。明确了分三步走的具体战略目标，强调要坚持科技创新和体制机制创新"双轮驱动"；构建一个国家创新体系；推动六大转变，即：发展方式从以规模扩张为主导的粗放式增长向以质量效益为主导的可持续发展转变；发展要素从传统要素主导发展向创新要素主导发展转变；产业分工从价值链中低端向价值链中高端转变；创新能力从"跟踪、并行、领跑"并存、"跟踪"为主向"并行""领跑"为主转变；资源配置从以研发环节为主向产业链、创新链、资金链统筹配置转变；创新群体从以科技人员的"小众"为主向"小众"与大众创新创业互动转变。还明确提出，"建设和完善创新创业载体，发展创客经济，形成大众创业、万众创新的生动局面"。多举措激发全社会创造活力。创新驱动发展已是国际竞争的大势所趋、民族复兴的国运所系、国家发展的形势所迫。

2 新常态对高职教育的需求

高等职业教育是国家工业化和经济发展的产物，它的产生与发展是国家经济社会发展与工业化的客观需求。高等职业教育的主要任务是为社会经济发展培养生产、建设、管理、服务第一线的高级技术技能人才，提供人力资源的支撑，因此，高职教育与社会经济发展联系紧密。当前，我国经济社会发展进入新常态时期，实现经济增长方式的转变、产业转型升级和创新驱动发展，对高等职业教育也提出了新的需求，认清需求是高职教育主动适应新常态、培养高质量人才和改革发展的前提。本文重点从高职人才培养与教学改革的角度做些分析。

2.1 新常态下产业结构调整与升级发展对一线高级技术技能型人才的需求

进入新常态，随着产业结构优化和转型升级，我国经济由工业主导向服务业主导加快转变的趋势更加明显，服务业要逐渐成为产业主体，还将重点发展新一代信息技术、高档数控机床和机器人、航空航天装备、海洋工程装备及高技术船舶、先进轨道交通装备、节能与新能源汽车、电力装备、新材料、生物医药及高性能医疗器械、农业机械装备等十大领域。从 2016 年上半年的数据来看，我国服务业持续较快增长，生产性服务业和生活性服务业发展势头都比较好，服务业稳居国民经济第一大产业，工业内部来看，高技术产业和装备制造业增长明显快于传统产业，工业发展技术含量不断提升。"互联网+"催生了新的增长点，新产业新业态方兴未艾。知识技术密集、成长潜力大、综合效益好的新兴产业发展明显快于传统产业。顺应产业结构和消费结构升级的大趋势，在电子信息、生物医药、智能制造、节能环保、新能源、新材料等高新技术的推动下，相关产品成为新的经济增长点。基于大数据、云计算、物联网的服务应用和创业创新日益活跃，创意设计、远程诊断、系统流程服务、设备生命周期管理等服务模式快速发展，为制造业转型升级提供了有力支撑。[2]这些发展和变化正在深刻改变着经济形态和生活方式，同时也对满足这些行业发展的一线技术技能型人才提出了大量需求。高职教育适应这一新常态，要敏锐体察经济发展对各领域人才的需求与趋势，加大新兴产业与服务业人才的培养力度，建立健全专业随区域产业发展的动态调整机制，调整人才培养结构与教学内容，这是新常态对高职教育人才培养提出的时代要求，同时也为高职教育的发展提供了广阔的空间。

2.2　新常态下经济转型与产业优化升级对一线高级技术技能型人才能力要求提升

新常态下随着经济转型和产业优化升级，经济发展方式正从规模速度型粗放增长转向质量效率型集约增长，节能减排成为经济社会发展的约束性指标，深入推进绿色发展、循环发展、低碳发展，强调实现以人为本的经济，在经济发展动力上从资源依赖型向创新驱动型转变，在这一过程中，产业结构、企业组织结构、生产中的相关行业结构和技术经济结构得到优化。第二产业中低端向高端转移、第三产业低端向中高端转移。工业化阶段的大批量、标准化的生产特征正在逐步被信息化阶段的小批量、多门类、柔性化、高技术、高知识含量、高附加值、高综合性和高复杂性的生产特征所取代。高职教育培养面向低端产业以职业岗位技术适应能力为主的人才，将难于满足新常态下这种变化的需要。而能够完成职业需要的过程完整的综合性工作任务，独立判断分析问题，富有创新精神，社会责任感，环保意识，团队合作，能创造性地解决技术应用中的问题，主动参与到对工艺流程的变革、加工方法的革新、管理方式提升的探索中。具备这样的综合职业能力，或者称为"设计能力"，是新常态对高职培养人才能力提升的要求。

2.3　新常态下"互联网 + 产业"跨界融合人才迫切需求

在全球新一轮科技革命和产业变革中，互联网与各领域的融合发展具有广阔前景和无限潜力，已成为不可阻挡的时代潮流，正对各国经济社会发展产生着战略性和全局性的影响。"互联网+"作为我国新常态时期重点实施的国家战略，已成为驱动经济发展的新引擎。以"互联网+"为特征的各产业融合发展的趋势正日益加强，有关的新业态持续高速扩张。但是无论是"互联网+现代农业"，还是"互联网+协同制造"，或者"互联网+智慧能源"，互联网与哪个领域"+"都需要互联网与该领域融合的跨界人才，高等职业教育层次的跨界人才培养也是需求迫切。

2.4　新常态下"互联网+教育"是提升高职人才培养质量，推动教学改革创新发展的需要

新一代信息技术已经渗透到社会的各个方面，我国社会在形态上已经进入信息化时代。"互联网+教育"实际是在教育领域中发生的一场信息化变革，全面深入地运用现代信息技术来促进教育改革与发展。其技术特点是数字化、网络化、智能化和多媒体化，基本特征是开放、共享、交互、协作。高职教育更需要用信息技术改变传统教学模式，提高教学效率和水平，促进教育改革，使其培养人才更加贴近经济发展新常态的需要。

2.5　新常态时期实现《中国制造 2025》目标更需要技能精英、大国工匠及其精神

技术技能型人才数量和质量是先进制造业竞争的最重要因素，高职教育培养一线高级技术技能人才是建设制造强国的重要基础。经济转型发展的新常态时期，实现《中国制造 2025》目标，建立健全科学合理的选人、用人、育人机制，加快培养制造业发展急需的"大国工匠"，建设具有一丝不苟、精益求精"工匠精神"的高技能人才队伍，是一项重要而紧迫的任务。

3 新常态时期高职教育面临的挑战

经济发展新常态的本质是"提质增效",对高职教育的新需求主要表现在人才培养的结构、数量布局要适应经济结构调整和转型升级的要求;人才培养的质量要满足中高端产业发展能力提升要求,加强创新创业能力培养;"互联网+"战略的实施要求培养能够跨界的复合型人才,以及推动高职教育的信息化;《中国制造 2025》则更加需要培养技能精英、大国工匠及其精神。从高职教育人才培养与教学改革的现状来看,满足新常态的新需求,高职教育面临不小的挑战。

首先,回顾一下高职教育 30 多年来的教学改革,可以对高职教育人才培养与经济发展阶段的契合有一个了解,更好地认识将面临的挑战。表 1 为高职教学改革回顾。

表 1   高职教学改革的回顾

时间阶段	导向	典型模式	适应经济发展阶段	我国实际发展阶段
20 世纪 80 年代	学科认知	专业教育		计划经济（苏联模式）
20 世纪 80 年代末至 2005 年	技术适应	CBE 双元制等	中低端产业形态 福特制生产组织	改革开放
2006 年以来	设计与建构	基于工作过程	高端产业形态 精益化生产组织	改革开放

回顾以往,分析现状,在人才培养与教学改革领域的挑战主要是以下方面:

（1）产业结构调整、优化升级,新兴产业发展,新业态形成,相应人才需求出现,而学校专业设置与人才培养相对滞后,没能有效动态跟踪区域产业需求变化。目前,我国人力资源市场对于技能人才的供需矛盾十分突出,求人倍率一直在 1.5 以上,高级技工的求人倍率甚至达到 2 以上的水平。

（2）专业教学内容跟不上产业升级,技术更新,"互联网+"（新一代信息技术应用）,以及保护改善生态,绿色、可持续发展的要求。跨界的技术明确,但难于进入教学,组织课程有难度,"两张皮"的现象不少,师资力量是瓶颈。

（3）设计能力（综合职业能力）培养没有落实。以学习为主的课程未实现,例如:A 类—启发式理论课程;C 类—项目课程。由于开设这类课程的资源较少,教师掌握的不多又缺乏培训,同时相应激励政策与制度尚未建立。

（4）技能精英（高级的、国际化、高层次的技术技能人才,大国工匠等）及其精神培养未能普遍性常态化开展。针对这类学生采取因材施教的培养计划未进人才培养方案 （标准）,教学资源库中未有相应资源,同时对这类学生与指导教师的激励政策与制度尚未建立。目前,每年举行全国职业院校技能大赛,竞赛的内容与实际职业工作与专业教学紧密联系,赛题就是一个典型的工作任务,通过竞赛可以选拔出技能精英,但却还未建立起全国技能竞赛—竞赛资源转化—进入院校常态化教学—人人训练—层层选拔—全国技能竞赛的良性循环机制。

（5）教育信息化还存在不小误区,MOOCs、微课、翻转课堂、教学资源、信息化平台,VR、AR 技术及产品的开发应用存在盲目性,以掌握这些信息化技术导向,忽视真正的需求,所以开发出来的信息化资源如资源库、MOOCs、微课等闲置无人使用。可以尝试探索资源和平台建设进入专业人才培养方案，使开发的信息化教学资源有针对性、有效地使用起来。

（6）现代职业教育体系构建的探索，各试点实践的项目单位各自实施独立的衔接方案，专业一对一，因此无法将试点实践的方案（个案视角）推广至整个体系（区域）中实施。可以尝试探索从课程设置和入学资格方面解决整个现代职业教育体系（区域）建设，并解决升学与就业不同需求导向的问题。

4　应对经济发展新常态

高职教育主动应对经济发展新常态的需求，分析自身存在的问题与挑战，加快人才培养工作的"转型升级"，缩小人才培养与经济社会发展需求的差距，与国家经济社会发展相互支撑共同发展。

（1）根据经济转型发展新常态的理念，树立科学、先进的高等职业教育人才培养发展观。

（2）借鉴互联网思维，厘清高职人才培养与教学改革中的真正痛点与刚需，提高问题解决的针对性与实效性。

（3）应对挑战落在实处。

① 研制满足新常态的专业人才培养规范。

② 推动全国技能大赛资源转化。

③ 研制现代职教体系建设框架方案（规模）。

（4）推动需求导向的教育信息化。

参考文献

[1] 李文. 深刻认识我国经济发展新常态[N]. 人民日报，2015-6-2.

[2] 郭同欣. 经济运行基本平稳稳中有进　发展新常态特征更加明显[N]. 人民日报，2016-7-18.

职业院校教师信息化教学能力提升培训框架研究

武马群

（北京信息职业技术学院，北京 100015）

摘要：教师的教学能力是决定教育教学质量的关键因素，也是对劳动力素质产生影响的重要因素。在当今信息技术和装备大量涌入教学环境之中，并不断变化更新的时代，职业院校教师的信息化教学能力水平的高低，对学校的教学质量、对生产一线劳动者的素质都会产生重要影响。本课题主要从经济发展对劳动力素质的要求、教育方式对劳动力素质的影响、教师教学能力与教育方式的关系等几个方面阐述教师教学能力发展的三个层次。同时，本文还对职业院校教师信息化教学能力的六个方面进行界定，并设计了一整套职业院校教师信息化教学能力提升的培训模块和实施路径。本文内容对我国职业院校教师信息化教学能力的提升以及培训工作具有重要参考意义。

1 引言

教师的教学能力，决定了教育的方式，而教育的方式，又决定了未来劳动力的素质。我国的经济发展方式由投资拉动转向创新驱动，产业结构由粗放型、能耗型转向集约型、环保型，都需要高素质劳动力的支撑。因此，加快提高教师的教学能力，是对我国经济社会发展的有力支持，也是投入产出比率最高的建设项目之一。

随着我国经济发展水平的提高，以信息技术为核心内容的现代新技术和装备在教育教学过程中的应用越来越普及，对学校和培训机构的教学过程与教学方式都产生了深刻的影响，促进了学校教育和各类培训的教学改革。但是，也产生了一些值得注意的问题，例如，怎样正确地使用不断更新变化的技术和装备，如何在技术和装备的支持下创造新的、更有利于培养高素质劳动力的教学方式等。这些问题的解决需要对教师进行正确的指导，需要相关培训机构在深入研究的基础上对教师开展系统的培训。

教育信息化是现代信息技术在教育领域各方面的渗透、融合过程。信息化教学是教师将信息技术和装备应用与教育教学过程充分结合，从而提高教学效率的现代教学形态。教师的信息化教学能力是教师开展信息化教学并取得更好教学效果的能力。为了指导和规范职业院校教师信息化教学能力提升的培训工作，作者借鉴联合国教科文组织发布的"教师信息和通信技术能力框架"以及微软认证教师（MCE）内容，结合我国职业院校教师教学能力提升的需求，研究编制了《职业院校教师信息化教学能力提升培训框架》。本文初稿在 2014 年全国职业院校信息化教学改革与创新研讨会上广泛征求意见，并作了进一步修订。现刊登出来供职业教育教师培训机构、职业院校开展教师培训工作参考，也为广大从事职业教育与培训工作的教师提供参考。

2 国家经济社会发展需要尽快提升教师教学能力

改革开放以来，我国经济经过三十多年的快速发展，国民生产总值已经从 1980 年的 4545.6 亿元，上升为 2015 年的 67.67 万亿元，成为仅次于美国的世界第二大经济体。三十多年的发展，2015 年我国人均 GDP 达到了 5.2 万元，实现了人民的温饱，完成了经济起飞前的积累阶段。在这一阶段，经济总量的增长主要依靠不断加大的投入来拉动，如吸引更多的外资、购买更多的设备、扩大生产规模（投入更多的劳动力）等。在这一时期，国家通过提供劳动力为出口或直接为国外公司组装产品，赚取加工费逐渐积累财富。然而，这种增长方式是不可持续的，最终经济产量中的追加资本会变得越来越小，国家也难以承受因产量过度增长带来的环境压力。

党的十八大报告规划了全面建成小康社会和全面深化改革开放的目标，到 2020 年要在转变经济发展方式上取得重大进展，强调科技进步对经济增长的贡献率大幅上升，使我国进入创新型国家行列。创新型国家经济增长的关键是增加公民劳动的经济价值。这种增长方式强调新的知识、人的能力的创新和发展的重要性，并将其作为经济可持续发展的源泉。显然，教育的发展水平决定着国家公民的素质和能力水平，因而决定着这一经济发展方式实施的基础。教育和人的能力发展使得个体能够为国家经济增加价值，为文化传承做出贡献，并能够顺应社会的改革发展。当一个国家能够实施高质量的教育时，所培养造就的高素质劳动者的个人贡献会成倍增长，并使人们可以公平地分享和享受经济社会发展成果。

经济学家指出，有三大因素能促进基于劳动者能力增长的经济发展：

（1）提升劳动者使用更先进、生产效率更高的生产装备的能力，可以使资本投入产生更加丰厚的回报，加快经济增长。

（2）提高劳动力质量，形成知识渊博、推动生产发展的高水平劳动力，能够增加经济总量价值。

（3）形成具有创造、分配、共享和使用新知识能力的劳动力，促进技术创新，提高经济增长质量。

上述三大因素，也是基于劳动者能力增长的经济发展方式的三种生产力要素，它们也对社会的人才培养提出了三种不同的教育方式：

（1）开展以提升劳动者技术技能为目标的"技能形成教育"，通过将新的技术和技能融合到学校的专业教学之中，提高劳动者使用新技术和设备的能力。

（2）开展以提高劳动者运用知识和技能来解决复杂的、实际问题的"能力培养教育"，从而提高劳动力增加社会和经济财富的能力。

（3）开展以提高劳动者创造、生成新知识，并从这些新知识中获益的能力的"知识创新教育"，提升劳动者的创新意识和创新能力，促进技术创新。

以上三种教育方式，也是教师教学能力发展的三个连续的阶段。教师的教学能力决定了教育所采用的方式，关注教师教学能力提升要与国家经济社会发展目标结合起来。"技能形成""能力培养"和"知识创新"三种教育方式，关系到基于劳动者能力增长的经济发展（提升经济发展品质，形成创新型国家）生产力要素的形成。迅速提升教师的教学能力，特别是信息化教学能力，可以促进国家经济社会发展，使我国从一个使用新技术的国家，变成一个还拥有高绩效劳动力的国家，最终变成一个知识经济的创新型国家。在学校，通过教师能力的提高，可以确保根据培养目标，采用适当的教育方式对学生（未来的公民和劳动者）开展教育，使他们能够获得所需要的、越来越复杂的知识和技能，支持经济、社会、文化和环境的发展，同时提高他们自身的生活水平。

3 职业院校教师信息化教学能力发展的三个阶段

在信息技术迅速向各行各业渗透融合的现代社会，教育信息化是新时期深化教育改革发展的重要特征之一，它是以信息技术为核心的现代教育技术与装备在教育教学过程中广泛深化应用的核心内容。加快推进职业教育信息化的发展，将大大提高职业教育的教学效益、促进教育方式改革、促进职业教育均衡公平发展。职业教育信息化发展需要大量的物质投入，但是更重要的是加快提升整个职业教育系统人员的信息化素养，首先是提升广大教师的信息化教学能力。

教师的信息化教学能力体现在两个方面：一是教师的教学能力；二是教师运用信息技术和装备，并将其融入教学过程的能力。对于职业院校教师的信息化教学能力发展，无论是教师个体，还是教师队伍整体，一般仍要经过以下三个阶段。

3.1 初级阶段

初级阶段是教师教学能力发展的起步阶段，此时教师专注于向学生传授专业知识和岗位工作技能，完成对学生的技能形成教育，以使学生能够胜任某个或一些相近的岗位，能够顺利就业。在这一阶段教师要掌握信息技术和装备在教学中应用的基本方法，获取、选择、应用优质教学资源，破解教学难点、瓶颈难题，以提高教学效率，提升专业教学质量，以及提升受教育者的文化素养和信息素养。

3.2 中级阶段

中级阶段是教师教学能力发展的成熟阶段，此时教师以促进受教育者的能力成长为教学目标，在完成专业技能教育的同时，致力于提高学生解决实际问题的能力，从而提升他们自身的价值。在这一阶段教师要能够将信息技术和装备应用与教育教学过程深度融合，并提供优质、互动、可以满足虚拟仿真模拟的学习资源，选择最恰当的"以学生为中心"的教学方法，开展基于问题或项目的教学，促进学生的能力成长。针对不同专业的教学需要，灵活创建教学情境，提高教学效率，提升教学质量。

3.3 高级阶段

高级阶段是教师教学能力发展的卓越阶段，此时教师将课堂精心地组织成学习型社团，让学生在其中持续关注并增强自身和他人的学习技能。此时的教育目标是努力培养学生自主学习和探究新知识的能力，使他们成为能够参与知识创造和技术革新的劳动者。在这一阶段教师应能够在信息技术的支持下构建以学生为中心的学习环境，示范学习过程，支持学生的研究性学习，实施混合教学模式。

以上教师教学能力发展的三个阶段，也是职业教育水平发展的三个阶段，需要不断深化职业教育改革，采取有效措施持续开展教师培训和训练，加大教育技术和装备的投入，使职业教育水平能够适应我国经济社会发展的要求。

4 职业院校教师信息化教学能力的六个方面

新时期以信息技术为核心的现代教育技术和装备在教育领域中的广泛应用，使得教师的角色、教学方法以及教师培训方法发生了深刻的变化。教师能否用新的方式构建学习环境、将新技术融入新的教学方法、发展开放型的活跃课堂、鼓励合作互动、协作学习和小组合作等，是信息技术和装备应用能否成功地整合到课堂之中的关键所在。

因此，教师信息化教学能力提升决不仅仅是一个掌握信息技术和装备使用的问题，而是要将信息技术和装备应用与课堂教学和课堂管理等诸要素进行充分整合、加权、处理的过程，这要求教师具备一套与以往不同的课堂教学、管理技能，能够创新地使用信息技术和装备来改善学习环境。此外，教师的学习和专业发展能力，将会成为教师信息化教学能力提升的关键要素。

4.1 信息化教学理念

教师必须对国家教育教学改革的相关政策和要求有一定的理解，并在自身教学工作中努力推进教学改革。同时，教师必须对信息技术和装备在教学过程中的应用有一定的理解，了解技术和装备应用对教育教学改革的促进作用，理解信息技术对教育教学改革的强大推动作用。

4.2 课程组织与评估

教师必须掌握相关课程内容和课程标准，并有能力实现本课程的教学目标。同时，教师要能够按照教学内容需求，基于信息技术和装备环境，设计各种课程实施方案，并实现对学生学习效果的评估。

4.3 教学法运用

教师必须对课堂教学过程进行精心设计，并善于将信息技术和装备应用整合到教学过程中，熟悉在信息化教学环境下教学设计的方法与步骤，并以此取得更好的教学效果。

4.4 技术与装备运用

教师必须了解和掌握相关的信息技术和装备，并能够熟练地使用这些技术和装备。必要时教师要对学生进行相关技术和装备应用的辅导，以保证课程教学的顺利开展，并促进学生信息素养的提高。

4.5 课堂教学与管理

教师必须能够根据教学目标创建课堂学习环境，使每个学生都可以平等均衡地获得资源，实施以学生为中心的教学活动，灵活地运用信息技术和相关装备将课堂教学设计实施到位。

4.6 教师自身学习与专业发展

教师必须具备信息化环境下的学习能力，并有能力通过网络进行自主学习、知识更新，能够通过网络获取政策资讯、资源信息和具有示范性、引领性教学、科研案例，改进教学方法，提高管理复杂项目、参与专业学习社区的交流能力。

5 职业院校教师信息化教学能力提升培训框架

在我国，已经形成世界上最大规模的职业教育系统，职业院校 1.3 万所，教师 120 多万人，在尚未建立完善的职业院校教师培训体系的情况下，教师信息化教学能力提升任重而道远，这将是发展现代职业教育的"瓶颈"之一。国家社会经济发展对人才的需求，需要我们攻坚克难、创新实践，加快提升职业院校教师的信息化教学能力。

如上所述，教师教学能力发展分为三个阶段：初级阶段、中级阶段和高级阶段。教师信息化教学能力涉及六个方面：信息化教学理念、课程组织与评估、教学法运用、技术与装备运用、课堂教学与管理、教师自身学习与专业发展。以上教学能力发展的三个阶段与信息化教学能力的六个方面的交叉，就形成了"职业院校教师信息化教学能力提升培训"的基本框架，如表 1 所示。在这个培训框架中，形成了"信息化教学意识"等 18 个知识能力模块，这些模块是对教师能力要求的表述，也是提升教师信息化教学能力培训模块的说明。

表 1　职业院校教师信息化教学能力提升培训框架

级别 项目	初级 （技能形成教育）	中级 （能力培养教育）	高级 （知识创新教育）
A.信息化教学理念	模块 A1：信息化教学意识 具备职业教育教学改革政策知识，具有信息化教学改革相关意识	模块 A2：理解信息化教学 能够深入理解教学改革政策和技术装备在教学中的应用原则	模块 A3：信息化教学创新 深刻理解教学改革政策目标，能够设计、实施学校信息化教学发展计划
B.课程组织与评估	模块 B1：技能形成 能在信息化环境下依据课程标准，采用适当的技术和装备实施课程教学、评估学生的学习效果	模块 B2：能力培养 深入理解课程内容，在各种情境下灵活运用信息技术，设计复杂问题检验教学效果	模块 B3：创新教育 在教育心理学指导下，能够预测并解决学生学习过程中遇到的各种问题
C.教学法运用	模块 C1：整合技术 能将信息技术和装备应用整合到教学过程中，运用适当的教学方法提升课堂教学效率	模块 C2：解决问题 能开展以学生为中心的项目驱动式教学，运用技术和装备使学生接触广泛的实际问题	模块 C3：探究学习 能结合学生感兴趣的课题，模拟探究式学习过程。构建情境、引导学生开展探究学习、掌握认知技能
D.技术与装备运用	模块 D1：基本工具 掌握信息化教学基本技术技能，了解常用装备和工具的性能，以及在教学中的使用方法	模块 D2：复杂工具 熟悉各种工具软件、网络，并能运用它们为学生提供资源、解决问题，进行监控和管理	模块 D3：综合技术 能够设计基于信息化的知识社区，并运用信息化手段支持培养学生的探究式学习技能
E.课堂教学与管理	模块 E1：常规课堂 能够恰当使用信息技术和装备在常规课堂教学中提高教学效果	模块 E2：协作学习 创建灵活的课堂学习环境，能运用信息技术整合以学生为中心的教学活动	模块 E3：学习型组织 能够培训同事并给予后续支持，建立和实施基于信息化的创新和持续学习社区
F.教师自身学习与专业发展	模块 F1：信息素养 具备必须的网络知识和运用能力，以便获得更多的资源和知识，促进自身专业发展	模块 F2：网络学习 能创建和管理复杂项目，通过网络与同事和外部专家联系，支持自身的专业发展	模块 F3：数字化学习大师 能够持续地开展科研探索，在信息化平台上创建基于知识创新的专业学习社区

6 职业院校教师信息化教学能力测评与培训实施

6.1 教师信息化教学能力测评

评估一名教师的信息化教学能力，需要研究开发相应的标准和测评工具，了解一个地区教师队伍整体的信息化教学能力，也需要通过测评汇总得出结果，因此，开展教师信息化教学能力测评，是激励广大教师迅速提升信息化教学能力的开始，职业院校教师信息化教学能力提升框架为确定、建立教师信息化教学能力标准和测评大纲提供了重要依据。

6.2 教师信息化教学能力培训

根据教师队伍信息化教学能力现状，可以职业院校教师信息化教学能力提升框架为基础，制订阶段性培训方案，科学开展能力提升培训。同时，依据职业院校教师信息化教学能力提升框架结构，开发各个模块的培训大纲，明确培训要求，确定培训考核标准。

6.3 实施差异化培训

由于教育信息化基础设施、教师素养、课程内容以及评价方法的不同，各地区教师信息化教学能力表现不尽相同。有的地方教育信息化基础设施完善，教学改革意识较强，但是在教学法运用方面未能深入研究与实践；有的地方教师素养较高，但是教育信息化设施欠缺。提高教师信息化教学能力的关键在于，在当前教师队伍各种优势的基础上改善信息化教学能力的其他部分，使教师达到符合本地经济发展要求的教学能力要求。

通过以上方式，结合本地区经济社会发展对职业教育人才培养的需求，设立必要的教师能力发展项目，循序渐进地改善、提高教师队伍的信息化教学能力。如图 1 所示，某地区可以在当前教师队伍"课程组织与评价""技术与装备运用""学习与专业发展"方面的优势基础上，开展"信息化教学理念""教学法运用"以及"课堂教学与管理"的培训，使教师队伍的信息化教学能力得到提升，以适应本地区人才培养的要求。

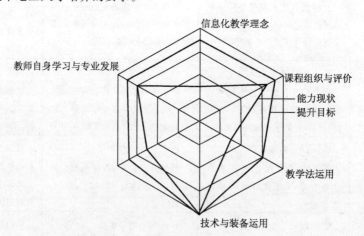

图 1　基于测评结果的教师信息化教学能力提升培训

7 结束语

我国职业教育伴随着改革开放的发展，30多年来历经恢复发展、壮大规模、中高职并行发展、深化改革建设等历史阶段，2014年5月2日国务院发出的《国务院关于加快发展现代职业教育的决定》（国发〔2014〕19号）（简称《决定》），标志着职业教育一个新的发展时期的到来。

《决定》进一步强调加快职业教育信息化发展，通过"三通两平台"建设，利用信息化手段扩大优质教育资源覆盖面，推进职业教育资源跨区域共享，加快实现教育公平；通过实现所有专业的优质教育资源全覆盖，促进职业教育改革创新，提高教育教学质量。在加快发展现代职业教育的过程中，在大力推进职业教育信息化的改革浪潮中，教师掌握信息技术应用的水平，教师在信息化教学环境中开展教学工作的能力，对职业教育信息化发展以及职业学校信息化建设的效果将起着决定性作用。

职业院校教师信息化教学能力提升培训框架为教师个人的职业能力发展指明了方向，为学校提升师资队伍水平、开展系统化培训提供了明确的框架，为职业教育系统建立了职业院校教师能力标准，为建立培训与考评体系提供了参考与借鉴。

参考文献

[1] 国务院文件《国务院关于加快发展现代职业教育的决定》（国发〔2014〕19号）

[2] 北京电控高技能人才培养机制创新与实践. 北京：中国劳动社会保障出版社，2014.

全面推进教育教学改革，加快应用型转型发展

叶曲炜

（哈尔滨广厦学院，黑龙江哈尔滨 150025）

摘要： 区域性本科院校向应用型转型是大势所趋。为此，哈尔滨广厦学院不断探索如何通过全面的教育教学改革，包括学院发展战略与办学定位、师资队伍建设、专业建设、人才培养模式设计和双创工作等，不断推进向应用型院校的转型发展，并明确了学院未来走创业型大学的发展之路。

1 制定发展战略、明确办学定位

学院在 2015 年 8 月制定了新的发展战略：经过三年左右时间的改革与发展，进入黑龙江民办高校的先进行列；打造"平安校园、人文校园、生态校园和智慧校园"；以"互联网+教育"为平台，走服务区域社会经济发展之路，办出特色；走应用型转型发展之路，提升质量；走国际合作与发展之路，形成优势；把学院建设成为具有"国际化、信息化和创新型"核心特征的黑龙江民办高校特色鲜明的商学院。培养具有"国际视野、信息素养、较高财商和创新创业能力"的应用型、外向型商务管理服务人才，服务于黑龙江重点发展的现代服务业、信息消费业和时尚新产业。

2 加强师资队伍建设是关键

在确定了学院发展战略和发展定位之后，如何实现学院的发展目标，师资队伍建设是关键。

2.1 确定了教师队伍建设的"三化"原则

学校按照"三化"（人本化、专业化、职业化）的师资队伍建设原则，以全面提高师资队伍素质为中心，以优化结构为重点，优先配置重点专业的师资队伍资源，重点加强"双师"素质教师队伍建设。努力建设一支数量足够、专兼结合、结构合理、素质优良、符合应用型人才培养目标要求的教师队伍。

教师队伍人本化是指教师在加强专业、职业教育之前首先应具有教书育人的素质，应加强师德修养和职业道德建设，成为一名对学生充满爱心、耐心、恒心的合格教师。

教师队伍专业化是学校招聘的人才必须达到硕士以上学历，特别是实践能力强的专业应重点聘任有行业经验的专家。

教师队伍职业化是要求教师应具备基本的职业技能，如应用型本科课程开发、教学法、心理学、教育学。

对于教师能力的考核，学校主要考核教学能力、工程实践能力、技术创新与研发能力、课程

开发能力团队协作精神、学生认可度等方面。

2.2 不断改善教师队伍的结构

学校师资队伍建设一贯坚持引进、稳定与培养并举的原则，总量稳步增长，结构不断优化，质量持续提高。

现有专任教师 441 人，其中具有硕士、博士学位的比例为 64.2%，35 岁以下的青年教师具有硕士研究生及以上学历比例 66.8%。师资队伍中具有高级职称教师比例 44%，异缘教师比例 99.8%，形成了以教授、副教授为核心和骨干，中青年优秀教师为主体的师资队伍，在教学中发挥着重要作用。

2.3 加强师资培养与培训工作

学校十分重视师资队伍建设，大力培养和引进优秀中青年学科带头人，积极培养有发展潜力、年轻的教学和科研新秀，优厚的薪资待遇及广阔的发展平台使我校已拥有一支年龄结构合理、教学水平过硬、工作踏实稳定的教师队伍，良好的教学、科研梯队已经基本形成。

学校为了加强教师培养与发展，成立了教师教学发展中心，为教师提供教师培训、教师发展、教师评选、教学评估和教师咨询等全面的教学服务，帮助教师提升教育教学能力，全面提高教学质量。

（1）加强教师培训工作。

学校为教师提供了全面的培训及进修机会，选派优秀中青年骨干教师参加校外各类研讨、交流。一年来新教师培训、兼职教师培训、聘请专家来我校进行专项培训、校外培训会议、大学联盟培训、高教网络中心培训等 30 多次，参加人数达 146 人次。

（2）鼓励教师参加企业实践。

为了更好地培养双师型人才，学校出台了《教师参加企业实践管理办法》，办法中规定教师可利用寒暑假时间到和专业相关企业进行实践和见习，并为实践教师发放实习补助和报销往返路费。办法的出台大大提高了教师深入企业学习的热情，寒假期间组织的首届校外企业实践活动也得到了各二级学院教师的踊跃报名。

（3）重视教师教学竞赛。

为推动我校教师专业发展和教学能力提升，搭建教师教学经验交流和教学风采展示平台，学校定期组织课堂教学质量优秀奖评选，最受学生欢迎老师的评选及北方国际大学联盟优秀青年教师及辅导员评选活动等，推选出一批优秀青年教师。

2.4 鼓励教师开展教育教学研究

为了提高教师的科研意识，充分调动教师的科研工作积极性，培育出较高质量的科研成果，学校出台了《哈尔滨广厦学院科研达标与成果资助实施办法》（简称《办法》）。积极推进并落实目标管理，有力地促进了科研工作的开展。《办法》中规定不同的职称设有不同的科研指标，完成的就奖励，未完成的就惩罚，与职称聘任及年终奖挂钩。每个教师都明确自己应该完成的科研任务，院、校两级在达标的初期、期中、期末进行定期检查验收，随时掌握每名教师的科研状况。

2015 年，学校特设立了 5 项与教学实践结合紧密的项目，分别是《计算机双语实验班建设研究与实践》项目、《书院教育的人文特质教学模式探索与实践——以"思修"课为实践案例》项目、

《基于信息技术与互联网的财会专业教学改革研究与实践》项目、《当前我省民办高校本科毕业生就业质量跟踪调研》项目、《"国际贸易+英语+小语种"人才培养模式研究与实践》项目。

3 专业建设是应用型人才培养的重点

3.1 优化专业结构、加强专业群建设

学校原设本科专业 24 个，根据学校的办学定位、生源需求、就业的实际情况，2015 年撤销了公共事业管理、绘画和信息与计算科学 3 个已停招 5 年以上的专业，停招英语、俄语、机械设计制造及其自动化和会展经济与管理 4 个专业。为了合理调整学科专业结构，2016 年又停招了通信工程、交通运输、市场营销等 3 个专业。目前，招生的专业为 14 个，形成了服务于黑龙江省重点发展的现代服务业、信息消费业和时尚新产业的四大专业群（财经、管理、艺术、信息）。

3.2 以专业特色建设为抓手，形成专业优势

（1）软件工程专业双语实验班。

随着工业 4.0 时代的到来，IT 行业特别是 Java 软件设计领域发展迅速，企业对软件程序员的需求量与日俱增，国内外对于高级 Java 程序员的需求每年都有非常大的缺口。程序员开发人员的高就业率和发展前景，吸引了许多人从事这个行业，随着"互联网+教育"深入发展，更多岗位需要高级的互联网+Java（国际认证）+英语的复合型创新人才。为此，我校信息学院和 Oracle 公司合作，开设双语实验班，同时考取 Java 程序员的国际资格认证。

（2）国际经济与贸易专业小语种实验班。

管理学院结合国际经济与贸易专业学生实际，适应需求、依托产业、优化结构，以构建国际经济与贸易专业+英语+小语种（俄语、韩语、日语）综合型人才培养模式为抓手，逐步实施双语教学，并为举办国际班创造条件。

小语种课程开课以来，得到师生的积极反响。任课教师一致反映学生们上课积极，态度认真，在听、说、读、写各个环节表现良好，与老师互动频繁，课堂出勤率极高，真正做到了因兴趣而求学。课下时间，同学们相互使用新学的语言打招呼，并作为新的热门话题进行讨论，对课程展示出了浓厚的兴趣。

（3）财务管理专业（会计学方向）构建双循环多模块实践教学体系。

财务管理专业（会计学方向）根据培养目标定位，坚持以培养学生实际操作能力为主线，融理论教学、实践教学、素质教育为一体的人才培养原则，逐渐构建双循环多模块实践教学体系。

① 正确处理理论教学与实践教学的关系。在处理两者关系时，把理论教学的深度与广度锁定在岗位综合技术应用能力和一定创新能力的培养上，坚持"必须、够用"原则；而实践教学则相对"全面、系统"。注重对基本理论与知识的运用、岗位技能训练及财会职业资格要求的培养。通过实施，收到良好的效果。

② 强化实践教学体系。为进一步强化应用能力培养，该专业构建了 1~4 年级的"分层次、模块化，点、线、面"相结合的实训课程体系，实施了"全方位、双循环、多模块"的实践教学模式，确保实践教学环节 4 年连续不断线。

③ 把职业资格认定类课程整合进课程体系中，使学历、学位和职业资格紧密结合。

④ 从封闭教学转向开放教学，提高学生创新、创业设计能力。从以"教"为中心转变为以"学"为中心，以学生为主体，改革教学过程与教学方式，通过案例教学、启发式教学和实践教学培养学生主动学习能力、分析解决问题能力，鼓励并指导学生参加课外创新和创业设计活动，提高其创新与自主创业的能力。

⑤ 鼓励与组织学生参加国家与省级各项专业技能竞赛，六年来获得了较好的成绩，产生了一定的社会影响力。

（4）视觉传达设计专业+工作坊。

视觉传达设计专业在教学中强调艺术表现与应用技术的统一，专业教师由单纯的传授专业知识，转变为教师引导学生自主实践应用性研究。打破艺术设计课堂教学的封闭性，使艺术设计教学与社会市场产业部门形成有机联系，探索实现教学科研成果在实践教学中的转化应用。进一步完善校企合作人才培养方案，把课堂教学内容与社会需求紧密结合起来。构建多元化应用技能型人才培养模式，为学生搭建有效企业实践培训平台，实现艺术设计人才培养与社会发展需求有效对接。

4　人才培养模式的改革与创新

学校的使命：培养身心健康、综合素质高、有一技之长、可持续发展且能快乐生活、对社会有用之人才。为此，我们不断探索人才培养模式的改革与创新，在新的人才培养方案中把课程体系分为四大模块：通识教育、专业、专业辅修和创新创业。在通识教育模块，通过系统设计人文科学、自然科学和社会科学必修与选修课，重点提高学生的综合素质；在专业模块，根据岗位职业能力要求，以项目为载体、任务为驱动、行动为导向，让学生掌握一技之长；在专业辅修模块，让学生通过选择自己感兴趣的跨专业辅修模块，培养一专多能；而创新创业模块的设计，一是培养学生创新创业能力，二是为那些所谓的"偏才"提供一个成才之路，采取学分置换方式，比如技能大赛获奖、发明创造、创业实践、社会实践、论文论著等，都可以获得学分或置换一些课程。

5　以双创为引擎，开启创业型大学之路

学校积极响应国家"大众创业 万众创新"的号召，构建了创新创业人才培养新体系，并积极探索走创业型大学之路。

学校制定了鼓励学生创新创业政策及实施管理办法；成立创新创业教学、科研、咨询、管理、服务等部门为大学生创客做好服务保障；在创业理论指导方面专门成立了创新创业教研室，聘请校外企业家和省市校外顾问任兼职导师，导师制的实施已经形成亲情化、个性化的全新教育模式；出台了"休学创新创业制度""创新创业学分积累与转换制度""学生学业考核评价办法"等配套制度；建立了大学生创新创业基地，为科技成果转化、大学生创新创业提供平台；成立了大学生创新创业中心，注册成立哈尔滨哈创科技孵化器公司。利用原实验中心、车库二楼和教学楼空闲场地等，为学生提供 7 500 m² 创业园区。

与此同时，学校还依托校企联盟和大学生校外实践基地，不断拓展众创空间，围绕"实践载

体"建设，提升了创业工作的实践性，广厦创客咖啡已经成为举办创业论坛、创新创业协会和创客的活动平台；目前，扶持学生成功注册公司 26 项，通过各级创业大赛和创业实践项目立项 50 余项，学生参加哈尔滨市双创训练营 1 000 余人次；举办的"哈创杯"创业大赛吸引了大学城 100 多个团队积极参与，指导学生参加"挑战杯""互联网+""学创杯"等各级各类创业大赛，并取得市级三等奖以上个人奖项 20 余项、团体奖项 30 余项；与用友新道公司成立了创新创业学院，开设了创业管理与服务专业、跨境电商专业、农村电商专业；与中兴通讯公司合作成立创新基地；与清华大学国家外包人力资源研究院联合推进了中国跨境电商人才基石工程；与黑龙江金嘉创科技有限公司就 3D 打印技术的研发、生产与专业展开全方位共建。

团省委和人社局在我校设立高校大学生创业服务咨询站，呼兰区政府与利民开发区政府成立哈尔滨新区大学联盟，将我校设为理事长单位，区领导多次莅临我校指导双创工作并给予充分肯定，双创工作得到了黑龙江日报、黑龙江晨报、新华网、人民网等多家媒体的专题报道。

学校在应用型转型发展与走创业型大学之路方面做了一些初步尝试，未来任务还很艰巨，需要不断的改革与创新。

面向实践技能培养的翻转课堂教学模式的探索[1]

马秀麟　岳超群　王翠霞

（北京师范大学教育学部，北京　100875）

摘要：作为一种强调学生自主学习的教学模式，翻转课堂具有独特的规律和特点。本文以实证性研究的方法，论证了翻转课堂在实践技能培养方面的优势，并基于有效的教学实践，讨论了面向实践技能培养的翻转课堂教学活动的组织策略，对翻转课堂教学中存在的问题进行了剖析，提出了增强外部监控、提升学生外部动机等有效措施。

翻转课堂，把传统的学习过程翻转，让学习者在课外时间完成针对新知识点和概念的自主学习，课堂则变成了教师与学生之间互动的场所，主要用于解答疑惑、汇报讨论，从而达到更好的教学效果[1]。与传统的课堂教学模式相比，翻转课堂的最大特征是"先学后讲"。

翻转课堂，是从英语"Flipped Class Model"（或 inverted classroom）翻译过来的术语，简称为FCM。因其符合"主体–主导"教学理念，并与传统的、以教师为中心的教学模式具有巨大差异而深受教育研究者的重视。为了探究翻转课堂在人才培养方面的价值及其教学活动组织模式，笔者自 2011 年开始在北京师范大学计算机公共课教学中开展了一系列研究。

1　为什么要研究 FCM——FCM 的教育价值

（1）FCM 为学生提供了自主控制学习进程，实现深度学习的机会。

与以教师讲授为中心的传统课堂相比，翻转课堂模式开展教学活动，改变了学习者思考、学习的方式，有利于学习者根据自己的现有知识基础和能力水平自主地控制学习进程，选择适合个体认知风格的学习资源组织学习过程，促进了学习者的个性化思考，有利于学习者的深度学习。

（2）FCM 教学模式符合建构主义的学习理论，有利于学习者的主动有意义建构。

FCM，是一种"以学生为中心"的教学模式，符合建构主义关于"主动建构"和"有意义建构"的学习理论。从 FCM 的最初创意来看，结构和模式的翻转源于"以学生为中心"的基本思考。FCM 主张把大量的学习时间交给学生，由学生根据自己的认知风格、学习习惯和学习进度控制自己的学习过程，充分地体现了学习过程中"以学生为主体"的理念，有利于学习者的主动建构[2]。

（3）FCM 有利于具备自主探索能力、创新能力人才的培养。

作为一种新型的教学模式，FCM 把原本属于学生的"学习主动权"交还给了学生，尊重了学习者自主地组织学习过程的权力，促使学习者在学习过程中自主地"觅食"而不是全程"喂食"，能够很好地解决因材施教的问题，有利于学生根据自己的认知风格和学习习惯安排学习进度，有利于培养学生的自主学习能力，对学生协作、创新能力的培养也具有较好的促进作用。

---

[1] 本研究系教育部教改课题"面向未来教师计算思维能力培养的课程群建设"（课题编号：教高司 2012-188-2-15）的系列成果之一、受 2012 年北京市共建项目"信息技术公共课教学模式改革与实践"资助。

（4）FCM 促进了学习者的自我管理能力、时间管理能力的发展

处于翻转课堂教学环节中的学习者需要自行安排学习进度，应能根据已有的知识基础和自己的学习习惯、认知风格自主地选择学习资源。这就要求学习者具备一定的自我管理能力、具备初步的进度规划和任务管理能力。FCM 为这些学习者提供了一个机会，使学习者能够充分地锻炼自己的自我管理能力、时间管理能力。在这个过程中，学习过程不再是被教师管理与控制的被动学习，而是由学习者自主管理和控制的主动学习。

2   FCM 对课程内容的适应性分析——FCM 有利于实践技能的培养

思辨的研究方式不能论证 FCM 的实际教学效果以及 FCM 对学习者和课程内容的适应性，为了研究不同类型的课程内容与 FCM 教学模式是否存在一定的适应性关系，笔者选择北京师范大学 2013 级和 2014 级的 209 名学生，组成了实验班和对照班，借助大学计算机公共课课程"多媒体技术"的教学，开展了实证性研究。

2.1   实证研究方案设计

本研究建立在教学目标分析和学习内容分解的基础上，根据课程内容，把教学任务归结为概念性内容、简单操作步骤与技巧类内容、原理和规律性内容、问题解决策略类内容共 4 种类型，然后基于丰富的学习资源以实验班和对照班的方式分别组织了不同方式的教学活动（"课堂讲授+演示模式"和 FCM 模式），通过课堂提问和阶段性作业获得了学生们的学习效果数据，从而推断课程内容的类型与 FCM 教学模式是否存在着一定的适应性关系。

2.2   数据采集与数据分析

在教学实践中，对 2013 级学生主要采用传统的"课堂讲授+演示"教学模式，而对 2014 级学生则局部采取了 FCM 教学模式。然后基于课堂提问和阶段性作业的得分情况，对 209 名学生的学习效果展开调查与分析，获得了如表 1 所示的研究数据。

表 1   实验组与对照组在课程内容适应性方面的测量结果

类别	传统教学模式（2014）（期末）		FCM 模式（2015）（期末）		差异性（t-test）（sig 值）
	均值	标准差	均值	标准差	
概念性内容	88.2	9.81	84.1	10.01	0.04*
简单操作步骤与技巧类内容	82.5	10.02	87.9	11.53	0.02*
原理与规律性内容	89.7	9.72	77.2	11.32	0.02*
问题解决策略类内容	82.4	10.41	96.7	16.34	0.01*

从表 1 可以看出，在 2013 级和 2014 级的教学中，四个方面的学习成绩均呈现为显著性差异，而且比较有意思的是：传统教学模式下，学生对"概念性内容"和"原理与规律性内容"的掌握较好。而在 FCM 的教学模式下，学生对"简单操作步骤与技巧类内容"和"问题解决策略类内容"的掌握情况较好。

另外，对于"问题解决策略类内容"，在 FCM 模式的教学中具有非常突出的表现，其成绩达

到了 96.6 分。这一现象说明，对于比较注重实践能力和综合应用能力的"问题解决策略类内容"，FCM 具有很大的优势。

2.3　研究结论——FCM 在技能实践类课程方面具有优势，有利于实践能力的培养

（1）FCM 不适应于推理性较强、系统性很强的理论类课程内容。

在计算机类课程的教学中，对计算机基础学科中的基本规律、逻辑性很强的知识，FCM 的教学效果不佳。对数学、物理课程中的复杂推理、复杂原理等教学内容，采用传统的课堂讲授和演示，其效果可能更好。在对新知以自主学习为主的 FCM 模式下，学习者对概念、原理的理解容易流于表面和肤浅，缺乏深层次的思考与剖析[3]。

（2）对于技能任务型为主的课程，FCM 有较突出的表现。

对于强调操作技能、突出学习者实际动手和操作能力的学习内容，FCM 则具有较突出的表现。分析学习者的学习过程发现，在微视频、网上教学案例的支持下，绝大多数学习者都按时并保质地完成了自主学习，对设备的操作步骤、作品的设计技巧有了比较强烈的感性认识，然后再通过实物操作、现场设计、小组分享，就能实现知识与技能的巩固与内化，取得较好的教学效果。

（3）对于考察学习者综合实践能力的"问题解决策略"类学习内容，FCM 表现突出。

"问题解决策略类内容"属于计算机基础课程中的综合型任务，主要用于培养学生在面临实际的社会问题时，利用信息技术的手段解决现实问题的综合应用能力，包括了如何形成解题思路、解题流程的设计、解题策略和解题技术方案的选择、如何实施解题过程等内容。由于这类学习内容强调学习者对问题解决策略的掌握能力，通常要求学生结合社会中的实际问题利用信息技术手段提出一套完整的解决方案，题目的难度通常较大，它需要学生认真地分析题目的需求，综合运用几个章节的知识点和操作技巧，整合大量的资源，最终完成一个复杂作品的制作。因此，在 FCM 模式下，对于这类学习内容，通常以小组协作的方式组织教学活动。在协作组成员的共同努力下，各个小组都提交了质量上乘的作品，其作品水平明显高于传统教学模式下，有些作品的水平甚至接近于专业级水准。

3　FCM 教学活动的组织——FCM 教学活动的策略设计

从国内开展 FCM 教学的成功案例看，FCM 包含着两个重要环节：①有效且丰富的学习资源及其高效的在线学习支持系统；②组织有效的教学活动。在学习支持系统已经完备的情况下，FCM 的重点并不在于开展了哪些教学活动，而在于如何开展这些教学活动使学生真正"动起来"，即具体使用哪些策略以使教学活动的效果最大化。因此，FCM 教学活动的组织策略设计关系着 FCM 教学的成败。

3.1　面向实践能力培养的 FCM 教学活动的初步设计

FCM 教学活动一般分为 3 个阶段：①对新知的课前自主学习（学习形式可为以学习者个体为单位的独立自学、以小组合作方式的协作学习）；②课堂交流与分享阶段；③教师点评与提升、巩固阶段[4]。而对学习者实践技能的培养，则主要从 4 个维度出发，依次为：①必要的知识基础；②参与意识与主动性；③实践参与度；④实践活动中的社会意识。

　　基于上述理论，在面向学习者实践能力培养的 FCM 教学活动中，笔者带领教学团队逐步形成了如表 2 所示的组织策略。

表 2　基于实践能力培养的 FCM 教学活动的组织策略

翻转课堂 ＼ 实践能力培养		知识基础	参与意识与主动性	实践参与度	社会意识
课前新知的自主学习	自主学习（独立）	明确任务达成目标清晰	激发兴趣主动学习性	效果考察	
	协作学习	明确任务达成目标清晰	角色分配学生自评表	角色分配组内互评表	角色分配
课堂交流与分享	小组讨论	分享与巩固	积极提问主动讨论	发言数计量	角色分配
	小组汇报	分享与巩固	主动汇报积极提问与发言	提问数计量解答数计量	
	评价		反思自评	互评质疑	互评质疑
教师点评与巩固		高水平拓展提升与巩固	引导反思		

3.2　第一轮 FCM 教学实践效果及存在的问题

　　基于表 2 的策略，笔者带领教学团队顺利地完成了《多媒体技术》中音频模块的 FCM 教学。从教学过程中的课堂表现来看，实验班学生的积极性和参与性要高于对照班，通过与对照班的比较，实验班学生的主体意识、实践能力均有了显著提高。FCM 活动中的绝大部分学生都能够认真完成自主学习任务并投入到课堂讨论和探究活动中，超过一半的小组都展示了超出教师预期的作品。本轮教学实践证实，表 2 所提出的教学策略能够支持教师按照预计的流程顺利组织教学，此策略模型具有较好的可行性。

　　与此同时，也发现了一些不足，严重地影响了 FCM 教学的质量。

　　（1）第一轮 FCM 教学实践中存在的问题。

　　首先，少部分学生对 FCM 表现出消极态度。部分学生习惯于传统教学方式，对 FCM 模式感到极端不适应，无所适从。突出表现为：不善于自主安排学习进度、检索学习内容；在课堂分享中无法真正地参与到讨论和探究中，从而滋生消极情绪。

　　其次，在小组协作学习中出现"搭便车"现象。部分优秀学生承担了所在小组的大部分工作，而基础较差的同学在知识、技能方面未得到有效锻炼，出现了"优者更优、劣者淘汰"的现象。

　　第三，在"面向问题解决策略"类型的内容中，知识基础比较差的学生两极分化严重，部分同学的成长很快，而另外一些学生则几乎停滞不前。部分学生逐渐适应了 FCM 学习模式，在自主学习和讨论过程中表现积极、主动，实践能力提升很快，而另外一些学生则没有任何起色，其学习效果很差，尚达不到传统课堂中的学习效率。

　　（2）对 FCM 教学实践中存在问题的原因分析。

　　对比基于 FCM 和传统课堂教学两种模式，在班级的整体成绩上没有出现显著性差异，但 FCM 导致学生出现了较大的两极分化现象。跟踪学生的自主学习行为及其在课堂分享时的表现，发现进步较小的学生普遍自主管理能力差、时间观念不强、性格胆小而羞涩。

分析两极分化中的差生，笔者发现：由于对 FCM 中自主学习过程的监控不足，导致部分学生外在压力小、外在学习动机弱，这是影响他们成长的主要原因。

3.3 对 FCM 教学活动组织策略的完善与优化

尽管近几年学习理论方面的研究成果一直关注对学生内在学习动机的激发，以通过各种手段提升学生的学习兴趣为主要目标。然而，在笔者以 FCM 开展的教学实践却发现，对于知识基础弱、自主管理能力差、时间观念不强、胆小而羞涩的学生，必须采取一定的监控策略并有意识地为他们的思考和表达提供机会，驱动他们思考。也就是说，为了改善 FCM 状态下进步较小的学生现状，提升知识基础和实践能力，必须增加监控措施，对他们的学习行为进行监督和控制，以提升其外在学习动机。同时，教师应尽最大可能地为这部分学生提供展示和交流的机会，使他们能够有机会表达与呈现自己的才华，进而建立起他们的自信心和主体意识，促进其在实践活动中的参与意识与主动性[5]。

基于第一轮教学实践中存在的问题，笔者带领教学团队对表 2 所示的"FCM 教学活动的组织策略"进行了补充和优化，重点增加了监控措施，以激发学习者的外在动机，如表 3 所示。

表 3 基于实践能力培养的 FCM 教学活动的组织策略（优化表）

翻转课堂 ＼ 实践能力培养		知识水平	参与意识与主动性	实践参与度	社会意识
课前新知的自主学习	独立学习（自主）	任务明确 达成目标清晰 在线监控	激发兴趣 学习主动性	效果考察 在线监控 强化外部动机	
	协作学习	任务明确 达成目标清晰 在线监控	角色分配 角色认知与认可	角色分配 组内互评表 强化外部动机	角色分配 角色认知与认可
课内交流与分享	小组讨论	分享与巩固	积极提问 主动讨论	教师的主导性 对建设性成果计量	角色分配
	小组汇报	分享与巩固	争当汇报者 积极提问与发言	提问数计量 解答数计量 指定汇报人 按序回答提问	成员间的协同性、共同进步
	评价		反思自评	互评质疑	互评质疑
教师点评与巩固		高水平拓展 提升与巩固	主动总结	反思与提升 报告	

3.4 对优化的 FCM 组织策略的解读

（1）在课前新知学习阶段新增的组织、控制策略。

① 在对新知的课前学习阶段增加了在线监控策略

由于整个 FCM 的教学活动都建立在在线学习平台基础上，借助大量的微视频、测试题和操练模型支持自主学习过程。为了督促学生自主学习，笔者在学习平台中增加了在线监控功能，以监督每个学习者的自主学习时长、统计在线发帖数和在线参与度。

② 在协作学习阶段增加了角色认知与认可评价

在课前的协作学习中，由于教师不在现场，学生有较多自主发挥的空间，是全方面培养学生实践能力、主体意识的有效手段。但由于缺少教师监控，部分主体意识本身不强的同学可能会产生懈怠、依赖组长等行为，并且教师难以及时对协作中出现的问题进行指导。为了提升协作效率，增加"角色认知与认可"策略。

角色认知与认可，能促使学生明确自己在小组中的角色定位，并乐于贡献。接受角色定位，使小组每个成员明确其责任和权利，可以引导学生在小组协作中出现分歧时有效地协商并解决，引导成员间互相尊重和深度交往等。另外，学生对小组合作中的角色认知与认可是学生社会意识的一个重要体现。本研究发现，学习者对协作学习中角色的认可对于学习者个体认知自己的社会角色，更好地了解自己的个性特点都很有意义。

③ 在新知的课前自学阶段强调了对"外部动机"的强化

为了有效地改进主体意识不强、喜欢"搭便车"学习者的学习行为，在课前新知的学习阶段，采取了一系列激励措施激发学生的参与、创新意识，进而培养其实践意识。通过建立 "课堂随机抽查提问""以小组最低成绩作为小组最终成绩""按序回答教师提问""奖励突出贡献者"等规则，给处于小组学习中的每个成员施加外在压力，促使其积极主动地参与到合作中，规避懈怠偷懒、无效参与等行为。"以小组最低成绩作为小组最终成绩"等策略的实施促进了小组内部的协作，使"默默无闻"的"羞涩"学习者能够被其他组员关注，同时这部分学习者自身也有了较清晰的"存在感"。

（2）课内分享学习阶段新增的控制策略。

在课内分享阶段，主要落实了对课前自主学习效果的监控和相关策略的实施，以强化学习者的外部动机。新增的策略主要包括三个：在小组讨论中教师的主导性、课堂汇报过程中由教师指定汇报人且按序回答问题、关注小组学习中的共同进步。

小组汇报能综合体现学生的自主学习情况和小组合作表现。在第一轮翻转教学实践中，本研究采用了奖励主动者、鼓励创新等措施来促使学生高质量完成小组任务，主动进行汇报。但是教学实践发现，进行汇报的往往是组长或者平时表现比较活跃的学生，部分主体意识不强的学生表现出懈怠、不作为等行为。因此，增加了"指定汇报人"、"主讲者与小组成员的协同性"两个措施来避免此现象[3]。

另外，在课内分享阶段，教师应对小组讨论情况进行必要的监控和指导，引导各小组讨论的走向。与此同时，教师还要关注小组成员的共同进步，把小组成员之间的互帮互学、知识薄弱同学的进步作为协作效益的重要考核指标。

（3）课内总结提升阶段新增的控制策略。

经过课前的自主学习和课上的讨论分享，学生对知识的理解和掌握已基本能达到教学要求。但是，由于学生与教师水平、能力的差距及学生自身的局限，仍然需要教师在知识内容、体现、使用策略等方面给予学生指导。教师总结提升的重要性不能忽视。因此，在此阶段增加"以问代讲""撰写反思与提升报告"等活动，促使各层次的学生都能得到提升。

"以问代讲"的关键在于通过设置合理有效的问题，营造问题情境，为学生点拨思路，引导思维，使学生深度思考。教师通过课堂问答的方式帮助学生梳理知识点，加深学生对各项操作技能的掌握程度。

4 反思与总结

作为一种强调学生自主学习的教学模式，FCM 在技能、实践型课程的教学中具有优势。但在具体的教学实践中，如何组织有效的教学活动并加强对学习过程的监控，对于促进知识薄弱者的进步尤其重要。优质 FCM 教学的开展，离不开强大的在线学习支持平台，更离不开完备的教学组织策略。在 FCM 教学活动中，尽管要尊重学生的主体地位，尽量给予学生自主学习的自由，但绝不是完全放任不管，绝对不能忽视教师的"主导"作用。否则，FCM 就有可能流于形式，反而会导致教学效率低下，使知识基础薄弱的学生越来越弱，进而导致 FCM 教学的彻底失败。

参考文献

[1] 金陵. "翻转课堂"，翻转了什么?[J]. 中国信息技术教育，2012(9):18.

[2] 马秀麟,赵国庆,邬彤. 大学信息技术公共课翻转课堂教学的实证研究[J]. 远程教育杂志，2013(1):79-85.

[3] 马秀麟,赵国庆,邬彤. 翻转课堂促进大学生自主学习能力发展的实证研究[J]. 中国电化教育，2016(7).

[4] 马秀麟,吴丽娜,毛荷. 翻转课堂教学活动的组织及其教学策略的研究[J]. 中国教育信息化，2015(11):3-7.

[5] 赵兴龙. 翻转课堂中知识内化过程及教学模式设计[J]. 现代远程教育研究，2014(3):55-61.

微波电路 EDA 课程教学系统开发与应用研究

夏雷① 江丰光②

（① 电子科技大学，四川成都 611731 ② 北京师范大学，北京 100875）

摘要：传统的教学方法在面对现代工科课程的教学中已不能满足学生学习需要，本研究试图将计算机辅助教学软件应用到工科课程教学过程，以弥补传统教学方式的不足。本研究针对微波电路 EDA 课程教学中所面临的教学难点，针对微波器件的 EDA 设计开发了教学训练软件，并于课堂进行使用，最后评估学生学习效果。

1 研究背景

传统讲授式的教学方法在现代工科课程的教育中已经不能满足需要，过去文献指出计算机辅助学习应用到教学过程可弥补传统教学方式的不足，也替教师提供了有效的教学手段。随着计算机辅助教学的发展，很多教育工作者结合实际课程需要开发了不同的教学软件，以提升教学效果。微波技电路 EDA 课程包括了微波电路理论，工程电路设计、软件应用等方面的内容，是一门微波理论与实际工程设计联系很紧密的课程。课程近一半着重于微波电路器件的基础理论学习。课程涉及到微波不连续性模型分析，微波网络分析，优化理论等。课程要求学生在学习了基础理论及设计方法后，进行实际电路的设计实现。该课程的理论性较强，公式推导繁杂，对数学基础要求较高，在学习中需要学生对电磁场理论知识及微波器件的分析优化方法深入掌握理解，同时对软件设计中的各种方法深入理解并能灵活选择应用。研究者从过去的教学经验中中发现该课程在理论教学阶段内容多且复杂抽象，主要偏重将基本的且重要的概念、原理、方法等传授给学生，在简单介绍微波软件功能后，直接进行具体电路上机设计。在理论方法学习与上机设计之间缺乏一个实践训练的过程，无法帮助学生深入理解器件设计中"场"和"路"的概念，而在上机实践中，学生仅能完成几个具体指标的微波器件某一种结构的设计，对该类器件整体的知识面无法深入学习，当指标改变时往往不知道该如何下手，缺乏一个从理论到实践的过程。因此本研究试图设计与开发一个交互式的虚拟平台提供学生理论与实践的连结，以提高学生学习成效。

本课程教学软件设计思想是能够实现课程所涉及的不同微波器件的设计教学训练，提高学生的学习情况，熟悉 Ansys HFSS 及 Microwave Office 这两款微波设计软件。该教学软件中包含大量的设计模型和设计向导，可指导学生进行大量的设计练习，深入理解设计的方法和步骤，巩固课堂所学理论及方法，给学生提供一个互动的实践平台。

2 均衡器设计教学软件介绍

本文仅以微波均衡器的工程设计与实现教学软件为案例对学习的过程做简要叙述。增益均衡器是一种对输入信号功率在频段内按照一定要求进行衰减的微波器件。其作用主要是用于调整功率放大器的输出功率，使之满足后级的行波管放大器的功率输入要求，从而达到所需要的工作状态。均衡器设计首先需要根据指标通过理论计算出器件结构初值，然后进行"路仿真"确定其最优值，最后通过电磁场仿真确定最终结构。主要设计步骤如图 1 所示。

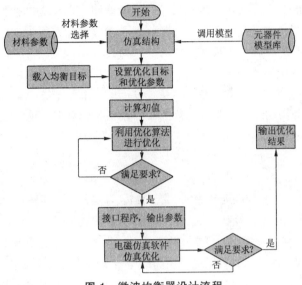

图 1   微波均衡器设计流程

2.1   设计平台介绍

该辅助教学软件运行于 Microsoft Windows 操作系统，开发环境采用 Microsoft Visual Studio C#，采用.net 等技术编程，用户界面简单、明了。可根据需要进行设计模型增减。设计了基于大型数据库 SQL server 的工艺及模型数据库系统，使用者可以根据其电路工艺参数进行模型库的修改和维护。平台整体框架及模块之间通过进程间消息，进程间映像进行数据交换，开发代码具有高度可维护性和可重用性。软件通过 API 接口可以后台调用 Ansys HFSS，及 Microwave Office 软件进行仿真优化及数据交换，总体框图如图 2 所示。

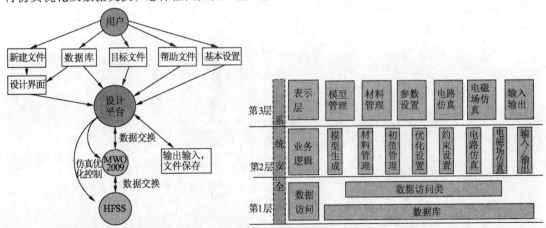

图 2   微波均衡器教学实验设计平台结构框架图

该均衡器设计平台采用三层结构设计，即表示层、业务逻辑层、数据访问层，如图 2 所示。第一层为表示层，即用户接口，离用户最近。用于显示数据和接收用户输入的数据，为用户提供一种交互式操作的界面，包括窗体、菜单、工具栏、环境菜单等。这些元素按 Windows 标准风格，依照系统功能分别设计。第二层为业务逻辑层。业务逻辑层处于数据访问层与表示层中间，起到了数据交换中承上启下的作用，是系统架构中体现核心价值的部分。它主要集中在业务规则的制订、业务流程的实现等与业务需求有关的系统设计。本系统中业务逻辑层依托数据访问层，为表示层提供服务，包括模型生成、材料管理、初值设置、优化执行等，而这中间某些功能的实现需要借助现有的微波工具软件，如 AWR Microwave Office、HFSS 等，这些都在本层实现。第三层为数据访问层。数据访问层功能主要负责数据库的访问。系统数据库采用 MS SQL Server，用来存储模型、材料、参数等数据。系统设计了一个数据访问类 DataAccess 实现对数据库数据的访问，包括数据的增加、删除、修改，以及条件加载等，使得系统业务逻辑数据库相隔离。

2.2 界面设计

该软件将 Microsoft Visual Studio 和 Microwave Office 相结合，利用分块式设计方法设计微波均衡器，并设计出更加简洁的用户操作界面。软件主界面如图 3 所示。最上方为主菜单及快捷菜单，包括系统、模型管理、系统管理等，可实现模型加载、数据存储、设计向导调用、显示设置等方面的操作。左下方为模型库区域，可以显示不同模型类所包含的设计模型，中间区域上方为模型参数区，显示该模型对应的各个参数，默认的材料参数等。下方为优化参数设置、优化目标及优化算法。界面右侧上方为所选择的设计模型结构图，下方为优化目标曲线，当优化开始时会即时显示当前优化的曲线与优化目标曲线的对比。在该软件界面学生可学习不同设计模型结构，包含的设计参数，对应的特性曲线，也可以通过"路仿真"及"场仿真"观察该设计结构在 Microwave Office 及 HFSS 中的结构图（见图 4）。可以通过仿真深入理解"场"及"路"的概念。本软件界面友好，所有需要确定参数的算法都有设置参数的对话框，学生可以输入不同的参数，方便地比较不同参数条件下的均衡器特性，从而理解不同参数对仿真结果的影响，进而更深刻地认识均衡器的设计内涵。

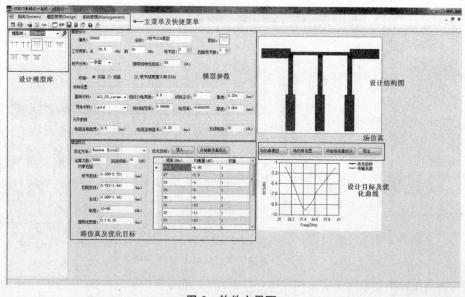

图 3 软件主界面

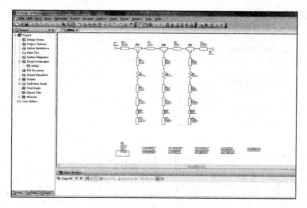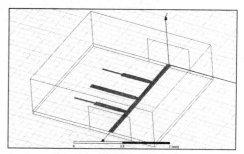

图 4 模型分别在 Microwave office 及 HFSS 中的仿真结构图

2.3 数据库设计

软件数据库包括均衡器设计模型库及材料数据库两部分。利用电路和微波场论相结合的方法建立了一部分微带形式的均衡器模型库。设计模型库中包含多种经验均衡器电路结构，模型库的建立和完善可以提高设计效率和设计精度，在使用该教学软件进行设计时，可以调用建立的模型库快速地对电路进行电路及电磁场仿真。图 5 为二枝节终端开路及短路设计模型结构。此外，可以根据设计需要在材料库中加载材料及设置材料参数（图 6）。

图 5 二枝节终端开路及短路设计模型

图 6 材料库及材料参数设置

2.4 设计向导

该向导模块内置了工程实际经验，可根据设计指标指导学生完成设计的各个步骤。包括均衡器模型选取、参数设置、目标设定及材料设置等，最终给出确定的设计结构及初值。学生可利用该向导深入学习不同模型的结构、不同设计目标对应最优的结构等。图 7 给出了均衡器参数不同时对应的经验设计结构。图 8 为设计向导不同步骤的界面截图。

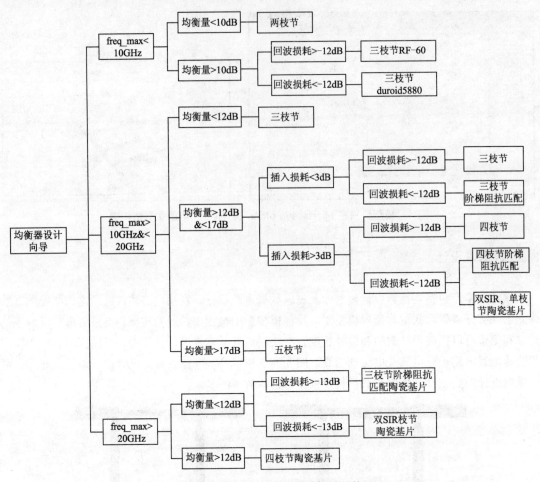

图 7　不同目标对应的经验设计结构

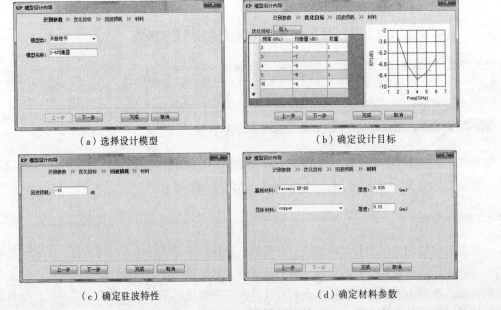

（a）选择设计模型　　　　　　　　　　（b）确定设计目标

（c）确定驻波特性　　　　　　　　　　（d）确定材料参数

图 8　设计向导的步骤截图

由于根据用户的需要，用户只需输入微波均衡器模型相应的特性，就能够自动调用相关软件来完成模型的建立，通过设计向导，可指导学生完成电路仿真及优化的设置，可在软件中看到原理图实际结构及场仿真的模型，学生可以熟练均衡器设计的步骤及积累大量的工程经验。

3 教学评估与反思

在教学中使用该软件后，采用问卷调查形式调查学生对该教学方法与该软件工具进行评价后发现，80%的学生反映通过该软件学习比起以前传统的理论分析及 PPT 讲解模式能够更加激发他们的学习兴趣，90%的学生认为在学习结束时已经能够深入的理解"场"和"路"的概念，熟悉均衡器的设计方法和设计步骤，能熟练的根据指标及工程实际设计相应的均衡器器件。此外通过均衡器设计教学软件案例的分析发现，在具体的微波器件工程应用设计时，仅需要理解微波器件的简单工作原理，并不需要它具备太多的理论知识，因此，在教学过程中可淡化公式推导，加入工程设计经验，并将其融入教学软件中，通过软件提供一个接近实际工程应用的设计环境，可大大提升学生的学习兴趣，消除其畏难情绪。

4 结论

将计算机辅助教学软件引入微波电路 EDA 教学中，不但可以加速学习的感知过程，脱离枯燥的理论方法学习，促进认识的深化，加深理解，提高应用能力。利用该软件，学生还可以多次进行模拟，每次选取不同的模型，观察所包含的参数，结构特性，与理论分析的结构进行比较并找出其中的规律，加深对"场"和"路"概念的理解。本文着重介绍了研究团队开发的"微波均衡器设计教学系统"在微波电路 EDA 课程教学中的应用。通过该系统教学后发现，该方式可提升学生学习的兴趣，加深学生对理论及方法的理解，同时获得大量的工程经验，进一步提升了教学效果。

参考文献

[1] 王艳林. 计算机辅助教学的应用现状和建议[J]. 科教文汇(下旬刊)，2010(01).

[2] 卢玉. 高校计算机辅助教育非理论教学的探讨[J]. 科技信息，2010(18).

[3] 薛晓铂. 论"计算机辅助教育"到"信息技术与课程整合"的转变[J]. 湖南科技学院学报，2009(08).

[4] 李为民，张军征. 教学设计与软件工程结合的教学软件开发模式[J]. 教学设计，2009(07).

[5] 黄少颖，刘美凤，刘博，等. 教学软件开发的需求分析流程初探[J]. 现代教育技术，2007(04).

[6] 朱颖岚. 计算机仿真设计：Ansoft HFSS 软件的应用[J]. 信息科技，2013(24).

[7] 陈锡斌. 微波平面电路设计的强大工具：软件"Microwave Office"介绍[J]. 无线通信技术，2000(01).

产学合作协同人才培养工作回顾与展望

（谷歌中国教育合作部，上海　200000）

摘要：本文概述 Google 中国教育合作部支持高职院校开展课程建设和人才培养合作项目的情况。分享合作项目过程中的经验和体会，尤其是协同培养人才方面的心得。基于这些经验体会，提出了加强产学合作的建议。

1　谷歌中国教育合作项目

谷歌自进入中国十年来，除了从事技术创新和本地公司一起成长之外，还积极支持中国教育。2007 年，谷歌专门成立了大学合作部以支持中国学校培养符合产业需求的创新型人才。经过多年积累和实践，谷歌中国教育合作部已形成全方位的支持格局。从合作对象来看，包括本科院校、高职和中学；从合作覆盖区域来看，从东部区域到西部区域；从合作内容来看，包括课程建设、联合科研、师资培训、大学生人才培养、中学信息技术启蒙教育等（见图 1）。

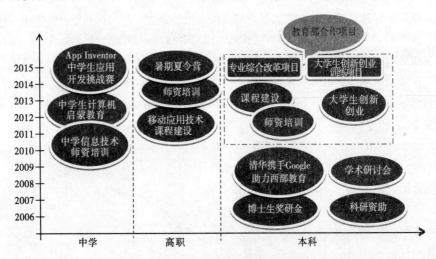

图 1　谷歌中国教育合作项目一览图

目前，在教育部指导下，谷歌中国教育合作部与教育部高等院校计算机类专业教学指导委员会和大学计算机课程教学指导委员会合作，开展面向本科院校的产学合作协同育人项目，协助学校进行专业综合改革、师资培育和大学生创新创业培育。

谷歌从 2012 年启动支持高职移动互联专业建设，围绕师资培育、课程建设和大学生培养等几个方面开展工作。近几年，主要围绕移动应用方向，所开展的工作包括师资培训、课程（教材）资助、暑期大学生夏令营等。

2016 年 1 月 25 日，谷歌公司和其他跨国公司一道，荣获教育部"最佳合作伙伴奖"，谷歌珍惜这一荣誉，争取把教育合作项目做得更好。谷歌为支持教育所做的努力，是企业社会责任的一部分。为保持谷歌中国教育合作项目的公益性和纯粹性，在教育合作项目上，基本不与其他商业公司建立联系，也未授权任何商业公司从事与谷歌中国教育合作项目相关的活动。

有关谷歌支持中国教育的详细情况，请参考网站：http://www.google.cn/intl/zh-CN/university/index.html。

2　高职教育合作项目目标

基于研究发现，相比于本科院校，高职院校除了在人才培养目标上的不同，还有一个显著的差别，即与企业的合作理念上。由此造成部分高职院校对于谷歌所提出的合作理念不理解。我们不反对学校谋求与企业的合作，学校应该与企业合作，优势互补，互惠共赢。因此，我们鼓励学校积极与产业谋求共赢的合作方式，以培养实用型人才。不过，需要对商业公司的商业化诉求进行合理控制，免得本末倒置。

每家企业支持教育，有各种目标，有的侧重于短期商业利益，有的侧重于树立企业品牌和市场，有的看中人才招聘。谷歌高职教育合作项目不以商业化为目标。谷歌的资源投入，是在教育部指导下，对教育所做的承诺和贡献。承担社会责任、传播产业前沿技术和培育未来计算机产业人才是谷歌中国教育合作项目的目标，这其中包括高职教育合作项目。

3　目前项目实施概况

2012 年，谷歌在本科合作项目经验的基础上，启动高职合作项目，从试点逐步扩大规模。近几年的工作重点包括课程建设、师资培训和大学生人才培养等几个方面。谷歌积极推动产学合作，通过经费、开源技术和互动来推动高职的课程建设和人才培养。在合作项目过程中，注重合作项目质量，务实不务虚。谷歌很乐意与一线教师和学生的互动交流；同时，也关注课程体系设置、教学改革等的上层设计与政策制定。

谷歌高职教育合作项目的工作，具体包含如下几个方面。

3.1　师资培训

2012 年启动高职合作项目，谷歌与教育部高等学校高职高专电子信息类专业教学指导委员会合作，在全国范围内，按照地域，举办了 11 期师资培训班。这是一个良好的开端。随后，2013年为了保证项目的延续性，与全国高等院校计算机基础教育研究会高职高专专业委员会签署了合作协议，以后每年，谷歌将持续投入资源，与承办学校合作，推动师资队伍在移动应用方向上的技术技能培训。2012 年—2015 年的师资培训成果见表 1。

表 1　历年师资培训成果

年份	学校数（校次）	教师数（人次）
2012	222	535
2013	192	382
2014	169[1]	311
2015	118[1]	227
合计：	701	1455

[1] 包含 MOOC 培训

从师资培训内容来看，紧扣产业对人才的需求，从开源移动应用技术平台（Android），逐步拓展到 Android 与嵌入式开发、物联网应用开发等，同时在 2014 年引入 MIT App Inventor 这一可视化搭积木式编程工具，培养学生学习移动应用开发的兴趣。

合格的师资是人才培养的先决条件。除了技术培训班之外，谷歌还通过课程建设研讨会，提供一个互动交流的平台，探讨课程建设的重点和亟待解决的问题。师资培训和课程研讨有利于师资队伍建设，提高一线教师的技术技能，促进教学质量提升。2016 年 6 月 3—4 日，谷歌在重庆举办的 2016 高职合作项目研讨会，研讨产学合作模式创新与效率提升，有来自全国 72 所高职院校的约 90 位教师参加。我们将持续开展这些有意义的活动。

3.2　课程建设

高职的课程特点是实践性、操作性强，高职的课程体系要求学生学习之后转化为实践和动手能力，对理论部分的掌握要求不高。同时，部分高职教师更倾向于获得完整的教学资源包，直接使用即可。针对这一特点，谷歌通过开放申报和评审方式，资助高职院校进行课程内容开发。这些课程建设的成果和内容，共享给所有其他学校。谷歌在 2012 年就资助了包括上海电子信息职业技术学院、江西环境工程职业学院等在内的 7 所院校开发移动应用课程内容。同时，通过 2012—2013 年的课程建设和师资培训工作，培育了若干优秀讲师。这些工作，对后续的项目起到了很大的推动作用。

除了示范课程建设之外，2014 年，谷歌资助了教材出版和 MOOC 课程建设项目。由此，2012年～2015 年，谷歌共资助 24 个课程建设项目，包含 15 门示范课程、5 本教材和 4 门 MOOC 课程。具体内容从基础移动应用开发到高阶移动应用开发，到嵌入式、物联网，再到 App Inventor，基本满足移动互联专业的移动应用技术课程建设的需要。

3.3　大学生人才培养

谷歌支持高职所做的工作，归根结底是为了推动人才培养。谷歌鼓励高职院校通过引入产业新技术，更新课程内容，促进教学改革，从而培养符合产业需求的实用型、创新型人才。基于此，谷歌做了两方面的工作。

① 以赛促学：开展面向大学生的创新（创业）挑战赛。2010—2014 年，谷歌进行了 5 届的移动应用开发全国大学生挑战赛，本科和高职同台竞技。这个赛事很好地检验了之前的工作积累，每年有约 1 000 支学生团队参赛。从总体上看，在作品质量上本科学生普遍高于高职学生。不过，也有不少高职学生团队取得了不错的成绩，比如 2012 年，芜湖职业技术学院的一支学生团队挺进全国总决赛。2015 年开始，为支持教育部开展大学生创新创业培育，谷歌把此创新大赛升级为创业大赛。同样，我们期待高职学生团队参加赛事，以赛促学，进行创业实践。2016 年是第二届 Android 全国大学生移动互联网创业挑战赛，有关大赛主页请参考：http://www.google.cn/university/android challenge。

② 菁英论剑：举办暑期夏令营活动，遴选获得国赛或省赛一等奖的高职学生菁英，参加为期约一周的活动，进行学习、融合与评比。此项互动，为全国高职菁英提供了相互切磋、学习共进的平台。2016 年将是第四届，我们期待一年比一年精彩。

谷歌很乐意把资源引入促进大学生人才培养的工作，产学互动合作培养产业所需的人才。

4 未来规划设想

基于上述工作基础，从高职人才培养的特点和实际需求出发，谷歌拟采取如下合作项目思路（见图2），工作内容包括四个方面[1]。

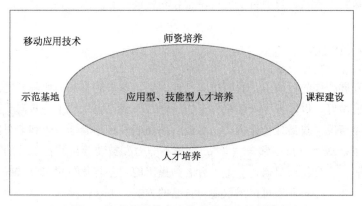

图2 谷歌高职教育合作项目未来计划设想

（1）继续支持课程内容建设，重点支持 Android 与特定应用方向的结合，比如嵌入式、物联网、智能家居等。将逐步拓展具体应用领域的课程内容建设，完善教学资源库。同时，支持促进教学改革的合作项目，包括但不限于：教学模式、方法研讨与实践、案例库开发等[2]。

（2）围绕产业热点技术——移动应用技术，继续开展师资培训和课程研讨，新增教学展示会，形成立体多维度的支持内容。传统师资培训班围绕技术培训；教学展示会侧重于偏微观的教学内容、教学案例、教学改革方面的经验分享；课程研讨会偏宏观来讨论合作项目上的重点和需求。这三个层次的师资培育工作内容，将在 2016 年得到加强。表2为 2016 年已确定的若干师资培训班的承办地点和内容，我们鼓励承办校优先照顾辐射本地区新学校。移动应用开发的师资培训班数量最多，这是因为产业对移动应用开发人才的需求最多。

表2 2016年师资培训班安排表

序号	地 点	学 校	内 容	时 间
1	南京	南京工业职业技术学院	Android 应用开发	4 月 23 日—25 日
2	成都	成都职业技术学院	Android 应用开发	4 月 27 日—29 日
3	北京	北京信息职业技术学院	Android+物联网	5 月 21 日—23 日
4	苏州	苏州市职业大学	Android 移动应用开发	5 月 27 日—29 日
5	新疆	新疆农业职业技术学院	Android 应用开发	7 月 11 日—13 日
6	深圳	深圳信息职业技术学院	Android 应用开发	7 月 11 日—13 日
7	深圳	深圳职业技术学院	Android+嵌入式	7 月 13 日—15 日
8	赣州	江西环境工程职业学院	Android+嵌入式	7 月 13 日—15 日
9	辽阳	辽宁建筑职业学院	Android 应用开发	7 月 29 日—31 日
10	东营	东营职业学院	Android+物联网	10 月 22 日—24 日

（3）继续鼓励高职学生团队参加谷歌举办的 Android 全国大学生移动互联网创业挑战赛；继

续举行暑期夏令营，为高职菁英"唱戏"搭台。

（4）采取年度评审、优胜劣汰方式，每年评选、维持约一定数量的移动应用人才培养示范基地学校称号。这批示范基地在课程建设、人才培养和校内外贡献方面起示范引领作用。

值得指出的是，上述工作方向经由谷歌所邀请的高职教育合作项目专家组讨论商定。我们感谢专家组各位老师无私奉献，对项目发展提供指导和咨询服务。

5　经验体会与建议

与高职院校开展合作的过程中，我们很高兴地看到，越来越多的高职院校愿意持开放的合作态度，共同把事情做好，以服务于人才培养工作。同时，我们也发现了一些需要改进的地方。

（1）结合实际情况寻找最佳合作模式。有极少数高职院校抱着老观念和老思路，对企业提出不切合实际的需求。或者秉持"拿来主义"，自身不努力，被动等待其他学校的开发成果。2016年 6 月，谷歌高职教育合作项目研讨会上，有老师提出的"差异化"想法非常好。每个高职院校都有自身的特点，在人才培养上可以采取适合自己的方式、方法。

（2）正确对待企业的商业化目标。谷歌中国教育合作项目不以短期商业利益作为目标，但在合作项目过程中，我们发现即便是第三方商业公司，偶尔在某些场合下也会引入商业化宣传。每家企业在开展教育合作项目过程中，必定有其目标，这是可以理解的。我们鼓励高职院校积极与企业合作，产学互动促进符合产业需求的人才培养工作。但应该坚决摒弃那些短期商业利益，给合作带来负面影响的公司。谷歌在开展教育合作项目过程中，不允许有第三方商业公司加入，以保持合作项目的纯粹性。鼓励高职院校积极谋求产学合作，与谷歌不允许其他公司加入教育合作项目，这两者是不矛盾的。未来随着环境的改善，我们不排除在合作项目中与第三方公司建立合作关系，共同为高职院校人才培养服务。

（3）"名""利"双收才是上上策。有的院校，在申报项目过程中，纯粹是为了申报而申报，拿到项目了，则"名"有了，至于项目质量就不重视了。我们在以往的项目中，发现了有这样极个别现象。如果同时也能按时、有质量地完成项目，使本校课程建设和人才培养提升层次，同时对其他所有学校开放共享，岂不是"名"和"利"双收？谷歌非常重视项目的执行过程和质量控制，我们务实不务虚。

（4）付出与获取相对应。谷歌教育合作项目秉承开放、共享和创新的原则。我们鼓励参与合作项目的老师在获得资源的同时，能够为更广范围内的学校做贡献。获取与付出是成正比的，对于那些积极活跃、对高职合作项目做出贡献的老师，我们将在同等条件下，予以优先考虑。

6　结束语

随着谷歌中国教育合作项目的持续推进，我们期待在教育部指导下，在专家组各位老师的帮助下，拓展高职教育合作项目的深度和广度，提升合作层次，以更好地服务于更广范围内的高职院校开展人才培养工作，起到基础性推动作用。

谷歌高职教育合作项目，如同其他教育合作项目一样，对合作院校不设门槛，欢迎所有有兴趣的高职院校参与。

参考文献

[1] Google 高职教育合作项目重庆研讨会. Google 高职教育合作项目：做什么？怎么做？[C]. 2016.

[2] Google 2016 年高职合作项目申报指南文件[EB/OL]. [2016]. http://www.google.cn/intl/zh-CN_cn/university/curriculum/education.html.

教学平台、资源库如何让教师用起来

俞 鑫

（上海尚强信息科技有限公司，上海 200000）

1 院校为何要导入教学平台、进行资源库建设

进入"十三五"期间，无论是本科还是高职院校都开展了如火如荼的教学平台、数字化资源库建设。除了国家的政策引导之外，源自院校自身的建设动力大部分来自于领导层，以软件信息类相关专业为例，院校领导期待通过教学平台、数字化资源库建设能够实现以下目的。

（1）更新教学资源库，将与产业接轨程度高的、新的技术教学内容导入到课堂，实现教学内容的标准化。

除了更新教学内容之外，可以将优秀教师的优质教学资源，通过数字化建设实现共享，通过平台流程化的组织方式，实现优秀教师的优质课堂教学组织方式传播。在教师队伍相对薄弱的院校，可以利用标准化的优质教学内容资源，实现整体教学质量的提升。

（2）通过教学平台组织教学内容资源，尽量融入课堂教学的应用场景。

人才培养过程中的教学场景有课前、课中、课后三大场景，目前大部分地方院校在这一过程中很难驱动学生在课前、课后进行自主学习，所以目前这类院校迫切程度比较高的是：如何提升课中（即课堂教学）的教学与知识传授的效率。高效率的课堂教学场景是目前院校非常刚需的需求。认清、定位教学平台与教学内容资源的应用场景非常重要，很多院校想把教学平台与资源库用在各种场景的设想是不符合教学规律的，有时候追求"大而全"的系统功能与应用场景，反而最后导致无人用或者很难用。

（3）通过教学平台全程记录"教与学"数据，以学习过程、成果数据来评价与佐证专业教育的有效性。

教育部在"十三五"期间执行了非常重要的两个质量工程项目，一个是面向本科的工程教育专业认证，另外一个是面向高职的"诊断与改进"。要完美的通过这类项目的考核，其核心就是要对全体学生、教师的"教与学"数据进行有效的记录，同时能够利用大数据、人工智能等各类技术手段进行"教与学"数据的分析、评价，以佐证专业教育的有效性。

（4）基于人才培养过程数据的分析，对人才培养的方法与手段持续改进与改善。

数据除了可以分析之外，进一步的功能就是基于数据的持续改进的动作，最终能够形成一种机制，可以不断促进教育教学改革的持续深化，设计课程体系，改进课程教学，转变管理模式，为学生多样化发展提供合适的舞台。

2　很多院校花费重金建设的教学平台、资源库为何用不起来

（1）教学资源库建设标准不一，工艺标准低，承接难度大。

目前国家鼓励教师制作微课用于课堂或者课后教学，在很大程度上形成了一定的标准。但是，在一些应用型较强的课程上，缺少大量的优质实践教学案例资源，现在大部分老师在制作实践案例资源中，将主要精力放在小型的验证型案例制作上，忽略了项目化教学所需求的工程案例项目的制作，而且目前在这个领域内，国家还缺少相应的标准，导致了实践教学资源领域的缺失。如果标准不一、制作工艺不高，这类资源库就很难被作者之外的使用者承接使用，最后的现象就是只有作者本人可以使用，失去了共享的意义。

（2）教学平台的应用场景、功能追求大而全，用户体验差。

教学平台其实已经有很多，院校曾经尝试将教学平台用于自主学习的场景，后来发现学生的主动点击量特别低，最后只在少量学分互认的通识课程上得到了一定程度的应用，自主学习大部分的应用场景试点都没有获得成功，翻转课堂的设想也很难落地。目前对于大部分的院校，能有效地解决课堂教学，尤其是实践教学这个应用场景，已经是非常了不起的成就了。在功能设计上，如果能够先放弃"大而全"的追求，优先解决好教学平台在实践教学（实验课）中的应用，将教师与学生的用户体验提升到"真正、主动、喜欢"，到这个阶段，才能将功能与应用场景逐步扩展到授课（MOOC 翻转模式，SPOC 实验课、SPOC 课程设计）、作业、考试、评价等外围辅助应用。

（3）忽略一线教师的作用，缺少管理制度与激励机制。

教师是改革成败的关键要素，尤其在现有的国家评价体系大背景下，如果制定有效的管理制度与激励体制，是能够调动教师积极性的关键要素。另外，一定要重视教师的诉求，在现有的背景下，要重点考虑如何能够将教师事务性、重复性的工作转移给机器，通过信息技术手段，解放教师在这些领域的繁重工作，通过人工智能、大数据等各类新兴技术手段，帮助教师对教学过程与教学结果进行诊断、分析与改进。而且，如果没有让教师认可的产品设计"爆点"，教师的使用积极性也不会高。

（4）合作共建企业的介入太少，缺少持续的、捆绑式的使用计划。

很多院校在建设教学平台、资源库的时候，都会选择与企业合作，但是在合作企业的选择上，往往达成的是一个简单的买卖关系，初期建设完成后，很难再有深度的、持续性的捆绑式合作。尤其在产学研等领域，如何将教师的发展、学生的能力培养、产业的最新技术发展动态和企业的产品持续提升这 4 个方面进行有效融合，缺少长远的计划与实际的做法。

3　广受院校好评的教学平台、资源库需要具备哪些特质

院校想将教学平台、资源库真正地让教师用起来，并且发自内心地喜欢使用，最终通过这些信息技术手段实现线上线下融合的培养模式、教学手段的创新，教学平台与资源库需要具备以下的创新与突破。

（1）全面对接教育部各类评审要求，可以实现对全部学生样本，进行人才培养全过程的数据化管理与评价。

（2）提供各类课程、教学手段对学生毕业能力达成度数据的多维度分析，通过对人才培养过

程中各类数据进行追溯、分析，以实现培养方式、手段等多领域的持续改进。

（3）利用信息技术手段，将教学资源与课堂进行有效组织，实现了课前、课中、课后多重场景下线上线下的"教与学"模式创新，尤其是课中。

（4）利用人工智能技术，实现对程序类课程、主观题等作业的机器自动批改与阅卷，极大降低教师在评价过程中的工作量。

（5）通过大数据技术，对人才培养过程中的大量数据，进行建模分析与深度挖掘，为持续改进与分析提供决策依据。

（6）通过制作优质的"生活化、场景式、趣味性"教学课程、实践教学案例内容，大幅提升学生学习的主动性。

（7）通过云计算、VR 技术，实现教学环境与学习手段的多样化。

（8）针对教学平台、资源库，执行持续的运营方式与激励配套使用制度。

尚强科技历时 4 年成功研发了"学吧"教学平台，为院校"教学平台、资源库"提供"一站式"整体解决方案，该款教学平台得到了多位教育部评审专家的高度评价，多位 BAT 软件架构领域"大咖"组建核心研发团队确保技术领先、重金打造、专业人士参与设计、积极的使用激励政策、高度重视教师的使用体验、丰富优质的教学资源库等多维度的保障措施，足以配合高校进行线上线下各种创新型人才培养模式改革。

4 平台的体验

平台体验局部功能：

（1）全面对接教育部评审要求，可以实现对全部学生样本进行人才培养全过程数据化管理与评价。

（2）提供各类课程、教学手段对学生毕业能力达成度数据的多维度分析、诊断，通过对人才培养过程中各类数据进行追溯、分析，以实现培养方式、手段等多领域的持续改进。

（3）基于"教与学"过程数据的量化评价。

（4）评价过程中的机器自动批改与阅卷（主观题，可以适用大型程序设计题目）。

（5）优质的"生活化、场景式、趣味性"的教学课程、实践教学案例内容。

（6）虚拟仿真技术在教学环境与学习手段上的应用。

（7）利用信息技术手段，将教学资源与课堂进行了有效组织，实现了课前、课中、课后多引用场景下的线上线下的"教与学"模式创新。

（8）院校如何建立自有的实践教学门户，所有的实践教学环节在该门户上进行管理与实现。

适用对象：准备利用信息化手段促进教学模式改革与课程改革的院校。

体验专业：计算机及相关专业。

体验课程：Java 程序设计。

申请方式：info@campsg.cn; 或者通过"学吧在线"微信公众号线上报名。

信息素养大赛与计算机基础教学中
批判性思考能力养成探究

赫 亮

（北京金芥子国际教育咨询有限公司，北京 100062）

摘要： 第六届全国大学生计算机应用能力与信息素养大赛（以下简称大赛）在 2016 年 5 月落下帷幕。赛事举办 6 年来，围绕着当代大学生计算机应用能力与信息素养的提升和批判性思考能力的养成这一主题，在竞赛项目与竞赛内容的广度和深度方面都不断拓展，对于参赛院校计算机基础教学的改革与创新，起到了良好的借鉴作用。本文将就第六届大赛的竞赛内容、竞赛阶段、竞赛方式、命题思路和与课程结合的案例进行探讨。

1 大赛赛项设置与竞赛阶段划分

第六届全国大学生计算机应用能力与信息素养大赛由全国高等院校计算机基础教育研究会、全国高等学校计算机教育研究会和《计算机教育》杂志社共同主办，由中国铁道出版社、北京计算机教育培训中心及北京金芥子国际教育咨询有限公司等单位承办和协办。大赛共有 180 个院校代表队，总计 16 000 名学生参加，最后进入总决赛的院校代表队有 110 个，参赛选手为 493 人。

本届大赛设置有计算机基础、Office 商务应用能力以及计算机专业英文能力等三个赛项。以报名最为踊跃的计算机基础赛项为例，该赛项分为两个阶段。第 1 个阶段为淘汰赛阶段，使用美国全球学习与测评发展中心（Global Learning & Assessment Development，GLAD）的在线测评系统对参赛选手信息化核心能力进行全方位的测试，成绩在这一阶段前 50%的选手可以晋级第 2 阶段；第 2 个阶段使用开放式的综合项目形式，要求学生在规定的时间内，综合运用多种计算机技能，创造性地完成一个实际工作中的任务，并以学生提交作品的质量来进行评奖。

2 阶段 1 的竞赛内容、形式与特点

2.1 阶段 1 的竞赛内容与形式

阶段 1 竞赛为淘汰赛，考核的侧重点在于学生全面的信息化素养和实际计算机应用技能的掌握。这一阶段竞赛内容所依据的标准包括美国 GLAD 的 "计算机与网络技术国际标准（Information and Commutation Technology）" "微软商务应用能力国际标准（Business Application Professionals）" [1]以及全国高等院校计算机基础教育研究会所指导编写的 "大学生计算机基本应用能力标准：模块 1–4" [2]。

在这一阶段，计算机基础项目的竞赛范围包含认识信息社会、使用计算机及相关设备、网络

交流与获取信息和处理与表达信息 4 个领域，具体如图 1 所示。

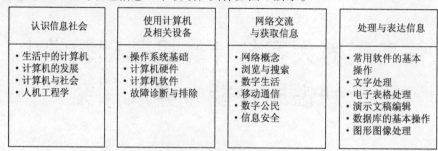

图 1　计算机基础项目阶段 1 竞赛内容

Office 商务应用项目包含的领域有文字处理、电子表格和简报设计，具体内容如图 2 所示。

文字处理	电子表格	简报设计
• 复杂图文排版 • 长篇文档的处理 • 邮件合并 • 修订和共享文档	• 创建和格式化数据 • 使用函数计算数据 • 分析数据 • 可视化数据 • 保护数据	• 使用母版和主题 • 设计文字与图形 • 应用多媒体 • 设计动画与切换效果

图 2　Office 商务应用项目阶段 1 竞赛内容

阶段 1 的竞赛主要测试参赛选手基本的信息化素养及对软硬件和网络的应用技能，因此使用美国 GLAD 的在线测评系统进行比赛。计算机基础项目的竞赛题目形式包含单项选择题、多项选择题、配对题、排序题、判断题和填空题；Office 商务应用能力赛项则全部为真实环境下的实际操作类题目。不同的题目类型用来检测选手不同方面的知识和能力，具体见表 1。

表 1　阶段 1 竞赛题目类型和考核侧重点分析

竞赛题目类型	考核侧重点
单项选择题	考核基本知识
多项选择题	考核基本知识和概念以及内涵与延伸
判断题	考核对于概念理解的准确性
配对题	考核多个知识和概念之间的细微差别
排序题	考核解决实际问题的正确方法
填空题	考核知识与概念以及基本能力
操作题	考核真实工作环境下的应用能力

2.2　阶段 1 竞赛的特点

阶段 1 的竞赛内容要求学生对于信息技术领域的重要概念能够准确地理解并在软件及网络方面具有熟练的实际操作技能。这一阶段中的竞赛内容，有很大比例是学生在大学计算机基础课程中涉及的，但同时在内容的广度、应用的深度，以及反映信息技术最新发展等方面超出了在校课程的要求。

在计算机基础项目中，过去一年中很多信息技术发展的热点都体现在了竞赛内容中，例如谷歌的 AlphaGo 智能围棋程序和无人驾驶汽车、大数据和云计算的特点等，都以不同的形式出现在了竞赛题目中。在 Office 商务应用项目中，所涉及的内容明显比多数学生在校所学更深入和细致，更贴近未来实际的工作应用，如图 3 所示，要求学生在大约 2 分钟的时间内，完成下方从左侧到右侧的设置，包括将红色文字（姓名）设为等宽以及排版为目录的样式。这些竞赛题目都是学生在未来工作中会经常面临的，掌握了正确的方法将极大提升学生的工作效果和工作效率。

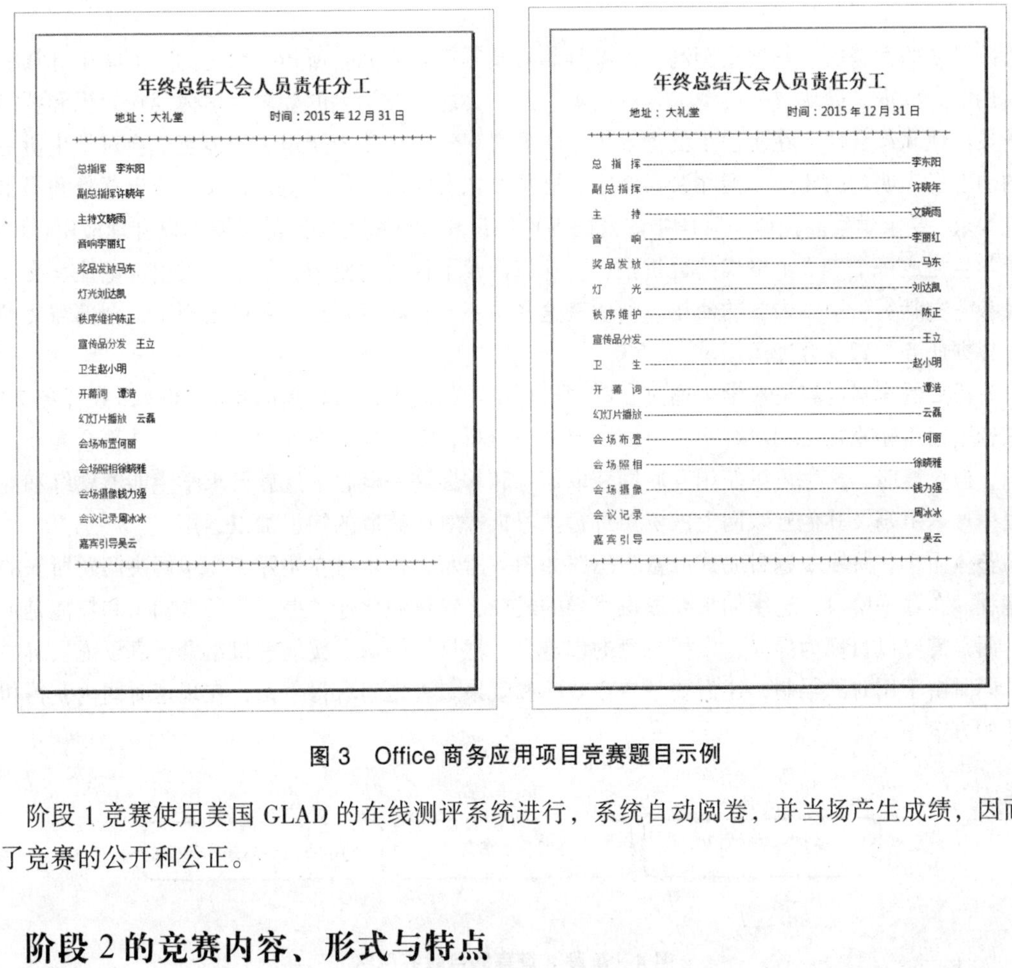

图 3　Office 商务应用项目竞赛题目示例

　　阶段 1 竞赛使用美国 GLAD 的在线测评系统进行，系统自动阅卷，并当场产生成绩，因而保证了竞赛的公开和公正。

3　阶段 2 的竞赛内容、形式与特点

3.1　阶段 2 的竞赛内容与形式

　　阶段 2 的竞赛采用开放性综合项目的形式，要求学生在规定的时间内（2 小时）根据任务要求，使用本地计算机上的软件和互联网完成一个实际工作中的项目方案。以本届竞赛为例，任务的背景为一家在线销售产品的蛋糕店，主要产品类型包括巧克力蛋糕、水果蛋糕和冰淇淋蛋糕。题目包含两个任务：在任务 1 中，给出了过去 3 年的销售数据，在数据中存在着地区间的差异、产品间的差异、销售增长的趋势以及季节的波动，要求选手根据这些背景和数据撰写一份 Word 格式的分析报告，并在报告中对下一年度的销售情况进行预测；在任务 2 中，给出了过去 1 年的顾客投诉情况，包含每一天由于各种原因的投诉次数，这其中既包含不同投诉原因间的差异，也

包含不同日期间的差异，要求选手运用这些材料，并根据帕累托法则制作一个在公开会议上可以使用的 PowerPoint 格式的演示文稿。[3]

学生在竞赛过程中，每人一台计算机，其中安装了 Office 以及主要的工具软件，并可以通过互联网获取信息和进行学习。最终根据他们提交的作品的完整性、专业程度和美观程度进行评定，区分出不同奖项。

3.2　阶段 2 竞赛的特点

阶段 2 的竞赛内容依据全国高等院校计算机基础教育研究会所指导编写的"大学生计算机基本应用能力标准：模块 5（典型综合应用）"[2]进行命题，对学生的要求更多体现在知识和技能运用的灵活性和综合性，在阶段 1 的竞赛中，主要考察学生单项的知识和技能点，会对学生所要完成的内容提出明确的要求。但在阶段 2 中，则更类似实际的工作环境，仅仅会给出背景和提出方向性要求，要求学生能把前一阶段中涉及的各种知识和技能根据实际的需要加以合理应用。例如：要求学生完成一个 Word 格式的分析报告，这就涉及了样式的使用、目录、索引、题注、交叉引用及参考文献等引用类内容的使用。而所有这些并不会在题目中给出明确的规定，全部需要参赛选手根据任务的背景合理运用。

阶段 2 的竞赛内容还对学生通过互联网进行学习的能力提出较高的要求。例如，在任务 2 中，要求选手使用帕累托法则对客户投诉的情况进行分析，多数学生在课内学习中，并不会涉及这一知识，但竞赛时，学生可以使用互联网获取信息和掌握这一概念，这就要求学生能够熟练和高效地使用搜索引擎及其他互联网上的资源进行学习，并对所获取的知识加以运用。

整体而言，阶段 2 题目完成的基本思路如图 4 所示，这也是在实际工作中解决问题所需的工作流程。在这一阶段，选手如果要取得优异的成绩，仅仅僵化地掌握课堂所学知识和技能是不够的，而是需要以目标为导向，发挥自身的创造力，把这些知识和技能有机组合，真正地去解决问题。同时由于用时的限制，还需要学生在效率和效果二者之间取得平衡，在规定时间内获得相对最佳的方案。

图 4　阶段 2 竞赛题目解答思路

4　竞赛成绩与高校学生计算机应用能力分析

4.1　竞赛成绩统计

本届大赛共有 187 位选手进入到阶段 2 的竞赛，也就是开放式综合项目测试阶段，这一阶段题目的总分为 100 分，如表 2 所示，所有选手的平均分为 34.23 分，最高分为 69 分，最低分为 7 分，标准差为 13.71。其中本科学生的成绩略高于高职学生，但差距不大。

表 2　（综合项目测试）成绩描述统计

参赛院校类别	平均分	最高分	最低分	标准差
本科	34.86	69	7	14.30
高职	33.62	56	9	13.17
整体	34.23	69	7	13.71

　　如果按照 10 分为一个分数段，如图 5 所示，大多数选手的成绩集中在 20～49 分，成绩在 20 分以下和 50 分以上的，也各有一部分选手。

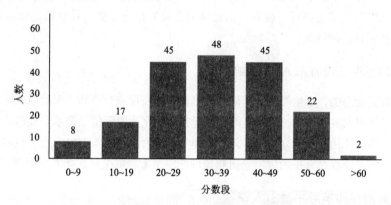

图 5　阶段 2（综合项目测试）成绩分布

4.2　学生应用能力分析

　　基于 4.1 节的成绩统计，可以看到，很多学生对于有明确要求的知识性或技能性题目可以顺利完成，但对于这种开放性的、需要批判性思考能力的综合项目，还存在着一定的欠缺。竞赛阶段 2 的测试中，整体的平均分只有 34.23 分，在全部 187 位选手中，能够完成项目 50%以上的学生数量也只有 24 人。多数学生对于任务还只能停留在一些较浅层次的分析，并缺乏在恰当的场合使用恰当的计算机技能解决实际问题的能力。此外，与通常所认为的，本科学生计算机的基本应用能力领先于高职学生不同，竞赛的成绩分析表明，参赛的本科选手无论在问题分析还是在计算机技能的灵活应用方面，都没有明显的优势。

　　通过对参赛选手实际完成作品的分析，发现许多参赛选手最终所提交的作品不够理想，主要原因有以下几个方面。

　　（1）缺乏批判性思考能力。当问题的起点（背景情况）到问题的终点（要达成的目标）之间没有给出明确的路径（题目要求）的时候，就不知道从何处下手，缺乏把所学知识和解决实际问题相关联的能力，从而使完成的方案变得凌乱而缺乏逻辑性。

　　（2）缺乏数据分析能力。以本次竞赛题目中的任务 1 为例，给出了各项产品每天的销售情况，其中有些产品的销售具有季节波动的特点。但多数选手都没有能够从数据中发现这一规律，而能够使用软件进行有效分析和展示的选手则更少。

　　（3）缺乏办公软件深层次的应用能力。选手最终提交的作品要求使用 Word 或者 PowerPoint 格式，要在有限的时间内完成专业并且美观的作品，一些有关的较为高级的应用必不可少。很多选手最终作品不够完整，部分原因正是由于不了解或不能熟练使用样式、引用、母版等 Office 中的功能，从而导致处理效率低下。

综上所述，选手在竞赛中所表现出的不足，在一定程度上揭示了高校计算机基础课程中所应当改进的方向，例如，切实提升一些深层次技能的掌握，学生分析问题和灵活解决问题能力的培养等。

5 竞赛与计算机基础教学相结合的尝试

如以上分析，竞赛的内容在很大程度上与目前大学计算机基础课程内容存在重合，但同时又对后者无论在深度和广度上进行了提升。因此部分参赛院校将竞赛与计算机基础课程进行了有机的结合，并取得了较好的效果。

5.1 将竞赛的标准及内容融入日常教学

竞赛的内容是动态的，每年都会依据信息技术最新的发展进行更新，因此部分院校将竞赛内容融入计算机基础课程的日常教学，从而使得该课程在国际化和紧随信息技术发展趋势等方面获得了改进。阶段 2 的综合性任务，也有院校将其引入课堂，作为学生的实训内容乃至在期末成绩中占有一定比例，这也使得课程在真正的应用导向和培训学生思考和解决问题能力方面得到了改进。

5.2 将竞赛的测评和学习平台引入课程

计算机基础课程如何能在有限的课时内，让学生既掌握基本的知识和技能，同时又培养综合应用及实际问题解决的能力，对任课教师是一个挑战。竞赛所使用的国际性测评系统以及学习系统，在降低学生的学习负荷，减轻教师一般性知识点和技能点教学负担方面，在部分院校的尝试过程中发挥了较好效果。学习系统具有自动出题，自动判分和自动讲解等功能，在采用了该学习系统后，常规知识的学习变得更高效，而启发性项目学习在课程中所占的比例变得更大。测评系统的使用，既解决了课程标准化考试、自动阅卷和分析等需求，同时还为学生提供了获取国际认证证书的可能性，对于教考分离、教育质量控制以及课程的国际化等方面也发挥了作用。

参考文献

大学计算机基础教育改革理论研究与课程方案项目课题组. 大学计算机基础教育改革理论研究与课程方案[M]. 北京：中国铁道出版社，2014.

二、高职计算机基础教育改革与实践

高职计算机应用基础"授习导赛"多模一体化教学模式

摘要：目前在高职院校"计算机应用基础"教学过程中，由于招生性质和生源地区的差异较大，使得高职新生计算机应用能力普遍存在非同一起跑线和动手操作能力差距大等问题。本文提出了基于混合式教学构建"授习导赛"多模一体化教学模式，能让大部分不同层次的学生在有限的课时内熟练掌握计算机操作基本技能，还能够培养学生的自主学习能力、动手操作能力。最大程度解决计算机基础不同水平的学生培养矛盾问题。

1　前言

目前，高职院校生源分为普通高中和职业中学，而且来自不同地区，学生计算机应用能力水平差别较大。其中来自较发达城市的学生和信息类专业的中职生计算机基础较好，动手实践能力较强，但是学习目标不够明确；来自欠发达偏远地区的学生，由于客观条件限制，对计算机认知程度和动手实践操作能力都比较差。

随着现代信息技术飞速发展，"计算机应用基础"课程教学大纲更新频繁，教学课时有限。如何改进现有教学模式，兼顾不同层次学生的各种学习需求，能让大部分不同层次的学生在有限的课时内熟练掌握计算机操作基本技能，能否培养出高职学生的团队协作、自主学习及创新能力，已成为新时代形势下计算机应用基础教学的重要问题。基于混合式教学"授习导赛"多模一体化教学模式是将多种教学模式有机结合，既能满足学生个性化学习的需求，也能满足接受共同讲解的要求，培养了学生的自我学习、交互学习以及终身学习能力，为高职学生提高信息素养提供了有力保障。

2　构建"授习导赛"多模一体化教学模式

"计算机应用基础"课程肩负着培养学生计算机操作能力以及提升学生信息素养的重任，其主要教学内容是以计算机相关理论、计算机应用操作及计算机网络为基础知识，以专业方向为导向，以培养高素质、高技能型人才为目的，使不同专业不同层次的学生具备较高的计算机应用能力。

围绕计算机基础课程的人才培养目标，提出"授习导赛"多模一体化计算机应用能力教学模式，以"教师为主导"和"学生为主体"相结合的现代教育思路，形成以项目实践教学为载体的"面授课堂教学、线上混合学习、线下助教辅导、竞赛促进教学"多模式相结合的计算机基础教学模式。该模式从多维度、多角度对学生进行培养，提高学生学习效能的有效转变，能引导和激发学生的自我学习能力、自控能力、实践动手能力等综合能力。

3 "授习导赛"多模一体化教学模式的实施

3.1 构建以项目为主导的混合式教学

改变传统的"以教师为中心"理念，建立起"教师为主导，助教为引导，学生为中心"的混合式教学。通过在线教育云平台，学生可以提前预习教学内容，能够保证教师在面授课堂时，所有的学生都能够具备相同的基础知识，同时学习者可以根据自身的条件提前了解教学内容的重点和难点，以便能够在课堂上与老师沟通。面授课堂教学采取项目引入的形式，主要从学生所需掌握的知识重点和难点进行讲解，以提高课堂教学效率。对于面授课堂上教师所讲授的知识，在线教育云平台也提供相应的视频和练习，从而缩短了学生由于学习能力差异导致的课堂知识接受程度的差距。

教育云平台除了可以提供学习资源预览、问题答疑和在线测试外，学生还可以不受时间、地理限制，根据自己的实际情况进行选择性地学习，在学习过程中随时获取在线帮助和资源，还设立了在线答疑辅导模块，为师生异步交互提供了有力保障。在这个过程中，老师或学生助教都可以对学生的留言及时准确回复，教育云平台会将大多数同学的问题置顶，提高了交互的有效性和时效性，而且学生也可以在讨论版块发表对问题的自身理解，给出站在学习者角度的答案，激发学生学习的主动性、能动性、积极性和创造性。

根据计算机应用基础课程所具有的"厚基础、宽知识、强操作"特点，针对每一章节设计初级、中级、高级 3 个层次的导学项目。教师采用项目教学法，从学生对知识认知的角度由浅入深、由具体到抽象、由实践到理论、由典型到普遍进行引导教学，帮助学生结合生活中的真实案例，运用计算机技术知识解决实际问题。除在教学过程中设计不同层次的典型导学实验和案例外，在每章节教学结束时还设计一个综合性训练项目，要求学生独立完成作业，利用教育云平台形成生生互评作业机制，纳入平时成绩考核（生生互评成绩占 50%+教师批改成绩 50%），增强形成性评价机制。

3.2 多元化的教学组织形式

利用高年级优秀的学生组成课程计算机基础助教团队，辅助学习者线上线下学习、答疑及相关教学活动实施管理，学生助教拉近了学生和教师之间的距离，在其中间起到重要作用，还保障了学生和教师线上线下的交互效果。线下学生通过访问网络教学云平台在学生助教的帮助下进行自主学习、完成教师设定的任务点，以在线实时答疑和在线讨论的形式对遇到的问题进行提问，可以提交给教师或学生助教。面授环节教师以情境导入等方式引入项目进行讲解，并通过教师现场解答、助教现场辅导等形式完成线下教学任务。

3.3 学习资源与信息技术有效整合

一般混合式教学普遍存在的一大弊端就是师生之间缺乏有效的交互与沟通，学生面对枯燥的教学资料，会产生焦虑、枯燥、无味、孤独的心理。针对不容忽视的学生现实问题，必须对学生的学习形式进行有效创新。结合我院高职学生特点，课程建设团队分别开发出融合线上线下教学的相关教辅资料《在线学习录》。教辅内容为项目式教程，弥补了线上微课教学理论知识讲解不够全面，也不具备立体化的学习资源和交互功能弱等问题。把教辅资料内容与在线技术支持相结合，对移动学习方式进行有效升级。把每章的重要知识点和关键点制作成微课，通过扫描教辅资料上的二维码，就可以直接观看相关章节的视频及教学资料。这为混合式教学信息的有效传递提供了丰富的线下资源保障，《在线学习录》编辑形式如图 1 所示。

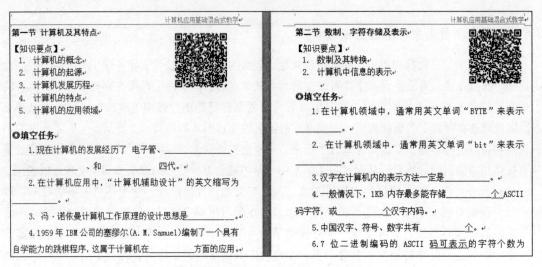

图 1　混合式教学《在线学习录》内页

3.4　结合混合教学举办计算机技能竞赛

为培养学生的自主学习能力、动手实践能力和协作创新能力，学院每年举办一次计算机应用技能竞赛，为学生提供一个全面展示学习成就的平台。以技能竞赛为契机，形成"以赛促教，以赛带教，以赛带学"的学习气氛，在全校范围内形成一种比学赶超的良好学习氛围。

参赛对象为全院所有学生，比赛分初赛、复赛、决赛三个赛段。初赛由学生助教配合任课教师以班级的形式开展，选出优秀的学生参加复赛。复赛以年级为单位进行选拔，选出优秀学生选手参加最终的决赛，决赛以大规模公开的形式开展，在学院学术交流中心进行，所有新生必须现场观摩并最终纳入过程考核。除开展院校级技能竞赛以外，学院还鼓励学生参加更高水平的计算机应用技能大赛、创新创业技能大赛等比赛。实践表明，混合式教学与竞赛教学等多模式相结合，能调动学生学习计算机的积极性和学习兴趣，也使得其动手实践能力得到了进一定的提升。

开展计算机应用能力技能竞赛，能使学生更加深入地把握知识的结构特点，提高学生对日常教学内容的理解，同时也使学生更深入地了解所学知识的实际应用领域，及时掌握当今信息技术发展的新趋势与新动向，开阔了学生的视野，激发了学习的浓厚兴趣。

3.5　构建教学过程评价体系

不同教育模式，有不同的教学设计思路，必然会产生不同的教学效果。为了能够客观全面地反映基于混合式教学的"授习导赛"多模一体化教学模式的实施效果，必须设计出多样化适应多种模式的过程考核评价体系。"计算机应用基础"课程的过程化考核评价主要包含面授过程考核、在线教学过程考核、在线测试过程分析考核、在线讨论过程考核、平时作业过程考核、参与比赛过程考核、教学活动过程考核、小组线下讨论过程考核等。学生课程学习的综合测评成绩按照以下公式计算：综合测评成绩（百分制）=面授（30%）+章节综合测验（30%）+在线学习（5%）+讨论提问（15%）+期末考试（20%）。

以上数据都会在网络平台上记录，作为教学过程考核评价的依据。该数据可以帮助教师和学生随时了解教学和学习的情况，为之后的教与学提供大数据参考，如图 2 所示。

学生姓名	任务点完成数	WINDOWS操作	2-4win7基本...(0.6分钟)		-5基本操作...(12.0分钟)		2-6基本操作...(2.6分钟)	
			观看时长	反刍比	观看时长	反刍比	观看时长	反刍比
王长平	1/4	100.0分	0.4分钟	64%	0.0分钟	0%	0.0分钟	0%
欧潇爽	4/4	66.7分	2.6分钟	450%	12.1分钟	101%	5.8分钟	222%
陈义	4/4	100.0分	1.1分钟	191%	11.0分钟	92%	3.0分钟	115%
杨子晗	4/4	33.3分	1.5分钟	261%	12.0分钟	100%	2.6分钟	101%
顾虎文	4/4	66.7分	0.9分钟	150%	16.4分钟	137%	3.0分钟	114%
陈小奇	2/4	66.7分	0.9分钟	161%	4.5分钟	38%	0.0分钟	0%

图 2　学生任务完成情况部分截图

4　总结

基于混合式教学的"授习导赛"多模一体化教学模式作为一种全新的教学理念，融合了多种教学模式的优势，充分体现了教师主导作用，学生自主能动性的教学指导思想，学生真正成为了自主学习者，为计算机应用基础教学改革提供了全新的方向。实践证明，"授习导赛"多模一体化教学模式在"计算机应用基础"中，不仅可以很好地完成教学目标任务，还可以充分发挥学生的主体性和能动性的作用，保证了基础知识薄弱的学生能够听懂，并保持了对学习的兴趣，还能够反复重温学习；基础比较好的同学也能提升到更高的技能操作水平。形成一套具有高职院校特色的计算机基础教育混合式教学模式。

参考文献

[1] 李瑞芳，刘华蓥，王莉利，等. 混合学习法在大学计算机基础教育中的应用[J]. 教育教学论坛，2013(29):96-97.

[2] 于宁，戴红，常子冠. 三位一体的大学生计算机实践能力教学模式[J]. 计算机教育，2014(10):85-88.

[3] 邢玉娟，谭萍，张成文. 融合混合式学习的云计算辅助教学的应用研究[J]. 宁波教育学院学报，2015，17(4):19-22.

[4] 谭浩强. 研究计算思维，坚持面向应用[J]. 计算机教育，2012(21):45-49.

[5] 欧跃发. 计算机应用基础模块化教学研究[J]. 计算机教育，2015(4):85-88.

[6] 包林霞，史二颖，盛昀瑶，等. 基于翻转课堂的混合式教学设计与实践研究[J]. 教育与教学研究，2015，29(6):87-90.

"任务驱动+模块教学"在计算机
文化基础中的应用

王泽松

（青岛黄海学院，山东青岛 266427）

摘要：本文主要介绍了"任务驱动+模块教学"的授课方式在计算机基础课中的应用，与传统的授课方式相比，提高了教学效率和课堂教学效果，提高了学生的学习积极性，提高了学生的创新能力，培养了学生的团队合作意识。

1 引言

计算机基础课是本专科院校的必修课、公共基础课，旨在培养学生计算机文化的基本素养和计算机基本操作能力，并能通过计算机利用网络资源进行自身素养的提高等。随着计算机的发展，各本专科院校对计算机基础课的教学有了更高的要求，传统的教学模式已不适应计算机的发展要求，只有不断更新人才培养模式、更新教学模式才能满足计算机文化基础新的教学要求。

2 当前本专科院校计算机文化基础教学情况分析

20 世纪 90 年代，计算机基础课作为公共基础课、必修课在全国各大高校陆续开设，至今已有 20 多年的历程，期间计算机在不断发展，但计算机文化基础的教学方法、模式甚少改变。尽管大部分老师和学生认为计算机基础课内容简单易学，但最终的教学效果却不能使人满意，大部分学生走入职场以后还需参加专门的培训才能上岗。经过分析，计算机公共基础课程在教学过程中存在以下几个问题。

2.1 学生的计算机水平参差不齐，授课内容不易统一

随着我国的发展，沿海大部分城市在小学就开设计算机基础课，但受我国教育体制的影响，各个城市、乡镇对计算机基础课的开设有明显的不同，使得学生的计算机水平存在明显的差异，升入本专科院校后，这种现象给计算机基础课的教学加大了难度。学过计算机的学生，认为授课内容简单、重复，上课就是浪费时间，没接触过计算机的学生，要在短时间内熟练掌握则存在一定的难度。因学生基础不同，提高了对这门课的授课内容，以及授课方法的要求。

2.2　教学内容陈旧，不能与时俱进

随着计算机的发展，计算机软件的更新速度越来越快，而计算机基础课的教学内容却严重滞后。目前已经推出使用 Windows 10 系统、Office 2016，大部分本专科院校还在以 Windows XP 系统、Office 2003 为主，山东省的专升本等重要的一些考试还是基于 Windows XP、Office 2003 版本，必将导致学生以考为主，很难普及并掌握新版本，就会出现不能学以致用的普遍社会现象。

2.3　授课方式单一，不能满足技能操作要求

授课方式与传统的授课方式相比，虽然采用了多媒体授课，但多媒体授课以老师讲解、操作，学生眼观、耳听为主，110 mins 的时间，老师可以讲解、操作很多内容，但学生能掌握的却少之又少。计算机基础课是一门操作能力要求很强的课程，单凭眼观、耳听并不能掌握操作技能。必须教师讲授跟学生实践操作同步进行，要满足人手一台计算机进行操作练习。让所有学生在教与学的环节中，占主体地位。老师所讲的内容，学生们可以立刻实践操作，形成学与做的统一。

3　"任务驱动+模块教学"授课方式的教学优势

所谓"任务驱动+模块教学"，是按照程序模块化的原则来设计教学内容的教学体系，学生在老师的帮助下，制订具体任务，通过积极主动查阅相关资料，进行自主探讨和相互协作的学习，完成任务的同时，引导学生自主学习并能达到实践教学的相关要求。"任务驱动+模块教学"可以大大地激发学生的求知欲，提高学生的学习积极性，渐渐形成自主学习的良性循环，从而培养出独立探索、勇于创新进取的自学能力。

3.1　有助于学生明确学习目标

"任务驱动+模块教学"的授课方式把整个学期的学习任务分解成一个个小任务，每个任务都有确定的学习目标，授课时教师按照任务要求引导学生自主分析任务，掌握任务需求，理清操作思路，完成任务，掌握学习内容。

3.2　有助于提高学生的学习积极性

"任务驱动+模块教学"的授课方式与传统的授课方式相比，取消多媒体课，所有的授课均在实验室完成，课程以小任务为主，课前布置好小任务，提出任务要求，学生可以提前查阅相关资料，课上教师引导学生自主完成任务要求，与传统的授课方式相比，学生由原来的被动接受学习内容，转为主动学习，积极探索，课程中的小任务大多与实际生活互相联系，可以极大地调动学生的学习积极性。

3.3　有助于提高授课效率，提高课堂教学效果

传统的授课方式，在讲解计算机基础课时，大多以某一菜单为例，依次讲解、练习，不能与实际联系，"任务驱动+模块教学"的授课方式不再以菜单为单位进行授课，而是以任务为主，通过完成相应的任务，达到学习相关命令、操作的目的，既可完成学习目标，也可联系实际，不仅

大大提高了授课效率，也极大地提高了课堂教学效果。

3.4 有助于培养学生的团队合作意识

"任务驱动+模块教学"的授课方式中的任务有大有小，小任务，学生自己可以独立完成；大任务，需要分组进行，每一组的成员在完成任务过程中，一起分析问题，解决问题，共同合作完成，在这个过程中，培养了学生的团队合作意识。

3.5 有助于提高学生的创新能力

亚里士多德曾讲过，"思维是从疑问和惊奇开始"，"任务驱动+模块教学"的授课方式通过任务驱动，让每个学生在已有的知识经验、能力水平和学习方法的基础上对问题进行具体分析，大胆设计，有助于提高学生的学习兴趣，培养学生的活跃思维，提高学生的创新能力。

4 "任务驱动+模块教学"的实施

计算机基础课中实施"任务驱动+模块教学"的授课方式，教师要根据授课内容，结合学生的实际情况，对模块和任务进行设计，然后学生根据任务要求，在老师的引导下，自主查阅相关资料，分析问题，解决问题，如果任务较大，可以分组进行，共同完成。这就要求老师在平时的授课中，设计好具体任务，并形成很好的学习小组、学习团队，在开学初，让学生们形成一个良好的学习习惯，并坚持到课程的结束。

4.1 模块化教学内容

传统的计算机基础课的授课方式，以章节为单位进行讲解，不利于培养学生的整体计算机文化素养，"任务驱动+模块教学"的授课方式将计算机基础课分为几个模块：计算机基础知识、Windows 7 操作系统、Word 2010 文字处理、Excel 2010 表格处理、PowerPoint 2010 演示文稿和计算机网络基础等若干模块。每个模块相互独立，任课教师可以根据自己的专业水平选择其中的一个或多个进行授课，学生也可以根据自己的实际水平和能力选择其中的模块重点学习。

4.2 任务设计

计算机基础课中任务设计的好坏，决定教学效果的高低。每一个任务的设计必须经过反复推敲，并且在设计任务时要考虑以下几个方面的因素。

（1）学生因素。每一所本专科院校的学生来自全国各地，因地域和经济的差别，每个地区的计算机文化普及程度各有不同，每个学生对计算机文化的了解也各有不同，这种情况导致大一新生的计算机水平参差不齐。所以在设计任务时要注意区分等级，区分难易度。基础差的学生做一些简单的任务，基础好的学生做一些难度大的任务。对于任务的分类，可以由老师来指定，也可以分 A、B、C 三个档，让学生们根据情况，自己来选择。可以采取评分制，鼓励学生们来选择难度高的任务，来提高学习积极性。

（2）实际因素。设计任务时要与实际相联系，任务内容能够吸引学生，可以提高学生的学习兴趣。例如，在 Word 2010 文字处理中，可以以某一场演唱会的宣传单为例，学生在制作宣传单时可以学到相关知识，也可提前学习对文字排版的相关设计知识。在 Excel 2010 表格处理中，可以以学生的学习成绩为例等。对于 PPT，可以让学生们设计一个自己的家乡介绍、自己个人推荐，或者自己喜欢的产品介绍。比如可以加入一些图片，动画，影片等元素，然后在课堂上展示自己的作品，也可以交流自己的操作，或者自己的创作思想。

（3）任务的难易程度。设计任务时要重点考虑任务的难易程度，不能太简单，如果简单了，对学生来说既浪费时间也学不到有用的知识；不能太难，如果太难了，学生难以找到突破点，容易打消学生的学习积极性。任务的分类，可以很好地解决这个问题，不过对于老师的要求，就更高了。

4.3 "任务驱动+模块教学"在授课过程中的应用实例分析

（1）任务设置：以当前上课情况为例，制作班级课程表。该任务主要目的是让学生掌握表格的创建、修改和修饰等相关操作方法。

（2）实施过程：第一，教师讲解和学生自主学习相结合，教师引导学生将任务中涉及的知识点一一指明。例如：表格的创建，通过几种方法可以创建表格，表格创建完之后怎样插入/删除行或列；怎样修饰表格：表格的高度、宽度、表头斜线、合并单元格、边框颜色、线条样式、底纹等。第二，由学生根据任务要求自主完成相关操作。即根据课程表创建表格，调整表格大小、录入文字、调整文字格式、设置表头斜线、设置表格边框线、添加底纹等。操作过程学生可以自由发挥，对表格进行相关修饰，教师可对操作过程中出现的问题进行指导。第三，课堂总结，教师点评。教师对学生完成的作品进行点评，肯定优点，指出不足，并对学生的自由发挥点进行点评，引导学生培养创新意识。最后进行课堂总结，指出任务中的难点和关键点，并对任务进行扩展，例如，设置表格边框线可以通过不同的方法完成，既可以通过右击选择快捷菜单中的"边框和底纹"命令来设置，也可以通过"设计"选项卡中的"边框"按钮来完成。引导学生多思考，用不同的方法完成相同的操作，同时引导学生工作和生活中亦可如此。第四，任务拓展。引导学生根据自己的实际情况制作个人简历。

总之，在计算机文化基础课中使用"任务驱动+模块教学"的授课模式，设计任务时要注意遵循基础性、实用性、提高性等原则，明确任务目的，设计与教学内容相符的任务，让学生在完成任务的过程中学会知识，提高操作能力。

5 总结

计算机文化基础课程是各个本专科院校的公共基础课、必修课，"任务驱动+模块教学"的授课方式可以极大地提高学生的学习积极性，培养学生的团队合作意识。但是"任务驱动+模块教学"的授课方式要求模块化和任务设计必须以学生为主题，满足教学要求的同时，与实际联系，与时俱进，不能一成不变地使用固定的任务。随着计算机的发展，"任务驱动+模块教学"的授课模式在计算机基础课中将会得到广泛的使用。

参考文献

[1] 张文晓. 任务驱动法在计算机文化基础中的应用[J]. 教学园地，2013(12):88-90.

[2] 陈锦全. 基于模块化教学教学模式的计算机文化基础教学改革研究[J]. 学术论坛，2013(10):205-209.

[3] 康凤，蒋小惠，冯梅. 高职院校计算机基础课教学改革探索[J]. 教育教学论坛，2014,7(28):51-52.

[4] 许太安. 高校计算机文化基础课程教学改革探究[J]. 教育教学论坛，2014(9):278-282.

[5] 侯林. "任务驱动教学法"的研究与实践[J]. 天津职业院校联合学报，2013(15):71-73.

[6] 宋文琳. 任务驱动教学方法在 C 语言程序设计课程中的应用[J]. 计算机时代，2012(10):53-54.

[7] 张颖. 计算机基础课多形式教学资源开发[J]. 信息通信，2013(7):282-283.

基于"互联网+"我国高职教育发展趋势的分析

王承琨　张洪志　叶曲炜

（哈尔滨广厦学院，黑龙江哈尔滨 150025）

摘要：随着互联网时代的到来，高职院校正在迎来一次新的挑战。传统教育模式正在被新的"互联网+"教育模式所影响，传统的办学理念和互联网相互结合，取长补短、各取所长。在这种教育模式下，一线的教育工作者唯有不断提升自己的素养、提升自己的水平，才能够在"互联网+"的大时代环境下得以生存和发展。

1　概述

随着计算机技术的飞速发展，互联网的应用也在不断地扩大范围，短短几年里互联网就已经应用到了农业、医学、汽车、服务等多个行业，人们切身实际地感受到了互联网技术带来的便捷与舒适。

"互联网+"是近几年来的一个新兴词汇，这个词汇的含义其实就是互联网与其他行业的相互结合，相互拓展。近年来当互联网与传统行业相碰撞时，就会发生奇妙的"化学反应"，这种"化学反应"催生了全新的发展理念和模式[1]。若将"互联网+"的思路应用于传统的教育行业，就会给未来我国的教育带来新的机遇与挑战。

2　"互联网+"的含义

2012 年 11 月 14 日易观国际 CEO 于扬在第五届移动互联网博览会上首次提出了"互联网+"的概念，他认为在未来"互联网+"应该是各种行业与互联网的一种类似于"化学公式"的产物[2]。李克强总理在政府工作报告上也明确提出"制定'互联网+'行动计划，推动移动互联网、云计算、大数据、物联网和互联网金融健康发展，引导互联网企业拓展国际市场"[3]。从此，"互联网+"成为我国的国家战略之一。

"互联网+"中的"+"正是加传统行业，事实证明这个公式已经在很多行业上成功应用。例如，"互联网+饮食"就诞生了饿了么，美团外卖等多种饮食相关的互联网餐饮行业；"互联网+信息"就诞生了 58 同城，大众点评等互联网信息行业。从这些成功的例子上我们可以看出，互联网行业为传统行业带来了新的发展方向和盈利手段。

"互联网+"的思路也在不断地进步和更新，我们可以把它的发展分成三个阶段。第一个阶段是互联网+信息，第二个阶段是互联网+交易，第三个阶段是互联网+综合服务。虽然互联网技术不断推陈，商业模式不断出新，但只是万变不离其宗，一直遵循"互联网+360 行"的模式。"互联网+"是互联网融合传统商业并且将其改造成具备互联网属性的新商业模式的一个过程。

3　"互联网+教育"

正所谓知识改变命运，一个人受到教育程度的多少在很大程度上决定了一个人的命运会发生怎样的改变。但是由于教育资源的分配不均匀，导致很多农村和贫困地区的学生无法受到良好的教育。就此问题李克强在 2015 年的政府报告中明确指出"为切实把教育事业办好，我们要保证投入，花好每一分钱，畅通农村和贫困地区学子纵向流动的渠道，让每个人都有机会通过教育改变自身命运"。报告一经发出，就引起了社会各界的高度关注。但由于人口分布的问题，要想让山村里的学子受到和大城市学子一样的学习待遇，在基础设施上实现起来就比较困难。"互联网+教育"为这种情况提供了硬件的可实施性，能够让远在山村里的学子和城市里的学子拉近距离，在相同的时间内享受同样的教育资源。

互联网教育并不是一个新的概念，早在 10 几年前互联网教育就已经诞生，但是由于当时的计算机技术发展的限制和计算机的普及情况，受到互联网教育的人群只是一个小众群体。2011 年以后智能设备的迅速发展以及家用电脑的普及化为互联网教育带来了必备的条件。

近几年师生在网络和技术的支持下，实现了师生分离状态下的一种新的教育形式，其中最具有代表性的就是 MOOC[4]。MOOC 的中文名称为大型开放式网络课程（Massive Open Online Course，MOOC），在 2012 年美国各大顶尖高校陆续设立了免费的课程，学生们可以在网络上与线上的老师互动答疑、根据老师的要求完成相关作业，最后也可以通过相应的线上考试完成学习拿到相应学分，这种教学模式具有高度的灵活性，并且能够培养学生终身学习的习惯。

4　"互联网+高职教育"的发展新趋势

高职教育培养的目标与普通高等教育培养的人才是有差异的，主要培养的人才类型是实用型和应用型人才。但是近几年来高职学生就业情况不如普通高校，原因主要是高职院校学生的基本技能掌握情况欠缺，知识面窄，学校办学条件有限等问题。互联网教育的出现可以在一定程度上解决现有问题

4.1　学科与教学模式的多样化

高职院校的学生在学习过程中，难免会出现"学生想学的科目，学校没有开设"的问题，互联网教育的出现为学生们的学习科目提供了无限的空间。学生想学习一个学科时可以通过互联网查阅该科目的相关课程。通过试听和对比选择合适的教师，在任何时间、任何地点、以任何方式学习相关课程。这种模式颠覆了传统教与学课堂的过程和规律，改变了几千年来以教师为中心的授课模式。高职的学生对教师的依赖性很强，这种教学模式能够培养高职学生主动学习等能力，学生进入社会后也能够具有更强的解决问题的能力。

4.2　教育的娱乐化

互联网本身就具有一定娱乐性。对于高职的学生来说最大的问题是不能够克服学习的枯燥乏味，互联网教育可以利用其本身的多媒体性将学与玩结合起来。告诉学生们学习不一定是枯燥乏味的，这对高职学生来说尤其重要。

4.3 教育的免费化

互联网教育本身具有跨平台、跨地域、同步性等多种特点，如果能建立起免费的教育平台就可以使更多的学生不被经济的问题所影响。可以在极低的经济投入下完成很高质量的学习任务，不给学生们过多的经济压力。

4.4 培养学生们的实践能力

利用互联网教学可以充分地利用计算机的多媒体技术，教师们可以通过大量的图片、声音、视频等相关多媒体手段为学生们展现一个多样的学习内容。例如，理工科目中实验的相关内容就可以利用多媒体视频为学生们展现最后的实验结果。计算机相关科目甚至可以远程辅导学生完成程序的设计与调试。这样学生就可以放下枯燥的书本全身心地投入到动手实践的过程中去。

4.5 快捷的交流方法和良好的竞争环境

在未来的互联网教育中，我们可以使用互联网加强学生与学生之间的交流。学生们可以利用这个教育平台互相竞争互相学习，这样就可以为学生们的学习提供一个良性的循环。

5 "互联网+高职教育"下对教师的要求

在互联网时代，教师不再是学生们获取知识的唯一通道，这时就要求教师与学生。对于高职学生而言，教师必须要比以前更加努力的让学生们接受自己，否则就会被其他教师所代替，学生和教师的身份在一定程度上进行了反转。教师在授课的过程中要以学生为中心才能充分地得到学生们的认可和喜爱。

除此之外，教师还应该提高自己"双师能力"，在作为一名教师的基础上还要增加自己的社会实践经历，对高职教师来说这一点尤为重要。高职教育的培养目标正是培养具有一定实践能力的人才，只有高职教师具有了一定的实践能力后才能够更好地服务学生，服务于当今的高职教育环境。

总之，在"互联网+"的大时代背景下，利用互联网教学可以充分地与传统的教学模式相互结合、相互融合。只有高职院校的教育工作者们不断改革教学模式，充分利用"互联网+"的优势，不断创新，不断努力，才能使高职教育在新时代中得以健康发展。

参考文献

[1] 季常弘."互联网+"背景下高职教育的思考[J]. 辽宁省交通高等专科学校学报，2015(06)：40-43.

[2] 赵慧娟."互联网+教育"背景下翻转课堂给高职课堂带来的变革[J]. 海峡科技与产业，2015(12)：73-75.

[3] 白广申."互联网+"时代背景下高职院校创新创业教育改革探索[J]. 广州职业教育论坛，2016(2)：1-5.

[4] 张艳艳.论"互联网+"教育背景下高职学生终身教育理念[J]. 继续教育研究，2015(12)：63-65.

[5] 陈媛.互联网背景下的高职院校学生思想政治教育方法探究[J]. 安徽冶金科技职业学院学

报，2016(1):46-49.

[6] 张吉炎."互联网＋"背景下高职院校创业教育现状及对策[J]. 现代商贸工业,2016(4): 183.

[7] 俞步松.转型发展背景下高职文化素质教育的理性思考及实践创新[A]. 中国高等教育学会大学素质教育研究分会. 中国高等教育学会大学素质教育研究分会成立大会暨 2011 年大学素质教育高层论坛论文集[C]. 中国高等教育学会大学素质教育研究分会，2011:8.

[8] 吴宏.高等教育大众化背景下高职生思想政治教育实效性研究[D]. 信阳师范学院，2010.

高职高专学生持续性多层次信息素养培养模式的构建

朱晓鸣

（浙江工商职业技术学院，浙江宁波 315012）

摘要： 构建学生信息素养培养模式要基于持续性、体系化开展，从多层次、多方面设计学生信息素养全方位培养的课程体系，既要考虑通用性技能，又要注重信息技术在各专业的应用能力，同时结合学生的职业素质、信息安全等信息素养的提升，兼顾学生自学能力的培养。在实际改革过程中，要确定学生信息素养培养原则和体系标准，改革传统的课程教学模式，拓展学生信息素养的有效途径，构建多层次持续性一体化课程体系，予以有效的课程教学方式与手段改革实施，辅以信息化的教学手段，建立良好的培养体系和教与学的环境。把学生信息素养的培养贯穿整个大学期间，贯穿课堂内外，贯穿教学与活动，让学生在无形中培养良好的信息素养。

信息技术的发展已使经济非物质化，世界经济正转向信息化、非物质化时代，正加速向信息化迈进，人类已进入信息时代。而信息素养是一种对信息社会的适应能力，是传统文化素养的延续和扩展，成为新世纪公民整体素养的重要组成部分，因此在当今信息时代，对学生信息素养的培养无论是对其个人的发展还是社会的进步都具有非常重要的意义。虽然目前各学校逐步在教学计划中增加相关内容与课程，并在培养的过程中进行了改革与探索，但从信息社会对人才需求的角度来审视高职高专学生信息素养的培养问题，还存在一系列的不足，如果不从培养理念、思想认识上进行梳理和纠正，将会对学生信息素养的培养带来严重的影响。

1 高职高专学生信息素养及其培养的现状

1.1 现阶段学生的信息素养普遍较低

（1）信息意识淡薄。

学生有目的的利用信息资源的意识较弱，积累、管理知识的意识淡薄。学生的信息源主要还是课堂，很多学生除了写毕业论文，平时一般不会就某个研究目的去图书馆查阅资料，有的学生根本没有利用计算机网络获取信息的意识。

（2）信息能力有待提高升。

目前，许多大学生虽然对信息资源有一定的认识，但其获取和利用信息资源的能力还处于较低水平。大部分的学生停留在文字处理和简单的搜索引擎、电子邮件的工具使用上，对于网页的制作、网站后台管理和开发以及实用软件的开发方面略懂一二的学生不多，精通这些信息工具使用的学生更是寥寥无几。

（3）信息道德缺失。

学生普遍缺乏信息安全意识和信息免疫能力，缺乏网络信息传播的伦理道德意识，对信息道德和信息法规内容的认识和了解不够全面。许多学生对知识产权的侵犯、个人隐私权的侵犯和网络上的人为恶习等情况视而不见，有的学生法律观念差，缺乏信息道德。例如，有的学生不清楚或不遵守信息行业的网络社交安全规则，以致网络欺诈、网络成瘾以及进入网恋误区等网络社交不安全的情况屡屡出现。

1.2　现阶段高职高专学生的信息素养培养持续性、体系化程度较差

（1）培养的目标不明确。

许多学校在大一学年设置计算机文化基础、计算机信息技术等必修课程，而把一些软件应用类、实用性较强的相关课程和与本专业相结合的信息类课程设置为选修课程，由专业或学生自主决定是否选修。并在实际"教"与"学"中更是大打折扣，课程设置的最初目标完全不能够实现，致使信息技术相关课程的设置表现出随意性，无目的性。

（2）学生的信息素养的培养与专业知识整合相分离。

目前信息技术方面的课程主要以单独设置为主，并且大都集中在第一学年，后两年较少涉及信息素养培养方面的课程，致使许多学生不能有效地利用信息技术为学习服务。实际上，信息素养的培养目的不仅是为学生当前的专业学习提供支持，更主要的是为他们今后开展工作、进行专业研究做准备，所以大学生信息素养的培养在第二学年之后，一定要与专业学习整合起来进行。

（3）学生信息素养的培养不系统。

许多院校对大学生信息素养培养的目的不清楚，致使没有一个科学的、持续性培养模式，表现为培养过程不连贯，没有形成一个有机的课程体系群，而且不同学校设置的同一名称的课程内容相差甚远的情况也大量存在。

（4）学生信息素养的应用能力没有得到加强与重视。

目前许多高校对大学生信息素养的培养普遍存在重视数字信息知识和技能的传授，忽视获取信息的策略和能力的培养情况，特别是忽视了应用信息技术帮助学生进行专业学习、实践活动和实践创新这一重要环节，这就是导致大学生信息素养不能有效提高的根本原因。

2　高职高专学生信息素养培养模式设计思路

结合现状存在的问题，经过多年的实践，笔者认为构建高职高专学生信息素养培养模式必须要基于持续性、体系化开展，从多层次、多方面构建学生信息素养全方位培养的课程体系，既要考虑通用性技能的培养，又要注重计算机在各专业应用能力的培养，同时结合学生的职业素质、信息安全等信息素养的提升，还兼顾学生自学能力的培养。实际改革过程中，首先，要确定学生信息素养培养模式改革的原则和相关课程及技能体系标准。其次，改革传统的信息素养培养相关课程的教学模式，拓展学生信息素养的有效途径。再次，构建多层次持续性一体化课程体系。然后予以有效的课程教学方式与手段改革实施，辅以信息化的教学手段，建立良好的培养体系和教与学的环境。

3 持续性多层次信息素养培养模式的构建实践

3.1 确定信息素养培养相关课程改革原则

信息素养培养主体即公共计算机相关课程的教学改革，必须坚持有利于学生信息素养的培养和提高；有利于学生基本工作技能和职业素养的提高，有利于学生的专业综合素质的提高；有利于学生行业、社会需求变化适应和自学能力的提高；有利于学生创新能力的提高；同时有利于全面提高教学质量和教学效率的原则；同时结合职业能力和职业素质的内容；有利于解放思想，创新教学，积极开展教学信息化的建设和应用。

3.2 改变原有单一、传统的学生信息素养培养模式为全方位培养模式

改革原有的课内教学是主体模式为课内外并重同时开展模式。力求突破课堂教学时空限制，拓展提升学生信息素养的有效途径，将信息技术课堂延伸至校园生活中。在实际学校生活、社团实践活动中让学生去亲历解决问题的过程，掌握解决问题的方法，并将所掌握的方法迁移到不同的场合中；在应用与实践的过程中学习信息技术，提升信息素养，将信息技术课外活动成为学生信息素养培养体系中不可缺少的一个组成部分。

3.3 构建公共计算机课程与技能结构体系

构建三层次、多学期、持续性的培养信息素养的公共计算机课程与技能结构体系，在整个学生信息素养培养过程中显得尤为重要。经实践探索较为有效的课程体系如图1所示。

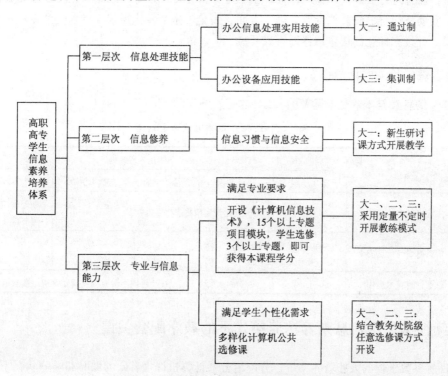

图 1　高职高专学生信息素养培养体系

（1）第一层次课程群。

旨在提升学生在生活及工作中计算机实际应用能力熟练程度，缩小入学前不同地区、不同学生计算机水平差距，提高学生步入社会基本工作技能和职业素养，同时培养学生自学能力和学习习惯。

本层次课程主要定位于信息处理基本技能和通用技能，安排于大一完成，因现在学生都有一定的计算机基础，所以课程以学生自修和轮训为主，采用通过制方式强制要求学生熟练掌握相关技能。教师主要在学习教材或讲义、自学网络平台、技能考核软件平台等教学。

（2）第二层次课程群。

定位信息意识、信息需求、信息安全、信息获取、信息筛选、展示等信息素养培养，旨在提高学生网络安全防范意识，提升学生信息能力和信息道德，养成良好的信息习惯。

本层次课程以研讨课模式开展，重点围绕网络信息安全、信息意识、信息需求、信息获取、信息筛选与展示、信息道德、知识产权等内容展开，教师关键在于设计好项目和课堂指导，安排课内交流指导与课外实践调研方式开展。

（3）第三层次课程群。

定位紧密服务于专业，旨在提高学生在本专业领域和相关工作中应用计算机的能力和学生利用计算机解决专业问题能力，同时提升学生利用计算机在本专业领域开展创新的能力；提高学生专业综合素质和就业竞争力。

本层次课程从两方面进行设计。第一方面，满足专业需求，主要信息技术的行业或专业应用方面内容，贯穿大二大三全程以学生修学专题模块方式开展教学，结合学校各专业设计多个专题模块菜单，教师进行实训式课堂内外训练。学生在修完专业指定专题后，也可以根据自己兴趣爱好和以后发展方向自愿修其他专题。第二方面，满足学生个性化需求，结合教师专业特长、学生需求调研，开设多样化的任意选修课方式开展。

3.4　持续性信息素养培养体系安排

持续性信息素养体系安排见表 1。

表 1　持续性信息素养体系安排表

内　容 ＼ 学　期		交叉一体化（持续性）				
		第 1 学期	第 2 学期	第 3 学期	第 4 学期	第 5 学期
三层	计算机通用技能	办公信息处理实用技能（通过制）				办公自动化设备应用技能（集训制）
	信息习惯与信息安全	信息安全与信息素养（新生研讨课模式）				
	行业信息技术应用		专题模块轮动实施，在 2 年内不限时间完成专业指定数量以上的专题			

4　持续性多层次信息素养培养模式下的教学配套关键

在目前多数学校的人才培养案中，分配给公共计算机课程有限的课时和学分状况下，要实施持续性多层次信息素养培养模式体系，教学模式的改革和教学信息化的建设尤其显得重要。

4.1 加强课程教学方式与手段的改革

在继承传统教学方法的同时，不断提高现代教育教学理念，探讨新课程体系下的教学方法和手段改革的有效途径，构建适合高职高专教学方法的科学模式。在教学方法改革方面遵循"以学生为主体，以教师为主导，以训练为主线，以能力为目标"的课堂教学原则，注重学生个性的发展，充分发挥学生的主观能动性，积极鼓励教师尝试采用启发式、讨论式、互动式、问题式等课堂讨论、专题辩论、案例分析、讲练相结合等适合高职学生的教学方法，培养学生独立思考和创新思维能力。

4.2 加强课程信息化的建设

加强学生网络自主学习和教师网络辅导教学平台建设和使用，开展专题模块化教学电子教材、讲义、课件、软件等资料开发，积极进行技能考核系统平台等建设，结合专题培养跨学期的需求，配套建设学生公共计算机课程成绩管理系统，通过教学信息化手段打通课内外教与学的通道，对通用技能进行标准化训练和考核，建立良好 24 小时教与学的环境。

学生信息素养培养不是一朝一夕就能解决的事情，也不是单靠一两门计算机应用课程能解决的问题，对于学生信息素养的培养必须有持续性多层次培养体系，培养过程贯穿整个大学期间，贯穿课堂内外，贯穿于教学与活动。创新教学模式，拓展教学方法，不限教学手段，把培养融入学生课堂、生活、社团、社会实践中，让学生在无形中养成良好的信息素养。

参考文献

[1] 刘向红. 高职高专学生信息素养培养模式探索与实践：以承德石油高等专科学校为例[J]. 河北科技图苑，2014 年 7 月.

[2] 孙书玲，马明，邵红. 高职高专院校项目化教学改革中学生信息素养标准、模式及实现[J]. 牡丹江大学学报，2012 年 5 月.

[3] 张成光. 信息素养落地：高职学生信息素养现状调查分析及培养策略[J]. 中国信息技术教育[J]. 2014 年 1 月.

[4] 陆应华. 基于信息素养的高职高专学生计算机基础能力评价的研究[J]. 教育教学论坛，2015 年 5 月.

[5] 梁海. 高职学生信息素质现状调查报告[J]. 华章，2012 年 11 月.

[6] 李新利. 文科高职院校学生信息素养调查研究[J]. 北京青年政治学院学报，2012 年 2 月.

[7] 李凯，李希滨，闻德锋. 信息时代高职院校学生信息素养调查与思考[J]. 佳木斯教育学院学报，2013 年 7 月.

基于碎片化应用的高职微型学习模式[1]
——以"C 语言程序设计"课程学习和教学为例

刘贤锋

（常州机电职业技术学院，江苏常州 213164）

摘要：根据碎片化应用和微型学习的特点，结合当前信息技术的发展以及高职计算机语言程序设计学习的需求，从学习资源的设计、微型学习的策略、学习反馈与评价等方面阐述了微型学习模式在 C 语言程序设计学习和教学中的应用。

1 引言

教育部于 2012 年发布了《教育信息化十年发展规划（2011—2020 年）》，提出要推进信息技术与教学融合，建设智能化教学环境，提高信息化教学水平。大数据正在开启一次重大的时代转型，面对海量信息资源，人们需要用全新的思维方式培养在线学习的行为和习惯。碎片化学习是大数据时代建构"新知识体系"不可或缺的组成部分，理想的"新知识体系"拥有信息本身再加工的无限自由[1]。基于学生的特点，利用信息技术创造的良好条件去迎合学生的喜好，激发他们的学习兴趣和学习积极性，鼓励学习者利用空余碎片时间自主学习是基于碎片化应用的微型学习核心所在。本文将基于碎片化应用的微型学习模式和智能技术应用于"C 语言程序设计"学习和教学中，使学习更加碎片化和智能化，学习者获得的不仅仅是自由的学习，而且是更加人性化和智能化的学习。

2 碎片化应用与微型学习

碎片化本意为完整的东西破成诸多零块。碎片化应用，是一种使用时间很零碎、很短暂的移动应用程序，是"忙里偷闲"时"处理"碎片时间的应用软件，使用者可以在任何时间、地点、状态下使用。它可以整合人们在不同时间、不同地点中的行为，完成一件系统的工作。基于碎片化应用的学习可将零碎的学习内容、学习时间，整合到一个共同的学习目标上，从而达到学习目的。碎片化应用种类繁多，涉及各行各业，根据应用领域及相关技术，将碎片化应用分成如下几类：即时通信软件、基于位置服务应用、移动休闲娱乐游戏、新闻阅读软件、视频网站客户端、生活服务 APP、电子小说等。

有关微型学习的研究起源于奥地利因斯布鲁克大学，它由奥地利学习研究专家林德纳提出。

[1] 基金项目：2015 年教育部职业院校信息化教学研究课题（课题批准号：2015LX062）；2013 年江苏省教育科学"十二五"规划课题《高职院校物联网专业群协同创新模式的研究与实践》（课题编号：D/2013/03/142）

林德纳将其表述为新媒介生态系统中的基于微型内容和微型媒体的新学习方式。另一位微型学习研究领域的领导者 Theo Hug 则认为，"微型学习是处理比较小的学习单元并且聚焦于时间较短的学习活动"。百度百科上将微型学习理解为碎片化学习，一般指的是微观背景下的活动，比如片段教育和专题培训，在更广泛的意义上，微型学习可以被理解为一个隐喻，指的是微观方面的各种学习模式，概念以及过程。

微型学习是整个社会对多元学习的需求而产生的学习形式，以学习者为中心，提倡轻松愉悦的学习价值观，利用零碎的片段化时间呈现微型内容以随时随地进行学习[2]。微型学习有以下特点：以移动设备为载体；学习内容微型化、模块化；学习时间随机化、短暂化；学习地点移动化；学习方式主动化、互动化和实时化。同时，微型学习还具有数字化学习的特点：课程学习内容和资源的获取具有随意性；课程学习内容具有实效性、可操作性和可再生性；课程内容探究具有多层次性。但微型学习还存在更加依赖无线网络、移动媒体终端不统一、学习资源内容不够丰富、学习资源形式单一等缺点。

3 微型学习模式在高职"C 语言程序设计"学习和教学中的应用

C 语言是面向过程、应用广泛的一种计算机编程语言，高职院校计算机、非计算机专业均开设了 C 语言课程。C 程序设计课程概念复杂、规则繁多、运用灵活，在学习和教学实践中，师生普遍反映该课程"老师难教""学生难学"，如何解决"难学""难教"的问题，本文着重从以下三个方面阐述微型学习模式在 C 语言程序设计学习和教学中的应用。

3.1 学习资源的设计

构建基于碎片化应用的微型学习模式，学习资源至关重要。微型学习资源的设计一般包括三个部分：学习内容的设计、学习媒体的设计和学习交互设计[3]。学习内容的设计应该将一个整体的学习模块，分成多个相对独立的小模块，但这些模块之间必须有一定的知识关联，并在不断地学习中逐渐形成一个连续的知识体系结构。从学习内容的来看，"C 语言程序设计"课程有许多丰富的学习资源，如图 1 所示，是华恩教育提供的院校通在线学习资源（www.itbegin.com），共计 10 个章节、96 个知识点、284 个实验、20 题在线作业（可以根据需要进行个性化设计与调整）。因此，使学习内容设计力争成为最易懂、最专业、最时尚、最实用的学习资源是一项非常有挑战性的工作。

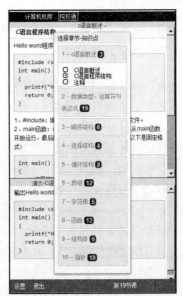

图 1　C 语言程序设计资源设计示意图

针对高职生群体进行学习资源设计，是高职微型学习模式的重要环节，是高职生能否轻轻松松达到学习目标的基础。在微型学习过程中，学习者始终处于"游离"状态，注意力分散，因此要根据高职生的特点，合理分割学习内容，才能使学生快速进入学习状态。在学习内容设计时要做到：

（1）学习内容模块要短小精悍，学习目标明确，只有短小独立的学习内容才能使学习者在很短的时间内完成学习内容；

（2）学习模块之间要相互独立，但也要有一定的知识关联，知识关联才能在学习过程中形成一个连续的知识结构，以便完成最后的学习目标；

（3）内容要有吸引力，学习内容要激发学习者的兴趣，这样才能激发学习者持续学习的动力。

微型学习着重通过数字媒体环境进行微型学习活动。由于大多学习资源以移动终端作为微型学习载体，势必对媒体的设计也提出了新的要求。学习内容的媒体形式主要有文本、图片、音频、视频和动画 5 种。在进行媒体设计时，有两个方面的问题需要考虑：如何针对需要呈现的微型内容选择合适的媒体？针对网络带宽、显示终端的局限，以及微型学习的持续时间限制，如何设计媒体的文件格式、长度、分辨率等细节？

在微型学习过程中，由于学习终端与学习管理系统之间缺乏明显的连接，还需要为学习交互进行设计，包括学习内容的更新、学习过程中的交互和反馈。学习者与学习资源内容的交互可以通过移动通信予以实现，学习者与教师之间的交互、学习者与学习者之间的交互、学习者与学习管理平台之间的通信，则可以通过在线实时信息交互的方式来实现，以小测试、投票、有奖竞答等方式呈现。

下面是根据上述内容设计、媒体设计、交互设计方面的特点设计的一个微型学习模块（见表 1）。以 C 语言程序结构知识点为例，通过实现简单程序功能进行设计，对程序结构中所涉及的头文件声明、子函数定义、主函数、函数首部、函数体、程序的书写格式和规则等内容逐一讲解。

表 1　微型学习模块示例——C 语言程序结构

学习内容	学习终端（平台）	媒体形式	学习反馈	学习资源设计宗旨
C 语言程序结构：头文件声明、子函数定义、主函数、书写格式等	手机、PAD、PC、开发软件等	Flash 动画、微信等	在线测试、交流	针对实际问题、知识点微型化、具有迁移性、动画情境设计、适合移动学习

3.2　微型学习的策略

专门开发适用于微型学习模式的资源需要大量的投入，由华恩教育提供的院校通学习平台，不仅提供了丰富的学习资源，还为智能化交互式微型学习创造了条件。合适的平台可智能地对学习资源进行管理与获取，增强学习指导交互性的微型学习模式。碎片化微型学习方式中，学习者的主体地位和教师的主导地位能够得到深化。该模式提供的学习时空无限制，学习者可以发挥自己的学习潜力，培养创造力，自主调配适合自己的学习方式。而教师在学习过程中退居后台，负责对移动学习资源进行更新和维护，为移动学习资源制订最优的教学策略，实时在线解答学习者的问题。

资源学习窗口如图 2 所示，共 4 个区域，左上区域是知识集锦区，可随意单击；左下区域是演示、练习功能选择说明区；右上区域是教师课堂教学、答疑区；右下区域是学生实操、测试区。整个学习窗口功能齐全、操作简便，非常方便地提供强化学习和按需学习两种方式[4]。强化学习是指学习者在规定的时间内通过测试的形式进行强化训练。如果学习者经学习后的测试结果为错误，系统会智能地给出相应的知识点，由学习者再次学习这些知识点，之后，系统抽取相同难度、相同知识点的新测试题对学习者进行测试，直到学习者完全掌握知识点。按需学习是指学习者对学习资源的检索是非顺序化的，学习者根据一组检索关键字，按需检索自己需要的文本学习资源和多媒体学习资源等。

图2　资源学习窗口

微型学习是课堂教学的延伸和重要补充，是学习者借助学习媒体（移动终端设备、移动通信及无线通信网络）访问互联网上学习内容的一种有指导或无指导新型学习形式，更强调学习的泛在特性，学习者可以通过任何方式、不受时空限制，随时随地与人交流和讨论以获取信息和知识，扩展了非正式学习的范畴。

3.3　学习反馈与评价

本课程所采用的院校通平台是一款突破传统教学模式，创造性地将"互联网+高校教育"进行融合，把云端编程、实时互动、教学结合为一体的计算机教学产品。它的特点概括起来有以下几点：无须安装及配置，支持在线运行；教学实时同步、协助编程；教学过程化管理，课前、课中、课后数据反馈；学生能力测评直观，集成大数据分析和挖掘。平台中，教师可以进行测试题目的添加，包括逐个添加和批量添加。学习反馈是针对学习者的学习情况通过柱形图的形式反映，系统会给出专家级的智能分析，教师可以通过这个反馈，对学习者的下一步学习做出评估，及时调整教学方法和策略。

在本课程教学实践中，除了运用院校通平台进行微型学习，还可以通过微信公众号使学生进行碎片化的移动微型学习。在微型学习过程中，教学评价主要包括学生自评、教师评价、技能测评三个方面。学生自评主要通过完成微信公众号中提供的单元测试来实现；教师评价主要通过学生完成微信群组里教师布置的作业来体现，考察学生对课程知识的掌握程度；技能测评是指学生参加全国计算机等级考试考核，获得二级证书。

4　结　语

我们应积极倡导"人人都是学习者、处处都是学习地、时时都是学习时"的微型学习观。充分利用微型学习的优势，弥补课堂教学的不足。随着移动终端设备的日益普及。教育系统及相关行业对资源库建设投入的加大，微型学习进课堂的门槛并不高，将微型学习与传统教学结合起来势在必行。基于碎片化的微型学习作为实现教育信息化的重要手段，必将给学习者带来更好的学习体验，成为今后社会化学习的主流形式。

参考文献

[1] 黄鸣奋. 碎片美学在"超现代"的呈现[J]. 学术月刊，2013(6):36-46.

[2] 李振亭，赵江招. 微型学习：成人教育的新途径[J]. 成人教育，2010(7):35-37.

[3] 朱守业. 面向移动学习的课程设计和学习模式[J]. 中国电化教育，2008(12):67-70.

[4] 王波，陶佰睿，苗凤娟，等. 大学基础课程碎片化智能移动学习模式研究[J]. 江苏开放大学学报，2015(8):52-54.

高职学生信息素养能力的培养

李敏，程远东

（四川信息职业技术学院，四川广元　628017）

摘要：计算机技术和网络技术是信息能够不断发展的重要基础之一。信息爆炸的时代，信息的通道和载体也越来越丰富。铺天盖地的自媒体袭来，如微信、微博、论坛、书籍等。高职学生的信息素养程度不高，主要是因为自身知识储备不够，知识结构体系不完整。学生信息辨别能力低，被各种信息潮流推着走，批判思维能力较低。只是被动地接受信息，而不去主动地获取信息。导致他们习惯于依赖几种固定的信息源来获取信息，信息素养的培养势在必行。为了提高高职学生的信息素养能力，我院实行多管齐下、多参与、多行动、团结协作，全方位提高学生的信息素养能力。

1　前言

随着计算机不断发展，以及光纤技术、交换技术的发展和网络的迅速普及，使通信速度迅速提高而通信费用显著下降。这使得计算机网络正在成为人们重要的通信工具，通信的快速、廉价使人们能够轻松地获得超地域的信息能力，极大地缩短了人与人之间的沟通距离。信息在形式上呈多样性发展，包括文本、超文本、图像、声音、软件、数据等多种形式。信息无时不在，无处不在。信息的数量增多，质量也较难控制。要想在纷繁复杂、参差不齐的网络信息环境中找到有用的信息，这就需要全面提升高职学生的信息素养能力。

2　信息素质能力有待提高

当前高职学生信息素养能力普遍不高，主要表现在以下几个方面。

2.1　信息意识淡薄

意识就是人们带有一定目的去做某事的思想和情绪。信息意识在这里主要是指人们对信息需求的敏感程度。高职学生信息意识总体淡薄。遇到问题不能意识到要寻找信息来解决它。缺乏了解需要某种信息而且乐意去查找和使用信息的意识。

2.2　信息能力较弱

原国家教委在教高司〔1992〕44号文件《文献检索课教学基本要求》中指出：信息基本能力通常包括初步掌握计算机检索的方法，包括选择数据库、制订检索策略、分析检索结果。显然这一基本要求已不能适应当前复杂多变的信息、网络环境。

适应社会不断发展信息能力应该还要包括获取、辨别、处理、利用信息能力及利用信息技术的能力。

获取信息就是通过各种途径和方法搜集、查找、提取、记录和存储信息的能力。辨别信息即对信息进行分析、评价和决策，具体来说就是辨别信息内容和信息来源，鉴别信息质量和评价信息价值，决策信息取舍以及分析信息成本的能力。利用信息即有目的地将信息用于解决实际问题或用于学习和科学研究之中，通过已知信息挖掘信息的潜在价值和意义并综合运用，以创造新知识的能力。处理信息是指在大量的原始信息中，不可避免地存在着一些假的信息，只有认真的筛选和处理，才能避免真假混杂。处理能将一种初始的、凌乱的、孤立的信息分类和排序，才能有效地利用，可以创造出新的信息，使信息具有更高的使用价值。利用信息技术即利用计算机网络以及多媒体等工具搜集信息、处理信息、传递信息、发布信息和表达信息的能力。

高职学生信息能力普遍较弱，其中以信息辨别能力尤为严重。以往信息检索课强调信息的获取能力，并以此为教学中心。当下信息检索课应该转变这一观念，应以信息辨别为中心。一是因为信息社会中，信息的获取不再是难事；二是因为错误的信息极有可能带来比找不到信息更加严重的后果。信息辨别不仅仅单纯的指出信息的错对，还应该客观、公正、全面地看待信息，权衡评价信息。

2.3 信息道德修养不够

信息化时代，信息无处不在、无时不在，但是信息繁多且参差不齐，而且每一个都可以成为信息源，这就要求人们必须具有正确的信息约束和信息控制的能力，学会对媒体和网络信息进行判断和选择。自觉地选择对学习、生活有用的信息，自觉拒绝不健康的内容，不盲目跟风转发未经证实的虚假、恐怖信息。不组织和参与非法的信息活动，自己不发布虚假信息，不在网络上传谣。不利用计算机技术从事危害他人信息和网络安全、侵犯他人合法权益的活动。要有自己的自主思考能力，不轻易相信任何一种观点，用自己的思维方式去判断，在这个基础上形成自己的观点。要有极高的信息约束控制能力，信息道德也是信息素养的一个重要体现。

针对当前高职学生的信息素养现状，我院做了一系列措施来推动学生信息能力的发展，提升学生信息素养能力。

3 多方并行，全面培养

3.1 领导重视

学院领导与教务部门对开设文献检索课大力提倡和支持，关注课程建设，组建教学团队，外派相关教学人员学习交流。将文献检索课定性为公共必修课，不再是选修课。加强对课程的投入和结果考核。这为提高我院学生的信息素养能力提供了组织保障。

3.2 信息检索课混合式教学改革

SPOC（Small Private Online Course，小规模限制性在线课程）是目前国际上的一种全新教学模式。采用此教学模式，学生可以灵活利用手机、计算机等网络终端自由选择学习时间、地点、内容进行学习；而教师则可利用网络平台的技术和资源开展线上或线下的教学活动。该教学模式能够有效培养学生自主学习和探索式学习的能力，促进教学质量提高。

精心设计教学内容，合理选择教学资源，主要负责教师将本课程所要讲授的内容划分为 8 个模块，并对相关知识点进行细分，合理规划任务点，一是突出重点，二是监控学生的学习情况，任务点必须占课程总分的 30%及以上。力求每讲视频时长不超过 10mins，时间太长学生自主学习效果欠佳。线上教学主要采用视频讲解，文本和音频作为拓展资源提供给学生进行自主学习，同时穿插随堂作业以考评学生每堂课的学习情况。

混合式教学理念的信息检索课改革，受到了师生的普遍欢迎。混合式教学将学习过程的主体转变为学生，克服了传统教学中"满堂灌""重讲授、轻实践"的弊端，增加了师生间、学生与学生之前的交流互动，实现了教与学的有机统一，学生参与学习的积极性得到提高，主动性增强，提升了学生自主学习和信息检索能力，有助于推动学生信息素养的全面发展。

3.3 增强计算机文化基础课的学习

"大学计算机文化基础"是大一新生基础课程。课程内容涉及计算机及相关领域的基本概念和知识，以及大学生必不可少的应用技能。本课程教学的主要目的和任务是引导学生认识以计算机为核心的信息技术在现代社会和文化中的地位和作用，培养大学生的计算思维及信息素养，使学生掌握使用计算机的基本技能，初步具有利用计算机获取知识、分析问题、解决问题的意识和能力，为将来应用计算机知识和技能解决本专业实际问题打下基础，以满足和适应信息化社会工作、学习和生活的需要。

考虑我院学生的实际情况，我们增强了该课程的学习。除上述内容外，强调学生对键盘的熟悉和使用、汉字录入速度、网上信息查询、收发电子信件等基础知识的学习。

3.4 加强上机实践操作

通过计算机文化基础课学生已经具备了基本的计算机基础知识和操作能力，为了使学生能跟上信息科技尤其是计算机技术的飞速发展，适应信息化社会的需求，我院加强了对学生的上机实践操作能力的培养，并且增加上机实践的学时。一方面按照全国计算机等级考试一级考试大纲，让学生具备文件夹的建立及操作能力、文字输入能力、字表处理及图文混排能力、电子表格计算分析能力、建立与修改演示文稿的能力收发邮件的能力，使学生顺利通过全国计算机等级考试一级考试。另一方面，安排对信息检索技巧的上机实践操作，主要上机学习布尔逻辑检索、截词检索、精确检索、字段检索技巧的操作练习。这些最终都会使学生的信息素养能力得到大大提升。

3.5 崇尚阅读

阅读，不仅能增加知识，提升个人素养，还能培养健康心理。学院一直倡导和鼓励阅读。每个学生每个月至少要阅读三本书籍，并做好读书笔记，有专门的老师批阅，纳入对学生的考核当中。

每年读书节，学院都要奖励好读书的学生。今年，根据图书馆统计的借阅量最多的女生，评选出代表学院的"川信书女"，颁发荣誉证书，奖励书籍一套。

3.6 心理健康教育

我院一贯重视大学生心理健康教育工作，通过配备高水平师资、建设心理咨询场所、开展"5.25"活动、开设必修课等措施，构建了科学完善的工作体系。这些举措，帮助同学们学会了解决成长发展过程中遇到的各类问题，帮助同学们不断丰富自己的精神世界。下一步，学院将按照教育部《加强和改进大学生心理健康教育工作的实施意见》要求，继续深入开展工作，关心关怀大学生的健康成长，为培养高端技术技能人才营造良好的精神文化环境。

4 总结

综上，全面分析当前网络环境下学生信息素养能力的不足，我院结合高职学生的特点，理论联系实际、实事求是的一系列举措，行之有效地提高了学生的信息素养能力，促进学生的全面发展。

参考文献

[1] 张静波. 信息素养能力与教育[M]. 北京：科学出版社，2007.

[2] 时雪锋. 科技文献信息检索与利用[M]. 北京：清华大学出版社，2005.

[3] 王天龙. 高校大学生信息素质教育的现状及对策研究[J]. 农业图书情报学刊，2009(8).

[4] 赵一丹. 高校文献检索课改革与信息素质教育[J]. 江西图书馆学刊，2000(1).

[5] 田力平. 论文写作与网络资源[M]. 北京：北京邮电大学出版社，2002.

C 语言课程教学的反思

李文广

（沧州职业技术学院，河北沧州 061001）

摘要： C 语言程序设计是一门基础的程序设计语言，对于高职学生如何提高学习兴趣、学习成绩，作为从教者应该进行多方面的教学反思，需要针对不同的学生设计出不同的教学改革。

讲授 C 语言课程也有好多年了，对所讲内容的理解应该说还是比较深的，讲课流程也驾轻就熟，但每学期总有不少学生挂课、不少学生对 C 语言课程的学习如坠云里雾里，总也理不出个头绪来。

通过和学生的交流、沟通，我逐渐摸透了学生的认知心理、知识架构和实际的学习水平，改变了以往的教学模式和教学内容。近几年，对 C 语言这门课程来说，课堂气氛积极了，学生成绩提高了，挂科的学生越来越少了。

1 C 语言课程的知识内容要精简

对于大一学生来说，开设 C 语言课程主要目的是为了学习其他语言，如 VC、C++、Java、VF 等而打下基础，学习目标为学会编程的三种结构，理解编程的方法和思路，学会编写流程图，掌握数据类型、函数、数组等概念。所以，某些不必要的知识点要弱化，要删除。例如，关于指针的部分内容，关于多维数据的部分内容，关于链表的多种操作内容等。当然如果热爱 C 语言，想深入钻研的话，那另当别论。

2 C 语言课程的知识难点要粗化

那些过于精细又不经常使用的难点就不要讲解太深，够用就行。例如，输入、输出函数（printf、scanf）的各种参数格式符%d、%o、%x、%u、%c、%s、%f、%e、%g 及 "m.n" "–" "0" "h" 的设定，有时讲解的越细致，学生越迷糊，不如让学生先学会常用的、简单的用来编程。待到学到一定程度，有需要时再回头探研，这样既减轻了学生的负担，还能够保持学生的学习兴趣。

3 C 语言课程的实例选择要趣化

选择实例要选一些带有趣味性、实用性的实例。这样容易引起学生的兴趣。例如，在讲解循环时用 "猴子摘桃" 实例，讲解多分支结构时用 "居民阶梯价交水费" 实例，讲解函数调用时用学生都学过的 "求阶乘" 实例等。学生在讲解之前，在心里就已经默默地计算了，有了一个思路，就等于有了编程序的流程图，再套用 C 语言的语句语法，编写程序就很容易。学生由被动听讲变为主动思考，就达到了学习效果。

4　C 语言课程的指导实践要跟进

语言编程类的实际操作非常重要。在上机过程中可以巩固学到的语句和函数，可以发现程序中的编写错误，可以启发编程的新思路。如果不实际操作，容易造成眼高手低，同时也妨碍编程思路的条理。长时间的不指导，容易让学生放松自己，失去"钻"进去的动力，学习浮于表面，流于应付。同时学生的一些错误得不到及时的纠正，就会将错就错下去。

5　C 语言课程的考试考核要改进

为了更好地督促学生的学习，要大大加强平时成绩的比重。平时的学习，学生不能够掌握，期末试卷就更考不好。只有平常下功夫，多练习，才能学会、学活。平时成绩分为作业、实验报告、考勤和表现。其中实验报告部分一定要有练习之后的体会和所得，可以是语法上的、经验上的、也可以是新思路的。表现则是平时学习的态度，是否积极回答问题，是否积极钻研新方法，是否自己增加题的难度等。

每学期都要面对不同的学生，过去的经验也要与时俱进，针对不同班级、不同个人，要灵活运用多种方法来提高学生的学习兴趣，更要使用更好的、更合适的教学方法来辅助教学。

我们要在反思之中教学，在反思之中进步。

参考文献

李爱军.C 语言程序设计实用教程[M]. 黄冈：湖北科学技术出版社，2013.

C 语言中自增自减运算符的深入剖析

李文广[①]　李俊荣[①]　赵妍[②]

（①沧州职业技术学院　河北沧州　061001　②沧州工贸学校　河北沧州　061001）

摘要： 本文从多方面对自增自减运算符分析、讲解，以便让初学者能够清晰自增自减运算符的运算规律，学会其灵活的用法，扫清学习 C 语言的一个障碍。

在众多的计算机程序设计语言中，C 语言以其灵活性和实用性受到广大计算机应用人员的喜爱，并且也成为许多高职院校计算机专业类学生的必修课程。C 语言中自增自减运算符由于使用非常灵活，成为初学者学习 C 语言的难点之一。

下面笔者从几个方面来剖析自增自减运算符的应用。

1　自增自减运算符基本应用

C 语言中提供了自增（++）、自减（--）运算符。它们的作用是使被操作变量值增加 1 或减少 1。

自增（自减）运算符写在变量的前面称为前置自增（自减），如++i，--i，写在变量的后面称为后置自增（自减），如 i++，i--。

（1）前置自增（自减）：变量 i 先自增（自减）1，然后再使用变化后 i 的值。

（2）后置自增（自减）：先使用变化前变量 i 的值，然后 i 再自增（自减）1。

例 1：

```
int i=3,j=3;
    i++;++j;
    printf("%d,%d\n",i,j);
```

结果：4，4。

若第 2 行语句改成自减语句 i--；--j；其结果：2，2。

2　自增自减运算符的实战应用

2.1　在赋值语句中的应用

赋值语句中，前置式自增（自减），先进行自增（自减）运算，再进行其他运算；后置式自增（自减），先进行其他运算，后进行自增（自减）运算。

例 2：

```
int i=3,j=3,a,b;
    a=++i;b=j++;
    printf("%d,%d,%d,%d\n",a,b,i,j);
```

结果：4，3，4，4。若第 2 行语句改成自减语句 $a=--i$；$b=j--$；其结果：2，3，2，2。

分析：++前置：i 自增 1 后变为 4 再参与赋值运算，则 $a=4$，i=4；++后置：j 先参与赋值运算，把 3 赋值给 b 后，j 的值再自增 1 变为 4，则 b=3，j=4。

2.2 在循环结构中的应用

C 语言程序设计提供了三种循环：for 循环、while 循环、do…while 循环。

在 for 循环中，for 语句最简单的应用形式也可理解为如下形式：

for（循环变量赋初值；循环条件；循环变量增值）{<循环体>}

其中循环变量增值语句一般用自增（自减）运算符来实现。如 i++或 i--，其中 i 称为循环变量。循环中一般只注重循环变量的值，而不注重循环变量所在表达式的值，所以自增（自减）的前置和后置作用相同。

例 3：int sum=0,i=0;

　　　　for(;i<=100;i++)

　　　　sum=sum+i;

分析：循环结构中的 i++作用：通过循环变量不断加 1，使循环条件趋于不满足。

在 while 和 do…while 结构中，自增自减运算符一般放于循环体中。

2.3 在函数调用中的应用

若自增自减运算符用于函数实参表达式，则函数执行过程是将实参表达式值按照从右至左的顺序入栈，入栈前就将实参表达式的值计算完毕。因此，如果函数有多个参数，则它们是按照从右至左的顺序计算。

例 4：mul(int a,int b)

　　　　{printf("%d\n",a*b);}

　　　　main()

　　　　{int i=3;mul(i,++i); }

结果：16。

分析：在调用语句 mul(i,++i)中，按从右至左的顺序计算，相当于 mul(4,4)。

2.4 在指针中的应用

在 C 语言中，指针指向一定的数据对象时，可以前后移动来指定新的对象，这时就可以通过自增自减运算符来实现，主要作用是用来修正地址。

例 5：int a[10]={1,2,3,4,5},*p=a;

　　　　for(;p<a+5;p++);

　　　　printf("%d",*p);

结果：1 2 3 4 5

分析：p=a，将指针指向 a[0]的地址，p++，指针向后移动指向下一个元素的地址。

3 自增（自减）运算符的注意事项

3.1 自增（自减）运算符只能作用于变量

自增（自减）运算符都是单目运算符，即只能对一个变量施加运算，运算结果仍赋予该变量，不能用于常量或表达式中。如（a+b）++、3++等运算是错误的。

3.2　自增（自减）运算符的结合性

自增（自减）运算符为"右结合"，就是从右到左依次计算。表达式–i++，相当于–(i++),若变量 i 为 3，则表达式结果是–3。

3.3　多运算符的分配问题

若出现多个运算符相连，分配原则是：自左至右尽可能多的将若干个字符组成一个运算符，如表达式 i+++j 应当分配成(i++)+j。

3.4　自增自减运算符的重复出现问题

在表达式中出现多个相同的自增（自减）运算符时，运算过程和单个自增（自减）是不同的。

例6：
```
int i,p;
i=3;p=(i++)+(i++)+(i++);printf("p=%d,i=%d\n",p,i);
i=3;p=(++i)+(++i)+(++i);printf("p=%d,i=%d\n",p,i);
```

结果：p=9,i=6
　　　p=16,i=6

分析：在第 2 行语句 p=(i++)+(i++)+(i++)中，自增运算作为后置式，变量 i 本身先参加算术运算，即 p=3+3+3=9，再按照"自右至左"的结合性进行自增运算，最后 i 的值为 6。说明后置式自增运算符"先使用后改变"的"改变"是指在下一条语句执行前统一改变，而不是刚用完就变。

第 4 行语句在 VC 环境下表达式 p=（++i）+（++i）+（++i），相当于 p=(((（++i）+（++i））+（++i)），最后 i 的值为 6。但在 TC 环境下，先按照"自右至左"的结合性进行自增运算，i 的值变为 6，再进行加法运算，即 18。

4　总结

以上探讨了自增（自减）运算符在 C 语言程序中多个方面的应用，希望对读者理解和使用自增（自减）运算符能有所帮助，从而为学好这门重要的语言课程打下扎实的基础。

参考文献

谭浩强. C 程序设计[M]. 北京：清华大学出版社，2010.

高职计算机应用基础课程
"Excel 公式和函数的使用"教学单元改革的思索与实践

杨 利

（荆州职业技术学院，湖北荆州 434020）

摘要：计算机应用基础是我院各专业大一学生的公共基础课程，本文以一个教学单元（4 学时）的实训教学为例，试图通过多种信息化教学手段的配合，改善以往教学中学生出现的主要问题，对本课程中"Excel 公式和函数的使用"这一模块的教学改革提出了自己的见解。

1　选题背景

Excel 是办公常用软件，应用的范围非常广泛。其中"公式和函数的使用"是其主要特色，功能非常强大。但是相对于 Word 而言，学生对 Excel 的公式和函数的操作普遍有些畏难情绪，在具体操作中出现的问题也比较多，难以灵活运用，实际掌握较为困难。

基于此，本方案以一个教学单元（4 学时）的实训教学为切入点，通过多种信息化教学手段的配合，向学生展示 Excel 的强大功能，改善学生学习过程中出现的主要问题，以提高学生的学习兴趣及学习信心。

2　改革思路

2.1　学情分析（以往教学中学生出现的主要问题）

高职的学生普遍表现出来的学习特征为主动性较差，情绪化较高，对感兴趣的东西积极性较高，而对枯燥内容的积极性则较低，注意力容易分散。同时，学生对 Excel 的了解程度较低，特别是对公式和函数的操作有畏难情绪。具体表现在以下几个方面。

（1）主动思考方面：在平时的教学中，总是教师先进行问题导入或任务导入等，然后进行分析、完成，学生没有去主动思考任务的各个方面例如，完成一个任务的过程中，需要解决的问题是什么，解决这个问题需要分成哪些步骤，解决这一个个步骤需要通过哪些方法，在众多方法中哪种工作量最小等，而只是被动地接受教师的分析、跟随教师进行操作。这一现象导致学生对学习内容掌握不透彻，表现为学生通常在教师讲解的过程中，能跟随教师完成操作内容，但不能灵活运用到其他地方。

（2）函数选取方面：在平时的教学中，教师教哪个函数，学生就直接使用哪个函数。这一现象导致学生对函数的功能认识不清晰，表现为学生独立面对一个新的任务时，不知道应该选取哪个函数进行操作。

（3）出错纠正方面：在以往形成习惯的教学行为中，教师一般讲的时间比较多，学生自主操作的时间不够。这一现象导致学生对错误操作认识不足，表现为学生只能跟随教师操作，而当自己进行独立操作时，一旦出错就不知该如何解决。

2.2 改革思路

针对高职学生的学习特点，为了解决实际教学中存在的主要问题，总的来说，笔者拟从三个方面进行改进：首先，在教学内容上应该尽量考虑选用学生熟悉的、感兴趣的任务，使学生有完成任务的兴趣和动力；其次，在教学方法的设计上应尽量简单、直观，使学生有完成任务的信心；同时，应通过各种信息化手段的应用，保证学生在教学环节的有效参与，以改善学生在上述主动思考、函数选取、出错纠正等方面的不足。

本教学设计方案力争在以上各方面有所改进。同时，试图建立一种 Excel 公式和函数部分的通用教学模式，即：让学生在课前预习和课后拓展时可以主动思考要完成任务需要解决什么问题，怎么才能解决这些问题等，以改善学生主动思考和函数选取方面的不足；在课中具体教学时，给足学生自行操作的时间，让学生体会各种错误现象和错误结果，以改善学生出错纠正方面的不足。这样才能更好地掌握正确操作，进而更好地理解相关内容并灵活运用，并让学生能真正地在"课下动起来、课上活起来"。

3 教学实施

3.1 任务首做（课前完成）

在课前将要操作的任务下发，让学生根据已有技能完成。学生需要侧重注意的角度是：主动思考任务要达到的目标、操作过程中涉及的问题、解决的方法，以及选取这一方法将面临的工作量等内容。教师在设计任务时需要注意计算方法应该简单，让学生能计算，但计算量应该较大，不能简单得到结果。这样才能引发学生的思考：怎样才能准确、快速地完成。

3.2 交叉检查（上课开始时）

教师对学生课前提交作业情况等进行通报，并将学生课前上交的内容下发，让学生分组交叉检查、比较（可由电脑现场随机分组，这样每次分组都不同，可避免学生长期同一分组形成的惰性），检查课前作业结果是否正确，错误主要来自哪些方面。学生需要侧重注意的角度是：进一步理解完成任务需要解决的环节、思路、步骤等。

3.3 内容讲解

教师根据交叉检查情况对任务解决思路进行明确，分析如果要完成该任务，选取的函数需要具备哪些功能，进而明确本次课程的新技能点并进行讲解。学生需要侧重注意的角度是：主动从完成任务目标的角度来选取函数，同时要完成新技能点的理解、记录。

3.4 随堂检测

教师通过电子教室将新技能点的考核题下发，学生完成，通过在线测评现场直接出结果，教师根据学生对新技能点的理解情况进行进一步的辨析讲解，帮助学生更好地理解新技能点。学生需要侧重注意的角度是：通过随堂检测题促进新技能点的进一步理解、掌握。

3.5 任务再做

教师要求学生利用新技能点，重新完成任务，教师巡回指导。学生需要侧重注意的角度是：通过再做任务，摸索新技能点的运用。

3.6 错误演示

教师将学生所涉及的有代表性的、典型的错误操作进行投影，与学生一起分析出错的原因及造成的结果。学生需要侧重注意的角度是：在不断的错误实践中找出正确的方向。

3.7 正确演示

教师演示正确操作，并将正确操作视频下发，学生对自己的操作进行修改，不会的可自行通过操作视频反复学习、操作。修改完成后请学生演示正确的操作。学生需要侧重注意的角度是：掌握正确、规范的操作方法。

3.8 情境推进

教师提示：如果条件改变，那怎么修改操作。并进一步提示：怎么才能设置一个无论怎样更改条件都可以使用的通用的公式？（以此回顾以前的技能点并灵活运用）。学生需要侧重注意的角度是：主动思考公式的通用性，并需要积极回顾以前的技能点。情境推进要求：需要合理、实用，并能与前面的学习内容衔接。

3.9 拓展练习

教师布置拓展任务，学生先行操作，教师根据学生操作具体情况进行思路点拨，并演示部分操作。学生根据教师分析的情况，对自己的操作进行修改。学生需要侧重注意的角度是：根据变换的任务要求，主动思考完成的方法、选取的函数等。拓展任务要求：应与练习任务类似而不全似，以培养学生的迁移性学习能力、模块化思维能力。

3.10 上交作业

学生对本次操作进行整理，并上交作业的电子版。学生需要侧重注意的角度是：正确理解任务要求，按要求完成任务。

3.11 课堂总结

教师对本次课程的内容进行总结，并根据学生完成拓展练习情况布置课后作业。学生需要侧重注意的角度是：总结本次操作经验（包括正确经验、错误经验）、记录作业。

3.12 拓展推进（课后完成）

学生课下通过拓展练习的完成，以复习和巩固本次技能点。教师在网上回答学生疑问。学生需要侧重注意的角度是：能灵活运用本次学习的新技能点。课后任务要求：应与拓展任务有关联性，最好是拓展任务的情境推进。

4 信息手段

（1）在软件配置方面：需要安装电子教室、PPT等，以保证文件的分发、学生端的正常广播。

（2）在课堂评价方面：可通过在线测试，智能显示结果。方便教师随时掌握学生的学习情况，并进行及时的进度调整。

（3）在辅助学习方面：可通过微课视频、操作动画等，方便学生随时根据自己的情况自行反复学习，而不需要总是依赖教师指导。

（4）在学生组织方面：可通过电脑现场随机分组，避免学生长期同一分组形成的惰性。若学生层次太过分化，可固定小组长，其他组员随机分组，以保证小组交流质量。

（5）在网络拓展方面：可通过网上答疑、分发任务、提交结果等，方便教师与学生的课下交流。

5 总结

总之，本设计方案希望通过以上各种信息化教学手段的配合，保证学生在各个教学环节的有效参与，最大限度地避免学生在主动思考、函数选取、出错纠正等方面的不足，以保证本部分教学内容的有效掌握。

基于 IC³ 标准的"教、学、考、赛"一体化计算机基础课程改革研究与实践

陈永庆　郑志刚

（渤海船舶职业学院，辽宁兴城　125105）

摘要： 在计算机基础课教学过程中，如何更好地考核与检验学生的学习效果，提高学生计算机的实际应用能力，是目前计算机基础课程教学中的一个热点问题。本文从当前计算机等级考试存在的问题入手，分析引入 IC³（Internet and Computing Core Certification）国际认证标准体系，实施基于 IC³ 标准的"教、学、考、赛"一体化项目，促进计算机基础课程教学改革。

1　引言

近年来，国内高职院校计算机基础课程不断在改革，在拓宽知识面、创新教学模式等方面做了很多工作，但在基础能力培养的深度和广度上与国际先进标准仍有很大差距。当前高职院校计算机基础课程教学改革急需解决什么样的问题，通过多年的教学实践，笔者认为是教什么、怎样教；学什么、怎样学；考什么、怎样考；取得什么样的认证。为破解这样的困扰问题，我们选择的途径是，引入 IC³，实施基于 IC³ 标准的"教、学、考、赛"一体化项目来解决这个问题。

2　计算机基础课教学现状分析及存在的问题

以辽宁省高职院校为例，大部分院校在计算机基础能力评定方面还停留在省计算机等级考试上，毕业生一般要求通过省二级认证考试，考核内容包括公共基础知识和 VFP 程序设计两部分。经过十多年的教学和考试，实践证明，现行的省计算机等级考试越发表现出与时代、社会脱节的现状，主要有如下几点。

（1）能力培养不够。计算机基础课教学多以学科为导向，以知识为目标，以教师为主体，以应试为基础，主要考核的是知识点，而不是能力，忽视了对学生动手能力和创新能力的培养，学生的应用能力得不到有效提高，从本质上偏离了高职教育的轨道。

（2）教学内容过时。VFP 省二级考试，已连续十年未变，对于非计算机专业的学生，VFP 程序设计语言课与他们的专业关系不大，为了取得等级考试证书而学一些今后可能永远用不到的知识。

（3）认证定位不妥。二级认证考试定位为程序员，对于非计算机专业的学生来说不妥，计算机基本操作技能和办公软件的使用才是他们毕业后的主要应用范围。此外，网络技巧已经成为使

用者必备的能力之一，但这些在大纲中涉及不多，知识点不够。

（4）考核内容不准。省计算机等级考试的内容相对于日新月异的计算机技术来说相对滞后，由于题型的相对固定，题库的更新等问题使得计算机等级考试内容不能及时更新。所以有些题相对老套，知识点也过时，甚至有些科目在日常生活中已很少用到，不能达到普及计算机新知识的效果，学习只是为考试服务而已。

（5）学生学习积极性不高。学生为了通过等级考试，应对的方法就是搞题海战术，采取考试前集中突击训练。这对于通过考试是有一定帮助的，但是却违背了素质教育的本质。

（6）省二级认证含金量不高。与 IC³ 国际标准认证相比无任何优势，据我们了解大部分院校也正在寻找合适的认证考试来进行替换。

基于以上存在的问题，我们急需一种符合社会需求的、紧跟时代技术水平的计算机基础能力认证教育。通过组织参加全国 IC³ 大赛的收获，广泛的考察，走访用人企业，与兄弟院校沟通交流，我们认为在我院引入基于 IC³ 标准进行"教、学、考、赛"一体化项目是符合要求的。

3 一体化项目设计方案

一体化项目由 IC³ 平台、教材、资源库、能力培养、考试、竞赛六个模块构成。其中 IC³ 平台是基础核心模块，能力培养是目标模块，教材、资源库是功能辅助模块，考试、竞赛是功能检验模块。一体化过程中，利用 IC³ 平台，通过配套的 IC³ 教材组织教学，通过资源库提供学习辅助，通过教和学完成对学生的能力培养，通过 IC³ 院校选拔赛完成考试，检验学生的能力水平，获取 IC³ 认证，再参加总决赛，检验整体教学效果。

利用 IC³ 平台，通过课内外学习培养学生能力，通过考试、竞赛检验学生能力，以 IC³ 国际认证为导向，形成"以赛促教、以赛促学；以教促赛、以学促赛；教赛结合、学赛结合、考赛结合"，走"教、学、考、赛"一体化之路。IC³ 是个好平台，但好平台只有经过精心设计，为教师和学生所用，用得好才能真正成为好平台。 IC³ 国际标准认证为指挥棒，实现"教、学、考、赛"一体化教学。

4 项目实现的目标

（1）构建出基于 IC³ 标准的"教、学、考、赛"一体化课程教学模式。

（2）总结并形成基于 IC³ 网络教学平台下的学科教学方法，提高课堂教学效果。

（3）改革传统模式，使学生学会利用 IC³ 网络教学平台进行学习。

（4）探索开展大规模计算机无纸化考试的组织与实施办法，实现真正意义上的考教分离。

（5）将成果和做法推广到全院计算机基础课教学中去。

5 项目实践结果

项目实施分三个阶段：第一阶段，2012.9～12 月准备阶段，完成方案设计，完成基于 IC³ 的模块化教材编写，对教师进行岗前培训，做到持证上岗，完成了教学资源库的建设；第二阶段，

2013.3—7 月试点、积累经验，选择 1 500 名学生参加；第三阶段：2013.9—2016.7 月全面实施，全院大一全体学生参加。

5.1 实施效果

（1）教师喜欢教：通过试点，由于平台资源丰富，课程内容先进，又有大赛的吸引，教师参与 IC³ 教学的热情、积极性高涨，由被动变主动，业务水平提高，钻研、讨论的氛围变浓，有关 IC³ 的课题申报增多，论文成果开始出现，提升了系教师队伍整体水平。

2014 年 3 月，由全国高等院校计算机基础教育研究会、教育部职业院校信息化教学指导委员会、黑龙江省高职高专计算机类专业教学指导委员会、渤海船舶职业学院联合主办的"大学计算机教育教学改革与课程建设研讨会暨新形势下高等学校计算机基础教学改革实践成果验收与经验探讨会"在我院隆重召开。会议重点结合我院计算机基础课教学改革试点工作，围绕着项目引进背景、项目实施方案的制订、项目目标定位、开展的工作、实施中各种问题的解决方式及下一步的工作计划做了翔实的经验介绍。来自全国 40 多所院校的 70 余名院系领导、课程负责人、一线专业教师参加了本次会议，一直认为我院进行的计算机基础课程与国际先进课程标准接轨，"教、学、考、赛"一体化项目在应用中取得了比较明显的教学效果，具有非常强的实用性和前瞻性。

（2）学生喜欢学：通过试点，由于取得国际认证，在线考试，考试就是参加院校选拔赛，还有机会去北京参加决赛，这些对于学生来说是非常诱人的。所以学生听课的积极性大大提高了，不爱听课的少了，主动听课、主动学习的多了，学生喜欢学了；

（3）课堂活跃：通过试点，教学过程、手段改变了，课堂上学生争先发言，举手的多了，主动提问题的多了，师生课堂互动效果变好了，课堂气氛变活跃了。

（4）学生整体的考试成绩上去了，计算机应用技能水平提高了。图 1～图 3 是以 Computing Fundamentals 模块为例，展示了我院 IC³ 认证考试的成绩提升情况。

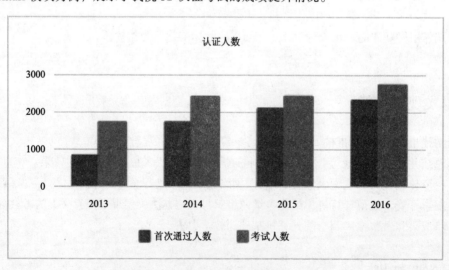

图 1　2013—2016 年 CF 模块认证人数

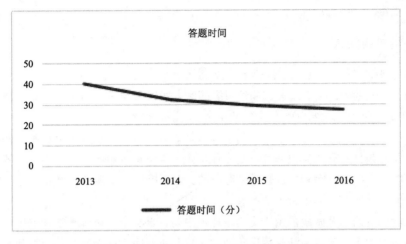

图 2　　2013—2016 年 CF 模块答题平均时间

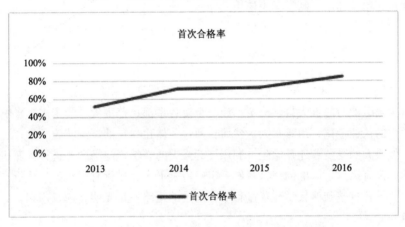

图 3　　2013—2016 年 CF 模块认证首次合格率

（5）积极踊跃报名参加大赛的学生越来越多，大赛成绩越来越好。自我院引入"教、学考、赛"一体化项目以来，在历年全国大学生计算机应用能力与信息素养大赛中均取得了不俗的成绩。如：2012 年第二届大赛个人一等奖 1 个、二等奖 1 个，在海峡两岸赛总决赛中获全科亚军；2013 年第三届大赛个人一等奖 1 个、二等奖 2 个，在海峡两岸赛总决赛中获 KA 组亚军；2014 年第四届大赛个人一等奖 1 个、二等奖 1 个，在海峡两岸赛总决赛中获 LO 组季军；2015 年第五届大赛个人一等奖 1 个；2016 年第六届大赛个人一等奖 1 个、二等奖 2 个，如表 1 所示。

表 1　　引入一体化项目后参加全国计算机大赛获奖情况

年份	全国大学生计算机应用能力与信息素养大赛（决赛）获奖情况	海峡两岸赛总决赛获奖情况
2012 年	个人一等奖 1 个，二等奖 1 个	IC^3 全科亚军
2013 年	个人一等奖 1 个，二等奖 2 个	KA 组亚军
2014 年	个人一等奖 1 个，二等奖 1 个	LO 组季军
2015 年	个人一等奖 1 个	KA 组亚军
2016 年	个人一等奖 1 个，二等奖 2 个	

通过以上试点结果的分析，我们发现引入"教、学、考、赛"一体化项目，形成了学生、教

师、学校共同受益，共赢的局面。

5.2 遇到并解决的问题

（1）在线考试的组织形式：是统一考还是分散考，统一考，几千名学生同时在线考试对设备要求高，压力大。分散考，又涉及考试如何组织问题。2014 年以前采取统一考试，现场遇到的问题比较多。2015 年开始以班级为单位，学期最后一次课随堂考试，效果较好。

（2）期末考试成绩认定：及格线怎么划分，如何划分，设想一次性过二科为及格线。

（3）在线学习条件：开始阶段非计算机专业学生个人笔记本电脑持有量不高，随时上线学习有困难，学校教学机房的时间和机器数量是有限的，无法提供全天候开放保障。2015 年开始随着智能手机的普及，该问题得到了极大的改善。

（4）离线辅助资源：开始阶段由于受网络环境限制，日常中，教师教学和学生学习需要辅助的离线资源包目前不多，建设离线资源库压力大，任务重。后期学院组织任课教师开发建设了大量的课程资源包，用于辅助教师、学生使用。

6 结束语

基于 IC^3 的"教、学、考、赛"一体化项目试点，我院是第一个"吃螃蟹的人"。尤其是这样动辄上千名学生同时参与的重大教学改革，涉及全院各系部，范围大、学生多、影响面广。同时又涉及全体学生的认证考试，困难很大。然而，通过一体化项目的试点实施，学校、教师和学生都是受益者，但最大的受益者还是学生。利用 IC^3 强大的教学资源平台，进行计算机基础课程改革，只有开始，没有终点。认准的路，我们一定坚持走下去。尽管有困难、有曲折、有坎坷，相信一定能解决。计算机基础课教学改革过程中，前进的道路一片光明，前景广阔，大有可为。

参考文献

[1] 张爽. 基于 IC^3 标准的高职院校计算机基础课程改革探索与实践[J]. 网络安全技术与应用，2014(12).

[2] 李京平. IC^3 国际认证标准与我国职业教育 IC3[J]. 计算机教育，2010(1).

[3] 陈磊. IC^3 认证引入高职计算机基础课程教学的思考[J]. 辽宁高职学报，2013，15(9).

为企业培训　促教学改革
——大学计算机基础课程改革思路与经验

唐春林

（广东邮电职业技术学院，广东广州 510630）

摘要： 在信息时代的今天，一方面，从小学、初中到高中都基本开设了信息技术这门课程，越来越多的大学教师认为大学计算机应用基础课程没必要开设了；但是另一方面，Word、Excel、PPT、Visio 等办公软件的培训却有比较大的市场，许多企业需要通过培训来提高大学毕业生应用计算机解决工作中实际问题的能力。本文指出：信息时代大学计算机基础教学不能削弱，相反还应加强，最后，笔者结合多年企业培训的经验，对大学计算机基础课程改革进行了探索。

1　引言

当前正处于一个信息的时代，计算机和互联网已应用到了学习、工作、生活的方方面面，绝大部分学生从几岁就开始知道计算机、接触计算机、使用计算机。

因此出现了这样的现象：有的教师认为学生进入大学学习后就不需要开设计算机应用基础之类的课程了；即便开设了计算机应用基础之类的课程，许多学校都不给予重视，课程地位很低，并且一次又一次地削减该门课程的课时，就连讲授计算机应用基础课程的老师都觉得讲授这门课没什么意思。

笔者作为一位长期从事计算机基础教学的一线教师、作为长期为企业做办公软件应用的培训师，认为信息时代大学计算机基础教学不能削弱，信息时代的大学计算机应用基础课程还应加强。

2　大学新生学情分析

从表面上来看，现在全国各地从小学、初中到高中都基本开设了信息技术这门课程，学生使用计算机的机会和条件都很多，应该会有比较好的操作计算机的基础，但事实是：信息时代大学新生入学时所具备计算机应用能力没想象的好。

2.1　重点本科"大学计算机基础"免修测试情况

西安交通大学电信学院的 2010 年入校新生中，有 291 名学生申请"大学计算机基础"免修上机考试，测试的通过率仅 6%。"

太原科技大学网站上有一篇新闻稿"'免修不免考'，计算机基础课程教学模式改革成功迈出第一步"，其中提到："2011 年 10 月 15 日，大学计算机基础教研室对我校 2011 级新生 2200 余人，以班级为单位，分批、有序地进行了大学计算机基础课程水平测试，本次考试的通过率为 15.46%。"

这是我校实行"免修不免考"教学模式改革迈出的第一步。"[2]

很难说以上两所大学的评价标准是一样的，但从各自的通过率数据可以看出来，大学新生的计算机基础没有我们想象的那么好。

2.2 高职新生"大学计算机基础"学情调查

笔者所在的是一所省级高职学院，从我多年从教的体会来看，我院新生入学时所具备计算机应用能力同样也没想象的好，图 1 是针对 2015 级新生所做"计算机应用"调查问卷部分问题的统计。

 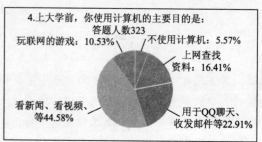

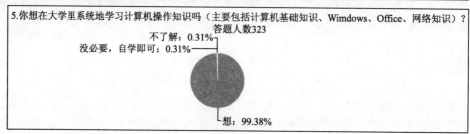

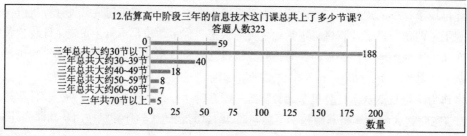

图 1 2015 级新生"计算机应用"调查问卷统计

通过对调查问卷的统计，可以分析出：除少数学生已基本掌握计算机应用基础的课程知识外，大部分同学达不到这门课程的要求，而且在这些同学中所具备的计算机知识差异性很大，有的学生连基本的键盘操作都不会。

部分自认为或被公认为计算机高手的学生，并不能达到课程的要求，特别是在 Office 的应用方面，实际工作需要的计算机应用能力却缺乏。他们中有这样一些情况：有的在收发邮件、聊天、玩游戏方面比较在行；有的对计算机硬件市场比较了解、对 IT 新产品比较热衷；有的在对自己家的组装机进行维护时积累了一些解决计算机硬件、软件故障的经验。

3 为企业中的大学毕业生培训 Office

一方面从小学、初中到高中，学生学了很多计算机操作的知识，理论上说在大学又扩充加深了这方面的能力，应该有比较好的计算机应用能力。

但是另一方面，在社会上的各种培训机构中 Word、Excel、PPT、Visio 等办公软件的培训却有比较大的市场，许多企业需要通过培训来提高大学毕业生应用计算机解决工作中的实际问题的能力。这说明，从如今企业对 Excel、PPT 的应用要求来看，我们评价学生的计算机应用能力还存在一定的问题，我们很多教师觉得学生已学会了 Excel、PPT，其实这个"会"只停留在使用软件的基本功能上，与真正的实际应用办公软件还相差甚远。

现在有很多的企业加强了企业的信息化管理，但总会发现许多各级员工的 Office 技能不够熟练，在平时的工作中难以提高工作效率，为了让团队有更好的管理提升，会提出一些定制 Office 培训。

4 基于企业培训，改革大学计算机基础教学

综上所述，笔者认为：在当今的信息时代中，大学计算机基础教学不能忽视，相反还应加强。我们大学教师要多到企业调研，获取企业和社会对大学毕业生的计算机应用能力的需求，使得我们的教学更有针对性、更有效果。我们要思考多方面的问题，不能只停留在表面的教学上，要从社会需求出发，做真正意义上的教学改革。

笔者根据多年的为企业培训的体会，对大学计算机基础做了以下改革。

4.1 保持总课时的基础上，将"计算机应用基础"改为两个学期

教改前："计算机应用基础"（54 课时=9 周*6 课时/周）+实训周（26 课时/周）。

教改后："计算机应用基础"（第一学期：48 课时=16 周*3 课时/周）+"计算机应用综合训练"（第二学期：32 课时=16 周*2 课时/周）。

结果：总课时保持不变，拉长学习时间，避免集中学习，给学生以充分的练习、消化的时间。

理论依据是：德国心理学家赫尔曼·艾宾浩斯(Hermann Ebbinghaus，1850–1909) 的记忆遗忘曲线所得出的几个主要结论，"记忆保持和诵读次数的关系：诵读次数越多、时间越长，则记忆保持越久。""分散学习比集中学习优越"。

4.2 编写出版了一套教材，由出版社正式出版

（1）第一本教材：《基于工作过程任务式 大学计算机基础（Windows 7+Office 2010 版）》用于第一个学期，主要内容如图 2 所示。

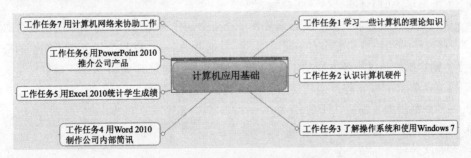

图 2 计算机应用基础内容结构图

编写思路是：（1）以项目为导向，以任务为驱动。该书不是以传统的章节命名方法，而是依照实际工作情景，以一个一个的工作任务引出相应的知识点。每个工作任务又分解为若干个子任务，将相关的知识点融于任务中，通过完成任务掌握相应的知识和操作。（2）为了与全国计算机等级考试一级 MS-Office 衔接，结合计算机等级考试要求，每个工作任务中都有子任务去完成相关等级考试的题目。

（2）第二本教材：《基于工作过程任务式 大学计算机基础综合实训（Windows 7+Office 2010版）》用于第二个学期，主要内容如图 3 所示。

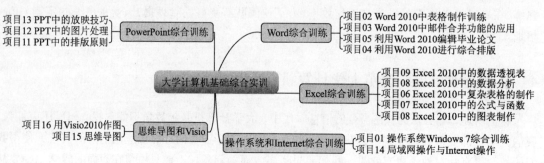

图 3　大学计算机基础综合实训内容结构图

编写思路是："计算机操作综合训练"是同学们在学习完"计算机应用基础"后学习的一门课程，该课程的主要目的就是提高学生应用计算机的能力，要求大家将"计算机应用基础"课程中所学知识进行归纳及综合应用到实际中去。基于此，该教材以综合应用为主，用案例制作的方式，引导学生将所学的知识灵活地运用到实际的学习、生活、工作中，从而提高大家的计算机应用能力。

教材以一位大学毕业生王晓红遇到的工作情境作为学习情境，架构出一个完整的故事情节，引出相应的知识和案例。

例如，学习数据透视表时的工作情境是："王晓红由于工作出色，得到了领导、同事的一致好评，被借调到了公司最重要的部门——销售部。一到岗位，销售部主任就给王晓红分配了以下工作：

① 制作公司的发货单

② 每日销售统计表

③ 公司市场调查问卷

④ 组织一次部门的 PPT 和 Excel 的培训，且要出一套测试题

⑤ 组织一次公司篮球赛，做一张赛程表

由于表格更便于统计和计算，所以需要用 Excel 来制作，又如，学习数据透视表时的工作情境是："王晓红借调到销售部工作有一段时间了，她娴熟的 Excel 操作为她赢得了同事的赞誉。快到年底了，销售部忙于进行各方面的工作总结。这天，主任通过 E-mail 给了王晓红一个文件——'产品销售记录单.xlsx'，销售部主任要求她按以下方式进行统计：

① 每种产品销售金额的总计是多少？

② 每个地区的销售金额总计是多少？

③ 各地区每种产品销售金额总计。

④ 每种产品在各个地区销售金额的汇总数据。

......

王晓红就此又忙开了，以下是她完成的部分任务"

这些案例都是为企业培训时长期积累的、来自企业的实际。

本书特别是增加了"思维导图""Visio"的内容，这些都是企业提出的培训需求，我们做了调研后，为企业开始增加了这些内容的培训课程。之后将这些企业需求的内容也放到课程里面。并且设置了一个练习：要求学生制作本门课程的思维导图，一方面为课程进行总结复习、另一方面又训练了学生的制作思维导图的能力。

4.3 教学时，我们还探索了许多方面

怎样充分利用各种教学设施来进行教学？怎样融合各种教学方法于课堂之中？怎样吸收各种新的教学理念，使得能够有机地将理论教学和实践教学融合在一起，极大地改善学生的学习效果？

参考文献

[1] 程向前. 大学计算机基础与中学信息技术课程衔接问题的研究[J]. 计算机教育，2011(11).

[2] "免修不免考"：计算机基础课程教学模式改革成功迈出第一步 http://www.tyust.edu.cn/news2/131910329487958101.html

[3] 教育部高等学校计算机科学与技术教学指导委员会. 关于进一步加强高等学校计算机基础教学的意见[J]. 中国大学教学，2006.

[4] CORBIN J R. The Art of Distributed Applications: Programming Techniques for Remote Procedure Calls. New York: Springer-Verlag, 1991.

[5] 汪成为，高文，王行人. 灵境（虚拟现实）技术的理论，实现及应用[M]. 北京：清华大学出版社，1996.

卫生类高职计算机课程改革学业成绩对比研究[1]

黄德胜　刘成武　余琴华

（广州医科大学卫生职业技术学院，广东广州　510925）

摘要： 全国高校计算机水平考试成绩是衡量计算机基础课程学业成绩和教学水平的重要标志之一。对比研究表明，实施该课程教学改革的某卫生类高职 C 校区 2014 级针灸推拿专业，其水平考试成绩比未实施改革的同年级其他专业班级、同专业的前两届学生，以及当次考试全省总体水平均有显著提高。证明了实施教学改革确有成效，应当继续深入探讨和研究。

1　引言

当前信息化社会，卫生类高职院校培养的学生必须具备熟练的计算机应用技能，其培养主要途径是开设计算机应用基础课程，列入公共必修课。有研究指出，高职开设计算机应用基础课程正面临着不少问题，甚至是生存危机，对于课程设置的必要性、科学性和实效性，存在很大争议。课程本身教学目标、教学内容、教学方法和教学效果等方面，也存在不少值得改革的弊端。例如，存在认为学生从小开始接触计算机，已经比较熟练，不必再开设这门课的认识；学校大幅度削减课时，有些学校削减到 6 节；将课程改为选修课；课程内容陈旧，不能结合专业和职业教育；不能有效为专业服务和提升职业能力；课程评价不科学等问题[1]。要解决这些问题，课程必须改革。

经过广泛调研，审慎研究，课程组考虑通过学业成绩的对比研究，对本课程教学改革进行初步实验和探讨。具体以某卫生类高职院校 C 校区某一专业学生作为课程改革实验对象，通过一年的实验，进行各项比较研究。如果学业成绩确实有显著提高，则推广到其他专业并且继续深入研究下一步的教学改革。

2　研究对象与研究假设

2.1　研究对象

以 C 校区 2014 级全年级入学的各专业学生 473 人为研究对象，其中针灸推拿专业 49 名学生为实验组，其他专业学生为对照组，两组学生均通过参加全国普通高考统一招生。入学时两组学生均进行计算机应用基础课程摸底测验并记录成绩。摸底测试采用广东省高等学校考试中心研发的计算机自主学习平台配备的摸底测试试题，该试题与课程学习后参加全国高校计算机水平考试（一级）是同质的。摸底测验后对实验组进行计算机课程教学改革，对照组未进行课程教学改革。

---

[1] 基金项目：全国高等院校计算机基础教育研究会 2014 年课题"高职高专针灸推拿专业计算机应用基础课程改革研究"（项目编号：201438）；中国铁道出版社经费支助。

待两组一年课程学习结束后，全部参加全国高校计算机水平考试（一级）。

以实验组开课前摸底成绩与开课后水平考试成绩进行自身对比研究。

以实验组和对照组两组水平考试成绩进行对比研究。

以实验组水平考试成绩与 2012 级、2013 级同专业水平考试成绩进行纵向对比研究。

以实验组水平考试成绩与该次全省水平考试总体成绩进行对比研究。

2.2 研究假设

研究假设 1：实验组开课前摸底成绩与开课后水平考试成绩无显著差异。

研究假设 2：实验组和对照组两组水平考试成绩无显著差异。

研究假设 3：实验组水平考试成绩与 2012 级、2013 级同专业水平考试成绩无显著差异。

研究假设 4：实验组水平考试成绩与该次全省水平考试总体成绩无显著差异。

3 研究方法

3.1 实验组教学改革

（1）更新教学理念，修订课程标准。吸取符合现代职业教育的计算机应用基础课程理实一体化的教学理念，探索一体化教学模式。2014 年 5 月至 8 月，课程组为针灸推拿专业量身定制，结合专业特点，研究和修订了该专业计算机应用基础课程标准，包括教学目标、教学大纲（含实训教学大纲）和教学进度计划等。

（2）创新教学手段，优化教学内容。采用理实一体化教学手段，使用项目式（或任务式）教学和案例教学，学生利用平台进行自主学习。"教学做"相结合，以学生为主体，教师成为教学的主导和辅助者。针对针灸推拿专业，修订课程目标、教学大纲和教学内容。已经初步建设成数字化、网络化的立体化教学资源，引进了计算机网络自主学习平台，并在针灸推拿专业学生中全面推行，供学生自主学习使用。同时针对针灸推拿专业，我们开发了一批与该专业相关的计算机教学案例，丰富了教学资源。

（3）组建学习团队，组织职业竞赛。组建班级计算机学习研究会，建立了班、小组 2 级学习团队，每 5～6 人组织学习小组。每组人员搭配原则是"好中差"学生的组合，由任课教师和学习研究会成员一起负责分组，各小组任命"高手"任组长。化整为零，优化组合，通过小组学生的学习互助，共同完成学习项目。学习团队的有效组织能充分发挥学生学习互助功能，"优生"帮助"差生"结对子，消除学习差异，增进同学友谊。结合针灸推拿专业教育和校园文化建设，组织了 1 次电子小报和 1 次 PPT 计算机职业技能大赛，由学习小组组团参加。大赛主题是"中医养生健康知识"和"我身边的传统文化"。计算机职业技能大赛已经成为校园文化建设的一道亮丽风景，同时学生的职业技能包括学习能力、创新能力、团队协作能力得到了充分的训练和很大的提高。

3.2 考试评价方法

课程结束后，校区组织开课的全体学生参加全国高等学校计算机考试 CCT（一级），将考试成绩作为期末考试成绩，不再另行组织期末考试，本次的实验组和对照组也不例外。CCT 针对在校高校学生的计算机应用知识与能力水平确定了全国统一的、通用的、客观的、公正的等级标准，并由各省具体统一组织考试。其一级考试内容与计算机应用基础课程的学习内容完全对应，涵盖了计算机基础知识、操作系统、文稿编辑、数据统计与分析、PowerPoint 应用、信息检索与网络信息应用等内容。考试采用标准化命题系统，支持多题库，智能化题库分析自动生成试题，每场试题的同质性高，采用网络自动化评卷，无须人工干预[2]。广东省每年组织参加考试的高校在校学生人数达数万人，考试成绩能够体现学生的学业水平。

3.3 资料整理与统计方法

采用 EpiData 3.1 软件建立数据库，双人双录，并经一致性检验和逻辑性核查、核实。使用 SPSS 19.0 软件进行统计分析。

4 水平考试结果调查与统计分析

4.1 调查人群基本情况

本研究拟调查 473 人，最终实际调查人数 470 人。实验组 49 人，其中女性 45 人，男性 4 人；对照组 421 人，其中女性 384 人，男性 37 人。对调查人群在性别分布，年龄分布及入学时开课摸底成绩进行统计分析，结果显示调查人群在各组间性别及年龄分布均衡，计算机应用基础课程开课摸底成绩无统计学差异（$F=1.054$，$P>0.05$，见表 1）。

表 1　2014 级各专业学生计算机应用基础课程开课摸底成绩的比较

组　别	人　数	平　均　分
针灸推拿专业	49	30.29 ± 14.69
护理专业	96	28.23 ± 12.01
康复治疗专业	64	29.38 ± 11.47
检验技术专业	48	26.54 ± 11.20
临床医学专业	167	26.44 ± 13.50
助产专业	49	27.86 ± 12.82
方差分析（F，P）	—	$F=1.054$，$P>0.05$

4.2 2014 级针灸推拿专业计算机应用基础课程开课前后成绩比较

开课前的计算机水平摸底考试与开课后的计算机水平考试是同质的（均由省高等学校考试中心命题），且难易程度相差不大，为了更好地考察计算机应用基础课程改革的效果，凸显开课的必要性，我们将 2014 级针灸推拿专业开课前后的成绩进行了配对 t 检验，结果发现课程学习后的成绩高出开课前 50.1 分（$t=21.12$，$P<0.05$），成绩提升显著，拒绝研究假设 1。

4.3 2014 级各专业学生计算机水平考试成绩比较

对两组学生计算机水平考试成绩分数进行 t 检验，结果显示两组间存在统计学差异，可认为实验组（针灸推拿专业）计算机水平考试成绩优于对照组（$P<0.01$，见表 2）。遂进一步进行精细

比较，对比实验组（针灸推拿专业）与对照组中各专业计算机水平考试成绩的差异，为避免犯假设检验第二类错误，遂进行各专业方差分析的多重比较，结果显示针灸推拿专业计算机水平考试成绩均优于其他专业($P<0.05$，见表 3)，拒绝研究假设 2。

表 2　不同组别计算机水平考试成绩的比较

组别	人数	平均分	t 值	P 值
实验组（针灸推拿专业）	49	80.39 ± 7.46		
对照组	421	76.23 ± 9.09	2.659	<0.01

表 3　不同专业计算机水平考试成绩的多重比较

组别	人数	平均分	LSD–t 值	P 值
针灸推拿专业（实验组）	49	80.39 ± 7.46		
护理专业	96	76.76 ± 8.35*	2.08	<0.05
康复治疗技术专业	62	76.61 ± 10.17*	1.99	<0.05
检验技术专业	48	75.69 ± 11.44*	2.33	<0.05
临床医学专业	166	76.66 ± 11.10*	2.31	<0.05
助产专业	49	75.35 ± 8.80*	2.51	<0.05

注：*为与针灸推拿专业的多重比较，$P<0.05$

4.4　历届针灸推拿专业计算机水平考试成绩纵向比较

采用多组样本的方差分析，比较实验组（2014 级针灸推拿专业）与未进行课程改革的 2013 级、2012 级针灸推拿专业计算机水平考试成绩，结果显示 2014 级针灸推拿专业与前两届同专业成绩均存在显著性差异，可认为实验组计算机水平考试成绩优于前两届同专业学生成绩($F=9.143$，$P<0.05$，见表 4)，拒绝研究假设 3。

表 4　历届针灸推拿专业计算机水平考试成绩纵向比较

组　别	人　数	平　均　分
2014 级针灸推拿专业（实验组）	49	80.39 ± 7.46
2013 级针灸推拿专业	57	72.79 ± 10.09*
2012 级针灸推拿专业	57	74.54 ± 10.29*
方差分析（F，P）	—	$F=9.143$，$P<0.05$

注：*为与 2014 级针灸推拿专业的多重比较，$P<0.05$

4.5　与全省计算机水平考试总体水平比较

为了更好地评估 C 校区计算机水平考试成绩的整体水平，同时也凸显 2014 级针灸推拿专业计算机应用基础课程改革的效果，将该专业计算机水平考试成绩与本次全省高校计算机水平考试总体水平（均值 59.76）进行了单样本 t 检验，结果发现进行计算机课程改革的该专业成绩高出全省平均分 20.63 分（$t=19.35$，$P<0.05$），有显著性差异，拒绝研究假设 4。

5　讨论

5.1　开设计算机应用基础课程确有必要

（1）当前信息社会，医疗卫生已经进入智慧医疗时代，互联网+、移动医疗、大数据、云计算、物联网等信息技术已经完全渗透到医药卫生行业，不懂或对信息技术生疏将难以在该行业立足。卫生类高职职业院校作为培养实用型和应用型的卫生健康人才，如果培养的学生信息技术水平和能力不足，将大大影响学生的就业从业能力。同时，高职与本科不处于同一层次，入学的生源素质也有所差异，因此在培养高职院校学生信息技术能力方面不能向本科院校看齐。开设计算机应用基础课程来提高学生信息技术水平和能力较为合适。

（2）学生计算机基础差，急需开设计算机类基础课程进行补救。通过摸底测试研究表明，各专业的学生计算机摸底成绩均在 30 分上下（见表 1），与课程开设要达到的测试合格目标相差甚远，并不是想象中的熟练。学生计算机基础差的原因分析：一是该校区的学生大部分来自广东边远山区，家庭经济条件较差，平时很少接触计算机，少部分学生甚至没有接触过计算机。二是计算机学习前期教育未受重视。计算机应用基础课程对应在中小学的课程是信息技术课程。有些中小学根本没有开设，而开设过该课程的中小学因不是升学考试所要求，课时常常被占用，或者课堂教学很随意，导致学生未进行系统的学习。三是学生计算机基础主要是从上网、打游戏和手机中学来的，所掌握的计算机技能单一有限。例如，删除键只会用前删键，不会用删除键（Delete）；大部分学生没用过电子邮件，不知道什么是 IP 地址等。学生这种信息技术状况急需改变，开设计算机应用基础课程为可行的解决路径之一。

（3）开设计算机应用基础课程能有效提高计算机学业成绩，提升学生信息技术水平。通过 70 学时的课程学习，该校区的各专业参加计算机水平考试，成绩均在 75 分左右（见表 3），大大高于课程开设前的摸底成绩。这表明通过学习该课程，能够有效提升学业成绩。

5.2　课程教学改革能有效提升学业成绩

通过教学改革，2014 级针灸推拿专业的计算机学生学业成绩大幅度提升：课程学习后的成绩高出开课前 50.1 分（$t=21.12$，$P<0.05$），开课前后成绩有显著性差异；课程开设前的摸底成绩各专业无统计学差异（$P>0.05$），课程学习后，进行课程教学改革专业学生（2014 针灸推拿专业）的计算机成绩优于其他未进行教学改革专业的成绩（$P<0.01$），可认为课程教学改革能切实有效提升学生学业成绩；优于针灸推拿专业前两届学业成绩，有显著性差异（$P<0.05$）；优于全省总体成绩（$t=19.35$，$P<0.05$）。

5.3　研究不足之处

参加全国性统一考试，尽管题库比较丰富，学业成绩也有较大幅度提升，但是不能有效地考察学生的实际动手能力和解决问题的能力，这与当前职业教育的要求有一定的距离；统考不能结合专业，考试内容姓"公"不姓"专"，与医学专业没有联系，不能体现课程服务专业的目标。这些都是下一步进行课程教学改革要考虑的方面。

6　结语

本研究表明通过基于学业成绩提升的教学改革在针灸推拿专业的实践是有成效的，能较大幅度提升课程学业成绩，提高课程学习能力，从而增强学生的就业力。课程改革的初步成绩得到了该校领导和各方的充分认可，为下一步课程教学改革继续开展做出铺垫，为其他专业的计算机应用基础课程教学改革和其他课程的教学改革提供了示范。

参考文献

[1] 中国高等职业教育计算机应用基础课程教育改革课题研究组. 中国高等职业教育计算机课程体系 2014[M]. 北京：清华大学出版社，2014.

[2] 广东省高等学校教学考试管理中心[EB/OL]. http://www.gdoa.net/Note/KSZL/KSZL.asp.

[3] 孟群. 中国高等卫生职业教育现状与发展[M]. 北京：人民卫生出版社，2011.

基于"慕课"高职"计算机应用基础" 课堂教学改革的思考

童 鑫

（随州职业技术学院，湖北随州　441300）

摘要： 在高职课程中，"计算机应用基础"是培养学生计算机应用能力和现代信息化处理能力的主要课程，但在实际教学中存在许多问题。慕课的兴起与应用，为本课程的教育教学改革提供新的思路。本文根据教学实践，针对慕课这种全新的学习方式对高职计算机基础课堂教学模式的改革及具体应用提出了一些可行的建议与意见，希望能促进高职计算机基础教育教学水平的提高，为慕课在学校教育教学中的应用提供经验和帮助。

目前，慕课在大学教育教学上得到迅速的发展，给传统的计算机基础教育教学带来巨大冲击和挑战，也给我们提供了新的思路和方法。如何在课堂教学中融入慕课因素，发挥其优势，改变传统教学模式中"教"和"学"的关系，充分利用现代信息技术手段将学习由课内延伸到课外，使学生在体会这种全新学习方式的同时，充分调动其学习的积极性与主动性，培养终身学习、自我学习的能力，从而提高高职院校学生计算机基础应用能力和教学水平，这是我们一线计算机基础课教师应该认真思考，并在实践中不断完善更新的问题。

1　慕课的概念及特点

慕课，是一种新型的网络课程开发和教育模式。该模式主要建立在传统的资源发布、学习管理系统以及与其他各种开放性网络资源之上的一种新型开发模式。其特点表现为以下几个方面。

（1）开放性。慕课课程的学习人员可以来自不同的国家，不同的地区。所以，对于学习者而言，其学习源、学习环境及评价过程是开放的。

（2）在线性。慕课教学是利用互联网，通过相关的课程学习平台，随时为学习者提供在线课程的访问，并可进行相应地学习。

（3）广泛性。慕课自身具备的在线性和开放性，使学习人员的学习过程更加方便，不受时间、地点、场地的限制。所以，比较容易形成较大的学习规模和广泛的学习人群。

（4）互动性。大多数慕课学习平台都可以使用交互式网页或社交平台及交流工具，使学习者、授课者及学习者之间在较为安全的环境中实现相互交流，充分体现了慕课学习的互动性。

2　慕课与传统教学模式的比较

在慕课没有应用之前，学校教学基本采用的是课堂教学。课堂教学也经历了黑板粉笔、多媒体的发展过程，后来，随着网络和现代教育技术的发展、国家有关部门的推动及高职教育教学改革的需要，在高职教育教学中普遍采用精品课程及精品资源共享课的方式，实现优质教育教学的应用和推广，有效提高高职教育教学质量。

慕课与传统的精品课程或教学视频有很大的区别，慕课学习更多注重学习者的学习体验，强调学习者积极主动的参与。学习者首先完成慕课课程教学视频、教学资料学习，再完成并提交作业，开展讨论，最后通过相应的考核评价获得相关的学习证书。这些都是传统教学及精品课视频学习所无法比拟的。其优势主要体现在以下几个方面。

（1）慕课的教学视频"短小精悍"，按知识点进行切分，学生可以根据自身对知识的掌握和需求，开展碎片化学习，而精品课视频则是以章节为单位，录像是完整的一节课。

（2）教学视频穿插可自动评分的小习题、小实验，学生可自己检验学习效果，实现自我评价。

（3）通过交互的在线论坛和交流工具，教师可以在课堂内外在网络学习社区与学生交流，了解学生学习情况，答疑解惑。

（4）教师可通过学生反馈情况，及时调整教学进度和教学效果。

可见，在慕课环境中，学习者通过网络学习平台，就可以在任何地方、任何时间体验各种教师不同的教学风格，从而提高自己对相关课程的学习兴趣。

在慕课学习中，学习者首先通过网络观看教学视频、课件及相关资料；掌握相关知识后可以在论坛上相互交流，开展讨论，达到相互学习、相互激励的目的；最后，教师可以参与讨论，引导学习，也有助于学习者知识的巩固和加强及教师教学设计的改进，同时，由于不同的授课者教学风格的不同，所以可以为各类学习者提供个性化的教学环境。

然而，在现代教育体系中，慕课不可能完全取代学校课堂教育。首先，学校课堂学习的经历及课堂文化的影响是其办不到的；其次，对于一些复杂的学科，需要用多维度的观点进行讲解，这是也是其无法解决的；再次，对于自觉能力较弱的学生，慕课不能提供直接、有效的引导和帮助，会让他们感到学习的困难；最后，慕课网上的教学讨论缺少及时性和针对性，不能完全替代师生课堂的教学互动。所以，慕课虽然有其无可比拟的优势，但并不能完全解决目前课堂教学中出现的一些问题。但是，如果我们在课堂教学中能够将传统课堂教学与慕课教学的优点相结合，不但有助于促进学生的学习，也可以提高课堂教学效果，提高教学质量，同时对学生网络学习、终身学习行为习惯的养成有积极的作用。

3 基于慕课计算机基础混合教学模式的思考

传统的计算机应用基础课堂教学主要采用是"先教后学，再学生练，老师检查"的形式。起主导作用的是教师，教师通过知识讲解、学生练习、指导解惑三个环节开展教学活动。在这种模式下，学生没有自主学习的意识，每个学生接受的知识没有什么区别，教师不能顾及每个学生的差异，其学习能力及知识掌握程度也不同，可能使部分同学失去学习计算机基础知识的兴趣，教学效果自然也不会很好。

所以，要针对慕课优势及不足，结合学校教育教学实际，在高职计算机应用基础教学中可采用"教学视频学习+研讨实践操作+指导评价考核"的混合式教学模式。在这种教学模式下，相关教研室可组织计算机基础教师制作或下载共享的相关教学视频，放到慕课教学平台上，通过让学生在课堂上集中观看、提前要求学生在网上观看或在规定的时间段让学生在机房自由观看等方式，使学生掌握相关知识，一方面解决教师对某个教学内容讲解的重复性，减少教师的负担，另一方面实现教学过程教和学的中心转变，充分发挥学的自主性。这样，教师就可以多把精力放在对学生的学习指导和回答问题上，提高学生的思维和创新能力。即发挥学生学习的主动性，提高学习效果，又增强老师与学生、学生与学生之间的交流，形成互帮互助互学、教与学共同促进的新型教育教学关系。

这种混合教学模式，就是将慕课方式与传统课堂教学相结合，通过网络教学平台和开放学习，实现教学范式由传统的"教—学"转变为"学—教"。具体而言，就是慕课方式融入学校课堂教学，教学过程包括课程教学设计、教学学习资源构建、学生自主学习、课堂操作实践、学生反馈与教师指导、教学小结六个环节。首先，教学设计与教学资源构建就是通过教师围绕教学目标精心设计并准备好相关的教学视频、课件、任务清单、学习要求等各种教学资源，引导学生进行自主探究性学习，完成前期的学习准备。教师所准备的教学资源应具有明确的教学目标，能明确指导学习要学习哪些知识，掌握什么技能，对学习实践操作项目要体现任务驱动，以便学生能够根据自己学习的需要开展学习。其次，在课堂实践操作中，教师需要加强学习管理，引导学生开展操作实践，并针对学生操作实践中遇到的问题引导学生自己讨论，必要时给予适当指导，并及时评价。再次，教学资源库完成后，并不是尘封起来，教师需要根据学生的学习反馈不断进行完善、改进和更新，同时教师还应在课外经常关注平台的交互系统，及时解答学生在网上提出的问题和留言。最后，学生可以依据自己对知识的掌握情况，进行选择性地再学习，加强对知识的掌握，或提出新的问题，增进与教师的互动交流。

这种在课堂教学中融入慕课元素的混合教学模式，能大大提高学生的学习自主性，体现个性特点，但在实际应用中也存在一些问题，这是在教学实践中需要重点注意的问题。主要表现在：

（1）教师层面。首先，要求教师具有较高的现代信息技术应用能力，对用于制作慕课视频所用的相关软件，如视频录制和编辑、音频处理、图像图片处理及字幕制作等能熟练应用，还有通过互联网搜索和下载资料的能力，网上交流的能力等；还有教师除了在教学资源制作中需要付出大量的时间外，还要花费大量的时间、精力进行维护与改进。

（2）学生层面。"计算机应用基础"作为公共课，在个别学生中存在不太重视，积极性和自觉性不高的问题。解决好这个问题，关系到教学成功与否。所以在实际教学中，教师应在课程设计及教学过程中增加趣味性，吸引学生；还可通过在网页中加入学习时间统计等功能，统计学生网络学习时间，作为考核的一个部分，督促学生学。

（3）学校层面。慕课教学系统以网络教学平台为基础，其运行涉及一定的人力、物力和技术支持，学校应在这方面提供应有的保障。特别是教学资源的丰富和改进，不是单个教师能做好的，它需要许多人的长期参与。为使平台得到有效的应用和推广，学校还应提供机会，让老师多参加相关的技术培训，提高其教学水平和应用能力。

所以，广大高职院校的计算机基础课教师，可通过开展基于慕课的混合教学模式研究与实践提高学生自主探究学习能力，调动学生自我学习的主动性和创造性的同时，转变课堂教学方式，达到提高学生使用计算机技能的目的。

参考文献

[1] 曾翰颖. 慕课时代下重构计算机基础教育[J]. 计算机教育，2015.2.

[2] 叶煜，邹承俊，雷静. 慕课视野下高职计算机应用基础教学改革研究[J]. 当代职业教育，

2015(11):53-55.

[3] 潘燕桃,廖昀赟. 大学生信息素养教育的"慕课"化趋势[J]. 大学图书馆学报,2014(4):21-27.

[4] 王健庆. MOOC 时代普通高校计算机教学的改革探讨[J]. 中国信息技术教育,2015(23):125-126.

大数据背景下电子商务专业计算机课程体系研究[1]

鞠剑平　韩桂华　张秋生

（湖北商贸学院，湖北武汉 430079）

摘要： 以商务理论和计算机技术的融合为目的，研究大数据课程体系、分析电子商务专业计算机能力需求，整合和优化该专业计算机课程，构建以大数据分析为中心的电子商务专业计算机课程体系，将大数据分析思维贯穿到电商人才的培养全过程中。

1　引言

"数据化"是电子商务企业和线下实体店之间最本质的区别。伴随着云计算、物联网等技术的推广和应用，大数据浪潮以排山倒海之势席卷全球，既为电子商务提供了巨大的机遇，也带来了一系列的挑战。电子商务是利用计算机技术对商务模式和商务规则的实现和创新。

作为电子商务的支撑技术，计算机技术的教学是电子商务专业人才培养的重要方面。目前，电子商务大数据的海量数据规模和多样数据类型等特性，对电子商务专业人才的计算机技术能力和知识结构提出了更高、更复杂的要求，从而对传统的电子商务专业计算机课程体系带来了挑战。

面对大数据、云计算技术与管理、商务的结合需求，以商务理论和计算机技术的融合为目的，笔者对应用型电子商务专业计算机教学进行重新定位，将计算机课程和部分电子商务专业课程进行整合与优化，使专业课程的教学内容充分体现当前大数据时代的特征，促进大数据在电子商务专业教学中的融合。

2　适合应用型人才培养的大数据课程体系研究

构建以大数据为中心的电子商务专业计算机课程体系，首先需要研究国内外大学大数据课程开设情况，在此基础上分析面向电子商务专业的大数据课程体系的知识能力要求，面向地方高校应用型人才培养需求建立体系完整、与专业紧密结合的大数据课程体系。

2.1　国内外的大数据课程体系分析

目前，国内外多所高校开展了大数据课程体系与专业建设。从知识范围与人才培养的侧重点方面来看，当前的大数据专业方向主要为：面向商学院、管理学院、财经学院的大数据分析方向，主要培养数据分析和交流沟通能力，基于商业数据进行风险分析、内容分析和决策分析；面向计

---

[1] 基金项目：湖北省教育科学"十二五"规划 2014 年度立项课题"多课程融合的项目式任务教学法在课程改革中的应用"（2014B334）

算机学院与软件学院的大数据平台方向，掌握大数据处理技术的编程与开发，实现利用各种技术方法对大数据进行分析、存储和检索；面向理学院的深度学习方向，这是机器学习当前的热门研究领域，研究如何从众多复杂的数据中自动地提取多层特征，从而发现规律和模式，提取新的知识，辅助进行决策或预测[1]。

从大数据课程体系授课对象而言，目前大多数高校的大数据课程主要面向硕士研究生或者博士研究生，只有少部分大学如美国的印第安纳大学开设了面向本科生的大数据课程系列课程。从大数据课程类别来看，可以分为三类：大数据理论课程，主要介绍大数据的基本概念、大数据处理流程、数据管理、数据科学等知识；大数据技术课程，包括大数据存储与管理、数据挖掘与分析、大数据编程、数据可视化、云计算等；大数据应用课程，是指大数据技术在移动终端、社交网络、互联网等特定领域中的应用，即针对某个特定领域的大数据进行分析，通过挖掘有效信息来解决问题[2]。

2.2 应用型大数据分析课程体系

近年来，很多高校的电子商务专业都开设了数据分析相关的课程，以培养学生的数据管理与分析能力，也就是在掌握经济管理理论和计算机技术的基础上，结合经济、金融领域知识，建立数据管理系统，运用适当的数据分析方法进行预测和决策。有些高校甚至针对金融和电商数据开设了"金融数据分析""电商运营数据分析"等专业课程。

因此，根据地方高校培养应用型人才的定位，我们将课程体系定位为在电子商务领域大数据的分析与应用，针对网络营销中产生的商业数据进行分析和处理，课程内容侧重于对数据分析工具的具体应用，而不是进行相应的编程开发。

我们在对国内外院校调研的基础上，结合应用型电子商务专业的实际情况，梳理了大数据分析相关课程之间的关系，兼顾基础理论教学与实际应用教学两个环节，突出课程的基础理论，强化实际应用能力，将应用型大数据分析课程划分为以下四类课程。

（1）大数据存储与管理课程，介绍如何存储采集到的数据，建立数据库进行管理和调用，主要包括：基于 NoSQL、NewSQL 的异构海量数据的存储、查询和分析技术，大数据索引技术和大数据安全技术。

（2）大数据分析与挖掘课程，基于 Hadoop 平台介绍大数据去噪降维、特征表示、数据整合、非结构化和半结构化处理等技术。

（3）大数据统计方法与工具课程，主要让学生系统了解统计分析方法的基本思想和数学原理；使用 SPSS、Excel 和 SAS 等工具软件将统计分析方法应用至实际问题中，进行大数据预测性和指导规范性建模，能够对计算结果进行科学解释，并给予专业分析。

（4）大数据开发与应用课程，主要包括适合大数据分析处理的编程语言、数据可视化技术、面向大数据需求的大型网站技术、Web 2.0、HTML 5 及开发框架等相关内容。

3 应用型电子商务专业计算机系统能力分析

电子商务专业是计算机科学与管理学、经济学相融合的交叉学科，因此其大量的计算机课程与计算机专业的课程相同，但由于电子商务专业的学生来源、知识结构和能力要求有很大的不同，因此不能够简单地将计算机专业的相关课程直接移植到电子商务专业。我们需要通过对大数据时代电子商务行业和业务的实际计算机能力需求进行分析评估，在此基础上，对相应课程教学内容进行重新组织和设计。

3.1 电子商务业务流程与计算机能力需求

电子商务业务流程主要包括策划、实施、运营、营销四个环节。策划包括市场分析、商务模式、盈利模式和管理模式等环节；实施包括商务实施、系统实施和管理实施；运营包括商务运营、组织运营、网站运营和系统运维；营销主要包括线下营销和网络营销两个部分[3]。

电子商务专业计算机能力需求分析是结合电子商务基本业务流程，对每个工作环节所需要的计算机技术进行详细的分析，在此基础上总结其对应的计算机能力要求。

计算机技术在电子商务业务中的应用主要集中在实施过程中的系统实施环节、运营过程中的网站运营和系统运维环节以及营销过程的网络营销环节。

在系统实施环节，电子商务专业学生需要掌握网站建设的基本流程和要素，熟悉页面设计技术、HTML 等编程语言，还需要掌握开发效率高、技术难度低、行业应用广的平台开发技术；在网站运营过程中，需要了解信息安全加密技术，掌握数据资源管理技术、数据采集和数据分析技术等；在系统运维过程中，需要对系统的数据资源管理、流量、用户等数据分析与报表等内容进行管理和维护，以确保整个系统的可靠可用；在网络营销环节，对于营销分析和营销评价都需要数据采集和数据分析技术作为支撑，而关键词分析和链接管理等网络营销专用技术对于网络广告和搜索引擎营销也都是必需的计算机能力。

3.2 大数据时代的计算机能力新的需求

随着大数据技术的应用，在电子商务产业中，大数据支撑和大数据分析预测的功能，促使数据资源成为互联网与电子商务的新生产要素构成之一，电子商务业务模式、服务模式、营销模式都发生了巨大的变化，对电子商务人才的计算机技术能力提出了更高更复杂的要求。

电子商务大数据的发展离不开云计算技术的支撑，了解云计算系统架构层次和逻辑，熟悉数据中心管理技术、虚拟化技术等云计算关键技术是电商从业人员掌握大数据存储与管理技术的基础；电子商务大数据还要求具有处理海量事务的能力，能够对大数据进行管理、分析与挖掘，将大数据采集分析技术应用到点击率预估、转化率预估、个性化搜索及推荐、商品自动聚类及销量预测等当前电子商务的关键业务流程中；基于大数据的新型营销方式同样也是大数据时代的计算机能力新的需求，通过大数据分析，了解客户的需要，提供定制化产品，动态调整网站内容，向客户做商品推荐，提高客户满意度，根据市场变化，针对不同产品制订相应的产品营销策略[4]。

4 以大数据为中心的电子商务专业的计算机课程体系整合

在上面对电子商务行业和业务的实际计算机技术与能力需求分析评估的基础上，我们对原有的地方高校应用型电子商务专业的相应课程教学内容进行重新组织和设计，形成了面向电子商务专业的大数据课程体系，如图 1 所示。

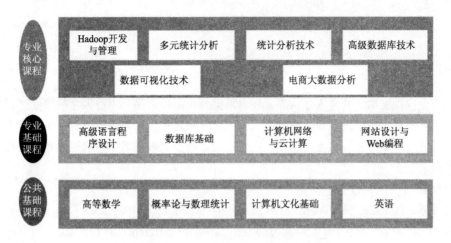

图1　面向电子商务专业的大数据课程体系

4.1　电子商务专业计算机课程整合

传统的电子商务专业计算机课程体系包含多门基础和核心课程，我们对其进行整合，形成新的课程体系。在公共基础方面，本课程体系仍然以"概率论与数理统计""计算机文化基础"作为基础。

在专业基础课程上，"数据库基础"课程讲授传统的关系数据的相关内容，而将原有的网页设计与网站规划课程进行整合，加入Web2.0、HTML5及开发框架等Web编程方面的内容；而原有的"C语言程序设计"课程被替换为"高级语言程序设计"，该课程包括两个部分的内容，一方面是为满足后续Hadoop平台应用对Java语言的要求，教授Java语言相关内容，与此同时该课程还讲授更适合进行大数据分析、处理的Python脚本编程语言；在传统的"计算机网络"课程的基础上，适当删减一些较为陈旧的网络知识，扩展加入了相应云计算系统架构层次和逻辑的相关内容，形成了"计算机网络与云计算"课程。

在专业核心课程方面，"高级数据技术"是在专业基础课程的基础上，讲解基于NoSQL、NewSQL的大数据存储与管理技术；"Hadoop开发与管理"主要基于Hadoop平台介绍大数据分析与挖掘的方法；"多元统计分析"和"统计分析技术"分别讲解统计分析方法的基本思想和数学原理，以及如何使用SPSS、Excel和SAS等工具软件进行分析应用；"数据可视化技术"主要讲解如何利用图形化的工具及手段，揭示数据中的复杂信息，帮助企业更好地进行大数据应用；"电商大数据分析"主要讲解熟悉数据分析的基本方法与流程，采用合适的分析工具对电商运营核心业务数据进行分析，能恰当的展示据数据分析结果，形成合理分析结论。

4.2　电子商务专业部分经管课程优化

由于大数据分析应用涉及的知识多、综合性强，而电子商务专业人才培养方案的学时有限，因此需要将电子商务专业部分经管课程的内容进行优化和更新，增加大数据分析在电子商务各个环节中应用的相关内容，将互联网思维和大数据分析思维贯穿整个培养过程中。

具体涉及的经管课程为：在"电子商务概论"课程中增加大数据概述，讲解大数据对电子商务的深刻影响；"电子商务系统设计"从主要讲解基于网站和信息管理系统的电子商务系统设计向大数据通用开发和分析平台转化；"网络营销"中增加基于大数据的新型营销方式的相关内容。

5 结语

本文面向应用型电子商务人才培养，将大数据分析思维贯穿到电商人才的培养过程中，构建了相应的课程体系，对地方高校培养电商人才的互联网思维、大数据的分析和运用能力，提高人才培养质量具有一定参考和借鉴的价值，也可以为下一步大数据教学团队建设和课程教学方法改革奠定基础。

参考文献

[1] Xiaofang Zhang, Fen Wang, Xiaotao Huang. Research on Big Data Curriculum System and Specialty Construct at Home and Abroad. 2nd International Conference on Education, Management and Social Science (ICEMSS 2014): 2014，409-412.

[2] 司莉，何依. iSchool. 院校的大数据相关课程设置及其特点分析[J]. 图书与情报，2015(6):84-91.

[3] 张波，潘旭华.面向电子商务专业的计算机课程体系研究[J]. 计算机教育，2011(24):43-46.

[4] 王洁，彭岩，荣毅虹，等. 大数据时代的高校电子商务专业课程建设[J]. 计算机教，2016(1): 30-34.

三、高职电子信息大类专业课程改革与实践

校企协同"沉浸式"育人模式
在电子信息类专业中的实践

马维旻　孟真　党艳军

（珠海城市职业技术学院，广东珠海 519090）

摘要： 校企协同"沉浸式"育人模式针对产教融合过程中校企协同不深入、实训室不能很好满足企业岗位技能培养需要、课程建设脱离企业需求等问题，实现了专业发展与产业需求相对接、实训室和体验中心的建设与企业岗位需求对接、课程建设与企业项目对接、教学方式的改革与能力培养对接，并通过一系列制度进行保障。该模式在本院电子信息类专业进行了实践，表明其有利于学生的职业素养和技能的培养。

1　引言

为增强技术技能人才培养，深化产教融合，发挥企业重要办学作用，加快现代职业教育体系建设，以校企协同共建职业教育实训条件、强化专业建设为抓手，不仅有利于提高高素质技术技能人才培养水平，还有利于将校企研发成果转化为生产力，推动企业技术进步和产业升级转型，更好地服务地方经济社会。

目前职业院校在产教融合、校企协同人才培养过程中，育人模式需要不断探索和创新。"沉浸式"育人模式以学生的体验和模拟演练为特征，在教学过程中通过创设接近企业实际工作场景、模拟真实的工作过程并让学生"沉浸"在该情境中，凭借自己的感官和双手去完成实训项目，发现问题、分析问题、解决问题，达到认知、体验，理论和实践相结合。这与传统的课堂讲授、验证性实训教学和学习方法相比，更有利于培养学生的职业素养和技能，避免理论教学与实践教学的脱节。

2　当前校企协同育人模式中存在的问题

2.1　校企协同不够深入

以电子信息类专业为例，其服务的企业一般都由生产、研发、工程和市场等核心部门组成，对接的往往是其生产部和工程部。从教师和学生的角度看，这些部门工作单调、工作目标弹性小，员工流动性相对比较大，对这些部门和岗位兴趣不大；从企业的角度看，学生流动性大，或者在企业实习时间有限，一般安排简单的组装和测试工作，核心工艺和研发岗位不适合。再加上企业提出的有些产品研发、工艺改进等需求，教师也不一定能很好解决，影响了校企合作的深度。而且，只有校企"双赢"，校企合作才能持久。此外，由于企业和学校追求的利益不一定完全一样，其社会责任和义务不尽相同,虽然在协议中都进行了明确,但在现实执行过程中还是比较模糊。还有一点是很多"企业仅为招工、学校仅为就业"的校企合作,双方在培养目标、教学内容、教学方法、学生管理上缺少沟通互动,平时往来较少,相互影响有限,产教融合无法深入。

2.2 校企协同共建实训室不能很好地满足企业岗位技能培养需要

有些"校中厂"直接把企业的生产、研发设备和设施引入课堂教学,但是由于学校运行维护措施不到位、企业产品转型升级等因素影响,实际使用效果并不好,而且也不一定完全适合教学。此外,院校有时会受制于招标程序,中标的实验设备和设施不一定能满足本地校企协同育人的需要,造成学校搭建的实训环境与企业研发和生产场景有差异,学生到企业后,还是不能马上上岗,仍要经过一段时间的岗前培训。

2.3 校企协同共建课程存在一定难度

目前很多高职院校教师还是倾向于选择通用的专业课程教材,有些教材内容脱离实际应用,有些教材把本科的原理部分进行精简,再辅助一些实践项目;有些项目与企业的生产实践存在一定的差距;有些项目甚至多年不变,用这样的教材教学,效果不会太好,而且也不能激发学生的学习兴趣。此外,公办院校受制于招聘条件,很多教师缺少企业工作经历,偏重理论和验证性教学内容,在课程中缺少真实的企业项目,学生所学与企业岗位技能所需存在明显差异。还有就是如果教师没有深入企业的生产和研发实践,就不能对企业的项目进行提炼加工,然后编成教材。

3 校企协同"沉浸式"育人模式的建设内容

针对以上问题,我们提出了校企协同"沉浸式"育人模式,其主要建设思路是做好"四个对接",并通过制度建设保障其执行质量和可持续性。

3.1 专业发展与产业需求相对接

学院相关专业对接珠海市高新技术智能电网产业链,其中电子信息工程专业是省重点专业。在学校"政校企、行校企"双三元办学模式下,学院成立了"行校企三元共建教学指导委员会",并在珠海智能电网产业联盟协会指导下,各专业成立了由相关企业技术人员为主要成员的专业指导委员会,企业人员占到一半以上。两个委员会的主要职责是加强专业建设的宏观指导,审核专业人才培养方案,保证教学计划和课程内容与产业需求相适应,促进"行校企"协同工作的开展,如技术服务和社会培训。在专指委的推动下,学院还安排教师到有意向合作企业实地调研,摸清企业规模、性质、业务、状况、岗位、技能、待遇等情况,了解企业用人需求、合作愿景,形成校企合作调研报告,为专业发展与产业对接奠定基础。

3.2 实训室和体验中心的建设与企业岗位需求对接

"沉浸式"实训环境要尽可能贴近企业真实工作场景。实训室的建设不能一步到位,建设过程要体现科学的规划和效益,分三期逐步完成。前期专业实训室的建设以自建为主,但是尽可能按照企业实际工作岗位配备软硬件设备和设施,开展实训。比如,电子信息工程专业,建设有电子元器件焊接实训室、电子测量技术实训室、电子维修技能实训室、电子技术应用实训室、嵌入式技术应用实训室、传感器与检测实训室等，能支撑本专业的实践类课程。中期，根据企业相关岗位技能培养需要，对实验室进行"教产协同"改造，面向企业的产品制造需要，对工作台、功能区、桌面设备等进行重新组合，比如把电子元器件焊接实训室进行改造，分成电子元器件认知和组装、电子元器件焊接两个功能区，电子测量技术实训室改成电路板测试和电子产品整机测试两个功能区，这些实训室已开展校内生产性实训。后期，企业投入真实的研发和生产软硬件设备和设施，并引入真实的企业项目，真正做到"校中厂"，还是以电子信息工程技术专业为例，企业投入了元件库、检测设备、项目管理软件等，实训室按照作业分发、元件筛选、焊接、组装、调测、界面设计、软件版本控制、提交、测试、产品整机检测等业务流程进行改造。通过三个阶段的分布建设，使专业实训室的功能更加明晰，更加贴合实际岗位的需要，学生将来就业就不会感到陌生。

不同的企业在生产制造和研发等方面存在着差异，有些还存在着比较大的差异，比如电气自动化类的企业和个人电子产品研发类的企业，在建设上根据本地区的产业发展优势、专业定位、师资队伍、建设经费和实验室场地情况等进行取舍。企业的规模和效益也是重点考察的因素，企业效益好、投入多，无疑为实训室的建设水平和后期更新改造提供了保障。

体验中心的建设主要面向学生和社会服务，展示分成三个部分。一是产品体验，陈列企业的研发产品，按照产品线进行展示，包括原型和定型产品、拆解后的产品。有些产品提供多代的展示。在每个产品的旁边做好产品描述卡片，包括产品的基本信息和特征描述。基本信息包括名称、功能、客户群定位、研发周期。特征描述包括其优缺点、采用的主要技术、销售情况等。二是展示典型企业研发生产工作流程，由于场地限制，主要通过图片等方式，展示企业工作场景，明确标记不同工作岗位，比如设计、装调、编程、管理等，用卡片说明岗位职责。让学生能体验到企业的组成和运营模式，体验部门和岗位角色互换的要求，了解岗位晋升的过程，对学生重视自身综合素质的培养进行潜移默化的影响。三是展示行业发展形势，包括国内外行业概况、行业现状、本地区在全国的地位和比较优势等，让学生对本专业的发展状况和就业前景有一个基本的判断。

3.3 课程建设与企业项目对接

校企协同"沉浸式"课程建设的目标是实现课程和岗位的对接，开发以企业研发和生产项目为蓝本的课程。在具体做法上，包括以下几个方面。

第一，规定教师每两年有连续 3 个月的企业顶岗实践。通过更改教学安排，把一学期分成了 3 个时间段（8+1，8+1，2），即前 8 周加 1 周的考试周、后 8 周加 1 周的考试周、最后的 2 周集中实践。这样教师前 8 周上完课后，后边的 2 个阶段再加上假期，基本上可以保证 3 个月的企业实践。专业教师到企业"蹲点"，承担研发项目或学习现代生产技术，提高技能教学水平，学校还为在企业实践的教师按天进行补助。另一方面，学校也请企业进来，邀请企业人员到学校调研、讲课。让企业了解学校办学情况，表达学校合作诚意，增强企业合作信心。

第二，针对职业核心能力课程、职业综合能力课程和职业拓展能力课程的特点、学生认知能力水平、课程培养目标和相关岗位要求，引入符合行业、专业、地区特色企业的典型产品作为实训对象，突出专业特点，有目的地开发沉浸式教学内容，精心设计课程内容，把企业的产品进行分解，比如电子信息工程技术专业，对企业的机顶盒产品进行分解，融入了"PCB 设计与制作""单片机开发""嵌入式系统应用开发"课程，使得学生通过这些课程，对机顶盒这款产品的研发和生产过程都有了一个系统的、完整的认识，效果超过原先单独课程从不同的项目、不同产品动手实践的、学生的体验和收获明显不同。

3.4 教学方式的改革与能力培养对接

坚持"学生为主体，教师为主导"，推行现场教学、基于企业工作过程的情景教学和任务驱动的项目式训练，突出了教学内容和教学方法的实践性和综合性，注重学生动手能力的培养，提高学生发现、分析和解决问题的能力，增强学生就业、竞争和可持续发展的适应性。

在教学过程设计方面，按照企业的工作流程，设置若干工作小组。小组进行分工，将小组分好并进行角色分配。根据沉浸式教学的内容，选取几名学生或者所有学生或者学生轮岗方式进行岗位角色的分工。根据选取内容的难易程度适当进行讲解。引导学生融入并全身心投入到模拟工作情境中，并辅以适当的语言描述、讲解具体的工作流程和情境，尽量让所有的学生领会、掌握。

避免教学方法过于单一。充分发挥接近真实的实训环境，用多种手段鼓励学生主动参与讨论，增加教学互动环节，布置合适的实训任务，让学生既感到有压力，又收获完成任务的喜悦，使学习过程更有趣、有效。在按小组进行项目实践的过程中，实训老师在项目中尽可能担任咨询和监督的角色。

3.5 保障机制建设

校企协同"沉浸式"育人成效综合评价体系建设。评价主要从学生的能力和素质、职业技能的重要程度和掌握程度方面评价，以及实训基地建设规模和水平、教师教学科研水平、与本项目相关的课程建设数量和水平、社会影响力等评价指标。

实训室运行制度建设。随着建设的逐步完善，对实训室的维护和管理的要求越来越高，建立相关实训运行制度，完善工作流程和学习手册等文件。保障实训设备的工作运行质量，保障实训安全（学生人身安全、设备安全）。

校企长效合作机制建设。通过具体案例，明确校企各自的职责，并建立人才培养机制、考核激励机制，使合作更加规范化。

健全专业随产业发展动态调整的机制。优化专业设置，重点提升区域产业发展急需的技术技能人才培养能力。

4 总结

通过"沉浸式"育人模式，营造企业真实的岗位情境，再引入企业真实的项目，融入课程内容，并在实施过程中巧妙运用多种教学手段，激发学生的学习兴趣，使学生进入一种"沉浸"体验的学习状态。学生是主体，耳濡目染，其职业能力和职业素养潜移默化得到培养。

通过激励机制，鼓励教师积极参与企业的研发项目，提升教师对社会需求、企业创新和技术动态的敏感度和把握能力，为教师开展合作提供了更多机会，促进教师科研水平的提高。在课程内容上，教师已开始主动与企业协作，把企业在研项目或已完成项目作为素材，融入当前的课程。目前与合作企业联合开发了《电子测试技术》《安防工程实训指导书》《手机维修实训指导书》等教材。在这种"沉浸式"的学习环境中，教师和学生的互动性增强，教学效果得到提高。

参考文献

[1] 邓旭华，袁定治. 沉浸式项目教学法在 JAVA 课程中的应用[J]. 中国职业技术教育，2014(26):5-7.

[2] 余璐，周超飞. 论我国高等教育中的沉浸教学模式与实践[J]. 河南社会科学，2012,20(6):78-80.

[3] 孙厌舒. 沉浸理论与外语教学[J]. 山东外语教学，2005(1):64-66.

[4] 高志刚. 沉浸式教学模式在高职管理类课程教学中的应用：以供应链管理课程教学改革为例[J]. 武汉商业服务学院学报，2013，27(5):61-63.

[5] 吴冬芹，周彩英. 浅析沉浸理论在教学中的应用[J]. 安康学院学报，2004，16(6):89-92.

[6] 王林雪，陈博，黄大林，等. 沉浸理论在工商管理实验教学中的运用[J]. 教育教学论坛，2012(11):144-145.

高职院校网络专业现代学徒制
人才培养模式探索与研究[1]

王宏旭　向文欣

（四川信息职业技术学院，四川广元 628017）

摘要： 为满足当今社会互联网对人才的需求，培养能达到企业岗位技能需求的技术技能型人才，立足信息行业，服务地方经济发展，计算机网络技术专业与企业共同合作，组建现代学徒制专班，逐步探索实践"现代学徒制"人才培养方式，构建工学结合、校企合作的人才培养平台，以"校企联动、课证融通、行业为标、订单为主"教学模式构建课程体系和课程内容，着重培养"互联网+"时代下的新型互联网人才。

1　引言

高校是信息技术行业的"人才发动机"，对国家信息技术行业的发展壮大起到了至关重要的作用。在大众的眼中，信息技术（IT）行业一是高科技的"高薪"行业，每年报考信息技术相关专业的考生人数居高不下。随着技术瞬息万变的发展，行业对人才的要求越来越高，各单位更希望能招聘到有工作经验、有独立自主性、能创新创业的高素质人才，企业的迫切需求为现代学徒的培养提供了可能。

2　现代学徒制校企合作背景

现代学徒制是以传统学徒制为基础，依据当今人才培养的特点，将企业人才需求与学校人才培养相融合，通过校企合作的方式，让学院教师和企业师傅共同传授学生技能，培养符合企业需求的专门技术人才。

四川信息职业技术学院计算机网络技术专业于 2006 年正式招生，是院重点建设专业、省级示范建设专业立项专业、中央财政支持专业，专业拥有联想学院、华为学院两个企业学院以及广元市云计算应用技术研发中心、广元市院士（专家）工作站两个科研机构等四个支柱强力支撑，校内外实训基地达到 25 所，专业校注册学生 700 余人，有专业老师 20 人，长期上课的企业工程师 50 余人，形成了"校企联动、课证融通、行业为标、订单为主"的独具特色的专业人才培养模式，良好的教学环境、丰富的教学资源、以学生为中心的专业培养模式为现代学徒制的探索和尝试奠定了良好的基础。

---

[1] 2015 年四川省教育厅首批省级现代学徒制试点专业研究课题，文件编号：川教函〔2015〕567 号。
四川省高等职业教育研究中心 2016 年科研课题，现代学徒制下的计算机网络技术专业人才培养模式研究，项目编号 GZY16C31。

为探索现代学徒制，学院与福立盟信息技术有限公司进行合作，企业针对计算机网络管理、云计算运行服务等方面，为学生提供云计算服务工程师、网络管理工程师等岗位，同时企业及学院选配师傅对学生进行学习指导，让学生采用工学交替的模式完成技能的学习，当学生完成学院学习并通过企业考核后，将以福立盟信息技术有限公司正式员工的身份进入公司，同时学生在学院学习的三年也将计入企业员工工龄中，享受企业相关福利。

3 现代学徒制人才培养模式

3.1 人才培养总体目标及组织管理

计算机网络技术专业于 2015 年被四川省教育厅列为现代学徒制试点专业，在人才培养上逐步探索现代学徒制培养模式，专业决定从 2014 级开始每年组建一个现代学徒制班作为试点班，以学徒制特点为基础，以企业为核心，岗位技能为中心制订人才培养方案，逐步完善校企协同育人、产教深度融合，基本实现"职业院校专业设置与产业需求对接""课程内容与职业标准对接""教学过程与生产过程对接""毕业证书与职业资格证书对接"四对接，形成具有四川特色的 IT 类专业的现代学徒制度。为便于专班管理学校和企业共同组建教学团队，通过不断的沟通商议，最终确定了专班运行管理组的成员名单和各自分工，实现了校企理事会制度下的教学管理机制。其日常行政管理工作分工如表 1 所示。

表 1 福立盟专班日常工作组织分工表

姓 名	职 位	专班主要工作
王宇峰	福立盟教育培训部经理	专班企业方负责人
李 琴	福立盟教育培训部专员	专班企业辅导员
赵克林	信息工程系主任	专班学校方负责人
王宏旭	网络教研室主任	专班学校导师
周仕国	网络教研室教师	专班学校辅导员

3.2 现代学徒制专班组建

计算机网络技术专业"现代学徒制"专班的招生对象为普通高中毕业生，文理科兼收。在"现代学徒制"专班组建前企业和学院共同进行宣传讲解，引导基础成绩相对优秀的学生前来报名，在人员选取时采用校企合作面试的方式，在品德方面选取品行端正，无不良嗜好，不沉迷游戏的学生，在经验经历方面优先考虑有高中、中职班团干部经历以及担任社团职务的人或活跃分子、有社会实践经验的同学；尊重学生个人发展意愿，要对网络技术方面有兴趣，有强烈自立意识和奋斗意识，积极向上，能吃苦耐劳，有挑战精神、善于沟通、不盲目以自我为中心，谦和并能换位思考的学生。最后采用笔试的方式，选择有良好的逻辑思维能力，能冷静思考，能抓住事物关键点的学生，以企业学徒、学校学生的双重要求确定学生的身份。学生进入现代学徒制专班后，将与学校、企业签订三方培养协议，明确学生毕业考核合格后的就业保障。同时现代学徒制福立盟班学生除可以按照教育部、学校制度规定获取各类国家、省、校奖学金、助学金、补贴补助外，作为企业学徒，还可享受企业实训实践期间的津贴、补贴和企业奖学金，如表 2 所示。

表 2　学徒制专班主要经费表

项 目	发 放 周 期	标 准
学徒津贴	参加企业实践实训期间	第四学期：每人每月 500 元；约 3 个月 第五学期：每人每月 800 元；约 3 个月 第六学期：每人每月 1100 元（商务行政岗位 800 元）；约 4 个月（实习生标准）
奖学金	第四～第五学期 （第六学期参加公司优秀实习生评选）	最优小组（1 个）：团队奖学金 2000 元 个人（前三名）：分别是 1000 元/人、700 元/人、500 元/人
保险	参加企业实践实训期间	企业为学生按照员工标准购买意外伤害保险
差旅报销	参加企业实践实训期间	企业按标准报销因公出差旅费用 企业按标准报销因公出差宾馆住宿费
保险	每学期	为学生按照员工标准购买意外伤害保险
实习补贴	第六学期企业实习期间	每人每日 40 元出差补贴（离开常驻地因公出差） 每人每月 30 元手机/出租补贴（实报实销）

3.3　人才培养岗位

计算机网络技术专业与四川福立盟公司共同合作，组建"现代学徒制"专班，其培养的学徒主要面向福立盟公司所需的新一代信息技术服务人才，即"互联网+IT 服务云"工程师，并同时为信息技术厂商、集成商、代理商、企事业单位培养从事网络技术支持、网络运维管理、售前技术支持等方面的网络服务工程师。

3.4　人才培养标准

计算机网络技术专业现代学徒制专班采用学分制的方式培养学生，学生进入专班后，按专班管理要求参加各课程、活动、实践，并按照专班标准进行考核。学生毕业时，根据学校学分制度，需要取得 135 学分和 12 素质学分。专班学生可用专班课程成绩、评价进行学分换算。原则上，技术知识课程、业务技能课程、项目实践的成绩、评价换算为学习学分，按照 16 课时（实践 20 学时）算 1 学分的比例；职业素养的评价换算为素质学分。同时为提高学生学习积极性，鼓励学生采用以证代课、以证代学等方式获得学分，学生取得的职业资格证书、国家级、省级考试合格证书、行业认证证书等可用于代替课程或学分，如考取华为网络工程师（HCNA）可获得 9 个学分、华为资深网络工程师（HCNP）可获得 15 个学分，计算机软件专业技术资格与水平考试的网络工程师可获得 16 个学分，考取机动车驾驶证 C1 及以上也可获得 2 个学分等。

3.5　人才培养课程体系

现代学徒制专班将三个学年作为学生培养的三个阶段，分别是：基础能力培养、职业基础培养、业务技能培养。各个阶段根据当前阶段的培养重点安排公共基础课程、专业基础课程、文化素质课程、实训实践课程、职业技能课程，循序渐进。在整个培养的过程中，由高校教师团队和企业导师团队共同进行授课、指导，实现企业和院校双主体育人。现代学徒制福立盟班的教学进程一方面将会匹配学校的教学计划和资源，另一方面将会衔接企业的业务节奏，故每学期的教学时间会由校企双方提前协调，根据实际情况在表 3 基础上进行相应调整。现代学徒制专班部分课程如表 3 所示。

表 3 学徒制专班主要培养课程表

培养阶段	培养机制	培养课程	培养场所	传授人员	配套措施
业务技能培养	高校课程	IPv6 技术及应用	学校	学校教师	学校多媒体
	高校课程	云计算技术基础	学校	学校教师	学校多媒体
	校企课程	虚拟化技术基础	企业	企业讲师/学校教师	企业实训室
	校企课程	云桌面技术基础	企业	企业讲师/学校教师	企业实训室
	校企课程	数据中心基本知识	企业	企业讲师/学校教师	企业实训室
	校企课程	机房设施组成与技术基础	企业	企业讲师/学校教师	企业实训室
	校企课程	信息安全设备种类及用途	企业	企业讲师/学校教师	企业实训室
	校企课程	视频会议和视频监控	企业	企业讲师/学校教师	企业实训室
	校企课程	信息安全厂商格局	企业	企业讲师/学校教师	企业实训室
	校企课程	视讯存储厂商格局	企业	企业讲师/学校教师	企业实训室

3.6 人才培养考评体系

绩效考核是现代学徒制专班保证人才培养质量的有效手段，为保证企业能培养出所学的岗位人才，专班成绩考核以企业为中心，校企共建绩效考核小组，从职业技能、岗位素质等方面对学徒进行评估，学徒每完成一段技能的学习，企业都会通过实际项目对学徒所学知识进行考核，从实践出发了解学生情况，给出这一阶段的考评及下一阶段学习的目标，如表 4 所示。

表 4 福立盟专班学生企业锻炼成绩表（部分）

2016 年春季学期企业工程锻炼成绩汇总					
组别	姓名	第一阶段笔试	公司介绍演练	产品操作考核	成绩平均	小组平均成绩
1	余 凯	91	74.00	92.00	85.67	
1	翟启蒙	85	76.00	100.00	87.00	
1	何天鹏	82	62.00	75.00	73.00	78.06
1	赵 蕊	75	60.00	60.00	65.00	
1	廖泽强	56	72.00	97.00	75.00	
2	焦 荣	68	50.00	62.00	60.00	
2	胡裕鹏	77	74.00	83.00	78.00	
2	白 伟	69	70.00	41.00	60.00	66.67
2	付子昂	70	70.00	77.00	72.33	
2	赵晗钧	61	70.00	47.00	59.33	

4 结语

计算机网络技术专业通过现代学徒制专班人才培养模式的探索，逐步提升了计算机网络技术专业人才的全面素质，培养出了一批技能突出、有较强创新能力的人才，受到了企业和社会的认可，最终促进了行业、企业与学校的深度融合，促进了"双师型"师资队伍建设，达成了为企业针对性培养高素质技能型人才的目标。

参考文献

[1] 王晓平. "现代学徒制"人才培养模式的探索与实践[J]. 教育学文摘，2015(146).

[2] 谢俊华. 高职院校现代学徒制人才培养模式探讨[J]. 职教论坛，2013(16).

[3] 姚燕芬. 关于校企合作新模式：现代学徒制的思考[J]. 当代职业教育，2014(1).

[4] 朱秀娟. 基于"两化融合"的高职院校现代学徒制人才培养模式研究与实践[J]. 职教视点，2014(10).

[5] 梁幸平. 订单式培养与现代学徒制对比研究[J]. 无锡商业职业技术学院学报[N]，2014，14(3).

[6] 谢俊华. 高职院校现代学徒制人才培养模式探讨[J]. 职教论坛，2013(16).

[7] 刘先. 现代学徒制育人模式的研究与实践[J]. 科学导报，2015(14).

[8] 谢宏武. 校企合作人才培养模式之现代学徒制发展对策[J]. 教育与教学研究，2013,27(3).

[9] 胡秀锦 "现代学徒制"人才培养模式研究[J]. 河北师范大学学报[N]，2009,11(3).

实训室环境文化的建设与探索

邓果丽

（深圳信息职业技术学院，广东深圳 518172）

摘要： 本文通过对国内外实训室环境文化现状的调研分析，探索了实训室环境文化的构建方法与途径，与此同时，在真实的建设项目中开展了实施与应用，取得了系列成效，为高职院校专业实训室、实训中心的建设提供了借鉴。

近年来，随着职业教育体制改革的推进，国家逐渐加大了对职业院校的资金投入，实践教学经费、教学环境、教学设备等得到了较大幅度的改善。为学生加强专业知识，提高专业技术技能提供了良好的物质保障。而进行教学环境建设的同时，人们往往容易轻视或忽略实训室的环境文化建设，文化虽无形，却会无声地影响师生的行为规范，优良的文化如同雨露能滋润师生的心灵。

人们常常谈到大文化，如物质文化、精神文化、环境文化、传统文化、地域文化等，也会泛泛地谈到大学文化、校园文化、专业文化、实训室文化。作为高职教育教学的核心阵地，对实训室环境文化的建设与探索尤为重要。

1 现状与分析

对照职业教育比较发达的澳大利亚和新加坡，国内的实训室环境文化建设现状如何呢？

（1）流程演绎型。走近澳大利亚职业院校的实训基地，首先感觉到的就是规范的安全标识、功能演绎及醒目的实训室文化长廊，如：西澳中央技术大学实训室或实验室内部，最醒目的是对训练项目流程的演绎，包括物理流程及虚拟流程，从设备的摆放归类到耗材的使用分类，从设计项目到真实项目，亦虚亦实，虚实结果。用流程演绎专业、项目、制度、规范是其最大的特色，职业文化在实训的过程中、流程中得到充分体现。

（2）成果展示型。新加坡的现代职业教育理念久负盛名，新加坡南洋理工学院办学理念及文化的典型代表包括"教学工厂""综合科技环境""经验积累与分享""无界化校园"及"4C"特色（学院文化、创新理念、技能开发和企业联系）。每个系都配备有师生作品展示橱窗，包括毕业设计作品、竞赛作品、获奖作品、科研作品、训练项目等，如工程系从芯片级、板卡级、系统级对嵌入式专业作品的展示，设计系学生获奖作品的展示，向学生无声地传递着职业文化与专业特色，让实训室充满了创新与挑战的文化元素。

（3）百花齐放型。中国教育主管部门对实训室的硬件建设有明确的投入和量化考核指标，所以国内高职院校的硬件建设相对规范且差别不大，而与之对应的实训室环境文化建设因没有规范和标准，建设过程呈现百花齐放之势。依据笔者对 60 个实训基地的调研分析统计，归纳起来主要可分为 6 大类：制度规范型、经典语录型、典型人物宣传型、专业作品展示型、混搭无主题型和无设计空白型，如表 1 所示。其中 2012 年以前，主要以制度规范型和经典语录型居多，实训室规划中重硬件投入、轻软件建设、无视文化环境的情况比较普遍。随着专业建设中对职业文化、环境文化的强化，职业院校在实训室建设中加大了文化项目的投入，专业作品展示型建设方式得到极大提升，无设计空白型越来越少，如图 1 所示。

表 1　实训室文化建设类型分析表

类　　　型	12 年数量	14 年数量
制度规范型	21	26
经典语录型	12	6
典型人物宣传型	6	7
专业作品展示型	5	15
混搭无主题型	3	4
无设计空白型	13	2
合计	60	60

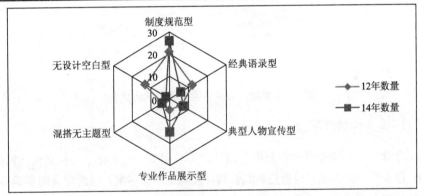

图 1　实训室文化建设类型雷达分析图

综上所述，各国采用的建设方式虽有不同，但对实训室环境文化都给予了高度的关注，并形成了一定的特色。我国实训室环境文化建设虽然起步不晚、形式不少，但建设形式仍显单一。其实，环境文化既不是孤立的硬件投入与展示，又不是单纯的项目演绎与表达、更不是制度的堆砌与宣传，它是一项系统工程。实施环境文化建设对于推进教学改革、凝练专业精神、营造优良的教风学风、提高学生综合能力、培养高素质技术技能型人才和打造专业品牌具有十分重要的意义。

2　多维度实训室环境文化的构建

根据对上述 60 个实训基地文化建设情况的系统分析，兼顾行业制订的实训室建设规范、参照澳大利亚及新加坡的典型案例。本文构建了融环境条件、专业建设、制度规范、职业素养、特色创新为一体的五维度实训室环境文化建设模型，如图 2 所示，同时在笔者所在学院进行了探索与实践。通过多维度的实训室环境文化建设与创新，进一步明确实践教学的基本体系，实训的规范与规程、实训的流程与操作、典型的案例与项目、训练的技能与技巧，从而培养学生的实践能力，提升职业素养。

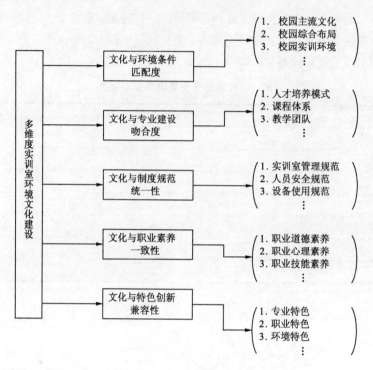

图2 5维度实训室环境文化的建设模型

2.1 文化与环境条件的匹配度

实训室文化建设与环境条件的匹配度可以通过与校园的主流文化、特色文化的匹配；与校园的综合布局、标志图标的匹配；与所处的实训楼、实训范围的匹配；与所配备的实训室硬件条件、软件条件的匹配进行统筹综合考虑。

2.2 文化与专业建设的吻合度

文化建设是专业建设的灵魂，脱离专业的文化建设就如同没有主题的文章。专业建设包括人才培养模式、课程体系、教学团队、教学资源、教学方法、教学条件、教学质量、社会服务等方面，环境文化建设应以专业为主线，处处体现专业的思想、专业的元素，营造专业的氛围、专业的规范。用文化熏陶人、塑造人、影响人，通过环境文化激活学生的专业细胞，从而实现专业的培养目标。

2.3 文化与制度建设的统一性

制度建设是实训室环境文化建设不可或缺的一部分。对于专业实训室，制度建设包括的内容比较丰富。从综合层面包括人员安全规范、实训室管理规范、设备使用规范、设备维护维修规范等，从专业层面包括具体的制度、流程和方法，如软件测试实训室建设，在制度上既要考虑安全规范、又要考虑操作流程和制订测试方法。

2.4 文化与职业素养的一致性

职业素养包括职业道德素养、职业心理素养、职业技能素养、职业兴趣素养等。通过营造专业的职业环境、职业规范、职业标准，提升实训室文化建设的职业元素。使学生的实习实训在养成中、无形中与职业的需求更加贴近，在职业中体现文化，在文化中感受职业。

2.5 文化与特色创新的兼容性

文化的特色创新可以从内容创新与形式创新着手，综合专业特色、职业特色、环境特色和教学特色。在文化的展示与表现手法上必须有所突破，力争融文化、专业、项目、环境于一体，让学习者在实训过程中体会环境文化带来的创新和活力。

3 探索与实施

以笔者所在学院实训室建设为例。通过上述 5 个维度的应用进行了有益的探索与实践。

3.1 场地与环境分析

笔者所在的学院 2012 年从市区整体搬迁到龙岗新校区，学院实训室共 4 层，建筑面积约 4 500m²，包含 32 间大小不一的实训室和若干工作室。新校区整体环境优良，但没有实训设备。通过对需求的充分调研及行企专家的论证，依托国家骨干校重点建设专业，对校内实训基地进行了统一规划，设为 1 个中心 6 个基地。如图 3 所示，既有多个专业共享的基础型实训基地——云计算实训基地、软件测试基地，又有专业所特有的个性化实训基地——Google Android 人才培养基地、嵌入式技术与应用实训基地，还有综合技能实习实训基地——与重点企业合作的软件工程中心。对场地和功能的分析，是实训室文化环境建设的基础，是后续开展共享与个性、综合与特色、通用与专用、职业与专业等建设的前提。

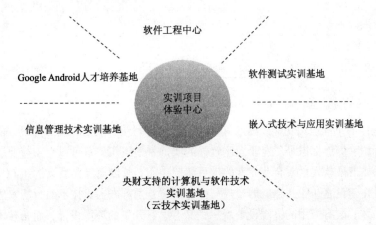

软件工程中心

Google Android人才培养基地

软件测试实训基地

实训项目
体验中心

信息管理技术实训基地

嵌入式技术与应用实训基地

央财支持的计算机与软件技术
实训基地
（云技术实训基地）

图 3 某学院校内基地建设规划图

3.2 规范与制度并举

任何文化离不开规范、传承与特色。在确立了基地的基本功能后，最先要考虑的就是规范与制度软文化元素。无论什么类型的实训室，只要进入实训环境，就会涉及场地使用、设备配备、操作规范等，所以文化建设中的基础是制度的规范。这些规范可以包括：运行安全规范、操作流程规范、设备启用规范等通识类规范，也可包括一些与职业有关的专业规范，如程序员规范、测试员规范、UI 设计师规范、软件营销人员规范等。实际中可以用表单的形式进行分类列示，作为制度文化建设的一部分。

3.3 内容与形式结合

实训室环境文化建设的主要作用体现在四个方面：其一，引导作用，引导师生进入实践训练的状态与氛围中；其二，凝聚作用，增加学生对实践教学的兴趣和认同；其三，美化作用，美化环境、营造氛围；其四，激励作用，通过图形化专业学习中的不同元素、案例，向师生传递不同专业的文化，形成专业的核心竞争力。鉴于以上四个方面的作用，在环境文化建设中，既要考虑与专业内容吻合的元素、流程、案例、标识，又要兼顾与实训室外部环境的和谐统一。例如，笔者所在的软件学院，涉及四层楼，第一层楼主要为基础实训室，第二至第四层依次为专项能力训练区、综合能力训练区、培训考证顶岗实习实训区，而每层楼的走廊则构成了实训室的展示区，应该向师生全面展示实训楼的综合布局、各基地的功能简介、每层楼的特色与创意等，如表 2 所示，为笔者所在学院实训室环境文化建设的部分内容设计。

表 2 某学院实训室文化建设部分内容

楼层	基本功能	室内文化元素	走廊文化内容
一楼	专业基础训练区 （云技术实训基地） 项目体验中心	基础元素图标 基础训练流程 典型案例展示	实训楼综合布局图 实训楼基本功能简介 一楼实训室特色展示
二楼	专项能力训练区 （各专业实训基地）	专项训练功能图 专业独特的标志	专业的图腾与标志符 二楼实训室创意分布图
三楼	综合能力训练区 （软件工程中心）	能力训练方式方法 典型综合项目展示	综合训练结构图 工程中心功能演绎图
四楼	培训考证顶岗 实习实训区	展示考证培训流程 演绎实习实训规范	培训及考证简介 实习实训过程演绎图

3.4 共性与个性兼容

依据实训基地的不同应用功能，提取其共性的部分进行统一规划设计，如统一的安全标识、功能标识、设备标识、场地标识等。专业性比较强的实训基地或实训室可以交由行业、企业或师生共同策划设计，比如带微软元素或企业元素的项目体验中心，可以通过典型案例和 LOGO 标识来体现文化元素，同时在建设之初注意独特的布局与颜色配置；主打嵌入式技术的智能家居实训室可以融展示与开发于一体，既有应用的终端设备展示，又有学习开发的环境设计；而云技术实训基地，可以借用图示和墙面的设计来演绎云存储、云课程、云服务、云应用、云分析，让师生有身临其境的感觉，增强学生开发训练的兴趣；以开发创新为主的软件工程中心，可以通过营造开发的环境，设置一些研讨区、开发区、个性化工作室、项目集成区等彰显专业实训室的个性和特色。

3.5 特色与创新突显

进入实训室，首先接触和体验的是眼睛所能看到的环境和条件，而最能抓住人心的是其个性与创新。特色的实训室环境文化建设是专业建设的核心，是点燃师生创新的火种，是培育人才的孵化剂，是品牌专业的标志与象征。如笔者所在学院的 Android 人才培养基地建设项目，通过对 Android 的开发流程、开发环境的演绎，以及绿色图腾标志、移动设备应用的展示，强化学生竞赛作品与竞赛项目的展示等来体现特色文化元素，让 Android 的图标在基地中无处不在、无处不有，让 Android 的应用案例随处可见、随处可触，从而激发师生在教与学过程中的创作热情和创新激情。

4 保障与展望

4.1 保障

通过对场地的分析、制度的规范、内容的规划、特色的提炼，具体的实施工作需要统筹兼顾、综合考虑。

（1）组织保障。成立专门的环境文化策划建设团队，成员由主管院长、各专业负责人、骨干教师、企业兼职教师组成。依据上述 5 个维度的数据分析与策划，其中综合布局、公共元素及走廊部分的内容由院一级负责完成；基地及室内的专业部分交由专业教学团队（教研室）个性化设计。运用项目管理方法，把学院的实训室环境文化建设视为一个综合项目并划分成若干子项目，依据目标、人员、方案、资金、成效五个对应的原则，确保院级项目引领、特色项目示范、专业子项目创新实施。

（2）制度保障。实训室文化建设说起来容易，实施起来其实困难不少、问题不断。因为建设专业实训室本来就有一定的难度，相应的环境文化建设对人员素质的要求就更高。例如，软件测试基地的文化建设，既要包括专业的元素（专业流程、专业项目等），又要包含文化的元素（方案策划、设计等）。一个系统工程的实施，制度保障上可以从以下几个部分考虑：组织上保障顶层的综合设计、人员安排上确保一个优良的团队参与、资源上保证基本的资金投入。只有从制度上根本保障、安排，文化建设才能得以实施。

（3）分期分批。由于环境文化建设不是一个一蹴而就的工作，建设的过程伴随着实训室或实训基地建设的整个过程。实训室建设多长，与之对应的文化建设就会持续多久，笔者所在的软件学院，校内实训基地依托骨干校建设项目，分三年分期分批完成，其环境文化建设采用先基础设计、后公共环境综合规划、最终功能特色专项实施。

在基地或实训室建设时，依据其功能融入文化元素，如基地的布局及颜色设置：蓝色的创新区、橙色的开发区、绿色的测试区等，打破了 IT 教学沉闷、单调的格局。在公共环境建设部分，统一由院一级进行规划与设计，如走廊、楼层间的连廊部分有基地的综合布局图、基地简介、基地项目展示平台、宣传标识等。基地或实训室内部，则包含了最基本的制度规范、操作流程、实习实训项目等，由专业依据基地建设进度分期分批完成。

笔者所在学院依据上述五个维度建设的实训中心，孵化培育了多个国家级省级教科研项目，基于实训中心承办的竞赛项目、培训项目、创业项目，被深圳特区报、深圳商报等多家媒体 25 次宣传报道，实训室的环境文化得到进一步的提升。基地成为服务行企、服务区域、交流学习的重要场所。

4.2 展望

（1）积木化、项目化、信息化，将提升实训室环境文化的内涵。打破现有的固定模式，自定式的环境文化、以项目为中心的环境文化、以学习者为中心的环境文化将层出不穷。多维度、多角度的环境文化建设模式将取代目前相对不变的模式，让环境文化元素化、项目化、信息化，使原来相对固定的文化建设静中有动、传承中有创新、创新中有特色。

（2）虚拟现实技术、移动互联技术的应用，将拓展实训室环境文化的外延。随着虚拟现实技术、移动互联技术的大量应用，环境文化的可视性、适时性将得到极大的改进。实训室的环境文化将在现有的基础上拓展其可用、可读、可视、可体验的一面，从而拓展了实训室应用的外延，使文化面向更多的受众群，被更多的人认可和运用，让文化中有实体，实体中有文化，文化与环境真正地融为一体。

随着高职教育对环境文化建设的重视，多元的、多角度的实训室环境文化建设必将成为趋势。

参考文献

[1] 颜晓雪. 论高职院校构建教师文化内涵建设[J]. 长春大学学报，2012（8）.

[2] 张志云，刘地松. 海西地域文化与大学校园文化的融合与共生途径探析[J]. 长春理工大学学报，2012（11）.

[3] 戴贞标. 从系统论视角探析高职校园文化建设之路径[J]. 天津：职业教育研究，2011（3）.

[4] 郑洪涛. 民办高校校园文化建设研究[D]. 南昌：江西农业大学，2011.

[5] 张敏慧，王为群. 浅谈高职院校的校园文化建设现状与不足[J]. 长春：才智，2011（22）.

[6] 张宏伟. 高校校园文化建设项目研究[D]. 大连：大连海事大学，2012.

高职信息安全专业校内生产性实训教学研究与探索

史宝会

（北京信息职业技术学院，北京　100018）

摘要： 校内生产性实训教学是高职院校实践教学的重要环节，是仿真企业工作过程的实践教学活动，在分析工作过程特点的情况下，设计的生产性实训项目具有完整性、职业性、操作性的特征。生产性实训的教学过程符合工作任务的设计、计划、实施与评估等环节，充分体现了职业教育"教、学、做、训、评"一体化的教学模式，达到了培养学生综合职业素质的目标。

1　引言

我国高等职业教育正处在一个前所未有的发展时期，高职院校以服务为发展主线、以能力为本位的办学指导思想，坚持以培养高素质高技能应用型人才为目标，不断加快高等职业教育的发展步伐，注重实践教学环节，重视学生专业能力和职业素质培养。教育部办公厅、财政部办公厅关于做好《2007 年度国家示范性高等职业院校建设计划项目申报工作》的通知（教高厅函〔2007〕47 号）文件中明确指出，"加强校内生产性实训基地建设，注重校内生产性实训与校外顶岗实习的有机衔接与融通；充分利用现代信息技术，开发虚拟工厂、虚拟车间、虚拟工艺、虚拟实验，为实训操作前理论与实践结合的教学提供有效途径"。

2　校内生产性实训项目教学的目的

教育部《关于全面提高高等职业教育教学质量若干意见》（教高〔2006〕16 号）中指出"要积极探索校内生产性和校外顶岗实习基地建设的校企组合新模式，逐步加大校内生产性实训和校外顶岗实习比例"。校内生产性实训教学是在校内实训基地环境，通过与校企合作共同开发实训项目，并采用基于工作过程的教学组织实施的综合实训项目，项目的设计是为学生提供一个真实、有效、接近于企业实际工作岗位的学习环境，以企业真实的生产任务（工程案例）为载体，遵循学生职业能力成长的规律、系统的设计实训项目，实训内容应以生产性实训为主，实训项目的开发应注重以下方面：基于工作岗位基本能力的实训项目；基于企业真实产品生产的实训项目；基于企业真实业务流程的实训项目；基于企业真实管理流程的实训项目等。下面以信息安全技术专业为例分析校内生产性实训项目的组织与实施。

3 信息安全技术专业人才职业能力需求分析

随着互联网络技术快速发展和网络应用的迅速普及以及互联网信息广泛应用，信息安全已经被提到一个非常重要的位置。为了保证网络中的信息安全，必须有专门的人才对计算机系统和网络系统进行安全管理和使用维护，目前不少院校相继开设了信息安全技术专业。由于信息安全技术的应用面及涵盖面非常广，因此在信息安全技术专业课程体系建设中，必须首先对社会需求进行广泛而深入的调研，再根据调研结果，详细分析基于工学结合的课程核心技术和课程体系的要求，开发符合社会实际需求的课程体系。

通过对神州数码网络公司等 20 多家企事业单位的调研数据分析，企业及用人单位的信息安全技术专业毕业生共同的职业需求是：快速融入工程实践，具备良好的工程实践能力。

分析调研数据的结果，信息安全专业毕业生应具备如下的核心职业能力：

（1）安装配置网络安全产品；

（2）处理安全应急事件；

（3）安装网络互连设备并进行安全配置；

（4）桌面、服务器安全管理；

（5）安装维护数据库系统；

（6）信息系统评估与安全管理。

4 信息安全技术专业校内生产性实训项目设计与教学组织

4.1 构建核心课程体系

针对信息安全技术专业人才培养现状，结合我系实践办学条件，构建信息安全技术专业基于职业竞争力的人才培养模式，如图 1 所示。即职业能力形成→职业能力提高→职业岗位训练三个进阶，依托通用平台中校内外实训基地专业核心课程、生产性实训项目教学实施，培养综合素养，达到提高毕业生职业竞争力的目的。

分析信息安全技术专业课程体系不难了解到，校内生产性实训项目是学生专业能力培养的重要手段，利用"三真"环境，即真实身份、真实岗位、真实项目，通过基于工作过程的教学组织来训练学生工程实践的能力，同时也锻炼其综合职业素养。

4.2 项目设计以企业真实案例为依据

在进行项目设计和开发中，进行深度校企合作，由骨干教师和企业一线技术人员作为兼职教师的项目经理教学团队，引入并分析企业的实际工程项目案例，进行生产性实训教学改造。对信息安全技术专业，我们将从企业引入的"企业安全信息体系建设与运维"案例进行了可操作的生产性实训教学改造，设计了学生能切实操作的"校园网安全系统的构建与运维"项目，并分析不同网络与信息安全产品对构建校园网安全系统的作用，这样一方面可以强化学生专业技能的训练，另一当面也能提升学生处理不同厂商设备的能力。

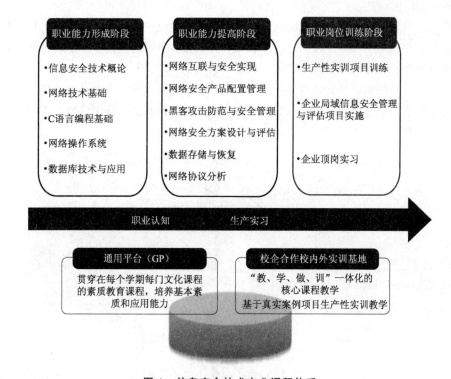

图 1　信息安全技术专业课程体系

4.3　工程项目组的教学组织模式

　　分析信息安全技术专业职业岗位的特点，在信息安全技术专业校内生产性实训教学实践组织过程中，通过基于企业工作过程的教学组织，培养学生的核心职业技能，并深入校企合作，本着真实的环境、真实的工程项目、真实的运作模式、真实的员工考核原则，在校内的实训基地"北信软件园"组织实训，教学环境完全是仿企业的员工工位模式，并采用上下班打卡的企业员工考核管理模式。项目的实施采用工程项目组的模式组织教学。具体做法是学生可以自主选择项目任务所期望达到的任务能力等级，完成不同的工作任务。使得学生能进行自我定位和规划，从根本上调动学生的积极性，促进高技能人才的培养。

4.4　指导教师（项目经理）的角色

　　在信息安全技术专业校内生产性实训教学实施过程中，教学活动以学生为中心，如图 2 所示，基于工作过程的实训教学组织模式，教师承担了企业项目经理的角色，主要任务是指导学生组建项目工作组，4～5 名学生组织一个项目组，项目组成员包括项目组长、技术工程师（2～3 人）、文档管理员。项目组人员任务分工工作职责明确。教师承担着企业项目经理的角色，既是教学的组织者，也是教学活动的指导者。在生产性实训项目教学之初，首先组织参加校内生产性实训的入职教育，通过企业一线技术人员的培训，使学生全面了解生产性实训的目标和任务，及时地进行角色转变，即由学生转变为一名准员工的角色。

　　项目经理编制《项目经理手册》，通过下发工单的形式布置任务，指导学生通过网络资源、小组讨论、请教指导教师（项目经理）等模式学习、理解项目的新技术，同时提供与项目相关的国家或行业标准，指导项目组成员按企业项目实施流程完成项目的实施。最后依据项目建设方案的目标及建设内容要求，由项目经理组织，由指导教师、企业一线技术人员、学生代表组成的项目验收工作组，对每个项目的工程项目进行验收，特别是涉及行业及国家标准的内容，要求依据相关的标准进行验收，并指导项目组成员完成项目验收报告的撰写。

通过为期 3 个月的生产性实践教学，使学生通过一个真实原有企业项目的实施，全面了解职业岗位的专业能力和职业素质要求，从而使得学生在毕业走向真正工作岗位时，能够无缝衔接当前岗位，节省企业培训成本，快速为企业创造价值。

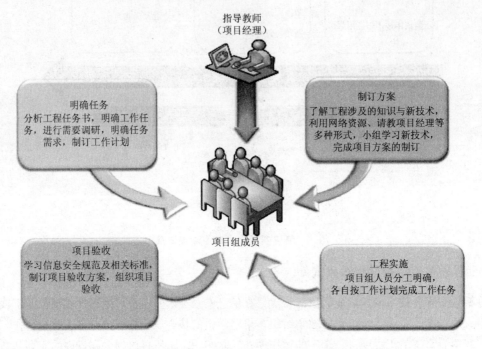

图 2　基于工作过程的实训教学组织模式

5　校内生产性实训综合考核评价

为了全面培养学生综合职业素质，提高学生专业能力，有必要制订一套基于过程的考核体系，考核的内容包括专业能力、文档能力、操作能力，更要注重学生综合素质的考核，例如，团队精神、应急事件处理能力、协作能力、解决实际问题能力、社会能力和方法能力的考核等。信息安全技术专业校内生产性实训对学生的专业能力、方法能力、社会能力三个方面分别进行考评。除此之外，还针对信息安全技术专业的特点，增加了学生安全保密意识、职业道德方面的考核。每个项目均要提交工作计划、项目总结报告，并进行答辩，最终以学生实际任务的完成情况、项目报告撰写情况和答辩情况作为学业评价依据，总成绩计算公式如下。

总成绩 = 项目考评成绩（分项目技术内容的实施情况、文档、答辩）× 80%
　　　　 + 社会能力成绩 × 10% + 方法能力成绩 × 10%

6 结论

总之，校内生产性实训的教学模式，符合高职院校培养高技能人才的目标需求。自 2010 年组织校内生产性实训教学以来，利用"三真"环境进行教学的组织实施，培养了学生的团队精神，解决问题的能力、团队协作的能力，从而实现毕业生职业能力与就业岗位的零对接。不仅促进了教学质量的提升，同时也提高了毕业生的就业竞争力和岗位对口率，在专业的社会认可度等多个方面达到较好的效果。

随着云计算技术的普及，信息安全行业面临更大的挑战，因此，在信息安全技术专业生产性实训项目的设计过程中，要及时分析行业、企业新技术应用的需求，并及时获得企业最新的应用案例，尤其需要增加云计算环境下信息安全系统的评估、系统加固方面的内容，从而达到高等职业教育培养最符合职业岗位需求的高技能职业人才的目的。

参考文献

[1] 教高〔2006〕16 号《关于全面提高高等职业教育教学质量若干意见》

[2] 高福友. 安全防范技术专业校内生产性实训基地教学模式探索与实践[J]. 高教论坛，2011(5):35-36.

[3] 曾刚. 校企合作下的信息安全专业人才培养模式研究[J]. 教育与职业，2011(12):110-111.

[4] 易文周，林明方. 高职院校信息安全课程体系优化与教学内容改革的研究[J]. 网络安全技术与应用，2014(7): 235-235.

[5] 刘金芳，冯伟，刘权. 我国信息安全人才培养现况观察[J]. 信息安全与通信保密，2014(5):26-28.

浅析高职项目化课程的评价标准

白玉羚

（吉林电子信息职业技术学院，吉林省吉林市 132000）

摘要： 随着项目化课程改革的逐步深入和规模化教学实施，项目化课程的评价标准成为教学管理的迫切需求。本文基于项目化课程建设的主旨、应有的基本要素与期望目标，对如何制定课程评价标准问题，进行了深入探讨，提出了制定评价标准的基本原则和要点。

1 引言

目前，高职项目化课程改革经过前期的理论研讨，已经走向常规实施。与传统模式以及此前的其他课改相比，项目化课程直接导致专业培养体系、教学过程、学习模式发生了结构性更新。鉴于其特殊的教学模式和对环境与资源的需求，课程常态实施为教学管理与评价提出了新的要求，这是以往教学改革所不及的。本文结合当前高职项目化课程建设与常规实施的一般情况，就课程建设与实施的评价标准制定与应用做了较为深刻的讨论[1]。

2 制定项目化课程评价标准的基本依据与原则

2.1 评价标准的意义

项目化课程建设与教学实施有其独特的要素、内涵和"教"与"学"的过程特征，深刻地影响着专业培养体系的内涵布局，尤其在从理论研究转入常规教学实施之际，传统课程模式与项目化课程模式并行承担专业培养任务，项目化课程的"准入"与评价标准研究制定，显然是教学管理的必然需求。首先，这个"标准"规范教师的教学设计与实施过程，使其能够有效发挥应有的人才培养效果。其次，真实评价教师的教学能力和课程建设与实施水平，确保教学改革与成果应用的持续发展。最后，评价标准也是提升专业教学管理水平、科学配置教学资源、营造良好人才培养环境、创新专业人才培养模式的基本依据。

2.2 基本依据

制定项目化课程评价标准的基本依据是项目化课程固有的基本要素、关键特征和期望目标。关键特征：

① 基于专业定位，制定由专业培养目标体系，赋予当前课程的（能力目标导向）教学目标体系。

② 坚持能力系统化原则，针对行动领域典型工作过程，设计行动目标项目，其成果的实现过程承载必要的学习、训练过程，包含的能力、知识、素质相对系统完整，有效支持课程目标。

③ 教学过程体现学生为主、学做结合。兼顾个人工作能力和团队协作能力培养。

④ 制定有明确的课程方案和必要教学资源。

⑤ 教学过程中各环节活动意义充分、内容充实。

⑥ 具有科学的、切实可行的、师生共同参与的考评机制。

2.3 基本原则

项目化课程实施深刻影响着原有专业培养体系的内在布局，在资源建设与配置、教学进程安排等方面，蕴含着复杂性和高投入。也必然需要完善的评价、管理体系来保障。显然，评价标准与管理机制是其中的主要内容，前者作为评测、检验工作质量的基本依据，后者用于规范教学评价的实施办法。一般情况下，出于谨慎考虑，项目化课程建设与教学实施通常需要三个监管环节。

① 进行"准入"评审，在教学实施前，对课程建设与教学设计进行评审，确保课程方案达到教学实施水平。

② 对教师的教学过程进行跟踪考评、检查、督促、评测实施过程质量，以求及时发现、纠正偏差，保证教学实施稳步向着期望目标发展。

③ 在课程结束后，对教学实施全过程做出总结评价，为进一步优化提供依据。

上述三个评价过程在不同的三个阶段实施，从不同的视角，观察评测课程的建设与实施效果。显然，基本标准是一致的，都是秉承课程改革的主旨立意、基本特征、期望效果。但由于课程的个性与教学过程的复杂性，以及效果的多因素成因等特点，使得不同视角的观点指向、状态认知与价值取向，都需要有针对标准的灵活运用。正所谓"教无定法、贵在得法"，所以，制定评测标准必须具有一定的原则性、可依据性、可拓展性。以下提出制定评测标基本原则。

① 必须结合本地项目化课改的实际情况，在具备基本条件下，包括改革深度、推广层面、整体实施水平，基于项目化课程核心价值开展项目化实施、制定评价标准，推动课程建设发展。

② 评价标准必须针对课程建设、教学过程的各环节、相关要素内容，做出结构化的、可观测、可评价、非歧义的内涵指标描述，且能够排他、选优。

③ 评价标准是一个原则上的、可落实的评测指标体系，但必须有明确的应用域指向，如课程（类）、专业（类）、全部课程。随着应用域不同，指标细化程度也不同，要具有一般性和可持续性。

④ 评测标准设计要侧重课程基础与教师的主观因素，客观因素只作为准入标准。

3 项目化课程评测要点

评测标准的基本功能是用以辨识项目化课程改革与教学实施的水平，首先是达标，其次是水平度量。

3.1 课程目标

课程目标是课程建设的基本点，它明确学生经过学习、训练应该达到的具体目标。根据课程改革的主旨，课程目标应以能力目标为导向，按需融入专业知识和综合素质内容。课程目标依据专业培养目标制定，能够有效分担专业培养目标的相关内涵。

根据课程改革的基本策略不同，项目化课改有两个途径：

① 依据课改要求重构课程体系，使得专业体系内的课改课程整体完成课改基础建设。

② 基于专业课程体系，遴选课改课程，优化课程目标，完成课改基础建设。

无论上述哪种建设途径，都必须落实专业目标体系赋予本课程的目标实现"责任"，这是评测标准的硬性指标。

3.2 教学内容与项目

项目化课程由若干项目承载，在成果实现过程中完成"教"与"学"和能力训练，并将项目成果作为学习效果的主要检验依据。

（1）项目内容。

项目化课程要求单元项目的成果实现过程必须关联特定的学习和能力训练内容，有效支持课程目标的实现。项目设计的评测观点主要针对单元项目的承载质量和教学实施的可行性。具体评测要点如下。

① 内容的针对性与实用性。项目必须指向一个具有实际意义的工作任务。首先，工作目标必须贴近典型任务，能够促使教学展开，它有明确的提交内容（成果）。其次，实现过程需要适度的学习和实践活动。包括：认知成果、设计与策划思维、实现方法论、工具技术、质量检测与评价、工程或作业管理、环境应用等。

② 包含必要的支撑知识。应以需要为度，融入相关知识，以支持成熟和深化技术应用。

③ 技术内涵的系统性完整与作业量的适度。围绕成果实现的技术内涵必须充实、轮廓清晰，相对完整，具有一致的应用指向。项目工作量适度，能够有效支撑各环节的内容实施。

④ 项目包含学习训练形式、任务成果一致支持课程目标实现。

（2）任务成果设计。

工作任务设计必须贴近实际岗位，任务成果也尽量采取实际中的基本形式。由于任务是学习、实践活动的基本导向，也是教学效果的主要评测依据，其可观察内涵必须匹配课程目标描述的指标。任务成果评价要点如下。

① 单元项目可由一个或多个具有关联关系的任务构成，项目工作目标由其内涵的诸多任务实现，每个任务具有特定的成果内容，能够完整承载单元教学目标。

② 任务成果符合实际工作中的形式特征，需要经过一定复杂程度的设计（策划）思维和技术实践过程完成，具有特定的形态和评测指标以及验收标准。

③ 视任务成果的复杂程度和实现特征，项目成果可设计为团队形式，集体协作完成并提交，也可个人完成并提交。

3.3 教学过程设计

项目化课程提倡行为导向，学生为主、教师为辅的教学模式，关键活动归纳如下。

① 教师发布任务，导入教学内容，揭示问题，同时讲解、归纳相关的技术内容与方法，完成必要的技术示范，引导学生进入自主学习阶段。

② 学生模拟任务承接者的身份，按特定方式组成工作团队，通过任务书了解项目情况，通过指导资源获取学习资料和资讯线索，自主完成相关学习研讨和基于任务的实训过程。

③ 学生完成任务后，教师组织学生汇报成果和实践体会，学生团队有互评成果活动。

④ 课程结束前，教师做项目实训的综合评价，重构知识体系。

在整个教学过程中，教师始终承担技术支持、实训辅导、异常处理工作，完成学习与训练活动、环境与安全的管控工作。

教学过程设计是对教学实施的规范，以上只说明了师生双方应有的各自活动内容和教学方式。在实际教学过程设计中，随着课程的个性化，将会呈现多种编排方案。但教学过程设计的评测要点可归纳如下。

① 突出行为导向，课程必须通过任务导入教学过程，学生以承接任务的方式进入学习、实训状态，后续过程由实现成果的工作需要主导。

② 贯彻以学生为主，充分调动学生积极性，在任务理解、技术资讯与学习、解惑排疑，任务实训、成果提交、自评互评等环节，均由学生自主完成。

③ 落实既定教学目标。在教学各环节中，必须体现针对课程目标的教、学、做内容。

④ 明确教师职责。包括项目介绍、学习实践中的支持、辅导以及过程与环境管理。

⑤ 科学计划教学进程。课程方案必须明确安排师、生在教学进程中的各自活动内容。

3.4 教学资源建设

课程资源建设包括教学设计、任务书编制、教学指导资料建设。

（1）教学设计。

教学设计是课程实施的基本方案，依据专业培养方案制定。教学设计应准确表述课程目标和项目构成，各单元项目的教学目标、具体内容、教学进度安排、教学资源、考核方案等细节。在实际编制中，通常教学管理单位提供格式模板。由于课程评测信息基本来自这个文档，所以，教学设计必须完整、准确描述课程建设信息。

（2）任务书。

项目任务书描述项目工作内容与实现目标，是教师下达任务、导入课程的基本依据，也是学生必备的学习资源。编制任务书的基本要求有以下几点。

① 任务书必须是独立的（技术性）文档，其体例尽量保持与实际工作一致，其描述形式（包括图、表）尽量依据职业惯例。必须强调，理解阅读工作（技术）文档也是学习内容，教师有责任在此答疑解惑。

② 任务书必须描述基于什么、做什么，提交什么工作成果，合格标准是什么。必要情况下还要说明，使用什么工具、执行什么标准，如何检测等。

③ 任务书不包含任何学习指导内容或多余的解释性说明。要把学生看成是成熟的工作者。

（3）教学指导资料。

教学指导资料是学生在学习、训练中的参考资料。建设指导资源可遵循以下几点。

① 课程建设需要两类指导资料：其一，针对单元项目编制教学指导书；其次是相关技术的参考资料或学习资源线索。

② 在针对单元项目编制的教学指导书中，对相关技术参数、工艺标准等对标性资料，不宜选择性提供，而是以附件方式提供，为学生保留查阅能力的训练机会。

③ 教学指导资源应提前下发至学生，以备学生课外使用。

3.5 考核方案设计

项目化课程的突出特征是，以学生为主，行为导向，任务成果表现"教"与"学"的成效。另一方面，作为考核依据，课程目标是一个明确、具体的指标体系，涉及诸多方面。所以，考核涉及过程中的各个环节，需要通过各种方法、手段来捕捉或采集有关学生的提高信息。就是说，我们面临这样三个问题：考核什么？在哪个环节、用什么方式采集考核信息？怎样使用这些信息来评定学生的最终成绩？这是设计考核方案的出发点。

考核方案是课程建设与评价的重要内容，包括考核指标体系和信息采集与应用方法。理论上讲，解决上述三个问题是基本途径，但从实施角度看，课程都有自己的内容或过程特征。但只要掌握了基本原则，依据课程目标分解考核内容，依据教学过程科学设计观测点，可以制定出适合自己的考核方案。以下提出评测考核方案的要点。

① 考核内容指标体系针对单元项目制定，并且能够完整地细化落实单元项目的教学目标。

② 考核信息的采集方法落实到具体教学环节，具有可实施性，应尽可能作量化处理，体现激励机制。

③ 具有明确的考核信息应用方案和科学的加权评定方法，突出任务成果质量在成绩评定中的主导地位，注重职业素质在评定中应有的影响力。

④ 学生参与考核过程，师生双方权重分配适度。

4 结束语

项目化课程改革是职教领域关于课程模式与教学方法改革的重大课题，经过多年探索实践，课程模式得到公众认同，并形成其核心价值体系，虽然在这个基础上，不同的建设与实施团队在细节方面有着不同的理解，采用各自的方法途径，但本文基于项目化课程改革的主旨立意、课程应有的基本要素与期望目标，提出了制定评价标准的基本原则和要点，并不失其一般性，可以作为逻辑起点，支持具体的课程评价标准建设。

参考文献

[1] 刘青，吴昌雨，李云松. 高职项目化课程改革存在的问题与对策分析[J]. 职教通讯，2014(33): 14-17.

[2] 姚玥明. 论高等职业院校项目化教学改革[J]. 科教导刊(下旬)，2016(05): 5-6.

大数据环境下高职院校精准营销人才培养模式研究[1]

冯宪伟　刘巧曼

（江苏经贸职业技术学院，江苏南京　211168）

摘要： 大数据时代对电子商务专业人才培养提出了新的要求，须具备基于数据分析的精准营销能力。针对当前新的网络环境和高职院校电子商务专业人才培养存在的一些问题，本文提出应从理念和实践两个环节实施创新人才培养模式改革，注重核心课程建设和实践教学内容设计，明确精细化培养目标，以项目化教学法推动人才培养，优化学校实践教学条件，构建课堂教学和实践教学相结合的"双融"模式，能够有效促进精准营销人才的培养，凸显当前职业教育重实践的育人特色。

大数据时代营销也就是在海量数据中提取出具有一定价值的产品和服务。在当今经济全球化发展背景下，市场竞争不断加剧，对于营销人才的需求也随之加大，同时对于其营销人才的综合素质也提出了更高的要求，培养精准营销人才也就成为高职院校人才培养中的重点方向。本文则对大数据环境的营销模式加以分析，以此探析大数据环境下高职院校精准人才培养模式。

1　大数据环境下网络营销模式及人才需求

在现代的营销中，网络营销已经成为其发展中的一个重要方向。很多企业在进行营销的过程中其实不缺少数据资源，最重要的问题就是数据太多，很多时候难以处理。企业需要对各个环节进行统计，还要对客户、市场数据集中统计分析，这些数据统计在一起就形成了大量的数据，企业怎样把这样大的数据进行综合有效管理利用，对于企业来说是个非常大的问题和挑战。互联网时代下的营销需要这些大量的数据，利用大数据对企业内部的营销方案进行抉择，所以，计算机大数据处理技术是非常重要的。

其中网络营销人才也就是集网络技术和营销技术于一身的复合型人才，一个优秀的网络营销人才，不但要熟悉当今互联网发展趋势，具备专业网络营销知识，同时也必须要对网络消费行为和心理足够熟悉，能够准确发现各种网络营销产品的广告功能和价值。此外，还要具备一定的英语、市场、营销等方面的知识。据统计，在我国经济发达区域，已经有超过半数的企业已经或者准备购买相关网络推广服务，从市场人才现状反馈来看，对于网络人才的需求在不断上升。在一些招聘网站中，新浪、网易、谷歌以及百度等网络公司均有大量的空缺岗位，其中包括客户维护经理、企业广告经理、网络营销顾问、商务运营经理、商务研究开发工程师、服务营销代表等，但是在长期招聘中，均很难招聘到满意的人才。在大数据环境下，网络营销发展不断应用广泛，

---

[1]　[基金项目] 本文系 2014 年江苏经贸职业技术学院重点课题"大数据环境下高职院校精准营销人才培养模式研究"的研究成果之一。（项目编号：JSJM1414）

由此可以明确地看出目前经济环境下对网络营销人才的需求还在不断提升。

2 大数据环境下高职院校精准营销人才的培养模式

2.1 注重核心课程建设，确定培养目标

通常在高职院校中所开设的网络营销课程都倾向于网络技术方面，有的院校则倾向于网络营销理论，从而导致和市场营销专业、计算机专业相重合。一位优秀的网络营销人员不仅要具备市场营销理论与实践能力，而且还要了解网络运营相关知识。因此，各大院校在开设课程时要做好营销、网络、计算机等课程的平衡工作，尽可能地根据当下社会所需调整所开设课程。高职院校教学除了基本的理论和实践以外，还要充分掌握开展网路营销的操作思路和运作技巧。为此，高职院校可从以下方面作为人才培养目标。首先，人才培养目标，一是具备网站推广专员工作能力技巧；要求学生在未来工作中能协调好与客户的关系，并具备营销技巧，如群发、邮件列表、新闻组、论坛等。具备在线服务工作能力技巧，如网上支付、Btoc 等。二是具备网络营销规划、网站设计、维护及管理能力；具有网络编辑工作技巧，如流程设计规划、数据信息维护等；具备网站推广工作能力，关键字、搜索等引擎营销等。三是具备市场调研工作能力和技巧，如调查实施、问卷设计、调查方案、调查报告等。其次，知识教学目标。学生在学习过程中要掌握网络中产品策略、市场定位、网络营销渠道营销方法、掌握网络营销基本概念理论、掌握网络营销环境分析，如市场环境，直接、间接环境，消费者行为分析等，掌握网上服务及管理等知识，掌握网上市场调查方式和方法。

2.2 注重实践教学内容设计

实践教学指以当前所需技能为基础开展网络营销模块教学，并结合物流、B2B、B2C 等方面培养学生动手能力。总体来说即以网络营销案例分析为主线，知识点和课堂讲解相穿插，让学生在课堂中制作电子商务网站和上网联系，以此增强知识点逻辑性。实践教学能调动学生学习兴趣，其电子教案的深度和重点呼应教学大纲。最后，根据电子教案讲授操作要领，达到培养学生动手能力的目的。网络营销实践课程目的在于培养学生动手能力，促使学生往应用型人才方面发展，它在整个网络营销课程中起着十分重要的作用。在设计课程实践教学内容中可根据高职院校培养目标和职业发展的特性来设计，由于高职院校对学生定义多在初、中级管理者，针对此将职业特性融入实训环境中，按员工职业生涯规划策划分为掌握技能、培训学习、基层管理及中层管理不同阶段。例如，模拟网络营销调研内容，可开展的实践项目有：进行市场环境、供给、需求等影响因素的调研。掌握技能方面以网络营销调研的方法运用，实践项目为运用多种调研方式进行营销调研。初级管理方面以网络营销调研的方法、内容、程序、实施管理为主，分析调研方法的使用、内容合理性、调研程序、监控实施过程等。通过实践课程使学生从知识、技能、心态及管理等各个方面都有不同程度的提升，尤其在课程教学目标中融合了职业性和职业化，进而培养学生的沟通、协调能力。

2.3 以项目化教学法推动人才培养

项目教学法的最大优势是让学生从被动学习变为主动学习，和传统的"填鸭式"教学大有不同，院校一般会与企业建立良好的合作关系，不仅能解决企业技术力量薄弱和人手不足等问题，还培养

了学生自主学习和主动求知的技能。此教学方法针对网络营销分为 4 大模块，分别为目标市场开发技能培养模块和 4PS 营销计划技能培养模块、市场营销调研技能培养模块、提高营销重要性认识模块，全方位激发学生发挥自身智慧和才能完成教学任务。具体实施方法如下：一是设置课程情景。设置与企业大致相同的教学环境，引导学生熟悉企业的工作氛围。例如，制定等级和工作制度让学生尽快转变思想，从学生转变为员工。二是示范项目化教学法的讲解和过程。和学生讨论运用哪一种项目化教学法才能有效实现教学目标，给学生讲解项目化教学法内容，并针对教学过程给学生进行示范。三是制定项目。制定教学大纲，了解企业与学院的合作关系，与企业基层人员探讨教学目标，突出专业培养技能。四是学生协作完成项目。学生可以小组为单位完成教学任务，在组长的带领下根据教师示范内容共同合作完成本次项目。五是评价总结。根据本组项目内容、人员分配、项目完成度、所遇到问题等效果和情况进行总结，并做出评价。

2.4 优化学校实践教学

（1）优化课堂实践体系。在当前高职院校教育中，可以根据教学情势，形成课内课外两个实践体系，在专业实践中，主要针对专业见习、讲授练习、课程施行、课程计划以及课程实践、结业练习等，对学生进行较全面的实践教学。可以基于学校的办学定位，确保学校营销人才可以直接走向就业岗位。

（2）整合课堂实践资源。在对营销专业学生教学中，要加强实践课程的资源整合，可以组建实践课程讲授平台，实现教学资源共享，固化学生的专业理论知识。另外，应依据地方经济生长对学生人才的特别需求，以及根据学校自身办学现实环境，找准办学定位，培养精准商务人才。

（3）设置创业、就业实践模块。在对学生进行实践教学、培养精准营销人才时，应该进一步增强对实践基地设置装备的部署工作，开展校企合作，满足学生对学校教育多样化的知识需求，拓宽学校人才培养的渠道，深化执行学校办学体制改革。校企合作不仅是职业教育中的一个特色，更是通过校企合作的方式，为实践教学提供环境，在良好的合作共赢模式下，使学生可以更好地将所学营销知识应用到实践中，提高学生对营销技术的掌握水平，培养更多的符合实际需求的营销人才。对于学校的实践教学管理，应该做好实习与就业相结合的管理模式，在当前就业形势严峻的情况下，应该使学生在实践实习中不仅提高自身素质，而且也应该提升学生的工作能力，并且适当地为实习生提供就业机会。重视学生的个性化需求，并制定相应的教学管理模式，结合学生实习情况，建设良好的实习教学环境，使得学生的潜能得到充分挖掘，满足学生个性发展需求。

（4）提高学生学习主动性。在实践教学中，可以应用案例讲授、开导式讲授以及主体到场讲授的教学方法，转换传统教学方法，实现师生双边互动，在讲授过程中应本着"教为主导，学为主体，疑为主轴，练为主线"的原则，加大课堂教学方法的创新，促使学生从"依赖性学习"变为"自主性、创新性学习"。例如，在开导式讲授中，要对学生举行开扶引导、直观开导、景象开导、语言开导、图示开导、比拟开导等。使学生由被动接受变为自动学习，勉励学生发挥想象力，提倡学生去探索事物，强化学生头脑的变通性和创新性。另外，对于小组合作实践学习中有几个基本要素，首先就是学生之间要相互依赖；其次就是小组中学生成员之间有高度的责任感；再次就是在合作学习中提高学生的相互交流能力，改善学生思维水平；让学生可以在不知不觉中进入教师营造的学习氛围之中，使学生去动学习应用型技术，教师可以在学生的水平达到一定层次之后，再给学生布置高层次的任务。例如，在主体到场讲授中，教师应积极学习和推行主体到场讲授法，要学生到场讲授计划的制定；在老师的引导下，由学生当老师讲授一部门讲授内容；课前几分钟演讲；阅读参考册本、撰写念书条记；开展评教、评学运动等。这种讲授方法有利于转变老师统统包办、学生悲观应付的被动讲授方法，能提高学生积极性、主动性、创造性，锻炼胆量，提高语言表达能力，创建同等的师生关系。

3　结束语

总之，网络营销在大数据环境下具有广阔的发展空间，当前高速发展的信息技术经济社会需综合素质和技能较强的人才。高职院校应将理论与实践相结合，思考与操作相结合，明确教学目标，培养出集网络技术和市场营销于一体的复合型应用人才。

参考文献

[1] 陆芳. 福建高职营销人才培养现状研究[J]. 宁德师范学院学报: 哲学社会科学版，2012（3）.

[2] 王琼芝. 高职营销专业人才的精细化培养标准探微[J]. 职教通讯，2011（8）.

[3] 李凤珍. 经济转型背景下高端技能型营销人才培养模式研究[J]. 教育与职业，2014（3）.

[4] 刘幸福. 用"三商"人才观培养营销人才探析[J]. 广西教育（C 版）: 职业与高等教育，2012（9）.

[5] 郭伟. 企校合作模式培养企业营销人才探讨[J]. 商场现代化，2011（17）.

[6] 李佛关. 应用型营销本科人才培养的能力要求与教学设计研究[J]. 经济研究导刊，2014（22）.

差异化学习材料在教学中的运用与思考

孙　平　张志璐　赵朝锋

（武汉军械士官学校，湖北武汉 410075）

摘要： 计算机技术在教育中的运用使得提供差异化学习材料成为可能。本文提出了课堂学习材料的单一性给教学带来的问题，即造成学习过程中的针对性不强，影响学习效果。针对这个问题，介绍了差异化学习材料运用过程中的选择原则，给出了差异化学习材料运用有效性的评价方法。对差异化学习材料的运用提出了系统的思考与建议。

1　引言

在课堂教学过程中，学习材料是不可或缺的重要要素。目前，课堂上提供的学习材料大致包括文字形式的材料和多媒体形式的材料两大类型。随着课程建设的深入，越来越多的学习材料将呈现在教员和学员面前，如何处理和利用这些材料，成为一个需要考虑的问题。当前的课堂教学中偏向于向全体学员提供一致的学习材料，如统一的教材、操作使用手册、实验指导材料等。但由于学员间存在差异，如年龄，认知水平，知识能力结构的差异；思维方式与思维偏好的差异；非智力因素，特别是注意力、控制力等方面的差异，导致统一的学习材料缺乏个体适应性，难以发挥其最大作用。因此，本文探索在教学过程中，根据统一的学习材料进行进一步的开发以提供个体适应性更强的学习材料。

2　差异化学习材料运用原则与方法

要提供有效的差异化的学习材料，首先要明确差异是如何体现的。一般地，这种差异体现在两个方面，其一是内容上的差异，其二是表现形式的差异。

2.1　学习材料抽象原则

课堂教学的形式千变万化，但其宗旨是确定的，即按照课程标准将课程的知识、技能、情感等各个方面的目标加以落实。要提供有效的差异化学习材料，就需要充分理解课程标准，对其进行抽象和概况，抓住其核心和本质的要求。如"导航定位技术"课程中，针对惯性导航定位技术，有一个难点内容是"地球上运动的角速率表达式"，对其进行分析不难发现，该难点内容的知识基础在于"具有旋转运动的非惯性系与惯性系之间相对运动的表达"，而"地球上运动的角速率表达式"只是上述一般规律在地球和其上的运动物体之间的一个实例化的情况。有了这样的判断，就可以有效的设计差异化的学习材料了，如通过形象的、实例化的情景再现这个运动的过程或者通过简洁的力学公式揭示这个运动的实质，并将这种实质推广到现象中去，对现象做出合理解释。可以看出，上述两种学习材料的深度是不同的，但都可以满足教学目标的需要，这就形成了有效的差异化学习材料。

2.2 学习材料二次开发方法

差异化学习材料的有效性，不仅要体现为能够对教学目标合理覆盖，更要体现在对教学对象的考虑和分析上。在分析教学内容与要求的同时，必须充分把握教学对象的特点，才能开发出实用的差异化材料。

教学实践表明，"士官学员形象思维能力强、动手实践欲望强烈"是一个合理的判断，但该论述过于概况，难以为设计差异化的学习材料提供有效的依据。教学中发现，学员之间的学习意愿、学习能力、学习习惯和个性心理因素差别十分明显，而这些都是差异化学习材料设计时所需要考虑的，充分承认并迎合这些差别，才能设计出行之有效的学习材料。

以形象思维为例，有些学员的形象思维是视觉角度的，需要提供足够多的可视的材料，如教员的演示，多媒体视频材料等。而同样是视觉角度的思维模式，还受到学习习惯和个性的影响，如有些学员性格偏于内向，更习惯于自己摸索学习而非在教员的注视下开展这个摸索的过程，这样的学员一般自主性较强，遇到困难更倾向于查阅资料而非提问。对此，需要为他们提供可供独立学习的材料，如详尽的视频资料，细致的说明书等，但不要加入过多的人际交互的因素，如过于频繁的提问、设问，过于频繁的要求反馈等，因为这些只会增加其紧张感，而不利于掌握材料本身。与此不同的是，有些学员的视觉思维需要辅以更多的人际交互与关注，他们更乐于和教员互动，跟随教员进行逐步的学习，但注意力和控制力有限，因此时间稍长的视频对他们来说是不合适的，更不应该给这类学员提供过多的阅读材料。而应该多提问、多互动、将问题不断地分解为更小的问题，随时对其提供指导，要求其进行反馈，并根据反馈情况及时进行调整。

2.3 开源学习平台的应用

要获取更多的有效的差异化学习材料，仅仅依靠授课教员的个人能力是不够的，值得庆幸的是，互联网和大数据的时代为我们提供了无限的可能。在教育领域，互联网的作用早已突破了资料共享与查询的阶段，特别是随着移动互联网的崛起，学习中的"私人定制"已经不再是少数人的特权，而成为大众的新的学习模式。近年来，以 MOOC 课程为代表的定制式、碎片化学习方法，获得了许多成功，也被越来越多的人接受和认可。

在教学过程中，教员可以指导学员了解更多的学习途径，引导其主动获取学习材料，以此来代替由教员直接提供学习材料。以讲授"GPS 接收机数据协议"一课为例，这节课要求学员学会解析 NMEA 0813 协议中的几条关键数据协议的含义。较为传统的方法是教员通过设置接收机的接收筛选语句，将这几条关键数据从大量的接收数据中筛选出来，并让学员对照教材进行解析。这种方法没有考虑到学员的差异，仅以满足教学要求为准。在实际教学中，试着采用开放的学习资源，让学员通过搜索引擎获得关于协议的说明。大多数学员能够根据关键词搜索到几条关键数据的含义，完成教学大纲的要求，还有一部分学员能够探索更深的内容，自己掌握了如何通过协议数据发送实现接收内容的筛选；而另一部分学员更关注协议的细节，对于课本上没有提出要求的一些数据进行了进一步的分析。这样，通过开放的平台，提供了差异化材料的获取途径，也提供了差异化学习的途径，能够充分发挥学员的自身优势，这是教员个人难以实现的。

2.4 教育技术手段对差异化学习材料的作用

技术手段的多样化使得有效提供差异化材料具有了更强的可操作性，特别是有利于实现学习材料在形式上的多样性。以"卫星导航接收机信号"教学为例，讲授的内容是关于高频电磁波在空间中传播的问题，通过多样的技术手段，可以对这个问题进行多种解释和表达，如通过多媒体动画，可以形象的展示信号传播过程；而通过实验可以提供真实的现象，通过现象来推断信号传播过程；计算机仿真程序可以在理论上模拟传播过程等，这些教学技术手段的运用，增加了学习材料的差异性，使得其可以更有效地适应不同的学习者。

3 差异化学习材料运用有效性评估

学习材料的差异并不表示对于学习目标和学习效果可以提出差异化的要求，相反地，为了更有效地实现一致的效果，才需要因人而异地提供差异化学习材料。为了确保这些材料实现了其功能，需要进行效果评估，关键在于构建及时、高效的反馈渠道，以便随时调整差别化材料的使用频率、范围，并针对学员在学习过程中知识、能力的掌握运用程度对差异化学习材料进行及时调整。不难看出，这是一个"动态的、闭环的"过程。

3.1 提供时效性强的一致性评价方法

验证差异化学习材料的有效性有许多方法，如引入专家评价机制、与学员充分交流沟通讨论、进行测试与考核等，其中，设计随堂测试是评估差异化学习材料有效性的必要手段，也是最及时、反馈性最强的手段。但一般认为，测试会导致学习环境紧张，引导学员更多的关注测试评级本身而非教学内容。因此，测试的形式和评价的方法需要仔细考虑，要注重对材料有效性的评价而非对学员掌握程度的评价。这并非是说不需要评价学员的学习结果，而是这种强时效性的、频繁的测试主要目的不在于评价学员，也不适合评价学员，因为这类测试没有考虑学员对新知识的认知需要一个消化、理解、吸收的过程。这类测试的目的在于回答一个问题"为学员提供差异化的学习材料是否能够覆盖到所要求的所有知识、技能，是否突出了教学的重点"。

在实际授课过程中，最有效而不会引起负面作用的测试是要求学员对所学内容进行梳理和总结，这并不涉及对学员的评级、评价，而是通过学员的总结来确认提供的不同形式和内容的学习材料是否合适。对于不合适的材料，要及时进行调整，并且通过教员的总结和梳理使得全体学员都明确课堂的核心内容所在。

3.2 增强积极教学互动的力度

使用差异化的学习材料，其理论出发点在于认可学员之间个体的差异，而非通过"标签式"的归类对学员进行整体的定义，在目前的专业课教学过程中，如果教学班人数在十人左右，这是可以实现的。要准确把握个体的差异，需要师生之间广泛而深入的交流，特别是针对学习内容方面的交流，目前我们采用的教学联席会形式是一种有效的形式，它实现了广泛的交流，但其深度还不够。深度的交流需要合适的氛围和宽松的时间、空间，一般地，通过指导学员的晚自习等可以获得更多的沟通时间和空间。但宽松的氛围则需要教员进行创造，关键在于不对任何意见和建议进行评价，无论是正面的还是负面的，让学员自由地表达自己对于学习及学习材料的看法，这种表达的唯一目的是帮助教员对差异化学习材料进行设计，而非对学员的能力、人格进行区分和指导。当教员的定位是一名观察者和倾听者时，才能真正了解学员的真实情况和差异；反之，如果教员以指导者的身份出现，会对结果造成误导，如学员会表现的"像教员希望的一样"，而这并非真实的个体，以此为基础设计的学习材料，也很难发挥作用。

3.3 寻求教学法规与教学政策的支持和教学专家的指导

差异化学习材料的使用，将教学设计由"开环、静态"的模式变为了一个"基于反馈的、动态调整"的模式，这就需要寻求更多的教学法规与政策方面的支持，例如：对教学材料的评价将贯穿整个教学过程而非在学期之初进行总体的评价；对课堂内容的评价需要综合考虑多次的结果，即如果某个材料提供的并不合适，但通过反馈机制及时进行了弥补与修正，这究竟应该定义为进行了一次成功的差异化材料运用，还是定义为一次失败的教学？此外，需要专家给予更多的指导与监督，利用专家的理论与实践优势，预先对差异化材料进行评估，可以避免实际教学中的许多弯路。

4 小结

这是一个彰显个性的时代，技术的发展使得每个人都可以有自己的舞台，对于在这个时代成长起来的学员来说，他们的思维模式和思维方法都更倾向于"个体的、个性的、自我的"。为了适应这种时代需求，在教学中使用差异化的学习材料是一种不可忽视的趋势，如何有效地设计、使用差异化材料，如何有效地评估差异化材料运用的结果，这些问题还需要从教学实践出发进行探索，不断地加以完善和发展。

参考文献

[1] JACKONIC SEORIOES. 美国陆军装备维修训练特点[M]. 武汉：军械士官学校出版社，2014.

[2] MERRILL, JAMES A. M. Google 时代的工作方法[M]. 北京：中信出版社，2011.

[3] PHILLIP C. WANKAT, FRANK S. OREOVICZ. 工程教学指南[M]. 北京：高等教育出版社，2012.

产教融合机制下的新兴专业开发探索

孙学耕① 陆胜洁②

（① 福建信息职业技术学院，福建福州 350003 ② 北京新大陆时代教育科技有限公司，北京 10000）

摘要： 随着中国经济结构不断优化升级及产业结构的深刻变化，职业教育亦获得了来自于技术与产业的有力驱动。本文以"光伏工程技术"专业开发为案例，探索职业院校面对新常态的挑战，应当如何迎接机遇，基于产教深度融合机制下开展新兴专业开发及人才培养模式的匹配创新，寻找有效解决新兴产业用人需求与职业教育供给侧改革的高度契合途径。

中国高等职业教育始于 20 世纪 80 年代初，并于 1999 年第三次全国教育工作会议后开始进入快速发展期[1]，目前已成为高等教育从精英教育走向大众化的生力军，同时也进入了转型升级建设发展的新时期。随着中国经济步入提质增效的新常态阶段，技术的迅速革新带来了对于产业用人模型质与量的更高诉求，新兴产业用人需求与教育供给的难以匹配已初见端倪。基于深度的产教融合机制，以构建产业用人需求与职业教育供给侧改革高度匹配的途径建设、探索与实现，是符合现代职业教育发展规律，并极具研究价值的课题之一。

1 产教融合：新常态下新兴专业的有效开发途径

职业教育与普通教育相比，其最大的不同点在于其明确的职业属性。职业的内涵既规范了职业工作的维度，又规范了职业教育的标准[2]。故而，职业教育的专业教学，与产业职业是密不可分的。目前，处于中高速增长时期的中国，国内外环境发生了深刻的变化，无论产业、企业都被裹进了时代前所未有的变革中，技术路线的多元化进步不断驱动着产业的转型升级，而同时浮现的是高技能人才长培养周期与产业迅速变革下的人才供需关系结构性矛盾。有效解决这一供给矛盾，拓宽产教合作路径，实现多层次多维度的产教深度融合，准确把握其内涵与要求，是基本原则与重要方向。

在光伏工程技术这一新兴专业的开发上，我们探索了以此基本原则为导向的具体实施策略与方法：院校与产业标杆企业在高职高专电子信息专业教学委员会的指导下，形成了专业开发协助组，建立了以校企共同完成的咨询、设计、开发、实施为步骤的专业开发流程（CDDI 模式）。实现了以职业为原点的新常态下新兴专业的方向定位、方案构建、课程开发、教学过程设计与实施、教学情境开发及中高本衔接体系构建。

1.1 咨询（Consulting）

着眼于未来的专业结构调整与新兴专业开发对于院校的竞争力是至关重要的。作为新能源领域风口浪尖上的光伏产业，其发展与国际能源、经济环境、国内政策导向、产业技术趋势动态密切相关。在专业开发之初，协助组引入了政府、产业界的项目咨询模式，就产业创新类型分析、院校发展力规划、已有专业结构设置、原有专业基础沉淀、国际产业与国内产业、区域产业发展布局等维度进行系列的调研、解析、专家论证与研讨，确定专业的科学定位与内涵构建。

1.2 设计（Design）

明确专业定位后，协助组的企业成员和院校专家分别就该职业岗位发展路径图、职业角色能力图谱、专业知识学习图谱，及由此细化的职业初始岗位能力分析进行剖析。以此为基础，从以"可持续发展技能"为基础的培养方案构建、以"灵活就业"为目标的课程体系构建、以"角色能力本位"为核心的课程标准构建等维度对专业进行详细的设计规划。

1.3 开发（Development）

完成翔实的设计论证后，协作组在教学委员会《专业人才培养方案及课程开发规范（2.0）》的开发思想指导下，以公共课程设计满足国家要求与培养目标；基本技术技能课程强调专业领域核心技能，拓宽职业工作适应能力培养；专业课程和教学与综合能力和素质培养相结合，以项目课程为主线，开发出理实一体（C 类）课程、技术技能（B 类）课程、基本理论知识（A 类）课程。同时从企业之于员工的项目内训视角开发出可同时匹配技能拔优和创新意识培养的高质量课程，以满足个性化、差异化的因材施教培养要求。

1.4 实施（Implement）

建立产教深度融合的有效机制在新兴专业的实施环节其重要性尤为凸显，在师资团队、教学资源与环境、职业能力测评体系、学生实践实习等维度上均有裨益。

（1）师资：师资交互机制。除常态化的师资定岗、师资定向培养外，在光伏专业的师资团队组成上，我们基于现代学徒制的理念与企业设计了"多导师"培养实施方案，为学生配置由专业老师和企业工程师组成的导师小组，针对不同的学习阶段和学习任务，企业将安排不同的岗位人员进行匹配课程和项目的授课辅导。而辅导的方式亦可根据学习阶段和任务采用线上和线下的方式展开，有效的缓解新兴专业师资较为薄弱、而产业对于人才专业能力与综合能力素养日趋提高的矛盾现状。

（2）教学资源与环境：资源环境共建机制。新兴专业的产生更多的源自于产业的变革与技术创新，随之衍生的便是教学资源的匮乏和院校对于教学环境的不确定性，与此同时，信息技术的不断发展亦深刻驱动了于教学资源、环境与教学模式的更高要求，课程创新的周期越来越短，已有经验的适用范围却愈加窄。因而，光伏专业在资源的开发上，采用了深度共建机制：由院校师资团队根据开发后的课程标准对知识点进行梳理，以单元级、颗粒级的方式呈现需求；由企业的项目团队再实现"光伏工程技术的云端学习平台"；根据需求构建了结构化、标签化的体系知识素材，素材根据项目、课程需求，有常规的文本图片、课件，亦开发了知识点微视频，以及典型项目的 VR 案例，并根据专业的开发思想在云端平台上构成了专业课程、岗位课程及兴趣课程三大线上课程集合；同时根据项目化教学的需求，开发了可满足 A、B、C 类核心技术课程教学实训的"智能微电网实训系统"，快速且高质量的实现新专业在教学资源与环境的空白。

（3）能力测评体系：职业能力测评体系市场化机制。传统的职业能力评价体系多体现职业能力的结构特点，对职业能力的层级关系反应不够，且多具有校本或区域性特点，通适性不够强[3]。光伏工程专业在学生能力评价体系的设计上借鉴了企业人才评测机制，在学习平台上以技能测试、量表评价等方式呈现了对能力、行动等多评价指标的测评体系建设。并引入 HR 导师评价体系，通过市场化评价机制的建立实现对于专业学生职业能力培养结果的客观反映及优化建议；

（4）学生实践实习：学习场与工作场无缝衔接机制。为寻求解决院校人才长培养周期与产业技术革新对于人才模型的供需不匹配问题，建立无缝衔接的学习场与工作场是势在必行的。在本专业该环节的设计中，我们与企业共同尝试了基于互联网的线上线下实践实习设计。在教学计划中合理分布规划了基于线下的企业实地认知体验、学校工作情境实验室学习、企业顶岗实习等；基于线上的工程项目范例实践、项目各阶段虚拟仿真平台学习等，力求提升学生的岗位适应能力，缩短成长周期。

以产教深度融合为基础实现的新兴专业建设途径中，咨询、设计、开发与实施流程是一个不断尝试、检验并优化的闭环，而其中的设计环节是开发过程的核心步骤。其必须准确地把握新常态下新兴产业对于人才能力的诉求，同时在对专业的设计亦需要满足我国现代职业教育体系的构建需求，可称之为是整个专业开发过程的"灵魂"步骤。

2　新常态下新兴产业的人才能力诉求

人才作为企业应对复杂性和不确定性最重要的资源，在新常态下，其能力的要求正在不断提升。如何基于动态的发展观清晰准确地研究把握新常态下新专业人才职业能力的内涵，界定专业培养目标的实质，是严谨而重要的环节。光伏专业协作组在完成系列调研研究后发现，新兴产业对于人才在以下三方面的能力养成尤为重视。

2.1　基于角色的职业能力养成

"能力本位"的教育思潮始于 20 世纪 60 年代，其核心是从职业岗位的需要出发，确定能力目标。在基于岗位的工作分析中，每个岗位都被视为可分解的颗粒的工作行为组合，而在技术、经济结构快速变革的新常态下，组成岗位的颗粒工作行为不再是静态确定的，而是具有更多的可变可衍生性，故而，动态的人与静态的岗位适配就尤为困难。协作组在调研中发现，以人为中心的"角色"的概念浮现，以"角色能力本位"的用人机制在新常态的企业组织中正在逐步被重视，其颗粒度比岗位更小、更灵活，更强调员工的专业能力、方法能力和社会能力的协同发展。为此，企业也更为重视该能力在学习阶段的养成。

2.2　可持续发展技能的养成

可持续发展技能又称为"绿色技能"，是指劳动力支持并促进工商业和社区可持续的社会、经济发展和环境友好而需要的技术、知识、价值观及态度。我们所开发的光伏工程技术专业，其背景产业以光伏、风能为核心的新能源产业将有可能成为推动第四次工业革命的主导力量，亦是强调了绿色、低碳与智能化。该领域企业的用人之道也同样关注员工的绿色技能基础，并多数在企业文化中构建了绿色技能教育养成体系，不仅强调员工可持续发展的科学知识，也重视可持续发展的道德水平养成。

2.3　"学会学习"的能力养成与创新思维

新常态下，由于技术变革、商业模式创新、劳动组织形式多变，某种具体的工作或职业发生巨变或消失渐为常态。此时，职业迁移能力就尤为重要。"学会学习"的能力能够使员工在变化的环境中，在原有知识体系与工作经验沉淀中，获取新的职业技能和知识；同时创新的思维亦能够从不同的视角思考问题，产生新颖独到、有社会意义的思维成果。"学会学习"与创新思维的能力是现在企业对于员工的可发展性诉求。

3 新常态下新专业的设计特色

在准确把握新常态产业人才能力诉求后，专业的科学设计将从根本上决定了新专业的有效竞争力。在光伏工程技术专业的设计过程中，协作组遵循了产业、行业调研、专业与职业典型工作任务分析、岗位与能力分析，能力到课程转化与课程内容分析、课程体系和课程标准编制的设计路径，实现了满足新常态下对于具有角色能力、持续发展能力、"学会学习"能力的职业能力诉求课程转换，从培养目标定位、课程设计及教学模式等维度进行开发，有效保证专业质量及层次的可实现性及优异性。

3.1 培养目标层次清晰

国家现代职业教育的理念和蓝图已经绘成，现代职业教育体系框架基本形成，高职教育作为重要的承上启下中枢环节，解决好专业贯通、衔接是非常重要的。本专业在深度设计上响应现代职业教育体系建设要求，在培养目标的设计上科学合理性规划，使之更加符合市场需求；同时充分考虑中高等职业教育全面衔接的设计，基于对主干学科、主干技术、技术应用领域、职业应用领域、核心知识、能力等多维度的剖析，清晰定位培养目标与规格，为同专业中高职、本科多层次人才培养的衔接做好顶层设计与规划。

在本科层次，培养目标定位于能在新能源设备信息通信、电子技术、智能控制等领域从事相关电子设备和信息系统的科学研究、产品设计、工艺制造、应用开发和技术管理的复合型工程技术人才。

在高职层次，培养目标定位于具有光伏电子产品辅助设计开发、工艺管理、新能源工程项目组织与管理，设备安装、运行调试、智能微电网工程项目与维护能力的高素质技术技能人才。

在中职层次，培养目标定位于可在光伏发电、智能微电网相关技术及其应用的各相关领域中从事光伏发电系统集成和实施、光伏发电系统运行和维护、智能微电网实施和运维应用型技能人才。

3.2 课程设计指向明确

专业课程的开发指向是非常明确的，以实现基于动态的职业发展观和新常态下任职者所需要具备的职业能力全貌而设计，在培养学生具有基础的任职资格，即为了胜任具体职业而需要具备的基本能力要求下，更着眼于对于学生职业素质和职业生涯管理能力的培养上，强调了学生在专业能力、方法能力及社会能力的培养。

3.2.1 拓宽专业适应能力

光伏专业的设计开发即从职业类的能力需求出发，为学生构建好专业基本能力的基础，为其职业生涯的可持续发展和职业迁移能力奠定基础。在培养方案中，开发设计了专业基础（平台）课程作为高职电子信息类专业相关职业需要的、通用的专业基础适应能力培训课程，譬如工程制图与 AutoCAD、电工技术、电子技术、电子线路板设计与制作、单片机应用技术、嵌入式系统开发、程序设计（C 语言）、PLC 编程及应用等。通过课程的学习，学生可具有跨专业方向的基础能力，如此，学生在职业选择上便可不再局限于光伏工程技术专业，而是可以在就业面更广的电子信息大类专业对应的职业范围内进行职业选择，选择面扩大，职业迁移能力也随之增强。

3.2.2 提升综合职业能力

综合能力是基本能力的纵向延伸，强调综合能力的培养，有助于学生的职业或者组织发生变更，能够在变化了的环境中重新获得新的技能和知识，具有跨职业的能力。

光伏专业在培养方案设计过程中需着眼于通过理实一体的培养方式，通过教授、讨论、启发多种方式为学生建立夯实的理论知识体系，其次，通过学习领域课程的开发，通过运用案例为引导，按照实际工作中的任务书要求，给学生布置独立解决的项目任务，并要求提交项目成果、进行项目总结、反思与答辩的形式，锻炼及提高学生综合运用专业知识与技术的能力、科学思维与行动的能力及独立学习、解决问题的能力等；同时通过新一代信息技术、大数据技术等拓展性课程的开设，使学生掌握趋势前沿的技术。

3.2.3 开发创新思维与学习能力

创新能力的有效熏陶及培养有助于学生职业竞争力的构建。在方案设计中，引导学生在实验实训、项目任务等过程中发现问题，并思考解决问题的方法和途径；亦通过教学项目设计，引导学生在工程技术上、新工艺上、新材料上等方面进行创新。如在教学任务开始，通过设置一个引导性小型任务作为学生模仿的案例，再给出新的难度升级的项目任务课题。可以让学生在接受任务课题时即可提升其发现问题，分析问题的能力。在分析和寻求解决问题的过程中，学生又可以根据不同的环境、经济、民生等条件，通过使用不同的项目实现方式来发现新工艺，使用新材料，运用新方法，解出新结果等。

4 总结

综上所述，职业教育的发展离不开行业、企业的参与。行业、企业深度参与职业教育专业建设，有助于提高职业教育专业水平，使院校的专业结构能够保持与产业结构的高吻合度，真正意义上实现了新兴专业与产业结构良好的衔接和整合，适应并推动国家现代职业教育体系的建设与发展。

参考文献

[1] 鲍洁. 中国高等职业教育课程改革状况研究[M]. 北京：中国铁道出版社，2012.

[2] 姜大源. 当代德国职业教育主流教学思想研究[M]. 北京：清华大学出版社，2007.

[3] 庄榕霞，赵志群. 职业院校学生职业能力测评的实证研究[M]. 北京：清华大学出版社，2012.

实施项目化教学，提升学生综合素养

李亚平

（成都职业技术学院，四川成都 610041）

摘要：用三年的时间，我院实现了项目化课程体系的重构。本文以软件技术专业为例，从项目化课程体系的设计、实施、评价几个环节对项目化课程进行了简单的介绍。

1 职业教育课程现状

从 20 世纪 80 年代开始的中国职业教育改革，在经历了三十多年的发展后有了飞跃式的进步。随着职业教育课程改革实践的丰富与职业教育课程理论研究的深入，在广泛吸收国际先进经验的基础上，创建符合中国实际的自主模式。如"宽基础，活模块"课程模式，以及由上海市推行的"项目课程"等。

"宽基础、活模块"课程模式是在借鉴双元制、CBE、MES 等发达国家职业教育经验的基础上，结合我国国情和职业教育实际进行研发的具有中国特色的职业教育课程模式。但是，在"宽基础，活模块"的课程模式中，教学内容的结构和建构方式并没有发生根本性的改变。

随着职业教育改革的不断推进，以及职业教育理论体系的不断完善，近年来又提出了项目课程。项目课程是借鉴德国最新职业教育理论——工作过程导向的职业教育的思想，结合我国实际自主研发的体现职业教育规律的课程模式。其主要特点是：

（1）按照典型的职业工作任务设置课程。

（2）突出职业能力。

（3）项目课程打破了长期以来的理论与实践二元分离的局面，以职业工作任务为中心，实现理论与实践的一体化教学，更加关注工作过程知识与工作经验。

（4）推行行动导向教学，以学生为主体的项目教学法、案例教学法等成为实施项目课程的主要教学方法。

项目课程在设计上解构了传统的学科课程模式，符合学生职业能力的形成规律。但该模式的实施需要较高的框架条件，一是高素质复合型的师资队伍，二是较好的实训教学条件以及与行业、企业的紧密合作。

2 项目化课程设计

项目课程强调以典型产品为载体来设计教学活动，整个教学过程最终要指向让学生获得一个物化的产品，这个产品既可以理解为制作的一个物品，也可以理解为排除的一个故障，还可以理解为所提供的一项服务。这是项目课程的一条重要而富有特色的原理。以典型产品为载体，从功能的角度看可以有效地激发职业学校学生的学习动机，从理论的角度看意味着"实践观"的重要转变。传统的实践观往往把过程与结果割裂开来，把实践仅仅理解为技能的反复训练，从而导致了实践的异化。而项目课程的实践观把实践理解为过程与结果的统一体，认为实践只有指向获得产品才具有意义，才能达到激发学生学习动机的目的。

以我校软件技术专业课程体系的重构为例，打破传统学科式课程体系，对课程体系进行重构，构建了项目化课程体系；现在很多学校也在开展项目化教学，是一种小于课程的项目化教学，而我院的项目是大于传统课程的，主要包括保障理论体系完整性的教学项目、与企业对接的企业转换项目和与工作对接的商品项目。

高职学生的可持续发展离不开理论基础知识，为了保障理论体系的完整，我们在项目过程中设计了教学项目。以大一第一学期的专业基础课为例，传统的学科体系包括了 C 语言程序设计、数据结构、软件工程、计算机基础等一系列的课程，我们本着由简到繁、由易到难，项目兼顾工作过程和学生综合能力的培养，理论体系逐步涉及，最后完整这一思路对课程进行重构，结合成《小型 C 项目集》(包括了《学籍管理系统》《图书借阅系统》《运动会报名系统》《火车票订票系统》《保龄球计分系统》等)，如图 1 所示。

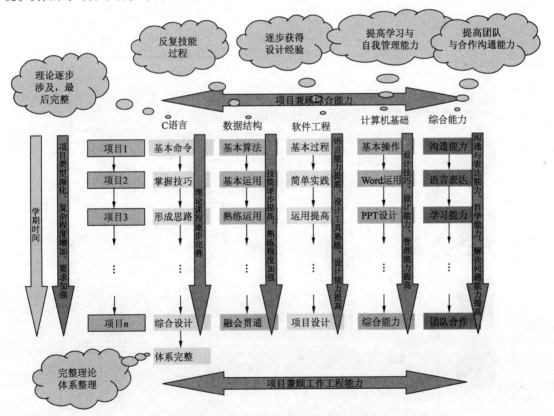

图 1　软件技术专业第一学期项目设计示意图

教学项目提高了学生的学习兴趣、保障了理论体系的完整，但与企业的需求还有一定的差距，在完成了教学项目的教学后，要适时的引入企业转换项目(企业已经完成的商品项目，经专业教师与企业工程师进行沟通后，转换成用于教学的项目)，以保障教学与企业需求的对接。

企业对新技术的敏感度远远高于学校，与企业的对接可以适时的将新技术项目引入教学保障与企业需求、技术同步。但不是所有的企业项目都适合转换为教学内容，教师要根据学生、师资、环境以及知识产权、保密等综合因素，与企业工程师进行认真细致的分析与梳理，转换成适合用于教学的项目。

企业转换项目的来源要求有合作紧密的企业，有与企业专门对接的企业助教（专职教师），以及一系列保障制度。

在完成了教学项目、企业转换项目的学习后，还要安排学生上岗前的准备项目——商品项目的学习，这一过程学生要全程参与企业商品项目的需求调研、设计、开发与运维。通过商品项目的开发，学生会对项目开发有一个真实的体验与收获，对学生毕业后进入企业工作，提供了一下真实的平台。

3 项目化课程实施

根据集群式项目教学模式要求，软件技术专业人才培养分为五个阶段（图 2 所示），每个阶段的实践项目要紧密结合、前后迭代关联，进而形成一个项目集群。学生在完成项目集群中多个项目开发的过程中成长，使职业能力不断提升。

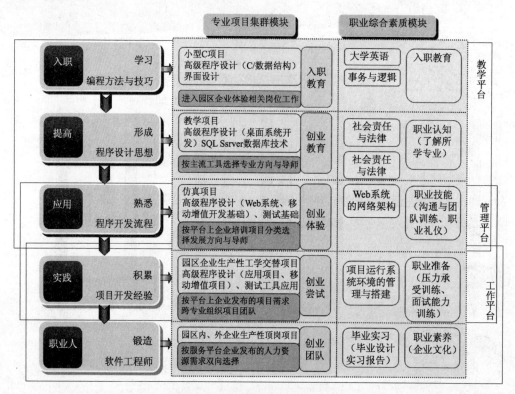

图 2 集群式项目教学模式结构

入门阶段学习编程方法与技巧，以培养学生的专业理论知识与单项技能为目标，为专业核心能力的培养奠定基础。学生可进入园区企业体验相关岗位工作，明确学习的目标。

提高阶段以培养学生的专业核心能力为目标，形成程序设计的思想。学生可按主流工具选择专业方向与导师，做到手把手教学。

应用阶段以培养学生的综合应用能力为目标，熟悉程序设计开发的流程。学生可按平台上企业培训项目分类选择发展方向与导师，进行企业项目实战。

实践阶段以培养学生的项目开发能力为目标，积累项目开发经验。学生可按平台上发布的项目需求跨专业组织项目团队，尝试以独立团队形式进行开发，导师只提供技术咨询。

职业铸造阶段是学生在熟悉项目开发流程、掌握了一定的专业技术、具备了一定的综合能力的基础上，以顶岗实习的形式参与企业真实的商业软件项目开发，全面提高学生的职业岗位能力。

项目化教学除了课程体系的重构外，实施是项目化课程的又一重要环节。强调通过实践促进理论、概念，而不是理论指导实践，这与以往的教学有很大的区别，在教学过程中，我们强调以下几个方面。

（1）教师不能使用 PPT，整个项目实施过程必须在环境中完成，PPT 展现给学生的是结果，没有过程，程序设计的思维方式、方法是很难用语言来表达的，通过若干次现实的开发过程，学生可以感悟到老师的思维方式、方法；

（2）学生必须分组学习，要求学生三到五人一组，初学时，每组最多只能使用两台电脑，让学生学习团队合作、沟通与语言表达能力，鼓励优秀学生参与教师辅导；

（3）由于是项目化课程，所以课程安排最少四节连排，每次教学活动中，教师讲授的时间不能超过三分之一，更多的是让学生会思考、分享，学会充分利用教学资源和网络；

教师的教学过程是短暂的，项目开发过程除了开发、讲解，更多的是需要教师引导，让学生去感悟，要求学生减少记笔记，因为记笔记会把很多需要感悟的学习内容、过程错过，而只记下一些结果性的东西，失去了最好的学习内容。

实践环境项目室化，让学生自己管理自己学习的空间，从设备、系统的维护，到项目室的环境卫生、安全管理，全部由该项目室学生负责，养成教育从点滴做起。

4 项目化教学的评价

教学评价是项目化课程实施是否得当的判断过程。教学评价是教师教学和学生学习的价值过程。我们的教学评价除对学生学习效果的评价和教师教学工作过程的评价外，还有对参与企业的评价。

对学生的评价有：教师对学生的综合评价（学习状态、学习态度、学习能力、学习效果），并对学生在学习过程中出现的问题提出改进意见；另一个评价就是对学生学习成果进行评价，由于是项目化教学，我们只有项目答辩对学生的学习进行成绩评定，每学期学生通过三到五个项目开发，对每一个项目都需提供需求说明、制作 PPT、项目运行结果、提交源代码及进行答辩最后教师给出成绩。

每两个月组织一次学生座谈会，对教师及企业进行评价，对教师的评价主要包括：教师的责任心、项目准备是否充分、思路是否清晰、教学难易程度等；对企业的评价包括：企业对学生是否负责、项目安排是否合理、企业教师是否有耐心等；对教师在教学过程中出现的问题原则上是以帮助老师改进的态度与教师探讨，让教师的教学能力在教学过程中不断提高；对企业在教学实施过程中的问题会对企业提出整改意见，连续两次没有整改的企业不再合作。

项目化课程体系是我院一系列教育教学改革内容之一。我院从 2009 年开始，以软件专业作为项目化教学试点，构建了项目化的课程体系——学院优化课程结构，围绕企业实际需求和职业岗位群所需能力，实施项目化的课程体系建设。学生在教师的指导下按企业需求进行项目开发；引发教学组织形式变革——教育园引入软件企业，根据企业需求，把学院实践教学基地建设成能够提供给企业进行生产或临时扩大生产需要的生产基地；而企业入驻实训室、课堂进入企业，实现了"校、企、课堂"的相互嵌入，实现了培养目标与企业人才需求同位。现已在软件分院十个专业全面铺开，通过七年多的实践，毕业生基本达到三年内做到项目经理这一既定目标，学生创业团队超过百个，远超国内平均水平，今年更有大三学生创业成功回馈母校，捐赠教学设备的成功案例。

参考文献

徐国庆. 职业教育项目课程的几个关键问题[J]. 中国职业技术教育. 2007.

实践教学平台的构建与应用研究[1]

李金祥[①] 杨元峰[①] 陈珂[①] 王敏[①] 陈龙[②]

（① 苏州市职业大学　江苏苏州　215104　② 上海尚强信息科技有限公司　上海　200000）

摘要： 随着经济社会发展的转型升级，企业对人才需求的标准进一步提高，特别是对应用型高技能人才的需求，实践动手能力和技能的掌握程度成为影响就业质量的关键因素。文章通过对苏州市职业大学与上海尚强信息科技有限公司联合开展的"1库4平台"教育教学改革项目的研究，探讨了高职计算机类专业实践教学课堂改革的模式，提出了"1库4平台"的整体解决方案。有力地推动了校企深度合作、产教研的融合发展。

实践教学是高等职业院校教育教学过程最重要的组成部分，是培养生产、服务和管理一线应用型高技能人才的重要途径。近年来，苏州市职业大学秉承"勤勇忠信"的校训，以实训基地建设为抓手，强化实践教学改革，本着"整体规划，分步实施"的原则，先后建成了中央财政支持的职业教育实训基地——物联网技术综合实训基地、江苏省财政支持的数字媒体与软件技术综合实训基地等，与上海尚强信息科技有限公司联合建立移动互联工程训练中心。"1库4平台"是与尚强科技联合开展创新人才培养模式改革先行先试项目，该项目从人才培养的供给侧改革入手，以实践课堂教学改革为切入点，着力解决目前高等职业院校人才培养过程中的难点问题，如师资队伍实践教学能力不强、学生自主学习的动力不足、教学内容的个性化不足、教学过程的标准化不够、学习过程缺少实战化、教学质量难以有效评价等。"1库"即数字化教学资源库，"4平台"即实践教学综合平台、质量监控与评价平台、雇主门户平台和智慧学习平台。

面对师资队伍的问题，我们采取多种举措，如到企业锻炼，参加国培、省培或专业培训项目，参加专业建设或课程建设等相关研讨会，聘请企业技术人员到校讲课，培训主任教师等手段和方法，力争解决师资队伍问题。

1 数字化教学资源库

高校教育教学改革首先遇到的是"改什么与如何改？""教什么与如何教？"的问题，特别是教学一线的教师，要准确把握好并非易事。其实针对这些问题，不同的地区、不同的学校、不同的教师或是不同的学习者，答案都不完全相同。我们选择以实践课堂教学为突破口解决"改什么"的问题；以建设数字化的教学资源库以解决"教什么"的问题；以平台建设解决"如何改"和"如何教"的问题。

对于专业教学资源库的建设，教育部从 2010 年开始，已先后投入大量的人力、财力进行建设，然而这些资源库的利用率不高，发挥的效能并不是很高。其中的原因是多方面的，这里不做过多

[1] 项目研究得到江苏省高等教育教学改革项目"基于'互联网+'智能化实践教学管理平台的构建与应用研究"基金（编号：2015JSJG414）和苏州市职业大学教改项目"政行企研校共建高职实训基地探索与实践"基金（编号：SZDJG-13001）支持。

分析。

数字化教学资源库的开发，严格按照一定的规范和流程，以便于很好的部署在实践教学综合平台之上，方便教师的教和学生的练。教学资源分为理论用教育资源、实验用实践资源、实训用项目资源等。理论用教育资源包括课程大纲、教学课件、教学视频、演示案例等；实践资源和项目资源都以企业级的实训项目为主，根据实验、实训和毕业设计的不同要求进行切分。教学资源的开发人员是来自教学一线的专任教师，企业技术人员，教育学、心理学等方面的专家，首先制订课程大纲，把岗位技能和职业标准相结合，符合教育规律。教学资源开发是一项耗费精力和时间的工作，任务艰巨，工作量大，对参与者的水平和经验要求较高。

教学资源的开发要求满足以下特点：

（1）按照教学规律制作，企业级代码优化；

（2）项目较为庞大，需切割成满足一个实践教学的范围；

（3）资源之间保持低耦合性和高灵活性；

（4）每一个实验内容，后台都可评估与记录。

图 1 是项目资源开发的流程规范。

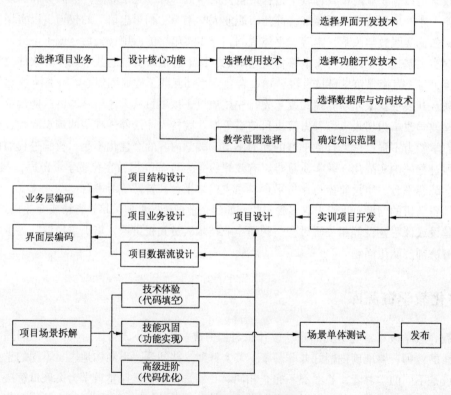

图 1 项目资源开发流程

数字化教学资源库中课程资源数量的多少，决定了其覆盖的专业范围，也决定了实践综合教学平台的使用效率。因此，教学资源库应是一种开放式的管理模式，对于教师自己制作的教学资源，在满足平台使用规范的条件下，教师个人能部署到教学平台当中。

2 实践教学综合平台

数字化的教学资源库解决了"教什么"的问题,实践教学综合平台重点解决"如何教"的问题。综合实践教学平台是将数字化的教学资源部署在其中,可以进行实验课、综合实训课(课程设计)、毕业设计等主要实践教学场景的课堂教学。它是通过虚拟实验环境、教学进度与教学内容的高度集成,在不增加教师教学负担的情况下,大幅度提升项目化教学的质量,进而提高学生的工程应用技能。

2.1 实践教学综合平台的角色设计

教学平台除了管理员角色外,主要使用者包括教师、助教和学生。他们之间的关联交互如图 2 所示。

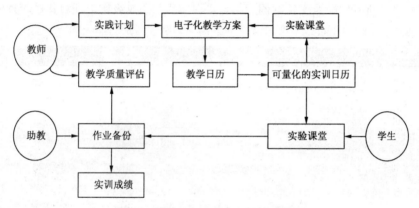

图 2 实训平台使用者之间的关联图

下面主要以教师和学生身份登录平台客户端的功能予以简单介绍。

2.1.1 教师角色

以教师身份进行登录,显示主讲教师姓名,实训中心、在线课堂和我的课堂等菜单项,有"我的课表""实践计划""实验课堂"和"实验成绩"等 4 项基本操作。"我的课表"可以查看本学期每周的上课安排情况;"实践计划"可以实现对整个实践环节的编排,包括课程、每次上课的内容、助教安排等;"实验课堂"可以查看每次实验课的相关信息、教学状态等;"实验成绩"可以查看全班实验成绩情况、单个学生成绩情况、以及实训项目的成绩情况,也可以导出全班学生、单个学生的实验成绩或实训项目的成绩。

2.1.2 学生角色

以学生身份进行登录,顶部显示登录学生的姓名、实训中心和在线课堂等,有"我的课表""自主学习""实验课堂"和"查看成绩"等 4 项基本操作。

2.2 实践综合教学平台的功能设计

实践综合教学平台不仅具有基本的教学功能,而且也具有一定的教学管理功能,从系统设计的角度出发,整个平台具有的功能如图 3 所示。

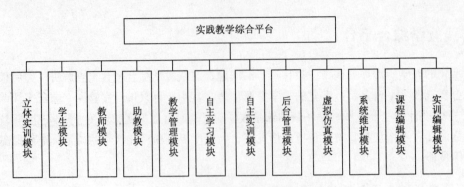

图 3　实践教学综合平台功能图

2.3　实训中心

实训中心是把所有的经典实验案例、综合实训项目和企业级实训项目集中管理的系统，如图 4 所示。通过该系统学生可以对实验课堂的案例、训练项目进行学习。

图 4　实训中心图

3　质量监控与评价平台和雇主门户平台

通过实践教学综合平台记录和抓取各个实践教学课堂的全部数据，对接质量监控与评价平台，对教与学行为全过程进行管理、追溯、质量监控与评价分析，向教学管理者或院系领导提供不同维度的教与学分析数据和图表，同时把学生实验或项目完成的成绩转化为岗位能力胜任与技术能力曲线，通过云计算、云存储技术发布在雇主门户平台展示给雇主，以帮助雇主作出更好的用人选择。

4　智慧学习平台

智慧学习平台是基于质量监控与评价平台上过程管理数据，对每个学生、每个班级或是每个专业的学生进行学习状况分析，找出其短板或是强项，反馈给每个学生，通过查遗补缺，优化自身的能力结构，从而达到个性化的学习目的，形成学习过程的"闭环系统"。

5 结束语

虽然实践教学平台在改进实践课堂教学模式上起到了积极的推动作用，加强了实践过程的监督与控制，对学生技能掌握程度的评价收集了大量的数据，同时对接雇主门户平台，为企业选人、用人提供了真实的数据。但是并非这个平台完美，没有缺点，在平台与学校教务系统的对接方面，上报教务部门的课程教学总评成绩，在平台上教学取得的实验、项目成绩的对接问题、岗位技能标准曲线的来源与社会的认可问题等还需要进一步的深入研究。

基于跨企业培训中心的高职院校
电子商务技术专业模块化课程体系研究[1]

杨正校

（苏州健雄职业技术学院，江苏太仓　215411）

摘要： 校企合作培养技术应用型人才在职业教育界已经形成共识，职业院校学习借鉴国际职业教育经验广泛进行各种校企合作办学形式的探索与实践，但企业参与的积极性不高，校企合作往往成为一纸协议，无实质性进展。跨企业培训中心是基于校企利益共同体建立的职业培训机构，是建立行业、企业认同，企业积极参与校企合作办学的长效机制，针对电子商务技术人才特点，建设基于跨企业培训中心的电子商务技术专业模块化课程体系，形成的实训模式行之有效，具有广泛的借鉴意义。

1　引言

自教高 2006（16）号文件发布以来，高职院校借鉴国际职业教育经验，通过建设校中厂或厂中校等形式开展校企合作办学，积极探索校企合作模式，校企合作培养技术应用型人才在职业教育界已经形成共识，但校企协同开展专业共建等教学改革已经进入深水区，如何破解校企合作中的难题，已经成为政府、职业院校、行业和企业所面临的重要课题。

2　相关概念

2.1　跨企业培训中心

跨企业培训中心是介于校外实习基地和校内实训基地的实践教学场所，由学校与企业共建，学校提供办公与生产管理场所，与专业服务面向高度匹配的经济实体或企业提供硬件条件与软件资源，基于校企利益共同体构建校企合作联盟，使教育资源与企业资源在跨企业培训中心汇聚、有效配置、整合优化，形成合作办学机制——校企共建专业，为学院定岗双元人才培养模式创建学校、企业二元融合式"中间站"（如图 1 所示），形成三站协同的良性互动。

---

[1] 基金项目：2015 年江苏省高等教育教改研究资助项目《高职电子商务专业校企共建实践教学体系研究与实践》(NO.2015JSJG405)和苏州健雄职业技术学院中高职衔接课题资助。

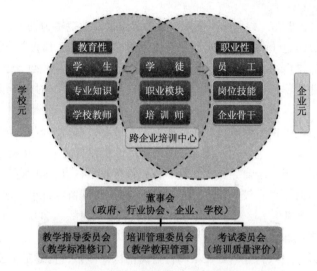

图 1 跨企业培训中心结构图

2.2 模块化课程体系

依据专业培养目标和职业岗位群任职条件，吸收行业标准与规范，以学习者能够获得从事职业活动的知识、技能、素养以及综合能力为目标，由职业院校、企业和跨企业培训中心三方协同定制职业技术训练与培训模块，使之与职业岗位群技能需求吻合，各模块分别由职业院校、培训中心、企业三站交替、分阶段实施，专业基础理论、基本知识和仿真实验技能训练模块对应职业院校，技能强化训练与技术提升训练模块对应跨企业培训中心，岗位技能训练模块对接企业，形成基于模块化的职业技能训练体系。

2.3 电子商务技术

电子商务属于一门交叉、新兴综合型学科，内容涉及计算机技术、管理学、经济学、法学等多门基础学科。新编高职高专专业目录对电子商务专业进行了调整，在计算机类增设电子商务技术专业，从信息技术角度定位电子商务专业方向，增设电子商务技术专业，旨在培养具有网络营销与推广、商务网站运行与管理、大数据分析与应用挖掘能力的技术应用型人才，同时具有扎实的计算机技术和经济管理技能，掌握在现代信息技术条件下从事电子商务活动的规律，专业技术和创新、创业能力兼备的"复合型"人才，为专业技术实训、毕业生创业孵化、生产与服务外包等提供模块化训练体系，从而提高人才培养质量，跨企业提供合格人才。

3 相关研究综述

针对电子商务的学科交叉性和宽口径特点，通过中美两国人才培养差异比较，分别从教育层次和方向阐明电子商务专业人才培养的定位问题，其课程体系设置既要有统一的共性课程，也要有突出自身人才培养层次和方向的特色课程，形成共性与个性兼备的特色人才培养方案[1]。

针对电子商务人才培养模式，相关文献提出"两园区三阶段"的教学组织模式，在校内电子商务实践园区与校外电子商务产业园区进行校企交替式学习与训练[2]，建立校企"实习基地共建、人才共育、教学效果共同评价"的双向运行机制。或者以创新创业能力训练为主旨，通过构建电子商务专业实践项目平台，提出"以大学生创新项目为起点、专业竞赛为助力、自主创业为突破"[3]的实践模式。有文献提出电子商务专业实训课程体系的"4 层次 13 模块"[4]的设计框架。或从课程群的角度整合实验教学内容，以三创能力[5](电子商务运营创意、应用创新和网络商务创业)为核心，构建电子商务专业课程群以及基于课程群的实验教学内容体系，对电子商务专业实训教学体系进行探索实践。

上述研究者多是从人才供给侧研究职业技能型人才培养，对需求侧的利益关切不够，研究者试图缩短职业教育人才输送与企业人才需求之间的距离，提出校企联合开展电子商务人才培养的校企合作实践方法，但由于电子商务技术的跨学科和跨行业等特点，电商企业能够提供高校学生的实践时间与学校教育时间存在较大差异，学生的生产性实践停留在订单处理和销售热线等岗位，技术密集程度低，技术含量低，层次水平低等水平实践训练。我院于 2008 年开始从人才供给侧探索改革路径，发现需求侧和供给侧的利益平衡点，通过以资源换资源方式，促进校企资源的优化配置，将企业引进校园，嵌入行业内训体系和行业岗位认证体系，构建基于校企利益共同体的跨企业培训中心，实现学校和企业互通，形成学校和企业双元互动、协同培养技术应用型人才的有效方法和途径，这一研究与实践在国内尚属首次。

4 基于跨企业培训中心的电子商务技术模块化课程体系框架

校企合作共建专业的有效途径是共建跨企业培训中心，以跨企业中心为平台，构建与专业培养目标匹配，与职业岗位需求吻合的模块化课程体系，使学校与企业发挥各自优势，在专业技术人才培养与职业技术培训形成良性互动的协作共同体，形成长效的运行机制、协同施教模式，学生兼具学徒和员工的双重身份，既掌握相应的专业知识和职业技术，具备一定的职业素养和自身发展能力，而且通过跨企业培训中心的模块化课程培训和职业化技术训练，获得顶岗的本领、工作的经历、创新的意识和实践的能力，毕业后能较快适应岗位要求，真正解决当前职业技术人才的供需矛盾。

4.1 跨企业培训中心在电子商务技术人才培养中的运行机制

跨企业培训中心是吸收双元制人才培养模式精髓，借鉴中德合作人才培养实践经验的创新实践，在电子商务职业教育联盟的基础上，通过构建校企利益共同体，发挥区域的产业集聚优势和校企联盟协作优势，基于校企利益共同体组建政、行、企、校协作联盟，政、行、企、校协同创新，实施"岗位确定、合同培养"模式，突出"双主体、双身份"等特征，共同探索技术应用性人才培养途径，以"跨企业培训中心"为校企合作平台，完善"一董三委"（见图 1）管理体制，具体负责跨企业培训中心的运行与管理，发挥企业的主体作用，保证企业深度参与和校企双元全程融合，构建基于技能训练贯穿学校、跨企业培训中心、企业三站的人才培养创新路径。"三站互动、阶段轮换"中的中心站是跨企业培训，是校企协作联合体，是学生到学徒再到员工转变的关键环节。

4.2 "三站互动、阶段轮换"的运行模式

"三站互动"是指学校站、跨企业培训中心站和企业站相互衔接和关联，即教学内容互相衔接，理论与实践结合，实训与生产内容相互关联，是技术与技能训练的有机统一体。

"阶段轮换"是指专业教学分阶段分别在各站组织实施，依据专业教学计划，不同课程内容分别在不同场所完成教学，有些课程内容将在相关场所分段实施，交替轮换，保证课程内容教学的有效性和实践性。

所谓"三站互动、阶段轮换"实训教学模式，即学校、跨企业培训中心和合作企业三方是协作共同体，三站各具功能又是统一体，是电子商务技术专业教学实施的主要场所，学校站主要进行基础理论教学、验证实验或虚拟仿真实训，跨企业培训中心进行技能强化和技术提升训练，是生产性实训热身训练，为实习和就业提供技术准备，企业站进行生产实训和企业文化教育。

4.3 基于跨企业培训中心的电子商务技术专业模块化设计

跨企业培训中心作为连接学校与企业的桥梁与纽带，从学生的技能成长看，是专业理论与方法检验以及校内实验实训技能训练的延伸，为学生的专业技术技能快速提升的有效途径，也是为学生即将开展实习和就业而进行的技术与心理准备的关键环节，学生在跨企业培训中心便能体验企业文化、积累职场和工作经验。所以，跨企业培训中心的实训体系承载着学校教育的延伸与接轨企业实践的双重任务，一要有别于学校仿真、验证性实践体系，二要有别于企业生产性工作任务，三要体现电子商务运行规范与管理规程，以及服务质量控制与保证体系。

针对电子商务技术特点与行业服务标准与规范，基于跨企业培训中心的电子商务技术实训体系实行模块化训练课程模块，纵向（学校、跨企业培训中心和企业）内容分段衔接，横向按岗位技能结构模块化设计。纵向课程群模块分别依据教学场所进行设计，如图2所示。按岗位技能结构分别是网络营销与推广模块，电子商务网站运行与管理模块，商务数据分析与挖掘模块。网络营销与推广模块对应专业学习领域的商务营销能力训练，电子商务网站运行与管理对应网络运营平台建设与维护能力训练，商务数据分析与应用挖掘对应商务大数据分析与应用能力训练。

移动电子商务时代，电子商务活动不是简单的网络商品交易，而是商务信息流、资金流和商品物流的统一体，必将产生大量的商务数据信息，这些数据是商务运行过程中的自然产物，存在着大量有价值的数据信息，如商品销售量、销售额、销往区域、交易时间等，还存在大量的隐藏信息，如商品订单、商品包装、商品受众等[6]，这些数据信息有利于商品生产企业的科学决策，制订生产与销售策略，促进产品创新设计，尤其是隐藏信息的数据挖掘信息有助于提高商品销售量。

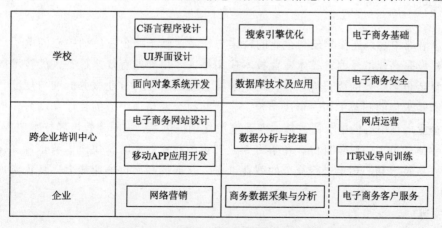

图2 基于跨企业培训中心的电子商务技术实训体系图

4.4　基于跨企业培训中心的电子商务技术专业实训模式

依据电子商务技术专业实训体系，编制基于"三站互动，阶段轮换"的专业实训教学进程表，实现内容衔接、场所轮换、工学交替，以技术提升为主线，技能训练贯穿各阶段，实训内容体系呈螺旋式进阶，实现三站的良性互动和优势互补。

第 1 阶段为第 1—2 学期，教学场所主要在学校与校外实习基地轮换，在校内实验、实训等场所，主要讲授专业理论知识与技术原理，着力训练学生专业基础技能，在校外实习基地进行职业岗位认知，让学生提前熟悉职场环境，感知职场文化，体验职场氛围，了解行业发展特征以及未来职业岗位工作标准与规范。

第 2 阶段为第 3—4 学期，教学场所主要在学校与跨企业培训中心轮换，校内实训基地主要进行专业核心技能的模拟与仿真训练，通过模拟与仿真，理解电子商务核心技术要领和操作流程，然后进入跨企业培训中心进行核心技能的强化训练，由职业导师按照现代学徒制进行个性化指导与训练，既解决了技能短板问题，又突出了个性化能力培养与训练。

通过模拟与仿真实验使学生感受电子商务知识的商业化应用过程，体验电子商务的商务流程和技术特点，让学生从感性上验证、加深理解所学理论知识，通过"做中学"，学会电子商务基础理论、基本知识和操作技能。

通过实验使学生提高动手能力、独立策划能力、综合应用理论知识能力、适应社会需求的能力。能够综合应用电子商务技术和各种经济管理理论，提出电子商务解决方案，编制电子商务的商业计划书。

第 3 阶段为第 5—6 学期，教学场所主要是跨企业培训中心和校外实训基地，跨企业培训中心主要进行临岗前的技术强化训练以及岗位适应性认知和训练，以项目为载体的实战性训练，通过组建项目团队，策划项目方案，编制项目实施进程表等对学生进行项目集训，侧重培养学生的应岗能力，培养学生综合运用所学理论知识去解决实际问题的能力，以及组织管理和团队协调能力，从而对学生进行电子商务技术职业素质和综合技能培训，校外实训基地主要负责接纳专业学生实习，侧重培养学生的适岗能力，为实习生配备企业指导老师，编制实习计划、落实实习任务，完成实习期考核与评价。

5　结束语

跨企业培训中心是连接学校与企业的桥梁与纽带，基于跨企业培训中心的电子商务技术实训体系建设是高职电子商务技术专业技术应用型人才培养的有效途径，人的技术成长服从由简单到复杂再到综合的成长规律，针对电子商务技术特点与行业服务标准与规范，平衡人才供给侧和需求侧的利益关切，形成学校、企业与跨企业培训中心的良性互动协作机制，建立基于跨企业培训中心的电子商务技术专业模块化训练体系，协同施教培养技术应用型人才，学生兼具学徒和员工的双重身份，在学习专业知识与技术的同时，快速了解企业文化，积累职场经验，从技术和心理上进行充分的就业准备，从而提高岗位适应能力，真正实现校企零距离对接。

参考文献

[1] 卢淑静，周欢怀. 基于中美电子商务人才培养模式的思考[J]. 情报杂志，2010，29(01)：

189-192.

[2] 宋艳萍. 高职高专电子商务专业建设新举措[J]. 教育与职业，2013(5):92-93.

[3] 李平. 电子商务专业创新实践型人才培养体系构建[J]. 实验室研究与探索，2014，33(03):255-267.

[4] 伍燕青，黄耿鸿，梁山. 电子商务专业实验教学体系建设[J]. 实验室研究与探索，2012，31(08):449-462.

[5] 陈晴光. 基于课程群构建电子商务"三创"实验教学体系[J]. 实验技术与管理，2014，31(03):157-165.

[6] 杨正校，刘静. 基于产业集群的中小企业移动电子商务研究：以太仓市为例[J]. 软件，2014，35(09):86-90.

项目课程改革与实践——以"网络技术基础"为例

张　威　潘洪涛

（保定电力职业技术学院，河北保定 071051）

摘要： 本文以"网络技术基础"课程为例，从改革背景、改革思路、改革实践三个方面，展示了专业基础课程项目化改造历程；对专业基础课程的项目化改造模式、改造路线、项目设计、教学实施、教学评价等进行了系统总结、提炼。

1　引言

2014 年学院启动了整体教育教学改革，对人才培养过程进行全方位改革；按照"三层次、一突破"的工作思路，以教师观念转变为突破口，逐步推进教师观念与课程改造、专业建设与改造、育人模式建设与改造，对教育教学实施系统改革。在改革中，信息工程系依据专业特点，对课程实施了系统的项目化改造，取得较好效果；现以"网络技术基础"为例，对专业基础课项目化改造做简要介绍。

2　改革背景

在专业课程体系构建中，依据知识体系的逻辑，专业基础课作为理论根基，开设在专业课程之前；但因其理论性强，很少安排针对性岗位实践；教学目标以理论学习为主，教学模式以课堂讲解为主，考核评价以笔试为主；以"网络技术基础"为例，其特点见图 1。

这种课程设置形态固然能够充分发挥专业基础课程的作用，却忽视了高职教育与学生认知的特点。高职学生的底子薄、学习能力差，专业基础课教学如果围绕抽象理论知识进行灌输，一方面会加大课程学习难度，使部分学生丧失专业学习信心；另一方面，会形成"学用脱节"的现象，即学生依靠死记硬背"学会了"抽象理论知识，在后续专业课程中不能灵活应用；甚至需要重新学习。

因此，如何在尊重专业基础课程设置特点的同时，妥善解决其课程内容、教学模式、评价方式与工作内容、工作过程、职业能力的脱节问题，实现其与专业课程的紧密衔接，成为专业基础课程改革的关键。

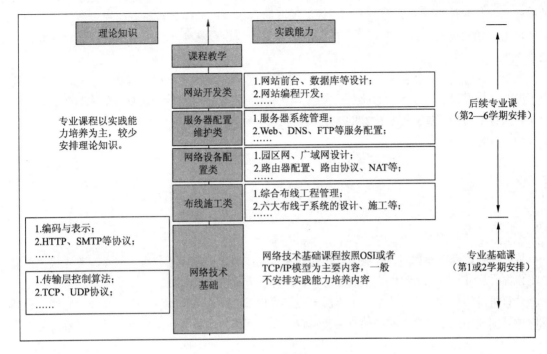

图 1 "网络技术基础"课程设置

3 改革思路

自 2012 年以来，信息工程系广泛开展了任务课程的建设与改革，为项目课程建设奠定了坚实的基础。项目课程既非与任务课程完全不同的课程模式，也非一种课程模式的两种说法，而是任务课程的进一步发展；其特点突出表现为基于项目组织内容并以项目活动为主要学习方式。在教学实践中，表现为以典型产品（服务）为载体，以"做中学"的方式改变"静态陈述知识的教与学"，帮助学生从项目整体上理解、完成工作任务，从而形成综合职业能力。综述职业教育工作者对项目课程的研究与实践，专业基础课程的项目化改造方式可归纳为以下三类。

第一、基于小型实践任务改造课程。这是一种立足于单门课程的项目改造方式，以实现任务对课程理论知识的全覆盖为主要目标，通过设置多个小型实践任务对理论知识进行重新组织；因其课程设置、教学内容选择的参照点依然是知识体系，任务之间缺乏逻辑性，层次性不明显；项目的作用更多地体现为教学内容封装和呈现的载体；其实质为课程的"片段式"改造，课程逻辑仍未脱离学科知识逻辑，与工作过程相去甚远。

第二、基于行业认知规律改造课程。第二种方式立足行业认知规律实施课程项目化改造，以学生对岗位的初步体验为切入点，基于学生就业目标岗位需求，对课程内容进行整合，通过岗位实践项目实施教学，从而摆脱"单向灌输"，实现学生理论知识学习向能力提升的转化。这种方式充分尊重学生职业生涯发展规律，以岗位实践活动为参照点选择教学内容，符合专业基础课程设置特点，与工作过程贴近，操作性强。

第三、基于专业综合项目进行课程重构。第三种方式完全立足于工作过程，从专业角度设置综合项目，依据项目需求对专业基础理论知识进行取舍，取消单门课程概念，以"推倒重来"

的方式实施课程体系改革，表现为"纯粹"的项目课程。这种模式对原有课程体系的改革最彻底，但由于项目所需的理论知识过于庞杂时，会使课程内容臃肿，目标不单一；课程开发、实践难度大。

基于上述总结，从行业认知规律出发，依托岗位实践实施专业基础课程的项目化改革，既尊重了专业基础课程在课程体系的前期设置，又使学生形成了完整的行业认知，形成与后续专业课程学习的良好对接。基于此，本文采用第二种方式，展示计算机网络技术专业的"网络技术基础"课程的项目化改造。

4 改革实践

4.1 工作任务分析

依据项目课程建设思路，专业基础课程的项目化改造以工作任务分析为起点，首先确定面向的工作岗位，并针对这些岗位进行典型工作任务筛选、梳理。

计算机网络技术专业人才培养主要面向网络管理员、网络工程师、安全工程师、布线工程师等岗位。梳理岗位之间存在的基础与发展逻辑，确立网络管理员为初始岗位，网络工程师为发展岗位。

"网络技术基础"作为专业基础课，开设在 1—2 学期，主要面向中小型园区网的网络管理员进行工作任务分析。其原因是：网络管理员是初级岗位，其工作任务起步难度小、任务覆盖面广，实施范围涉及主机、布线、路由交换等本专业所有领域，其典型工作任务如表 1 所示。

表 1 中小型园区网中网络管理员岗位的典型工作任务

序 号	类 型	详 细 描 述	
1	桌面维护	1. 排除用户桌面系统故障；	2. 安装用户桌面系统；
		3. 排除用户应用软件故障；	4. 维护桌面管理系统
2	网络维护	1. 用户系统接入管理；	2. 分配 IP 地址；
		3. 维护网络线路；	4. 维护交换机、路由器等网络设备；
		5. 网络扩容建设及割接等	
3	主机维护	1. 服务器的上架安装；	2. 管理并维护网络服务；
		3. 主机安全管理；	4. 主机巡检等

······

4.2 课程目标调整

基于工作任务分析，"网络技术基础"课程应定位于面向网络管理员岗位的"行业概貌"课程。因此，与原来课程目标相比，在强调知识目标（OSI 或者 TCP/IP 模型）的同时，增加了应用网络、组建和维护简单网络及服务等能力目标；其目的在于让学生解决实际问题的过程中，对所学知识进行灵活运用，同时初步认识、体验对网络管理员岗位的特点、要求。课程目标的具体整合过程见图 2。

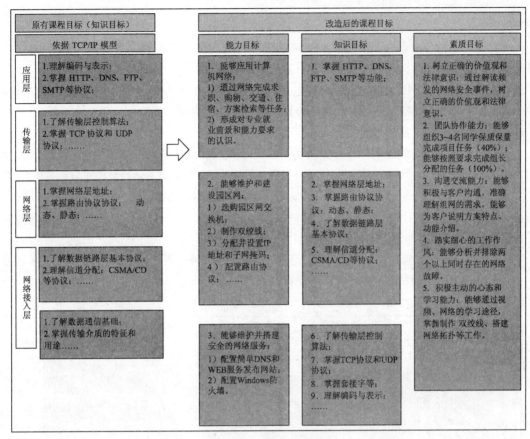

图 2　课程目标的调整

4.3　课程项目设计

4.3.1　设计依据

以项目为载体组织课程内容并以项目活动组织教学活动对任务课程发展，选择恰当的课程项目是课程开发成功与否的关键。"网络技术基础"课程采用双线并行贯穿项目为载体，即课内和课外各安排一个贯穿课程始终的项目。课内项目为某高校校园网维护项目，课外项目为某高新产业园网络建设项目。以这两个项目作为载体的依据如下。

第一、尊重学生的认知规律。按照由具体到抽象的方式组织教学可以降低学习的难度，增强阶段成就感。因为校园网是学生在校学习和生活中直接接触的网络样本，能够直接呈现给学生真实的网络组织结构。所以作为专业学习起点，"网络技术基础"课程以校园网的维护为课内项目。

第二、项目的典型性。尽管项目课程是任务课程的发展且更适合职业教育，但并不是任意一个项目都可以作为课程的载体，且项目的数量庞大，无法在有限的课时内展现。解决项目多样性与课时限制之间矛盾的方法就是对项目进行筛选，选择具有典型性和代表性的项目用于教学。因选择起步早、用户群体集中、普及范围大且应用丰富的项目，所以在"网络技术基础"课程选择校园网作为典型项目。

第三、项目的全面性。课程项目必须对课程目标（能力目标、知识目标和素质目标等）具有承载力，还要使学生形成迁移能力，以达到举一反三的学习效果。单一的项目无法全面的呈现出行业全貌，所以在"网络技术基础"课程中以需求和结构更加丰富多样的产业园园区网作为课外项目，实现对课程目标的全面覆盖。

4.3.2　项目安排

项目设计要具备完整的工作流程，即体现从立项到验收交接的整体过程，但在教学中实施项目活动时需要根据学生以及教学实际条件，按照由易到难、由简单到复杂的认知规律，对其进行适当的分解、裁剪。"网络技术基础"将保定某高校校园网维护作为课内项目，笔者按照网络规模由小到大的顺序分为班级网络维护、教学楼网络维护和校园网维护等三个子项目，在教学中依次推进实施，具体如图 3 所示。

与课内的网络运行维护项目不同，课外为建设项目，在课内项目中第一个子项目完成后启动，如图 3 所示。这样的项目设置是基于运行维护项目和建设项目的不同特点：运行维护项目是在现有的网络中完成项目，学生可以从现有网络的基础模块（班级网络或者办公室网络）开始做起，逐步拓展，实现从部分到整体的学习；而建设项目则坚持从无到有的实施过程，学生需要着眼全局，从需求分析、设计和设备采购做起，对于初学者来说难度较大。课内第一个子项目班级网络维护完成之后，学生已经掌握了小型局域网的基本结构和组网技术，在此基础之上，能够开展课外建设项目的第一个子项目。

与课内项目的子项目划分方式相似，课外项目（某高新产业园网络建设项目）则依据需求和规模的复杂程度分为创业型企业网络建设、成长型企业网络建设两个子项目来建设。

课内项目：某高校校园网维护项目					课时进程
子项目1：班级网络维护		子项目2：教学楼网络维护		子项目3：校园网维护	
情境和任务概述	1.学生毕业后求职，被润丰科技公司录用并入职，作为驻场网络管理员负责保定信息技术学校校园网运维； 2.在班级网络中接入新的计算机； 3.排除班级网络中的故障。	情境和任务概述	1.第一教学楼内4个2015级新生班级需要通过楼宇网络接入到校园网； 2.排除第二教学楼中存在部分班级不能连接到校园网的故障。	情境和任务概述	1.为第三教学楼、实训楼的升级三层交换机； 2.部署校园信息港网站； 3.解决校园信息港网站服务器的非法访问问题。
能力目标	1.能够熟练使用网络搜索引擎、网络论坛和即时通信工具、在线地图等网络应用解决工作、学习和生活中的问题； 2.能够总结提炼自己对专业人才需求、薪资待遇、能力要求和发展方位的认识观点； 3.能够绘制班级网络的拓扑图，并能够选购适当的计算机和交换机； 4.能够熟练制作并测试双绞线； 5.能够按照拓扑图正确安装并连接网络设备；……	能力目标	1.能够准确计算不同教室和办公室网络的IPv4网络地址、子网掩码、主机可用IP地址等； 2.能够为不同教室和办公室计算机配置正确的IP地址和子网掩码； 3.能够使用三层交换机连接办公楼内办公室和教室的网络； 4.能够配置三层交换机接口地址，能够检查并分析三层交换机的路由表； 5.能够正确配置计算机默认网关并测试连通性。	能力目标	1.能够为楼宇分配IP地址； 2.能够在校园网设备上使用静态路由协议和动态路由协议生成路由表，并能够使用tracert命令测试网络的连通性； 3.能够使用IIS配置并测试WEB服务器，能够使用网络； 4.能够配置DNS服务，并进行正确的域名地址解，能够使用nslookup命令测试DNS； 5.能够使用netstat命令查看端口号，能够使用端口号确定服务的启动情况； 6.能够设置Windows防火墙防火墙规则保护WEB和DNS服务。
课外项目：某高新产业园网络建设项目					
子项目1：创业型企业网络建设			子项目2：成长型企业网络建设		

图 3　项目实施进程

4.4 课程实施

突出学生主体地位是项目课程重要的教学原则。"网络技术基础"课程为了实现学生"岗位初体验"的教学目标，大量采用了角色扮演教学法。学生在学习过程中始终以网络管理员的身份完成任务，而教师则要配合学生扮演相应的网络用户、主管领导和技术支持等角色；在教学中采用情境引入和故障引入相结合的方式，在完成实践任务的同时有效地引导学生深入学习理论知识。

为了营造真实的项目环境，"网络技术基础"课程实施中，采用 packet tracer、ENSP 等网络仿真软件构建校园网和产业园模型；采用 vmware workstation 虚拟多台基于 Windows 系统的 Web、DNS 服务器，并利用系统防火墙实现安全管理；通过物理设备、虚拟化和仿真技术等相结合的方式构建了典型、真实的项目实施环境。

在教学评价中，"网络技术基础"课程坚持形成性考核与总结性考核相结合的原则，对不同的教学目标，采取不同的考核方式；综合能力考评采取答辩和成果展示的方式，单项能力考评则采取实践考核的方式，理论知识考核以笔试为主；对学生的学习效果进行全方面评价，形成正向激励，课程具体考核方式见表2。

表 2　考核评价方式选择示例

考核内容举例	目标类型	考核方式	考核类型
制作网线； 路由器基本配置； 交换机基本配置等	单项能力目标	实操考核	阶段总结性考核
校园网维护； 产业园网络建设等	综合能力目标	项目展示 项目答辩	总结性考核
IP 地址的结构和计算； 网络设备的功能； TCP 建立和拆除连接的流程等	知识目标	笔试考核	总结性考核
团队协作、表达沟通等	素质目标	观察考核 学生互评	形成性考核

5　结语

综上所述，在学院历时 2 年的整体教育教学改革中，建设了一批以"网络技术基础"课程为代表的项目课程，教学质量得到明显提升；同时也发现了一些问题，比如教师的企业实践经验少、班级学生人数过多、学生需求的多样化、课程之间衔接不畅等问题，经常会制约项目课程教学效果；如不妥善解决，甚至会导致项目课程向传统课程的回归。

参考文献

[1] 徐国庆. 职业教育项目课程开发指南[M]. 上海：华东师范大学出版社，2009.

[2] 黄崴. 教育管理学[M]. 北京：中国人民大学出版社，2013.

[3] 石伟平. 职业教育原理[M]. 上海：上海教育出版社，2007.

[4] 黄尧. 职业教育原理[M]. 北京：高等教育出版社，2009.

[5] 裴娣娜. 教育研究方法导论[M]. 合肥：安徽教育出版社，1995.

加强顶岗实习和职业教育信息化
以提高高职学生就业能力

陈 娜

（武汉软件工程职业学院，湖北武汉 430205）

摘要： 当下，各种新技术层出不穷，发展越来越多元化，学生掌握的技能不足以应付企业实际需求，企业挑选学生的余地也在慢慢变窄，本文试图从学校和企业的角度，对高职学生就业能力的培养提出一些合理化的建议。

我校深化教育教学改革，推行了多年的学分替换机制：部分优秀的学生大三上学期通过层层选拔就可以进入校企合作企业实习，以实习的成绩替换第 5 学期的学分。但是企业承受能力有限，只有部分优秀的学生能够获得这样的机会，归根究底还是实习资源太少，无法满足学生的需要，对学生的就业能力培养笔者有以下思考及建议。

1 校企合作长效机制建设中的问题与思考

目前校企合作是示范校建设的薄弱环节，有许多问题亟待解决：合作中产权的实质性突破、企业利益与企业的积极性、合作的目的、合作共建的资源保障、政府的引导与政策的缺失。

办企业不是做慈善，在校企合作中一定要强调"共赢""双赢"，这样不仅对学校有好处，而且对企业也要有益，否则这种合作只能是一时，无法长久，学校要考虑企业的利益。有次参加一个培训，专家举了一个例子：某学校的酒店管理专业，学校斥资建了一个酒店对外营业，学生分批轮流进酒店实习，目前酒店发展得越来越好。其实这个案例的成功源于避免了很多上述问题：首先学校获得了政府的支持，能够建设酒店，也避免了产权纠纷以及企业利益、积极性等方面的困扰。这个案例能够成功没有普遍意义。政府不可能为每个学校每个专业提供这么大的政策与资金的支持，具体到学校中，学校也没有能力为校内的每个专业的校企合作项目提供如此多的经费支持。

听完专家这个案例我首先想到的就是我自己所在的软件技术专业，之前在办公室也讨论过教研室去成立公司，公司化运作，接到项目就找学生一起开发，增长学生实战经验，可是摆在眼前的有很多实际困难：注册资金、办公设备、人员调配、最困难的就是接到项目了，没有项目，一切无从谈起。

听完讲座，受到一些启发，先从最小的地方着手：（1）有些小项目预算也不多，在学校校园网上开辟一块类似于留言板的空间，让企业或者个人能够发布帖子招标，然后学生可以自己投标，写出计划书并按时完成项目，学生可以得到锻炼的机会，也有个人发展的平台，学校的作用就是帮助学生搭建起这个平台。（2）在淘宝网上开一家店铺，用来承接项目，以较小的投入找到真实的项目，由老师指导学生完成，或者布置为课程设计的题目，学生分小组完成，由"买家"来挑选自己中意的方案，开发款可拿出部分作为学生的奖金。

以用户的实际需求来完成教学，既给出用户多样性的选择，学生又能获取一定的奖励，成本相对也不高，可以先行探索。

2　保障企业能够与学生无障碍对接

一方面企业招聘难，对在校学生实习多有顾虑，认为他们会三天打鱼两天晒网，不愿意接收在校学生实习；另一方面学生实习资源少，实践经验不足，就业信心不足，建议学校和企业多沟通，校内招聘安排在9月份，时间提前了虽然无法签就业协议，但可以为学生提大量的实习机会，同时在学校网站和微信公众平台醒目位置处增加招聘留言板，让企业能够自己发布招聘信息，企业与学生无缝对接，相信能很好地提升学生的就业能力。

3　推进职业教育信息化

目前有很多方法推进职业教育的信息化，例如国家、省级、校级的精品课程，以及目前正在推进的精品资源共享课程建设，但是相对于开设的课程而言，能够被选中进行信息化的课程真是微不足道。虽然我校有几门精品资源共享课，可大部分都是专业基础课，远远无法满足学生的学习需要，目前网络资源如此发达，录屏软件也丰富多样，完全可以把课堂教学利用起来：教师端安装录屏软件，教师机配备话筒，给教师配备移动硬盘，适当调整课程系数，把上课的内容录制下来到相应的平台共享，可搭建自己的学习平台，但是每门课的视频容量相当大，这样成本可能比较高。也可以考虑放入云存储，方便学生课后复习，对学有余力的学生而言，如果对其他专业的内容感兴趣（很多软件专业的学生对图形图像课程都很感兴趣，或者想学习Android开发），可以去云存储自学其他专业课程。对于目前流行的慕课、微课程等教学方式，学校也应该出台一系列奖励鼓励一线教师推出慕课或者微课程，帮助学生随时随地的学习。

当今社会，各种新技术层出不穷，企业的需求不断多元化，学生对专业的认识也在不断提高，对自己的职业发展也有新的规划，只有学生、学校、企业共同应对，才有可能在学生就业能力培养的道路上越走越好。

参考文献

[1] 肖贻杰. 加强顶岗实习，提升高职学生就业能力[J]. 长春理工大学学报：自然科学版，2010(8):149-150.

[2] 曾琦斐. 谈高职生就业能力的培养[J]. 中国职业技术教育，2008(9):20-22.

基于生态视角的人才培养模式及课程建设探索

邵　瑛

（上海电子信息职业技术学院，上海 201411）

摘要：为适应经济全球化时代高技术技能人才培养需求，本文基于生态视角，在校企合作层面着力，以应用电子技术专业为范本，探索生态化人才培养模式及相关课程建设的思路与举措，提出一套可操作框架，以期为相关专业建设提供可借鉴方案。

1　现状分析

"互联网+"时代信息技术发展，引发了产业升级，更带来了跨界融合，这对职业教育而言是机遇更是挑战。面对经济全球化势态，决胜未来的能力除了专业能力，可能更为重要的是合作、创新和持续发展能力。国家为此提出"创新创业"的双创教育，并倡导多样化教育模式。由此可见为学生提供一个"激发潜能、充满生机的育人生态"是迫切需要的。

对于学校教育，传统的因材施教在未来可能转化为因需而教。未来，随着人工智能技术的应用和普及，知识和技能的传授可能越来越多交由人工智能完成，但对学生精神、心理、个性的成长培养仍将由学校承担，这是学校所特有的情感注入式人文环境决定的。因此，学校教育的育人方式和育人环境应当更加开放和多元。比如著名的美国 Minerva 大学就没有固定的校舍，它在大二到大四的六个学期要学生以班级为单位在世界各地学习。它以沉浸式的全球化体验、现代化的课程、终身的成就支持、无地域限制招生来满足学生因需而学的内在要求，体现出"连接未来，全球格局，个性关怀"的育人特征。学校应该提供学生各种交流和体验的氛围，提供满足学生个性发展所需的资源，应是一个集结社会力量的平台，而非过去那种所谓的象牙塔。能够满足这些或许就是通过机制创新打造行企校多元参与的人才培养生态圈。

2　生态化育人概念

运用生态理论，在高技术技能型人才培养生态中，学校、企业、行业、政府是重要生态因子。根据这四个因子的作用关系，并以学校教育为中心，可以从微中宏三个层面探索基于生态视角的人才培养模式[1]。微观层面是"校企"合作，即企业提出能力需求，主动参与人才培养；中观层面是"校企行"互动，行业给出需求方向，指导专业定位；宏观层面则是"校企行政"联动，政府作用是提供政策支撑，打造合作平台。这三个层面又彼此联通，协同促进工学融合职教模式的实施开展，如图 1 所示。本文主要侧重微观层面的校企合作生态化育人举措。

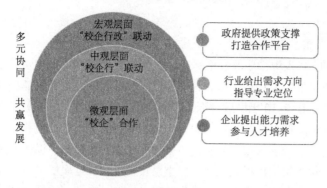

图 1　育人生态

3　生态化专业建设探索

3.1　机制体制创新

建设具有生态育人特性的专业，首先需要秉承合作、开放的理念，在办学体制机制方面进行突破。例如，由学院主体办学逐步向政行企校合作办学转变；由封闭式办学逐步向开放式办学转变。斯坦福大学发布 2025 计划，创立"开环大学"，即一生中任意加起来六年的自定义学习节奏、先能力后知识的轴翻转，要求学生带着使命感去学习，彻底颠覆传统高等教育。

我校（上海电子信息职业技术学院）基于中德合作 30 余年的经验，在"产教融合、校企合作"人才培养中逐渐探索出一套具有本土特色的生态化育人机制。

（1）成立校企合作理事会、职教育集团、区域创新孵化基地、动态信息共享平台等，多渠道、多平台保障了学校在重大发展规划、专业建设方面能与企业业态同频共振。

（2）建设和完善具体的支撑保障机制和服务平台。支撑保障包括：双师团队、实践环境、机制体制、信息沟通等方面；服务平台则从师资、行企资源、职教政策等方面进行规划。这样对内能保障教学标准实施，对外可促进信息交流沟通。以其中校企合作机制建设为例，出台"校企合作联席会议机制"、"双向服务机制"等，确保合作过程互渗、合作成果同享。

我校还采用"蛛网"模式运行理念，依托动态信息共享平台，在行企布设技术发展信息源点（构建跟踪行业技术动向的先知先行机制），捕捉区域经济态势，由专业指导委员会甄别出前瞻性的技术信息，以促进专业优化调整；在教学单位和合作企业布设教育教学信息源点（构建教育教学管理协调机制），获取教学反馈，提升课程教学内涵和质量。

3.2　生态化应用电子专业建设举措

在生态化培养模式中，要求教师既要关注学生的专业能力，也要关注学生的精神、个性的成长；既是老师，也是学生成长的引路人。现在具体以我校应用电子技术专业生态化建设为例来分析。

（1）"一体两翼"定位人才培养目标。

首先，本专业随着产业结构调整和新技术发展适时引入嵌入式技术。为提高专业国际化水平，服务上海区域经济，在人才培养目标方面，强调国际视野和创新意识。高校的使命之一是"文化传承"，因此也不能忽视对人才服务社会意识和完满人格的培育。本专业以"一体两翼"的方式（专业技能为主体，以创新意识和完满人格作为两翼），既关注普适性也关注学生个性，培养德艺双馨的合格人才。

（2）"融入标准"重构课程体系。

重构课程体系时，融入中德职业资格标准。具体过程是：1）先确定学生职业生涯路径，包括入职岗位、目标岗位、发展及迁移岗位。其中目标岗位层的能力要求就是在校的专业教学目标，而发展岗位则是学生工作 5~10 年以后可能从事的岗位，如图 2 所示。2）在此基础上确定工作领域、工作任务、分析对应职业能力需求、建立职业能力标准。3）在此过程中，既注重分析我国职业资格标准，又同时借鉴和融入德国等发达国家相关职业能力标准，以此来规划课程体系架构、设计核心课程标准。课程架构可以是大课程、小模块，各模块有序衔接，专项能力依次培养，避免知识、技能割裂。整个课程体系可以分成生产制造、技术支持、辅助设计几大方向。

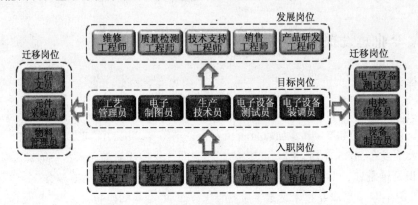

图 2　职业生涯路径

（3）"本土双元"创新生态化人才培养模式。

本专业创新具有本土双元特色的生态化人才培养模式：每学期由学习学期和工作小学期两部分构成，学习学期主要在学校完成，工作小学期在合作企业完成。在校内还精心设计了由简单到综合的实训，如低年级的电子创意小制作到高年级的创业方案拟定，以此逐步培养学生创意思维、创新意识乃至创业能力。在工作学期，通过真岗实境使学生沉浸职场氛围，砥砺职业素养。

（4）建设生态化教学团队。

生态化团队建设也是专业建设重要环节，教学团队应具有国际化、工程化、互补化特点。本专业依托"兼职教师库""大师工作室"等师资平台，采用金字塔模式，构建一支有名师指引、专兼双带头人带领的优质团队。团队的基石是双师型骨干教师，主要采取外引内培、量身培养的方式来打造。

（5）建设生态化实践场所。

在专业实践场所生态化建设的举措是：在校内，建设集智慧教学和智慧控制于一体的智慧教室、互动教学实训室、校中厂等；在校外，根据企业规模和性质，建设不同合作模式的实践基地，如订单式企业、现代学徒制企业。

4　生态化课程开发思路

前面分析的是生态化专业建设，具体落实到课程，则需要建设更微观、更具体的课程生态。当互联网开放、共享特征与教育教学的本质规律结合，就需要我们重新思考与定位学习者、课程之间关系。大数据、智能传感技术促使新一代教育环境从"干预手段"到"教学生态";课程教学也逐渐从封闭到开放融合[2]。由此催生了生态化课程,什么是生态化课程?教学空间立体延伸、教学内容动态优化、教学手段灵活多变、教学氛围和谐、具有勃勃生机的课程就是一种生态化课程。

4.1 生态化课程开发流程

生态化课程开发从课程调研开始,进而研究课程目标、规划课程架构、开展教学设计、并在实施中优化,实际上是一个不断反馈、动态调整的过程。

4.2 生态化课程"嵌入式系统应用"建设思路

4.2.1 "大课程 小模块"生态课程架构

以我校生态化课程"嵌入式系统应用"建设为例,将嵌入式这样庞大繁杂的内容统筹为三个模块。基本模块主要是硬件应用能力培养,应用模块是程序设计的软能力培养,创新模块则是提高综合应用能力,其平台和项目都是开放的。三个模块各有侧重,从"硬"到"软"最后上升到"综合",有序递进、相互补充,呈现完整的能力培养体系,如图 3 所示。

4.2.2 "多元举措、动态适应"的生态课程特性

生态化的课程最重要的特性是通过多元举措,达到动态适应。多元包括教学方法、考评体系、教学资源、教学场所等。

(1)多元方法。

教学方法多元。例如,基本模块根据硬件学习特点采取教师讲解分析、学生分组实践方法。应用模块采用"读、仿、用"这种典型的软件学习方法。而创新阶段则借鉴德国"拼板教学法",即学生分组完成总项目中的某一个子项目(拼板中一块),然后各组长被集训后负责拼接和以小教师方式辅导其他组员,利于在有限时间帮助学生掌握更多信息量。课程在宏观层采用项目教学,按照"导入→新旧联系→新知学习→项目实践→归纳升华"这五个环节来完成。在导入环节经常通过卡片、故事等吸引学生,实践前先仿真熟悉操作流程,归纳部分往往采取留有悬念的模式,激发学生预习。具体到某一次课的微观教学方法创新出"课程心电图",如图 4 所示。以授课总时长为 90 mins 为例,横向表示每个环节的时长,纵向展示采用的教学手段和其重要度。

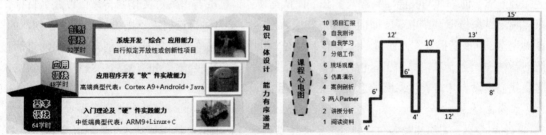

图 3 "大课程 小模块"生态课程架构　　　　图 4 课程心电图

(2)多元评价。

课程评价关注学生的职业素养,参评成果可以是职业证书或科创作品。这里推荐一些特色考核法:如"实践档案法",即建立每个学生实践档案,档案内容包括学生自编项目指导书。通过这份档案,既可考量学生知识领悟与技能应用,又能评判其创新意识。针对大型综合项目采取"分

组随机打分法"，即教师随机抽取 1~2 名组员考核后的成绩就是全体组员成绩，这种方法促进学生合作，力求学生都不掉队。

（3）多元资源。

在生态化教学资源建设时，要充分利用现代技术手段，例如，选编新形态教材，手机扫二维码，可以直接观看动画视频；或是利用 VR、AR 技术学习配套知识。可设计能够呈现工作流程的图文并茂的学习情境指导书、虚拟仿真学习平台等。利用这些资源，以动画演示来解析难点；以虚拟仿真来熟悉流程；以实境操做来锤炼技能，在虚实结合、反复淬炼中培养学生能力。

这里着力介绍实践教学仿真平台，实践教学平台运用大数据和私有云技术，将学习内容分层设计，利于普适要求和个性需求结合；学习过程实施监控，利于及时查漏纠偏；学习成效清晰呈现。具体以应用模块的安卓编程学习平台为例说明。在该平台上我们采用鱼骨式设计学习资源。对知识和技能要点的学习从典型案例切入，再整体贯穿一个企业级项目，通过项目的迭代，逐步提高学生工程应用的实战能力。同时，依托学习平台，学习过程会随时产生一张动态"能力状态"清单，展示了学生正在学什么、学会什么、技能层级……学生和企业需求的匹配度一目了然。

（4）多元场所。

在这课程生态中，我们成立学生电子社团、Android 俱乐部，鼓励和引导学生提出原创性科创方案，教学空间从一体教室到实训室再到智能电子工业中心及校外基地的真实生产现场，学习时间从课内到课外，学生的关注点和能力从局限于书本的研读到模仿实施乃至灵活运用，从量变到质变。整个过程拓展了培养能力的时空，将"一成不变的平面"课堂变为"不断生成的立体"课堂，利于学生终身学习和未来发展，这正是构建课程生态的意义所在。

（5）多元平台。

生态化课程实施也离不开多元平台的支持，如技术沙龙、海外游学、Google 等顶级企业的教育教学活动。得益于这样的生态学习氛围，2015、2016 年全国职业院校技能大赛嵌入式技术赛项，我们安卓俱乐部学生连续两届获得国赛一等奖，本专业毕业生也深受用人单位欢迎。

5 思考与展望

生态化育人理念是营造和谐生机的氛围和机会，培育创新型高素质人才。这需要加倍关注学生综合素质，即工具与技能、兴趣与特长、团队与协作、挑战与勇气、文化与传承。以此为目标，在微观层纵深做细、在中观层横向铺开、在宏观层全面发力，打造内涵不断发展、和谐、创新的育人生态，应该是提升人才质量的一个有效途径。引用李克强总理在全国科技创新大会上的讲话：把创新精神、企业家精神和工匠精神结合起来，解决"最先一公里"和"最后一公里"的问题。这是我们建设人才培养生态圈的意义，更是目标。

参考文献

[1] 刘华强. 高职院校如何"精准"优化专业设置：关于中国特色"双三元"职教模式的思考与探索[J]. 中国教育报，2016.

[2] 王佳，翁默斯，吕旭峰. 斯坦福大学 2025 计划：创业教育新图景[J]. 世界教育信息，2016(10).

高职信息安全技术专业工学结合特色教材开发实践

武春岭　李贺华

（重庆电子工程职业学院，重庆 401331）

摘要： 针对高职信息安全专业核心课程体系、教材及教材开发模式等方面存在的诸多问题，提出了校企合作共同开发适合工学结合的信息安全专业教材的有效方法，包括信息安全专业核心课程体系的确定、校企合作机制建立、教材内容选择和组织等内容，为全国高职院校开发适合工学结合的专业教材提供了参考。

1　引言

高职教育教学的改革，特别是教材的建设是一项长期而艰巨的任务[1]。传统高职教材普遍存在技能过时，与社会生产脱节等问题，同时，相同专业不同教材之间内容重复率过高，缺乏整体性和系统性，这些问题严重阻碍了高职培养一线高素质技术技能型人才的目标。

由于 IT 产业发展迅速，适合市场技术需求的 IT 类专业教材开发更是难上加难，为了适应工学结合人才培养需要，必须建立校企合作长效机制，校企人员共同参与开发专业教材，才能适应行业需要，也只有这样才能开发出好的工学结合特色教材。本文以信息安全技术专业核心教材开发成功案例为依托，具有普适性。

2　校企合作，理清信息安全专业核心课程体系

要开发出针对性强的信息安全技术专业工学结合教材，首先应该通过行业调研和开企业专家座谈会的方式，确定出专业核心课程体系，否则教材就没有依托根基，形同空中楼阁。

几年来，重庆电子工程职业学院通过实地走访信息安全相关企业，骨干教师采用与企业工程师面谈和发放行业调研表的形式，得到行业调研表 900 多份，经过分析和整理，归纳出适合高职信息安全技术专业职业面向的三个基本岗位：安全产品支持工程师（产品销售工程师、系统集成工程师和售后服务工程师）、网络安全维护工程师和风险评估工程师，为行动导向课程开发奠定了基础。在此基础上，通过"课程开发企业实践专业座谈会"确定典型工作任务，然后针对典型工作任务分析，归纳出知识点和技能点，整合成如图 1 所示的信息安全专业核心课程（学习领域课程，C 类），并由典型工作任务的知识点和技能点归纳成专业基础课程（A 类）和整周实训课程（B类），为教材开发提供了根本条件。

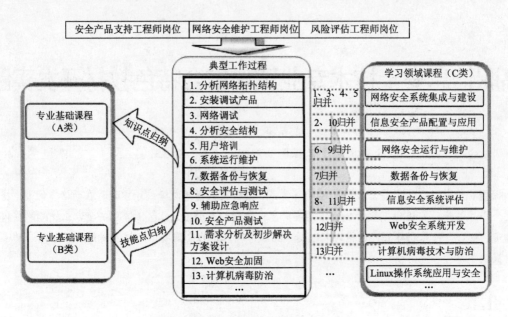

图 1　信息安全专业核心课程产生过程

3　开创校企合作平台，形成校企合作开发教材有效机制

3.1　建立校企合作开发教材的机制

依托单位"校企合作处"或"校企联盟"的力量，将信息安全相关企业资源整合成信息安全行业资源库，通过意向调查，成立了由专业系部直接领导、校企共同参与的教材开发工作组，为开发适合工学结合的信息安全专业系列核心教材提供了保障机制，如图 2 所示。

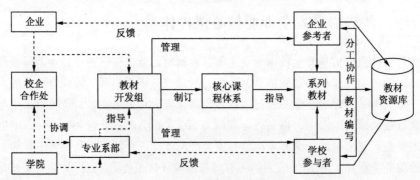

图 2　校企合作教材开发机制

3.2　创建校企合作开发工学结合教材模式

经过长期实践摸索，重庆电子工程职业学院形成了校企合作共同开发适合工学结合的信息安全专业教材模式，大致分为六个主要的阶段，如图 3 所示。

第一阶段，从已经建立的信息安全专业行业资源库，挑选在信息安全领域具有领军作用或具有较大影响力的企业作为候选的合作伙伴，通过意向交流与达成一致意见的企业签订校企合作开发协议，明确双方责任和义务，成立课程开发小组，其中企业代表无偿为教材开发提供企业技术资源，学校代表提供教材开发相关规范指导资源。

第二个阶段是行业调研阶段，该阶段校企双方根据合作协议和学校提供的典型工作任务、课程体系开展调研工作，企业代表调研教材所要承载的最新岗位能力和职业素养，学校代表调查总结信息安全技术专业目前所有教材的优缺点，以便在教材开发中借鉴和改进。

第三个阶段，召开教材开发小组代表座谈会，讨论确定教材编写规范，制定教材编写大纲、制订编写模板。

第四个阶段，校企双方根据编写大纲通过协商，优势互补、合理分工编写任务，企业代表主要负责企业案例和典型工作任务实现，学校代表主要负责原理阐述和审稿，双方保持及时沟通，分工协作共同完成教材编写任务。

第五个阶段，是对样稿质量进行评审、修订。

第六个阶段，经过学校代表审稿，企业代表完善，最后经由出版社校对和校企联合修正，正式定稿出版。

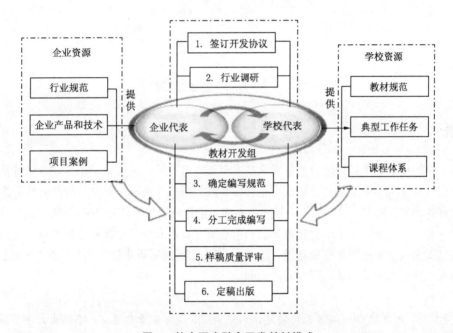

图3　校企深度融合开发教材模式

4　"W-H-D"法组织工学结合教材内容

"教学做"一体化模式下，教师的主要任务是引导学生运用所学知识与技能去胜任相应岗位，完成相应岗位任务，内化和巩固职业技能，提升职业素质[2]。为更好地实现教学做一体化和工学结合，课程组开发的教材以核心产品或技术为载体，以真实项目案例做引导，普遍采用"W-H-D"法分3阶段组织教材内容，如图4所示。

第一阶段，首先让学生了解做什么（What），运用真实的项目作为引导案例把安全设备或技术水到渠成地引入，让学生先入为主，深切感受该安全产品或技术的重要性和功能。

第二阶段解决如何做（How）的问题，主要通过相关知识学习和资讯，了解该安全产品或技术的实现原理、主要功能、性能参数等必备知识。

第三个阶段是具体做（Do），学习项目把问题具体化，再细分为几个主要的工作任务，让学生掌握核心产品或技术的具体使用方法，学生可以在校内或校外实训基地的真实设备上完全参照课本内容操作。

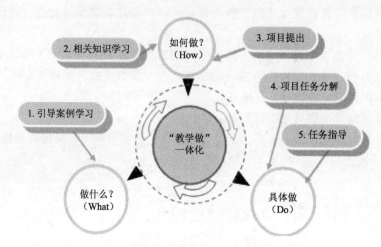

图 4 "W-H-D" 法结构思路

5 结语

经过十年的探索和实践，结合信息安全技术专业本身特征，重庆电子工程职业学院信息安全技术专业教材开发组形成了独具特色的校企合作开发教材长效机制，创建了校企合作开发工学结合教材的有效模式，针对"教学做"一体化的需求，创造性提出了"W-H-D"法组织教材内容的有效途径，开发出了全套工学结合特色显著的信息安全技术专业核心课程系列教材，受到全国职业院校信息安全技术专业的欢迎和选用，其中 15 本入选了国家职业教育"十二五"规划教材，为国家信息安全技术人才培养做出了应有的贡献。

参考文献

[1] 李俊秀. 工学结合一体化教材的建设与创新[J]. 高等职业教育--天津职业大学学报, 2010, 19(2): 14-15.

[2] 徐良雄.《可编程控制器》课程"教学做一体化"的实践探索[J]. 武汉交通职业学院学报, 2010, 13(1): 64-65.

[3] 杨辉. 高校精品课程教学录像的制作及意义[J]. 徐州师范大学学报（教育科学版）, 2010,(3)1: 51-53.

[4] 徐彩红. 数字化教学资源的设计与开发[J]. 开放教育研究, 2002(6):41-43.

计算机类专业校内生产性实训基地建设与管理模式研究

武春岭　鲁先志　路亚

（重庆电子工程职业学院，重庆　401331）

摘要： 本文分析了计算机类专业校内生产性实训基地建设的主要问题，提出了"政行企校，四方联动"打造资源整合平台的思路，并以此为基础，提出了"政行互动，校企互融"共建共管计算机类专业校内生产性实训基地的模式，解决了计算机类专业校内生产性实训基地生产性体现不足和生产性不持久的问题，为计算机类生产性实训基地建设提供了参考模式。

1　引言

当前，高职院校不断深化人才培养模式改革，更加注重培养学生实践动手能力，尤其是通过生产性实训、顶岗实习等实践环节，加速学生转变为现代职业人，实现高等职业教育教学目标。生产性实训基地是实现这一转变的物质基础[1]，也是与顶岗实习相衔接的重要环节。高职院校生产性实训基地的建设与发展，既是人才培养模式改革的需要，也是人才培养模式实施的重要组成部分。

然而高职院校生产性实训基地建设并不容易，建成后让其发挥"生产性"就更不容易。一般职业院校生产性实训基地建设基本上由学校主导，企业很少参与，这样容易缺乏有效市场运作和技术更新，久而久之，造成"生产性"成为仿真和模拟，没有实质意义，不利于高技能人才培养。

2　计算机类专业校内生产性实训基地建设面临的主要问题

2.1　校内生产性实训基地建设企业参与少，难以满足生产性实训要求

计算机类信息产业以提供信息技术服务为主，与制造业等劳动密集型产业需要有规模宏大的生产基地作支撑截然不同，计算机类专业对口企业规模普遍不大，企业办公或生产经营场地一般处于城市繁华地段，对于以学校为基地从事生产需求极小。因此，高职院校要把计算机信息类专业对口的企业生产性工作场所办到学校，满足学校生产性实训需要，现实中难以实现。

此外，很多高职院校计算机类专业校企合作不够深入，合作资源极其有限，缺少企业资源整合机制，因此，学校建设计算机类专业生产性实训基地一般缺少企业参与，完全由学校独立设计完成。建成后往往失去生产性，只是现实工作的模拟，失去了生产性实训基地的本真作用。

2.2 校内生产性实训基地管理缺乏市场活力，难以再现真实性生产过程

校内生产性实训基地建设虽然是以培养学生为主线，但实训基地如果要长期有效地运行，需要大量的资金、人力等相关运营成本，如果只是靠学校单方面管理和维护，缺乏市场运营机制，那么，久而久之生产性将丧失，生产性基地将沦落为一般实训基地，因此需要有企业适度参与的市场化行为来保证实训基地的正常运作和长远发展。

3 校内生产性实训基地建设思路

3.1 "政行企校，四方联动"，打造资源整合平台

由于从事计算机信息产业的企业规模普遍不大，数量众多，且分布较散，要整合企业资源并不容易，为了与企业深度合作，寻求生产性实训基地建设合作意向，并得到企业支持，必须在政府主导下，建立校企合作平台。

根据重庆电子工程职业学院实践经验，学校应成立专门的校企合作部门，推动校企合作的发展。往往以本校计算机信息类专业中实力突出的专业为龙头，主动向行业产业主管政府机构请求协助，并在政府主管部门支持和主导下，成立专业校企联盟[2]协会组织，由政府行业主管领导担任联盟重要职务，以校企联盟为平台，汇聚本地区知名企业和高职院校，以共享资源为宗旨，把信息产业企业资源以会员的形式整合于校企联盟组织旗下，建立政府主导、行业指导、企业参与、学校主体的"政行企校，四方联动"[3]平台，完善沟通机制，调动行业、企业及社会力量参与实习实训基地建设和管理的积极性，"校企联盟"资源整合平台组织结构如图 1 所示。

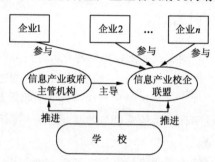

图 1 "校企联盟"资源整合平台组织结构图

3.2 "学校主导、企业参与"，校企共建校内生产性实训基地

生产性实训基地在建设之初就应吸引技术实力雄厚、行业经验丰富的企业参与进来共同建设，这样不仅善于挖掘出好的生产性项目作为实训基地主体，也有利于今后生产性运营。要实现这个目标，必须依靠"政行企校，四方联动"机制，依托校企联盟资源整合平台实现。校企共建校内生产性实训基地流程如图 2 所示。

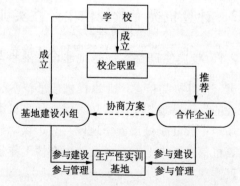

图 2 校企共建校内生产性实训基地流程

学校生产性实训基地建设小组通过"校企联盟"向合作企业提出初步建设意向，合作企业根据企业项目经验，对建设草案提出修改意见并设计初步的建设方案；建设小组根据实训需求对初步建设方案进行修正，并同企业共同研究确定正式建设方案；双方根据建设方案确定相关权利和义务，签订建设协议；企业开始实施项目建设，学校履行监督职能，对项目实施过程进行监管，实现共同参与。

重庆电子工程职业学院通过与企业深度合作，建成数据恢复生产性实训基地和信息安全技术工程中心两个校内生产性实训基地。几年的实践应用表明，校企共建的合作模式解决了实训基地脱离生产实际与社会脱节的弊端，能够充分满足计算机信息相关专业学生生产性实训的要求。

4 校内生产性实训基地管理创新

4.1 实现生产性实训基地"校企共管"的思路

"校企共管"是校内生产性实训基地的根本基础，企业把校内实训基地当成自己公司的一部分，通过管理运营可以获取可观的利润；而学校得到的是真正的生产过程和实训基地持续不断运营所需的成本投入。有了真正的生产过程，学校就可以利用校内生产性实训基地满足学生生产性实践要求。

要实现校企双赢，实训基地必须在满足教学活动之余，交由合作企业开展业务活动，使企业获得额外收益，实现"基地"造血功能，提高企业参与积极性。同时，学校也可以把实训项目设计和实训实施外包给企业，企业将现代企业的文化理念和先进管理理念融入实训基地的日常管理中，学生不仅得到技能训练，而且职业素养也得到提升，实现专业教学要求与企业岗位技能要求对接的目标。

此外，学校和企业还共同承担社会服务的功能，实训基地面向政府、企业、中职或高职院校，开展信息化技术培训。总之，学校提供场地、设备和人力资源，企业提供管理制度、文化理念、技术经验和实训指导，通过管理生产性实训基地这个平台，实现"资源共享、校企双赢"。

4.2 "校企共管"生产性实训基地的措施

学校根据实训基地管理需求，通过"校企联盟"平台召集合作对象，遴选优秀企业共同管理实训基地，双方签订合作管理协议，以服务外包方式将部分或全部实训管理工作交由企业完成；企业根据职业需求提供备选实训项目，学校根据企业建议，并结合人才培养计划最终确定实训项目；企业提出工作任务，学校结合教学计划设计学习情景，企业资深的技术人员协助教师完成实训；企业在实训基地管理的过程中，实施企业化规范管理和企业文化氛围熏陶，以学校、企业"双主体"[4]的方式开展日常管理和人才培养。

5 结论

校内生产性实训基地建设必须走校企合作、工学结合之路，计算机信息类专业校内生产性实训基地建设与管理，更要有深入的校企合作机制作支撑，通过加强与政府、行业和企业联系，得到当地政府相关产业主管机构支持，创建"校企联盟"合作发展平台，把计算机信息类产业公司资源，集成到以学校为主题的"校企联盟"旗下，利用"校企联盟"寻求合作企业与项目。

在找到校企"共建共管"合作企业的基础上，以服务外包形式，通过利益驱动机制牵引，建立生产性实训基地人、财、物的市场化运行与管理机制，以基地养基地，实现生产性实训基地的良性可持续发展，为计算机信息类专业人才培养服务。

参考文献

[1] 陈玉华. 在校企合作中建设生产性校内实训基地[J]. 中国高等教育，2008（10）.

[2] 席磊，王永芬，杨宝进，等. 基于校企联盟平台的工学结合实习基地建设与管理模式创新[J].职业教育研究，2012（12）.

[3] 王向岭. 政校行企四方联动模式下校企合作长效机制的模型构建与战略思考[J]. 南方职业教育学刊，2012（4）.

[4] 胡应占. 高职院校校企双主体工学交替人才培养的实践与研究[J]. 教育教学论坛，2012（36）.

高职动漫专业教育信息化互动课堂教学实践

赵伟明　崔英敏

（私立华联学院，广东广州　510663）

摘要：课堂教学是教师对学生进行教学的主要环节，提高课堂教学的有效性是课堂教学研究的重点，信息化互动课堂教学是对传统课堂教学的重要改革，对提高课堂教学的有效性起重要作用。本文通过分析研究动漫专业的特点和信息化教学、互动课堂教学优缺点，把两种促进教学的方法进行有机结合，提出信息化互动教学的应用方法和策略，以专业核心课程为突破口进行实践总结，并在其他课程中进行推广，取得较好的课堂教学效果，从而探讨信息化互动教学对提高高职动漫专业课堂教学有效性所起的重要作用。

1　背景

动漫被称为 21 世纪的朝阳产业，作为经济增长的新锐力量，动漫游戏产业却面临动漫人才紧缺的现状，培养一批熟练从事动画制作的应用技术型复合人才，已经成为动漫行业发展的迫切需要。从目前情况看，我国动漫人才的培养步伐远远滞后于人才需求。为了适应社会人才需求，许多高职院校开设了动漫专业，并在教学中不断探索人才培养模式，信息技术的应用在人才培养中体现了极其重要的作用。然而信息技术教学在实践教学中表现出了一些弊端。

（1）信息技术教学优势在于可以包容大量信息，形式多样，视觉效果好，但同时容易使得学生注意力分散，很难把课堂上传播的知识进行消化和吸收。

（2）信息技术更新很快，不少教师在课件制作上有困难。

（3）信息技术作为一种辅助教学手段，其使用应以提高教学质量为宗旨，不应该在使用了信息技术后教师就表现的机械呆板，不少教师在使用之后，缺少了肢体语言，无法体现生动形象的指导思路，不能很好地调动学生的积极性。

（4）教学过程实际上是一种"情感交流过程，是灵魂的对视"，教师教授的过程实质上也是师生观点交换的过程。信息技术只能是教学的一种辅助手段。特别是在高职院校，学生已经具备了自主学习的能力，完全可以自己利用互联网进行学习，但是他们依旧选择通过课堂学习，根本在于希望教师可以把那些生硬的、没有感情的知识感情化。

信息技术教学的弊端再一次提醒不仅要充分发挥信息技术在教学中的作用，更要理解教学的深刻含义。特别在高职院校，由于学生的独立思考能力增强，对教师的要求也相应提高。互动式教学强调教师和学生共同主动，传统教学模式只注重教师讲授，而互动式教学则注重学生的主体地位，让学生参与到教学中，激起学生的学习兴趣，想方设法调动学生的积极性、主动性。

互动教学观认为，教师和学生在教学中都是具有主体性的个体，两者的兼容、互动和协调发展，能最大限度地激发双方潜在的主动性、主体性和差异性，使学生的学习更具有综合性、探究性和更富挑战性，更有效地培养学生主动探究、团结互助、勇于创新的精神，形成综合运用知识、方法和解决实际问题的能力。这种理念集中体现出课程改革的一致追求。实施课堂互动教学课题研究，对全面实施素质教育，培养学生的主体意识、社会责任、和谐人格、创造意识和实践技能等方面都具有重要意义。研究与实施课堂互动教学已成为当前课程改革中的一个聚焦点。

Holmberg（霍姆伯格）非常重视教育体系的互动，对互动教学有类似的论述，学生在学习过程中选择好学习教材，并适当应用互动学习，可以增强学生与教师、学生与学生之间的感情，从而增强学生的学习动机和学习兴趣。引导学生应用科学的学习方法，如信息技术应用，促进信息的传递，增进了互动，使学习目标易于达成，教学变得更加有效。

"有效教学"主要是指在一定的教学投入内，通过教师的教学，学生所获得的具体的进步和发展，带来最好的教学效果，是卓有成效的教学。评价教学是否有效，不是以教师是否完成教学内容和教学任务或教得认真不认真，而是指学生有没有学到什么或学生学得好不好。它所关注的是教师能否使学生在教师教学行为影响下，在具体的教学情境中主动地建构知识，发展自己探究知识的能力和思维技能，以及运用知识解决实际问题的能力。如果学生不想学或学了没有收获或收获不大，即使教师教得再辛苦也是无效的或低效的教学；如果学生学得很辛苦，而没有得到应有的发展，那么这样的教学也是无效的或低效的教学。

2　现状

在高职院校动漫制作技术专业课程教学中，学生基础相对薄弱，教学方法比较传统，而高职院校专业的实践性很强，为了培养出适应时代需求和满足市场需要的优秀动漫人才，现行的高职教育教学方法必须在实践环节上进行创新和突破，整合各方面的资源，以能力培养为目标，才能满足动漫专业学生的需要。

采用互动式教学正好能够有效地弥补信息技术教学的不足，建立和谐的师生关系。而互动式教学的开展，不仅仅是教师和学生之间口头的交流，要达到预期效果还须借助必要的教学手段，信息技术教学手段就是常用的手段之一。

本文以动漫制作技术专业核心课程"3ds Max 三维动画设计"为例，把信息技术与互动课堂教学这两种教学手段进行有效的结合，探索信息化互动教学在高职动漫专业教学中所起的重要作用，发挥信息技术教学和互动课堂教学两者的互补优势，有效地解决高职院校动漫制作技术专业课堂教学中如何培养既有高素质的技术应用能力，又有创新技术能力，能满足社会需求的应用技术型复合人才的问题。

3　实施方法策略

本文通过三种信息化互动教学方法来提高课堂教学有效性。

（1）师生之间互动：教师利用信息技术，把知识点以问题的形式发给学生，并通过举例演示让学生在这个基础上进行进一步的问题探讨研究。教师与学生相互合作，调动学生思维，不断地提出新的想法，学生不断地在与教师的交流指导下进行学习。学生把学习成果通过网络提交给老师，老师能及时对学生作品进行评价，以学生作品中存在的问题作为实例进行讲解，使学生能及时认识到学习中存在的不足，并及时改进，这种互动讲解更加贴近学生，学生更容易接受，教师能及时了解学生学习中存在的问题，并给学生及时的指导，再不是盲目地进行讲解。在互动中促进学生对知识的理解，主动思考、不断获得解决问题的方法和能力，这样对学生的学习更具有针对性。

（2）学生之间互动：与人沟通、与人协作是培养学生的团队协作精神，也是现代企业对员工的基本要求，特别是在动漫行业，随着工作分工的不断细化，在工作过程中经常要与团队成员和部门工作人员进行沟通、交换想法、解决问题。课堂教学中对学生进行这种能力培养，教师把知识点的学习以讨论的方式布置给学生，要求学生通过信息化手段对问题进行理解和解答，学生通过对问题的理解，利用信息技术进行查找获得相应的资料信息，在这基础上同学间再进行信息交流、资料共享，对信息资料进行筛选，得出合理的解答。学生之间的互动通过一种集思广益的集体讨论，促使学生对某一教学、技术实现问题给出自己的意见并且相互启发，从而引发连锁反应，获得大量构想的方法。在交流中完善对知识的理解，在协作中完成对问题的解答，通过交流合作，互补地完成对知识的学习应用。在课堂教学中培养学生有效的互动，有利于培养学生的沟通协作能力，推动信息的沟通，表现出学生学习参与合作讨论的广泛性。

（3）资料、教材应用互动策略：资料、教材是学生在学习中的重要工具之一，资料、教材的选择应该以容易被学习者所接受，内容明确、陈述口语化、可读性高，并具备适度的信息量为原则。从教材中学生可以系统地了解课程知识及学习体系，教材作为工具能指导学生的学习，如何更好地利用教材进行学习是教学中教师要把握好的重要环节。选好教材很重要，但教材并不是都能全面的包括所有的知识内容，为了更好地引导学生学习，利用好教材的系统性，同时又要补充教材的不足，利用信息技术手段与教材进行有效的互补是课堂教学中的必要手段。教师可以用教材中的知识点作为示范，让学生思考，引导学生应用信息技术查找相关信息，发现不足或缺少的内容，从而补充学习教材中没有提到或不足，使学习的知识更丰富、更全面。

4 "3ds Max 三维动画设计"课程应用

根据专业教学的特点及社会对动漫人才的要求，在课堂教学中侧重于实践性教学，将互动教学研究成果直接应用于实际教学中，以核心课程"3ds Max 三维动画设计"为突破口，进行信息技术条件下互动课堂教学改革实践。

（1）师生之间互动在课程中的应用

"3ds Max 三维动画设计"是一门应用性、开拓性、创造性较强的课程，要完成一个项目需要团队合作，如制作一个简单的三维动画，需要场景、人物、贴图、灯光、动作、摄像机、渲染等。教师通过引导学生创作思维，按动画制作流程进行制作，学生根据自己的主题进行设计，小组再根据任务进行分工制作，教师通过信息化手段给学生进行技术演示，在交流中帮助学生解决遇到的问题，把出现的错误集中作为案例与学生讨论解决、相互学习，让每个学生有一种积极主动参与的愿望与热情，并且在认知中培养动手操作、组织协调、团队合作与创造思维能力。

（2）学生之间互动在课程中的应用

在"3ds Max 三维动画设计"课堂中，一些设计的实现有多种方法，如三维物体的创建，可以通过线条通过"放样""车削""挤出"等方法进行创建，也可以通过三维几何体的变形修改进行创建，针对不同的对象采用什么方法更好，可以通过分组讨论，应用信息化手段进行案例查找，对不同方法分别实现，对实现方法进行交流，分享体会，得出有效的实现方法。

（3）资料、教材互动在课程中的应用

"3ds Max 三维动画设计"的相关教材有很多，选择的原则是以容易被学习者所接受，能提供具体的主张和建议，让学习者了解操作的原因，以及实际操作的内容和重点，适度地提出问题，引起学习者对学习主题的兴趣，但是再完善的教材也有信息量的限制，也会存在缺陷和不足。为了补充教材的不足，在课堂教学中要指导学生合理的使用教材，能从教材中学习到知识，也要指导和鼓励他们能通过信息化手段获得更多的信息充实学习内容。

信息化互动教学方法的使用是为了激发学生的学习积极性，更好地提高课堂教学有效性，增强对学生的技能培养，所以在信息化互动课堂教学中经常是多种方法结合应用，才能达到最好的课堂教学效果。

5 其他课程中的应用

（1）在"Photoshop"课堂中，讲解关于图层蒙版时，利用师生互动先给出一个无痕拼接图片的案例（包括原始素材及操作后的效果图），对学生提出问题，让学生首先思考效果图可以通过哪些方法实现，让学生通过操作，并让学生检验其所想的方法是否能够实现，针对其方法的特点及存在的问题，再提出用图层蒙版来处理原始素材实现效果图，让学生再尝试操作，教师再针对学生操作过程中所碰到的问题作进一步的分析提示，学生根据提示逐步完成，然后让学生把自己所做的效果图通过学生端提交给教师，教师通过对学生所提交的作品点评，并通过点评把图层蒙版相关的知识点及操作技巧进行系统的介绍，让学生更容易接受，在互动中让学生对相关知识点的理解更为深刻，更具针对性。

在讲解关于图像修饰时，利用学生之间的互动，先给学生发一张需要修饰的图片，让他们根据图片特点分析及寻找修饰的方法，可以通过网络或者书本对修饰的相关工具的介绍及使用特点，应用于该案例，只要能完成对图像的修饰即可，接着，把学生进行分组，让组员进行交流、互换方式、分享方法，最后每组总结出一种最直接最具效率的方式，再与其他组分享，通过交流、分享，让学生们自己整合资源，以及寻找解决问题的具有针对性以及最有效的方法，让学生通过沟通，体会团队的力量及协作的好处，无形中也培养了学生的团队精神和沟通协作能力。

（2）在"动画运动规律"课堂教学中，教师在上课时给出这节课的主题：人步行的运动规律，然后让学生们自行利用信息化的工具去收集相关资料约 15 分钟，这个过程中学生吸收了和主题相关的信息，然后教师再将学生收集的零散的知识集中起来，最后把重点和难点知识讲解和演示。

在教学中当教师把课程内容演示操作了一遍后，会发现学生对课程内容理解程度不高，这阶段是需要学生自主去实操，去接触课程给他们带来的趣味性，利用学生之间的互动策略，学生以团队的形式进行创作和制作是个不错的方法。这样既可以提升学生的积极性，也可以提高学生对课程的掌握程度，也符合项目驱动教学的核心点，让学生以团队的方式去有计划的完成一系列项目。

"动画运动规律"课程是最能体现信息技术手段的课程之一。传统的运动规律授课方式是采用手绘加纸质的演示教学方式，这种教学方式已经不能满足现代化的教学要求了。利用信息技术互动教学会把课程内容提升到更深的一个层次，譬如学生在研究学习人物走路的运动规律，首先会收集信息（教材、互联网和教师），然后才利用动画工具（Toon Boom 或 Flash）进行实践，因为学生要看见它运动的轨迹，才会发现规律所在，才会发现许多在教材里面无法展示的细节，这些细节正是提高学生对课程研究和兴趣的条件。

（3）"广告设计"课程，老师反映在引入信息化互动教学后，学生利用网络资源找到更多适合自己风格的素材，学生的学习空间更大，课堂实操不再是依据老师的素材制作出来的一样的作品。

（4）"视听语言"课堂上，信息化互动教学的应用在信息检索支持下，学生扩大学习空间，弥补教材的不足。如景别章节中，对景别的分类，教材中分为五类，但实际应用中有更细的分类，学生通过信息搜索可以找到更多、更细的分类。又如在理论技巧学习中，通过利用案例让学生进行讨论分析，在互动中活跃课堂气氛，也让老师更加了解学生的情况，更好地把握课堂。

（5）"剧本写作"课上通过学生间的互动，让学生相互了解。课堂上安排学生上讲台介绍自己的剧本，学生间相互进行点评，老师通过学生中存在的问题进行讲解，让学生相互学习，老师也能更好地了解学生经常出现的问题，有针对性地进行教学。

6 总结

根据新时期社会对专业人才的需求，结合信息技术的发展，联系教学实际，把信息技术和互动课堂教学两种促进教学的方式进行有机的结合，探索了更加有效的课堂教学方法。

在信息化互动课堂的教学中，学生也是教学的主体，教师在教学中不仅在于 "传道、授业、解惑"，更重要的是在互动中启发学生对问题的思考，让学生敢于挑战自己。教学互动中教师向学生提出问题，引导学生正确的学习，同时学生也会向教师提出问题，教师的回答是帮助学生更好地解决问题，信息技术下互动教学的应用为问题的解决提供了有效的途径，为课堂教学开辟了新的思路，让课堂教学更具知识性、趣味性、灵动性和创造性，从而使课堂教学的有效性得到大大的提高。

参考文献

[1] [美]加里•鲍里奇. 有效教学方法[M]. 南京：江苏教育出版社，2002.

[2] 和汇. 信息化教育技术[M]. 北京：科学出版社，2008.

现代学徒制探索与实践——以杭职院圣泓班为例

宣乐飞　陈云志

（杭州职业技术学院，浙江杭州　310018）

摘要： 现代学徒制是高职院校实现校企合作、工学交替的一种重要手段。通过研究现代学徒制的形势与现状，分析了现代学徒制在政策制度保障、人才培养模式、校企合作方式、职业素养教育等方面存在的问题。以杭州职业技术学院首个跨专业跨院系的定制班——圣泓班为例，介绍我校在现代学徒制方面的探索与实践。通过共同完成招生、共同制订培养方案、共同实施教学过程、共同实施考核评价、共同培育创新精神，培养基于"互联网+设计"的创新性复合人才，取得了较好的效果。

现代学徒制是一种以校企融合与互动为主要特征的对接协调式人才培养模式[1]；是某些西方国家实施的将传统学徒制与现代职业教育相结合的一种"学校与企业、行业合作式的职业教育制度"，是对传统学徒制的延伸和发展；是以市场需求为导向，将专业知识教育与实践技能培训相结合；是职业教育产教融合、校企合作、推行知行合一，全面提升技术技能人才培养的重要举措[2]。

从 2011 年现代学徒制首次在江西省新余市进行试点以来，政府和社会各界对于推行现代学徒制教育模式在认识上保持着高度的一致，受到了前所未有的重视。2015 年国家教育部办公厅公布了首批现代学徒制试点单位名单，共有 165 家单位获批成为试点单位，其中浙江省有 3 个地区成为试点地区，6 所学校成为试点单位。虽然在试行中某些地区某些高校也取得了一定的成效，但是由于我国起步时间较晚，在实施过程中也面临了较多的困境，需要我们探索和解决。

1 目前我国试行现代学徒制的形势与现状

2015 年，李克强总理在政府工作报告中明确提出，要实施"中国制造 2025"，坚持创新驱动、智能转型、强化基础、绿色发展，加快从制造大国转向制造强国。党和国家在经济新常态下对我国经济如何转型升级提出了明确的方向，为高等职业教育如何培养高素质技术技能人才提出了新的要求。面对中国制造 2025 和工业 4.0 时代的来临，现有的高职人才培养模式面临着巨大的挑战，面对经济新常态和新技术革命带来的对高素质技术技能人才的新要求，新兴的现代学徒制就变得炙手可热。"订单班"培养、"双元制"试点被许多职业院校纷纷效仿，政府与企业、企业与学校、行业与学校间的合作关系日益紧密，逐步实现了企业和学校共同培养学生，招生即招工、上课即上岗、毕业即就业，深化了工学结合人才培养模式改革[3]。

2 目前我国试行现代学徒制面临的问题

近年来，虽然政府、学校、企业都十分重视现代学徒制教育，在建立试点单位和学校的基础上，取得了一定的成效。但是毕竟因起步时间晚、政策保障不够等因素，现代学徒制教育未取得实质性的进展，也未形成其独有的教育体系，在实际操作的过程中还存在着很多问题和瓶颈。

2.1 推进现代学徒制教育政策保障不够

2014 年 2 月，李克强总理在召开国务院常务会议时提出"开展校企联合招生、联合培养的现代学徒制试点"。同年，9 月 5 日，教育部发布了关于开展现代学徒制试点工作的意见，意见中对完善工作保障机制提出了四点要求，其中第三点就是加大试点工作的政策支持。虽然推行现代学徒制教育试点已经上升为国家意志，而且政府也有了相应的指导性意见，但是，在推行的过程中还是普遍遭遇到了困难，原因在于地方政府对校企合作的税收制度、拨款政策、优惠政策等方面支持和推进力度不够。

2.2 全盘照抄西方经验未必适合我国职业教育

不可否认，西方的职业教育尤其是瑞士和德国的职业教育是职业教育界的典型代表，而现代学徒制又是两国职业教育中的最具代表性的部分[4]。我国现行的许多现代学徒制教育理念及实施手段大部分是参考了上述两国的经验，但是每个国家的职业教育均有其自身不同的发展历程和政治背景，并不适用于每个国家或地区。因此，全盘照搬西方经验是不可取的，若想构建我国现代职业教育体系就必须立足于本国的基本国情，符合中国特色。

2.3 目前仍是低水平的校企合作、企业与个别专业的合作，并未涉及专业群的合作

现在大部分职业院校与企业的合作都只是停留在初级阶段，是一种比较片面单一的合作。虽然很多专业与企业都签署了各类校企合作协议，也进行了一些合作，但是双方的合作是局限在双方的既得利益上，很少会去关注双方合作的可持续发展。另外，现在学校与企业开展的现代学徒制试点教育大部分只针对某个专业，并未扩展到专业群，大大限制了学生的选择性，也不利于设置多元化的课程，合作单一，效果不佳。

2.4 学校未能充分利用"卖方市场"这个优势来深化人才培养模式改革，推进现代学徒制教育[5]

从目前的就业环境及学校与企业"买、卖"双方的互动关系来看，现在已逐渐从"买方市场"向"卖方市场"转变。整个人才市场出现了"供不应求"的现象，企业无法从人才市场招聘到合适的人才。究其原因，学校并未根据产业发展的需求或是企业岗位的需求来设置专业及课程体系。高等职业教育培养的是能够为产业转型升级发展服务的高素质技术技能人才，因此，在改革人才培养模式时必须要符合区域经济发展，满足企业岗位需求，并且要对学生的岗位职业能力进行针对性的培养，由此缩短学生适应岗位的时间，实现校企双方共赢。

2.5 对学生的职业素养培养得不够

职业院校固然是培养学生职业能力的重要场所，更应该是培养学生职业素养的摇篮，因为育人才是教育的根本目标。目前，在我国的职业教育培养中，只注重培养学生的技术技能而缺失了对学生的素质教育。在中国制造 2025 和工业 4.0 的大背景下，我们应该注重培养学生的"工匠精神"和对企业的忠诚度，这样才能够为企业、为社会提供他们所能认同的人才。

3 杭州职业技术学院现代学徒制探索与实践

2015 年，李克强总理在政府工作报告中首次提出"互联网+"行动计划。制定"互联网+"行动计划，推动移动互联网、云计算、大数据、物联网等与现代制造业结合，促进电子商务、工业互联网和互联网金融健康发展，引导互联网企业拓展国际市场。

为适应市场变化对人才需求的提升，杭州职业技术学院和圣泓工业设计创意有限公司联合，成立学校第一个跨院系和跨专业的现代学徒制班，以培养"互联网+设计"的创新型复合人才为目标，适应创新 2.0 下的互联网发展的新业态。经过前期的建设，取得了一定的成效。现将建设经验总结如下。

3.1 共同完成招生

作为第一个跨院系和跨专业组建的定制班，学员由计算机类和设计类专业 11 名同学组成。在完成定制班招生的同时，学员通过企业的面试，与企业签订相关的协议，明确了实习的时间、岗位、薪资等情况，在完成学校定制班招生的同时，同步完成了企业的招工流程，实现了招生即招工。

3.2 共同制订培养方案

为培养具有创新意识的复合型人才，满足企业需求，校企双方成立人才培养专业委员会，共同制订培养方案。由学校产学合作处牵头，分管校领导负责，组成行业协会、企业高管、分院领导、专业教师组成人才培养方案实施工作小组，具体负责制订人才培养方案。

3.3 共同实施教学过程

圣泓班学员先在学校经过两周的集中培训，学习了互联网、创新创意、图像处理等基础课程，即赴企业进行顶岗实习。在实习过程中，主要由企业师傅带领，以真实项目为依托，在"做中学"。每两周，安排学校教师赴企业园区进行现场检查，了解学生在学习和生活过程中出现的问题。同时，对接企业需求，为下一步实施与调整培养方案提供建议与意见。每个月，学生回校进行汇报，了解学生近一阶段的学习与工作情况。校企双方共同实施教学，真正实现了工学交替。

3.4 共同实施考核评价

除了日常的监管考核，学期末，校企双方通过考核汇报会的方式对圣泓班学员进行考核。考核汇报会评委由企业师傅和专业教师组成。学员分别用 PPT、图片、视频、网站以及手机 APP 等多种方式进行汇报，分享他们的工作成果和实习感受。评委根据汇报情况，进行综合打分，除了对学员的专业能力进行考核，重点突出了对学员职业素养的评价与考核。这即是学员的期末课程成绩，也是学徒在企业今后晋级的重要依据。

3.5 共同培育创新精神

为培养学员创新精神，学校开辟专门场地，成立创客空间，作为圣泓班学员在校的学习场所。创客空间由学员自己参与设计，是学员的家。学员可以利用在企业学习的相关知识，在学校创客空间进行创意实践，是创意设计的孵化器。

4 总结

首届圣泓班学员经过半年的实习，完成了从学员到学徒再到现在的公司骨干的转变，薪资收入超过同期实习生 30%以上。学员有目标，也有激情，为了拿出满意的作品，会主动加班至很晚，遇到问题，学员之间会进行研讨、协商，相互帮助。圣泓班的成功经验，为下一步深入推进现代学徒制在我校的开展，奠定了良好的基础。

参考文献

[1] 赵志群，陈俊兰.现代学徒制建设——现代职业教育制度的重要补充[J].北京社会科学，2014(1):28-32.

[2] 关晶，石伟平.现代学徒制之"现代性"辨析[J].教育研究，2014(10):97-102.

[3] 程宇.我国现代学徒制的政策发展轨迹与实现路径[J].职业技术教育，2015(9):28-32.

[4] 贾文胜，梁宁森.瑞士现代学徒制"三元"协作运行机制的经验及启示[J].职教论坛，2015（25）:38-43.

[5] 李祥.高职院校试行现代学徒制的现状及其对策研究[J].常州大学学报(社会科学版)，2015(16):121-124.

以职业能力培养为核心的
高职人才培养模式改革探索

黄日胜

（河源职业技术学院，广东河源 517000）

摘要： 以岗位职业能力要求构建课程体系，深化校企合作，构建合理的实践体系与优良的师资队伍，实施"教学做"一体化教学等是加强职业能力培养的核心所在。构建和实施以职业能力培养为核心的高职人才培养是进一步深化工学结合模式的体现。

高职教育是面向基层、面向生产、面向服务与管理第一线职业岗位，以培养实用型、高技能型专门人才为目的的高等教育。高职教育中普遍认同的两个特性就是"高等性"和"职业性"[1]。这在一定程度上就要求高职教育培养出来的人才不仅要掌握一定深度的技术理论，还要能应用这些知识、技术解决职业中的实际问题。实施以职业能力培养为核心的高职人才培养模式，以更好培养高职学生的职业技能与素养。

1 人才培养模式概述

1.1 高校人才培养模式的内涵

1998 年，教育部在《关于深化教学改革，培养适应 21 世纪需要的高质量人才的意见》中，对"人才培养模式"内涵给出了一个定义："人才培养模式是学校为学生构建的知识、能力、素质结构，以及实现这种结构的方式，它从根本上规定了人才特征并集中地体现了教育思想和教育观念。"

此外，一些专家学者对人才培养模式有以下的定义：人才培养模式是指在一定的教育理念指导下，高等学校为完成人才培养任务而确定的培养目标、培养体系、培养过程和培养机制的系统化、定型化范型和式样。也就是说，人才培养模式是一种关于人才培养的四大要素——人才培养目标、人才培养体系、人才培养过程和人才培养机制的"范型"和"式样"。[2]

考虑人才培养模式概念在高职院校的实际使用情况，笔者更赞同使用下面这种定义。人才养模式是指以一定的教育理论和教育思想为指导，以特定的人才需要为目标，以相对稳定的教学内容、课程体系、管理制度和评估机制为依据，充分利用各种资源，形成各教育要素之间稳定的关系结构，并在规定的期限内将学生培养成具备一定知识、能力和素质并适应社会需求的合格人才的培养过程。[3]

1.2 高职人才培养模式现状

近年来，高职教育提倡"校企合作，工学结合"的人才培养模式，取得了喜人的成绩。但高职教育在人才培养模式上还存在着许多弊端，在职业能力的培养上还有许多不足。主要如下：

（1）课程体系与培养目标存在差距，不能全面反映企业岗位要求

高职类专业在课程体系的构建方面很大程序上还是沿用本科的课程设置，只是简单地将理论性强的课程给予删除，或是一种压缩版的课程设置，这种课程体系对要求达到培养高技能人才的目标还有一定的差距。

（2）培养过程不利于高技能人才的培养

高职教育注重理论够用、实用，以学生为中心进行教学。但当前很多专业课程的教学实施过程过于传统化，依然以教师为中心进行讲授，给予学生实训操作的时间相对不足。课程内容较为单纯，没有将相关职业岗位的素质要求融入课程，这不利于高技能人才的职业能力培养。

（3）培养机制不利于高技能人才的培养

当前许多高职院校的培养机制对学生职业能力的培养不利，形式上采用学分制，没有深化执行学分制。在校企合作上，各种机制还不完善，致使合作不够深入，只停留在表面，导致工学结合的效果不够理想。为了便于管理而忽视高职学生独有的特性，这阻碍了学生个性的发展与创新。

这些问题不仅制约着高等职业教育的进一步发展，而且也无法满足社会对人才的需求。因此，需要根据市场变化和社会与经济的发展进行革新，深化工学结合，建立以职业能力培养为核心的高职教育人才培养模式，以培养能够适应社会经济发展需求的高技能型人才。

2 以职业能力培养为核心，优化人才培养模式

职业能力是指从事某一社会职业岗位需具备的综合能力，包括要完成岗位职责所要具有的专门知识、专业技能，也包括从事该岗位应具备的职业道德、社会适应能力、团队协作能力等[4]。由此，在人才培养上，不仅要注重学生专业知识技能的培养，也要注重培养学生职业素养、创新精神。现以河源职业技术学院嵌入式技术与应用专业为例论述以职业能力培养为核心的人才培养模式。

2.1 走进企业，以岗位职业核心能力要求构建课程体系

为了培养出更符合企业要求的人才，通过了解广东省嵌入式产业结构、走访信息行业协会、深入嵌入式企业调研、毕业生回访、专业建设指导委员会研讨等途径，邀请兄弟院校课程专家及企业专家一起对嵌入式产品产业链的设计、开发、销售及服务四个环节进行集体讨论，确定本专业对应嵌入式企业的产品设计、产品开发、市场营销、技术支持四个工作岗位群。再由专业教师和企业专家一起从四个岗位群职位中列出本专业培养对象面向的岗位，最后根据本专业的发展理念，筛选出本专业对应嵌入式系统设计工程师、单片机开发工程师、驱动开发助理工程师、嵌入式上层应用开发工程师、嵌入式产品测试工程师、嵌入式产品销售工程师、嵌入式技术支持工程师及技术文员等八个典型的工作岗位。

专业教师和企业专家一起对八个典型工作岗位的工作任务进行分析、整理、归纳和总结，确定了各个岗位的典型工作任务。再通过典型岗位的工作任务进行整理分析，总结出了嵌入式技术与应用专业典型工作岗位的工作过程、职业素质与能力要求。通过对职业素质与能力要求分析，获取本专业八个典型工作岗位所需的理论知识、技术技能，然后梳理、提炼和归纳出本专业相关支撑课程，最终形成专业课程体系。

通过以核心岗位能力要求为基础构建的课程体系，真实地体现了企业对高职类人才的要求，

使学生所学的知识结构与企业要求基本对接，从而培养出更符合企业需求的高技能人才。

2.2 积极开展"项目引导、学训交替"为特征的人才培养模式

通过以校企合作、工学结合为核心，利用对河源及泛珠·三角电子信息企业高技能人才需求的调研与分析、相关专业方向毕业生跟踪调查等途径，通过对嵌入式技术与应用专业职业岗位的工作过程与工作任务系统化分析，形成了以职业能力为导向的课程体系，并在人才培养模式改革方面初步形成了自身独特的人才培养模式，即以"项目引导、学训交替"为特征的人才培养模式，如下图1所示。将校企合作、能力层次培养、创新能力及职业素质教育贯穿整个人才培养过程的始终。

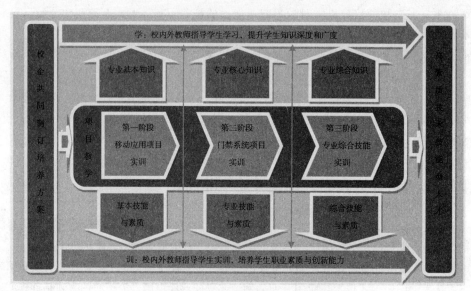

图1 "项目引导、学训交替"人才培养模式

项目引导：本专业的人才培养是通过三个递进式的阶段项目进行贯穿。通过这三个递进式的阶段项目能更好地保证学生获得所需的专业基本能力、专业核心能力和专业综合能力。通过将项目贯穿到课堂教学中，以项目实施的过程为主线，把知识点分散到项目的各个任务中进行传授，培养学生将来岗位技能并具有可持续职业发展潜力。

学训交替：采用任务驱动和"教、学、做"一体化的教学模式，课程教学以项目任务为主线，充分利用校内外实训基地。以学生为中心、项目为载体，项目任务的完成即教学内容的完成，项目任务的分析探讨过程即技术的研讨、知识传授的过程。通过使用与企业一致的工具、开发语言、开发标准及组织模式，以及来自企业的真实项目，使校内的实训室类似企业研发中心，实训过程类似实战过程。通过把真实项目用于教学/实训，促进学生职业能力的形成，即学生从"新手"到"熟手"再到"能手"的技能转变。

2.3 积极推进课外创新训练，开展学分互换机制

为了突出创新能力培养，除了课程教学的引导外，还为专业学生开设了第二课堂，第二课堂主要分以下三个阶段进行。

第一阶段：专业教师在新生入学时就引导他们根据自己的兴趣加入专业社团、专业兴趣小组

等团队，这些团队由专任教师负责指导，学生在这些团队中学习课堂以外的专业知识和技能，强化课堂所学的内容并拓展专业视野。

第二阶段：经过专业组织的基本技能比赛、专业技能比赛和指导老师的筛选，挑选优秀学生进入电信学院科技创新中心、名师工作室、技能竞赛等团队，学院提供专门的场地并划拨专项经费进行扶持，由专业骨干教师指导团队学生、带领他们参加国家、省、市级技能竞赛或完成企业合作项目开发，其他学生则准备专业技能考证。

第三阶段：从技术服务中心、名师工作室、技能竞赛等团队中根据学生的意愿挑选优秀学生组建虚拟公司进行自主创业，培养他们的自主创业能力，其他学生留在团队中继续提升自己的专业技能；部分技能考证的学生进入专业签订的合作企业中进行订单式培养，经过三年的课堂教育和丰富的第二课堂教育，最终将学生打造成卓越工程师，实现专业制订的培养高素质技能型人才的培养目标。

同时建立以创新创业成果作为学分互换的机制，即学生可在第二课堂中获取创新学分，同时取得的相关竞赛成果、科研成果均可进行相应课程的学分互换，提高第二课堂的效果。

3 实践效果

经过近 5 年教学改革与实践，本校嵌入式技术与应用专业学生在全国职业院校技能大赛中获国家级一等奖三项、二等奖二项、三等奖一项，省级竞赛中获一等奖三项、二等奖五项、三等奖两项；毕业生双证率、就业率、就业质量高。据第三方机构评价数据显示，嵌入式技术与应用专业的毕业生近三届毕业生就业率均在 98% 以上，对口就业率 60% 以上，平均起薪高于全国同类院校同专业，就业水平和稳定性均在广东省高校名列前茅。2015 年本校嵌入式技术与应用专业被评定为广东省二类品牌建设专业。

参考文献

[1] 董泽芳. 高校人才培养模式的概念界定与要素解析[J]. 大学教育科学，2012(6):30-36.

[2] 刘英,高广君. 高校人才培养模式的改革及其策略[J]. 黑龙江高教研究，2011(1):127-129.

[3] 钟秉林. 人才培养模式改革是高等学校内涵建设的核心[J]. 高等教育研究，2013(11):71-76.

[4] 董章清. 以职业能力为核心，构建新型高职报关专业课程体系[J]. 哈尔滨职业技术学院学报，2011(2):24-26.

探索计算机专业项目实训教学新模式

曾 鸿

（襄阳职业技术学院，湖北襄阳 441050）

摘要：基于软件项目开发规范，建立实训项目管理体系；通过精简提炼老师或企业开发过的真实项目，构建课程实训项目库；项目分组根据技术测评成绩高低进行"强强"组合，"弱弱"组合，选做不同难度系数的项目，让更多学生基于自身能力建立起自信心和专业学习兴趣，促进个人综合能力和班级整体实力提升。

1 引言

高职计算机专业毕业生要想胜任程序员岗位工作，既能编码还要善于人际沟通和交流；既能进行基本需求分析，还能熟悉编写各阶段开发文档；小项目能独立开发，大项目能团队合作协同开发[1]。如此人才规格要求，需要在校专业教育更加注重学生综合能力的培养。

多年来，我院计算机专业群在课程实训教学方面进行了深入探索和大胆尝试，取得了一些成效。基于软件项目开发规范，建立实训项目管理体系；通过搭建 SVN 服务器，模拟企业真实工作情境；项目分组经过技术测评，实行"强强"组合、"弱弱"组合；能力本位，量力而行，分层教学，让每个学生都有展示能力的机会。

2 基于软件项目开发规范，构建实训项目管理体系

软件企业非常看重开发人员的项目经验，积累项目经验成为在校专业学生的必修课[2]。

2.1 构建项目库

项目库建设是计算机专业课程资源库建设的重要内容之一，软件技术方向的许多课程都有必要建立项目库。项目案例来源于老师或企业开发过的真实项目，经过精简、提炼，按课程进行分门别类，形成适合学生阶段技术技能水平要求的单独课程实训项目或综合项目。评估项目开发的难易度并进行评级，可分为 A、B、C、D 四个等级，实现 A 类项目全部功能可得满分 100 分，B 类为 90 分，C 类为 80 分，D 类为 70 分。不同级别的项目，适合相应能力群体的学生，学生通过完成自己力所能及的项目，逐步建立起自信心，培养成就感。项目库需要不断完善和填充，按难度系数不同，相应项目数量比例为 1：2：2：1，最终实现一个实训班各项目组能选做不同的项目。

2.2 角色扮演

为保证项目能在满足其时间约束条件的前提下100%实现其总体目标，需要包括辅导员、职业导师在内的人员参与过程监控与管理。角色扮演中，任课教师扮演项目经理，把控项目进度并进行技术指导；辅导员扮演质量监督员（QA），督促检查各阶段文档是否按时提交，项目实施是否

按计划执行[3]；职业导师扮演最终用户，回答学生的需求提问，参与项目验收评审；学生为程序员，划分若干个小组，各组设组长一名，成员 3~4 人。实训期间，角色成员各司其职，相互配合，确保小组项目能按时保质保量完成。

2.3 搭建 SVN 服务器

以企业团队开发标准来搭建项目建设与开发环境，按照《每阶段提交文档及 SVN 目录结构》构建目录。SVN 服务器目录结构可按专业、年级、班级、课程、组别来划分，组别内再按软件项目开发规范，顺序设立阶段目录表，如项目计划、项目需求、项目设计、编码、项目答辩等并提供相关开发文档范本。SVN 为不同角色添加账户并设置不同访问权限，一个项目小组统一设置一个账号和密码，事先培训各成员正确使用 SVN 环境。

2.4 规范项目开发流程

根据软件项目开发规范，统一项目开发流程，提供通用型各阶段文档范文，同时制订阶段文档评审标准，规范项目开发流程见表 1。

表 1　规范项目开发流程

课次	阶段名称	课时数	说明
1	技术测评与分组	4	笔试或机试，测试学生理论基础、动手能力及学习能力
2	项目计划–制订	2	制订《项目开发计划表》
	项目计划–评审	2	评审，填写《项目开发计划评审表》
3	项目需求–制订	2	编写《需求规格说明书》
	项目需求–评审	2	评审，填写《需求规格说明书评审表》
4	项目设计–制订	4	制订《系统设计说明书》
	项目设计–评审	4	评审，提交《系统设计评审报告》
5	编码与测试		提交软件系统及测试报告
6	项目答辩	4	提交《项目总结》报告

项目编码完成后，统一安排时间进行集体答辩验收。答辩评审团成员包括项目经理、QA、最终用户等，若存在多个教学班，项目经理交叉评审。答辩流程包括项目陈述、项目展示、回答提问等环节。评审组根据台上整体表现、项目完成质量、以及回答问题情况，并根据项目等级进行客观评分，最终评判验收是否通过。通过验收的小组要求在规定时间内撰写项目总结报告，汇总相关结题文档、上传 SVN 服务器备案，未通过的择日申请重新答辩，直至通过。

3　加强过程管理，监控项目实施进度和软件质量

3.1 技术测评与分组

开始项目实训之前，项目经理需要提前编制技术测评试卷。开卷考试，提供帮助文档，技术点 Demo 等资料，推荐采用机试方式，考试内容既包括已学知识，又有需要百度或查阅帮助文档才能解决的知识内容。考试结束现场打分，考试成绩作为项目等级分组唯一依据。

严格按成绩排序分组，第一组或包括第二组选 A 类项目，最后一组做 D 类项目，原则上组别划分参考项目数比重 1：2：2：1。采用强强组合，弱弱组合，避免了强弱搭配分组的"精英教育"结果，同组成员大家能力彼此相当，不能谁指望谁，谁依靠谁，大家只有上下一心、共同努力才能完成项目开发任务。

3.2 开发文档编写与评审过关

项目计划。各项目组长认真组织项目组成员，研究所做项目的基本需求，合理划分任务模块并进行责任分工，通过研讨，认真填写项目开发计划表。项目经理评审时，各项目组逐组上台讲解项目计划表，每组 3~5 分钟，项目经理从模块划分的合理性，时间分配的合理性，以及事务描述的准确性等方面进行评判打分。评审未通过的，要求在规定时间内，根据修改意见完成修改，并重新提出评审申请，直至评审通过。

项目需求。项目组根据基本需求原型图编写每个界面的功能与非功能需求，按照需求规格说明书格式要求，完成项目需求分析，并编写完成需求规格说明书。需求评审时，给每小组 5~8 分钟陈述时间，重点审查项目目的、范围、简介、以及各模块功能描述是否准确，用例图绘制是否正确等。

系统设计。系统设计是评审重点，要审查系统架构设计，需要数据库的要看表结构设计，详细设计主要看算法和程序流程等。程序员根据提供的系统设计说明书模板撰写文档，评审时项目经理、QA、"客户"均要参加，各项目组都有 10 分钟的陈述时间，评审结束后项目经理要为每组提交系统设计说明书评审报告，评审未通过的需在 24 小时内另择时间重新评审。

3.3 编码与指导

编码阶段对 A 组不指导，只督促进度；对 B 组不做技术指导，遇到问题只提示他们如何去百度，或到哪里去查阅什么资料等。指导老师（项目经理）重点关注和指导 C 组 D 组，特别是 D 组，不一定是要他们如何完美地实现项目功能，而是引导指导他们通过完成简单模块功能，重拾他们的自信心和培养他们专业学习兴趣，技术上有时甚至需要帮助他们编码。C 组原则上在老师指导下实现项目功能，有对个人的个别指导，有对整个项目的小组指导，有对 C 组大类共性问题的集中讲解等。各小组按照敏捷开发模式进行小组内部站立会议及进度表公示，项目组长每日向项目经理提交《XXX 项目工作日志》，QA 每日对照项目进度督促各组的开发进度，并填写 QA 文档《XX 班项目过程监控表》。只有项目经理、QA 密切配合，齐抓共管，才能实现项目实训教学目标。

4 结束语

构建项目库，依照软件项目开发规范制订专业实训项目管理体系，严格落实和实施项目实训流程。因地制宜，因人而异，学生通过做自己力所能及的项目，逐步积累成就感，才能激发专业学习兴趣，从而促进个人职业技能和综合能力的全面提高。

参考文献

[1] 曾鸿. ASP.NET 课程教学改革与实践[J].制造业自动化，2011(2):172-174.

[2] 吴梦麟.结合计算思维的软件项目实训教学实践[J].电脑知识与技术，2013(6):59-60.

[3] 李宝智.基于任务控制的软件项目实训管理系统设计与实现[J].现代计算机，2013(7):52-54.

四、技能竞赛促进高职人才培养

职业院校技能大赛参赛的现状、思考及对策

孙 刚

（南京信息职业技术学院，江苏南京 210023）

摘要： 职业院校技能大赛的举行是教育制度的一项重大创新，在检验职业教育人才培养、推进教学改革和产教融合方面起到了引领和促进作用。职业院校技能大赛参赛的现状及策略已经成为参赛院校关注的问题。

1 引言

全国职业院校技能大赛自 2007 年举行以来，已经连续举办 9 届，参赛队伍的规模及大赛所覆盖的专业面不断扩大，社会影响力不断提升。技能大赛在展现改革成果、突显职教特色、促进产教融合、提升培养水平等方面都取得了令人瞩目的成绩，已经成为全国各地积极参与、专业覆盖面最广、参赛选手最多、社会影响最大、联合主办部门最多的国家级赛事。

"普通教育有高考，职业教育有大赛"[1]，随着大赛制度的不断完善，赛项从申报、立项评审、承办院校申报、裁判及监督队伍选拔等工作不断规范。职业院校技能大赛已经成为职业教育人才培养质量的检验手段之一，同时也成为行业企业对职业院校技能人才进行评价与选拔的平台。

2 职业院校技能大赛参赛的现状

职业院校技能大赛目前参赛对象主要为在籍的职业院校学生，最终参加职业院校技能大赛的选手一般经过选拔赛选拔，所在地区教育主管部门推荐，报名并通过审核后方可获得参赛资格。

参加职业院校技能大赛的院校和选手，都希望能够在最高水平的大赛中崭露头角，获得好的成绩，提高职业院校自身的社会声誉和美誉度，但是目前在参加职业院校技能大赛过程中，参赛院校普遍遇到以下困惑。

（1）参赛选手的选拔难度增加：随着各地生源数量的下降，职业院校学生的生源质量较以往有一定程度的下降，给职业院校选拔合适的选手参与大赛带来一定的困难。

（2）教师参与的积极性不高：一般职业院校在某个赛项取得成绩后，后续参加类似赛项时，依然会选择曾经指导过大赛的教师继续承担指导工作。一方面这些指导教师具有一定的技术实力，另一方面这些指导老师具有对于赛项的整体把握和协调能力。但指导大赛与常规教学和科研工作相比有其自身的特殊性，其难度和要求远高于常规教学和科研工作，不仅要密切关注并掌握最新技术，还要关注学生，更加要关注诸多细节。这些因素导致职业院校教师参与大赛的积极性和热情不高。

（3）参赛技术难度增加，外部竞争更加激烈：随着大赛的不断完善，原有赛项为了保持技术引领，增加观赏性，不断将最新技术融入大赛，提高了参赛的技术门槛；指导教师的技术水平不断提升；各级政府、教育主管部门和参赛院校的重视程度不断提高，大赛的竞争日趋加剧；技术

的不断发展进步，行业、企业对人才培养的质量要求和期望值也在同步提高。这些因素导致大赛的竞争更加激烈。

3 职业院校技能大赛参赛的思考

随着大赛的不断举行，社会各方面关注度的提高，也产生了不同的看法：（1）大赛有"精英"教育倾向[2]，受益的仅仅是少数学生；（2）大赛有"应赛"教育倾向[2]，很多院校为了获得好的成绩，仅仅针对竞赛内容进行训练，而忽略了培养选手综合素质；（3）大赛有"为奖"而赛的倾向，部分参赛院校为追求获得好的竞赛成绩，集中优秀的教师，挑选出最优秀的学生组建团队，而忽视了某个专业人才培养质量的整体提升。

以上对于大赛的不同看法，主要在于未能够完全领会教育部举办职业院校技能大赛的初衷。作为职业院校最高级别的大赛，举办的目的在于不仅仅是为了检验职业院校人才培养的质量，更重要的是为了推进职业院校的教学改革，助推职教发展的社会价值，推动质量提高的教育价值，促进产教结合、校企一体深入发展，推动职业教育教学模式和人才培养模式的改革[1]。

职业教育发展滞后于学历教育，社会的认知度和认同感有待进一步提升，需要通过加大宣传，提高社会对职业教育及职业院校技能大赛的认识。为在全社会弘扬劳动光荣、技能宝贵、创造伟大的时代风尚，形成"崇尚一技之长、不唯学历凭能力"的良好氛围。2015 年 4 月 27 日，国务院决定自 2015 年起，每年 5 月的第二周为"职业教育活动周"。为积极配合"职业教育活动周"活动，更好地检验职业教育人才培养质量，教育部决定从 2016 年起职业院校技能大赛与职教活动周同步举行，进一步提高社会对职业教育的认知度和认同感，扩大职业教育的社会影响力，使全社会了解职教、体验职教、参与职教、共享职教成果，由此将进一步提高对职业教育和职业院校技能大赛的社会认知度。

职业院校技能大赛因为举办规模、承办院校的接待能力等因素制约，不可能面向全体学生开展，只能够通过选拔机制，挑选出能够代表所在地区该专业领域技术技能水平相对较高的选手参加比赛，并不是针对技能"精英"参加的比赛。选拔机制在一定层面上，能够激励更多的职业院校推进教学改革，提高人才培养质量，通过不断努力，获得参加技能大赛的机会，在大赛的平台上与其他院校同场竞技，彰显各自的实力，提高职业院校的社会声誉。

在参加大赛的参赛队中，存在"应赛"教育和"为奖"而赛的倾向，有些职业院校从学生进校开始就进行选拔，组建一定数量学生团队，针对以往的赛项，进行有针对性的训练。这种做法的驱动力往往来自于对大赛荣誉追逐，虽然能够提高其自身的社会声誉，但是与举办大赛的初衷背道而驰。大赛举办的目的在于引领教学，将大赛的技术技能要求融入日常教学工作去，让更多的学生从大赛的成果中收益，提升职业院校的综合办学实力和人才培养质量。

4 职业院校技能大赛参赛的对策

参加职业院校技能大赛并获得理想的成绩是很多高职院校追求的目标，这是职业院校参赛的内因；但是随着大赛制度的不断完善，各项工作必将越来越规范，新技术的不断引入，生源质量的下降。这些因素要求作为参赛主体的职业院校必须调整思路，主动适应新情况，不断调整参赛的准备工作，将职业院校技能大赛的相关技术技能和职业素养要求有机融入课堂教学，从源头上提升人才培养质量，彰显大赛对人才培养的引领作用。

参加职业院校技能大赛是一项系统性工作，需要从组建团队、收集信息、制订计划、训练选手等环节做好工作。

4.1 组建团队

组建团队包括组建指导教师团队和参赛学生团队。组建指导教师团队不仅关系到能否取得好的成绩，而且关系到能否将大赛中的技术技能和职业素养引入课堂教学，其中团队负责人的选拔显得尤为重要。团队负责人不仅自身要有良好的技术素养、职业素养，还必须具备良好组织能力、协调和沟通能力，更要有大局观和奉献精神。指导教师团队一般需要根据大赛考核的技术技能要求进行组建，除了最终带队参加比赛的指导教师外，还必须要有保障教师团队。因某些赛项涉及的技术可能还未被参赛院校教师所掌握，有时还需要聘请外部技术人员担任技术顾问。为保证指导教师团队的合理性，可以采取以老带新，适度更新的原则，让更多的教师参与到技能大赛的指导工作中，既有利于提高竞赛成绩，同时有助于推动大赛引领的教学改革，此外还能够提升专业的整体教学水平和人才培养质量。

生源数量下降带来的必然结果是生源质量的下降，挑选选手时必须直面现实，转换思路，在其他环节更加细致地做好相关工作而不是怨天尤人。组建选手团队时，可以通过相关技能测试初步筛选，入围选手通过面试确定最终参赛的选手，不仅考察选手的技术技能，更要关注选手的心理调适能力。若是拟参加的赛项为个人赛，挑选选手时除考察选手的基本技能外，还需要注意考察选手的应变能力和抗压能力；若是拟参加的赛项为团体赛，必须按照赛项考核的技能有针对性地选拔选手，团队成员都必须具备较强的团队合作意识，遇到问题必须服从队长指挥，其中担任队长的选手除了具备良好的技术技能外，还必须具备组织协调和沟通能力，应变能力和抗压能力。

4.2 收集信息

在组建好团队的基础上，做好信息收集整理和汇总是参赛的另一项重要工作。收集信息包括收集与拟参赛赛项相关的各种信息，例如，赛项申报书、竞赛规程、竞赛样题、赛项说明会资料、发布的样题和公布的赛题等。团队负责人需要认真研读赛项申报书、竞赛规程和竞赛样题，分析赛项考察的所有技术技能要求；带队参加赛项说明会，认真领会专家对于赛项的组织实施、考察的技术技能要求、评分标准等内容的解读。对于发布的样题和公布的赛题需要结合所收集的其他信息仔细研究和分析，领会命题专家的命题意图。

4.3 制订计划

制订合理可行的训练计划不仅能够提高训练效率，同时能够提高训练质量。训练计划的制订必须结合选手的实际情况和赛项的相关要求，需要整个指导教师团队共同参与讨论后确定。训练计划的制订必须紧紧围绕赛项申报书、竞赛规程等信息展开，对于赛项考察的每个技术技能点的训练方案必须在计划中体现，同时必须明确承担掌握技术技能点的选手和相应的指导教师。训练计划不仅要明确完成的时间节点，还必须明确验证选手领会和掌握情况的测试手段和方案。在实际训练过程中，需要结合选手的实际情况，动态调整和完善训练计划，以期达到最佳的训练效果。

4.4 训练选手

训练选手是指导教师团队依据训练计划，落实各项训练任务。在指导选手进行训练的过程中，应贯彻是"教会"选手，而不是"教给"选手。很多职业院校大赛指导教师在指导选手的过程中，只是"教给"选手而不是"教会"选手，往往只是布置任务而不注重训练效果的检验，总以为选手有自觉性，靠选手的自主学习就可以完成训练计划设定的内容。大赛结束后比赛成绩不理想时，指导教师往往会认为是裁判缺乏公平、公正，一般会进行申诉。在申诉处理过程中，比赛仲裁、监督和裁判共同分析选手的完成情况后发现：造成成绩不理想基本都是选手在一些细节方面存在失误。大赛如高考，选手的心理状态随着训练进程的加剧、训练强度的变化、大赛的日益临近都会有起伏和波动，这些因素要求指导教师在日常训练中关注选手的表现，进行疏导和调节，适度调整训练内容。压力过大导致的临场发挥失常也是导致大赛成绩不理想的一个重要原因，需要指导教师团队引起足够的重视。

5 总结

参加职业院校取得较为理想的成绩固然重要，但是参加大赛本身的意义在于全面提高人才培养质量，引领专业建设[3]。只有将大赛资源成功转化为切实可行的教学资源并落实到日常教学，才能够真正体现大赛举办的价值。资源转化工作需要职业院校教师的主动参与和落实，否则就成为空中楼阁。在推进过程中需要充分考虑赛项的特点、学生可接受的程度、职业院校教学改革的成本等众多因素。

参加技能大赛虽然是检验职业院校培养的高素质技术技能型人才的一个手段，但不是职业院校培养合格的、满足企业需求的高素质技术技能型人才工作的全部内涵。培养更多的合格人才是职业院校的中心工作，也是作为培养大国工匠主体的职业院校的职责所在。

参考文献

[1] 吕景泉,汤晓华,周志刚.全国职业院校技能大赛对技能人才培养的价值与作用[J].职业技术，2014(09):98-100.

[2] 万捷,程晓辉.对职业院校参加和举办职业技能大赛热点问题的思考[J].教育观察，2015(7):54-56.

[3] 廖传林,凌良星,刘小宁.技能大赛促进职业院校建设与发展[J].武汉工程职业技术学院学报，2010(9):72-73.

基于职业技能大赛精英人才培养机制的
探索与实践

杨琳芳 杨黎 曾水新

（河源职业技术学院，广东河源 517000）

摘要： 本文针对当下职业院校技能大赛选手培养过程中存在的临时找场地、跨专业组合难、缺乏系统化训练等问题，提出了一种"普及创新能力教育、突出人才个性化培养"的技能大赛精英人才培养机制，通过课内外有机结合方式，将创新能力培养贯穿整个人才培养过程之中，经过多年的探索与实践，取得了良好的成效。并通过大量的实例和数据，阐述了机制实施措施、方法和要点，对技能大赛精英人才培养具有普遍的指导意义和推广价值。

1 引言

迄今全国职业院校技能大赛已举办九届，赛项设置逐步覆盖到所有专业（专业群），被定位为引领我国职业院校教育教学改革的风向标，检验人才培养质量的试金石。国务院颁发的《关于加快发展现代职业教育的决定》（国发〔2014〕19 号）提出，"提升全国职业院校技能大赛的国际影响"，充分肯定了大赛对精英人才培养的成效，明确了通过大赛来提升职业院校人才培养的国际影响力[1]。河源职业技术学院高度重视创新人才培养，不是为了参赛，临时组建师生"突击队"，找个训练场地，师生停课，强化训练一两个月后奔赴赛场；而是突出技能大赛在教学改革中的重要地位，在专业人才培养方案中设置创新学分，要求学生三年内通过竞赛、参与教师科研项目等方式获得学籍规定的创新学分，并通过课内外有机结合方式，将创新能力培养贯穿整个人才培养过程之中，做到人人共享创新教育资源，分层施教创新教育，形成"普及创新能力教育、突出人才个性化培养"的技能大赛精英人培养机制。经过多年的探索与实践，培养了一批又一批受企业青睐的专业技术技能人才。

2 构建以创新能力培养为核心的专业课程体系

2.1 深入行业企业调研，开展职业分析，构建课程体系

通过召开专业建设指导委员会议、毕业生回访等方式，调研专业面向典型工作岗位的工作任务、工作过程及职业素质与能力要求；然后召开专家、企业能工巧匠、教师共同参与的职业分析会议，对典型工作岗位的工作任务及其工作过程进行分析、合并、归纳，得到典型工作任务对应的知识点和技能点[2]。将一些共性的、基础性的知识点和技能点提炼出来，转化为支撑学习领域课程的公共基础和专业基本理论平台课程；将一些系统性的、基本技术性的知识点和技能点提炼

出来，转化为支撑学习领域课程的专业基本技术平台课程；将一些新技术、相近专业领域的知识点和技能点提炼出来，转化为专业拓展课程；根据典型工作任务的难度等级转化为能力递进的学习领域课程。从而构建了由公共基础平台课程、专业基本理论平台课程、专业基本技术平台课程、学习领域课程、专业拓展课程组成的专业课程体系[3]。

2.2　转化大赛资源，将创新项目和任务融入课程内容

课程开发是落实人才培养目标的重要环节，尤其学习领域课程是培养学生掌握典型工作任务所需要的职业能力要求，所以必须从专业理论知识、专业技术技能、团队协作能力、综合职业素质等多方面开发学习领域课程[3]。幸运的是职业技能大赛赛项的先进技术、新行业标准等特点完全符合学习领域课程的教学载体要求，如 2012 年就把"芯片级检测维修与信息服务"赛项转化为"电子产品维修与服务"学习领域课程的教学载体，分为台式计算机功能版、笔记本计算机功能版、显示器功能版等训练项目，按照赛项的规程要求实施项目化教学和考核，并根据赛项的变化逐年完善该学习领域课程设计。对于课程体系中的专业基本理论平台课程、专业基本技术平台课程和专业拓展课程，采用项目引领、任务驱动的课程开发思路，选取完整的、兴趣性的、创新性的产品或系统作为课程的教学载体，设置若干个由简到繁的、能力递进的训练项目或任务，如单片机应用技术课程，选取"智能寻迹小车"和"四轴飞行器"作为课程的教学载体，设置显示系统的设计与制作、测控系统设计与制作等多个训练项目，每个训练项目又包含若干个能力递进的训练任务。因此，课程体系既能适应职业岗位的规格要求，又能满足技能大赛的大纲、规程要求[4]。

3　搭建技能大赛训练营地

3.1　鼓励学生组建科技协会

学院为每个科技协会提供专用场地，并配置指导老师，鼓励学生以专业或专业群为单位，组建了电子协会、计算机协会、通信协会等多个科技协会，设立由高年级学生担任管理者、技术骨干，低年级学生为会员的协会组织结构，如电子协会组建于 2004 年，现在册会员数量 200～300人，每届的应用电子技术、电子信息工程技术等电子类专业学生几乎都是该协会的会员。新生入学时，各协会纷纷纳新，鼓励新生加入各科技协会，参加义务维修、课外小制作、技能竞赛等科技活动。多年实践证明，科技协会对学生认知专业技术、了解行业企业等方面发挥了重要的作用，提高了学生对电子信息技术的兴趣和实践能力。

3.2　建立学生创新室、名师工作室、研发中心

培养电子信息类专业精英人才，首先面临的是场地和设备问题，2007 年之前都是采用专业实训室作为学生创新室，若实训室有课，学生就必须离开，并需要整理好实训室的设备，以便不影响正常教学。2007 年之后，学院各专业逐步建立了独立的学生创新室，尤其是电子创新室的面积从 40 m² 扩建到现在的 256 m²，并为学生创新室配置了专业实训实验设备，安装了空调，打造了一种开放、舒适的创新研究环境。近年来，组建了市级机器人技术应用技师工作室，建立了电气自动化、万绿软件等名师工作室，与公司联合共建了"智慧生活电器联合研发中心"。这些创新室、工作室和研发中心的建立，为分层实施创新能力培养提供了丰富的软、硬件资源，成为精英人才

个性化培养的主战场。

3.3 鼓励学生跨专业加入主战场，并制定管理制度

随着电子信息技术的飞速发展，新技术、新工艺、新知识不断涌出，技术的综合程度越来越强，需要学生掌握的内容越来越多，尤其是跨专业领域的知识和技术。通过不同专业的学生组队加入学生创新室、名师工作室和研发中心，可以促进不同专业领域的学生相互讨论学习、团队协作，同时为选拔跨专业学生组队参赛提供人才库。为了保障创新室、名师工作室、研发中心能正常运行，制定了激励和约束制度。

第一，每年从各协会招募对专业技术感兴趣的学生进入电子、物联网、网络等创新室，教师也可以推荐优秀的学生进入创新室，进入创新室的学生基本上是对专业感兴趣，并且在校级专业竞赛中获得较好的成绩，也是省赛和国赛的预备选手。

第二，形成"以老带新"的训练模式，创新室内大部分是大二学生，大三学生较少，平时以大三学生指导为主，教师指导为辅。

第三，教师每周为学生讲授 2 节课，重点强化训练专业基本技术技能，整个教学过程归入常规教学督导管理；学生的创新室课程可以置换校级选修课；教师每学期对创新室的学生进行考核，考核结果纳入学生的综合测评，考核优秀等级为 5 分，与学院学生会主席的分值等同，营造一种崇尚技术、追求工匠精神的创新研究气氛，考核不合格的学生，将被淘汰出创新室。

第四，名师工作室和研发中心可以吸纳优秀的学生参与科研项目开发，学院出台了课程置换管理办法，学生可以申请以参与教师科研项目置换专业课程，经指导老师同意、学院审核通过，学生就有更多的时间投入到科研项目，有时还可以获得劳务补贴。如"智慧生活电器联合研发中心"，每年都招募软件、电子专业的学生，帮助教师绘制 PCB、测试电路、编写 App 等。通过多年实践证明，从创新室、名师工作室或研发中心出来的学生都是专业的精英人才、技能大赛的选手，其专业综合能力、就业竞争力比其他学生都要强。

4 做好技能大赛的组织与训练工作

4.1 基本功训练是基础

不管赛项的内容如何变化，归根到底都是以专业基本技术技能为基础的，只有抓好学生的日常基本功能训练，才能增强学生实力、应对赛题的变化。例如，每年下半年对新进入电子创新室的学生进行电子技能基本功能训练，并根据学生的兴趣或特长分为硬件组和软件组。其中硬件组学生接受贴片元器件焊接、电路分析、PCB 制板等基本功训练；软件组学生接受单片机、C 语言编程、数据结构算法等基本功训练，鼓励学生考取全国计算机二级考证（C 语言）。基本功能训练团队由指导老师和大三学生共同组成，老师每周集中为学生讲授 2 节课，平时以大三学生指导为主，基本形成"以老带新"的训练模式。

4.2 选拔优秀学生是前提

通过多年实践，已形成了金字塔结构的"校级→省级→国家级"技能大赛选手培养与选拔体系。首先，各专业每学年组织两次以上专业技能大赛，如电子设计竞赛、软件设计竞赛等，要求

专业学生全员参与，鼓励学生跨专业组队参赛，实现"人人参赛"，普及创新能力教育。校级比赛成绩靠前的学生都来自学生创新室、名师工作室或研发中心。其次，从校级竞赛中选拔优秀的学生参加省级和国家级竞赛，专门组织学生进行系统的专业基本技能、专项技能训练，并定期组织考核，最终确定省赛、国赛人选，到省级或国家级技能大赛舞台拼搏。因此，既做到人人共享创新能力教育资源，又做到了参赛选手选拔。

4.3 指导教师掌握大赛所需的知识和技术是关键

从教师中挑选一批专业技术扎实、责任心强，且具有奉献精神的教师组成技能大赛导师团，他们一般来源于创新室、名师工作室、研发中心的老师。根据赛项要求不同，选派不同专业领域的老师合作指导。技能大赛指导教师应该是专业领域的专家与研究者，必须对职业技能大赛的赛项理论知识、技术技能、操作规范等内容认识透彻后，才能够对学生进行有效地指导[5]。如果指导教师仅做一名"考勤员"，每天盯着学生训练，而自己却不动手、不动脑学习这些竞赛所需的技术和知识，是很难训练好学生的。例如，2016年嵌入技术与应用开发赛项与2015年相比，增加了两个分赛项，所以选派了软件、嵌入式、电子等专业老师作为指导教师，针对功能电路板的故障排除考点，打样了5种不同丝印的PCB，每种PCB 10块。指导教师根据样题要求和多年指导竞赛的经验，设置芯片损坏、丝印错误、电容电阻值错误等难度超过竞赛要求的故障，每天要求学生完成3~4块，并要求学生在规定时间内完成，然后与学生一起总结训练情况，通过一段时间训练后，功能电路板的图纸都"烙"在学生的脑海中，学生对每个元件的输入/输出信号理解得滚瓜烂熟，对任何一种故障现象都能在几分钟内解决。通过多年的实践证明，只有指导老师比学生勤快，亲自动手操作，深入研究竞赛规程、样题，才能培养优秀的竞赛选手。

4.4 模拟大赛场景训练是重点

赛前一个月是黄金时间，一定要按照大赛的时间、规程要求，完成10套左右完整的模拟题训练，有条件的话可以开展校与校之间对抗赛，要求学生铭记"仔细审题、先易后难、团队配合、互不埋怨"的16字竞赛"法宝"。例如，在2016年嵌入技术与应用开发赛项训练中，指导教师根据竞赛规程、样题、裁判打分的操作性等因素，设计了10套模拟赛题，每周按照大赛规定的时间训练2~3套，指导教师陪同学生训练，记录学生犯的错误。模拟大赛结束时，立刻终止学生操作，按照大赛要求进行两轮测试，给出竞赛成绩，最后总结模拟大赛的得与失，根据学生掌握的熟练程度调整模拟题任务要求，逐步提高选手的专业技术能力和应变能力。

4.5 心理素质训导是保证

全国职业院校技能大赛级别高、参赛学校多，大部分参赛选手会感到紧张。因此，为选手做心理素质训导是非常有必要的，在赛前定期开展一些抗压训练，增强选手的自信心，发挥团队合作优势。另外，反复叮嘱学生在比赛过程中，碰到问题要积极咨询裁判，在任何情况下，都要对裁判有礼貌。通过这些措施，保证选手稳定发挥，提高选手的综合素质。

5 结语

通过多年的探索与实践，在课内，从课程体系构建入手，将大赛资源、创新项目等内容转化为课程的教学载体，深入开展行动导向的教学改革；在课外，设定创新学分，丰富学生第二课堂文化，建立学生技能大赛训练营地，制定了相关激励和约束制度。通过课内外有机结合，将创新能力培养贯穿整个人才培养过程之中，提升了学院整体人才培养质量，形成并逐步完善了"普及创新能力教育、突出人才个性化培养"的技能大赛精英人培养机制，并在电信学院所有专业推广，鼓励学生跨专业加入学生创新室、名师工作室和研发中心，培养了一批又一批的精英人才，以至学院电子信息类专业在历届职业技能大赛上获得优异成绩，累计获得全国一等奖 6 项、二等奖 9 项、三等奖 6 项，尤其在 2016 年全国职业院校技能大赛上，电信学院共有 7 支代表队参加国赛，获得全国一等奖 2 项、二等奖 5 项的好成绩。从历年学生就业调查报告来看，大部分参加过大赛的学生会同时收到几家企业的录用函，且专业对口率、薪资待遇高，例如，今年几位获奖学生就被公司以本科毕业生同等待遇招入。因此，职业技能大赛引领了职业院校的教学改革和技术创新，培养适应产业转型升级和企业技术创新需要的发展型、复合型和创新型的技术技能人才，真正实现了专业人才培养与行业企业人才需求无缝衔接[6]。

参考文献

[1] 刘东菊. 全国职业院校技能大赛对教学改革与发展的影响力研究[J]. 职业技术教育，2015(10):30-34.

[2] 杨黎，杨琳芳. 创新能力培养为核心的高职电子专业课程体系构建[J]. 职业技术教育，2011(05):23-25.

[3] 高林，鲍洁. 中国高等职业教育计算机教育课程体系（2014）[M]. 北京：中国铁道出版社，2014.

[4] 刘阳，郝建军. 如何通过技能大赛促进专业教学模式的改革与创新[J]. 教育与职业，2011(09):170-171.

[5] 杨理连，刘晓梅. 现代职业教育下技能大赛与专业教学的协同性研究[J]. 职教论坛，2014(21):4-9.

[6] 曹建林，周桂瑾. 高职院校 M3P 创新教育体系的构建与研究[J]. 无锡职业技术学院，2013(02):26-31.

依托职业技能大赛培养技能精英人才

张漫　王鹤

（北京信息职业技术学院，北京 100015）

摘要： 全国职业院校技能大赛在高职院校中越来越受到重视，成为培养技能人才的重要平台。结合教学实践，提出了"社团培养兴趣，集训组建队伍，比赛选拔人才"的技能精英人才培养模式，积极促进大赛训练与教学改革相结合，为国家、为行业、为企业培养高素质、技能型的应用人才。

1　引言

全国职业院校技能大赛（简称国赛），是我国高职院校教育改革的一个重大制度创新。如何借助国赛培养具有高素质、技术型、技能型的人才呢？北京信息职业技术学院实施的"社团培养兴趣，集训组建队伍，比赛选拔人才"便是一个创新与实践相结合的技能精英人才培养模式。

2　高职院校中技能大赛的发展现状

全国职业院校技能大赛作为引领我国职业院校教育教学改革的风向标[1]，越来越受到各高职院校的重视。从 2007 年教育部提出"普通教育有高考，职业教育有大赛"的发展方向，2008 年教育部联合其他部委在天津举办首届全国职业院校职业技能大赛，至今已经成功举办了九届。从首届的 1 个赛区 10 个专业大类 24 个赛项近 2 000 人参与，到 2016 年的 1 个主赛区 15 个分赛区 94 个赛项近 500 万学生角逐，全国职业院校技能大赛已经发展成为覆盖面最广、参赛选手最多，社会影响最大、联合主办部门最全的国家级职业院校技能赛事[2]。成为高职院校培养教师队伍，提高学生职业技能，推进校企深入合作，提升学校知名度的重要平台。

3　"社团培养兴趣，集训组建队伍，比赛选拔人才"培训模式的内涵

高职院校的学生来自全国各地[3]，在进入学校之前对所学专业没有清晰明确的认识，每个个体的接受能力也有较大的差异。教学需要体现差异化，社团活动能够做到人人参与，通过社团活动中专业技能成果的展示让学生对所学专业有直观的认识，进而对所学专业进行深入了解。在技能人才培养过程中需要学生在掌握基本技能的基础上还要有浓厚的兴趣去思考、去探索、去训练，以提高专业技能的综合水平。同时还要培养学生的安全生产意识、团队合作精神、分析与解决问题的能力以及抗压能力等职业素养。这些都需要通过"社团培养兴趣，集训组建队伍，比赛选拔人才"培训模式来完成。

"社团培养兴趣，集训组建队伍，比赛选拔人才"培训模式是结合用人单位的实际需求，依据专业人才培养计划，将技能大赛的知识点与技能点进行分解，将其融入社团活动的教学中，将

技能大赛与技能学习、岗位实习紧密结合，将教、学、练、赛融为一体，以大赛为契机，实现指导教师和学生专业技能水平、专业技能实践能力、职业素养的双提高。

4 "社团培养兴趣，集训组建队伍，比赛选拔人才"培训模式的实施

4.1 教师有所教，学生乐所学

"知之者不如好之者，好之者不如乐知者。"兴趣对学习有着神奇的内驱动作用，能变无效为有效，化低效为高效。在学校没有硬性考核压力的社团就是培养学生兴趣的沃土。在社团指导中，指导教师依据"翻转课堂"的教学理念，根据"简单、有趣、递进"的原则，围绕知识点和技能点设计若干个简单有趣的小项目，让获奖的选手作为指导小助手一同完成视频、微课、指导书等相关教学资料的制作。在社团活动时，按照先看视频知现象，再听讲解知内容，最后选择学技能的流程，学生根据自己的喜好自行选择相关内容进行学习。通过自行设计、编程、调试最终完成相关任务的成就感、满足感促使学生进行下一步探索，逐步培养学生的兴趣，让其知所学、爱所学、乐所学。通过社团活动大部分学生能够参与其中，解决了目前大赛指导覆盖面窄的问题。同时通过社团活动中的交流配合为集训组建队伍提供了保障。

4.2 集训拔高，培养技能精英

通过社团活动的了解与配合，指导老师选择一批动手能力强、学习成绩优、团队合作能力好、态度积极主动、有探索欲望的学生进行集中强化训练，组建参赛队伍。指导教师依据企业专家的指导，凭借企业锻炼的经验，根据"做中学、做中教"的教学思路，根据"递进、拔高、能落地"的原则，围绕大赛涉及的知识点与技能点设计教学项目，在每个教学项目中根据"从易到难、有现象、能实现"的原则分层次设计多个教学任务，并制订详细的考核标准。学生在老师的指导下，利用完善的教学设备，在规定的时间内完成学习任务，强化练习，按照岗位要求提升自己的专业技能从"了解"到"精通"，让自己实现从"门外汉"到"蓝领精英"的转变，适应市场需求，达到培养技能人才的目的。

4.3 以赛练兵、优中选优

目前大部分学生都是 90 后的独生子女，在培养其扎实的专业素质时如何提高其职业素养是每个指导老师需要关注和思考的问题。比赛就是一个突破口，通过比赛不仅能够提高学生分析问题解决问题的能力、与人合作沟通交流的能力、还能提高学生的临场应变能力、心理承受能力。在整个集训过程中把技能竞赛贯穿始终，在行业专家的指导下，指导老师与企业兼职教师共同设计编制模拟题，让学生每个星期有小组赛，每月有模拟赛，通过比赛培养学生的竞争意识，激发学生的荣誉感，真正达到以赛促练、以练促学、以学促教的效果。

5 总结

"社团培养兴趣，集训组建队伍，比赛选拔人才"的培养模式做到了人人参与，提高了学生的学习积极性，提升了学生的专业技能水平，保证了学生职业素质的培养。大量固化的教学资料

的分析、整理、设计与制作提升了教师专业素质，并保证了大赛资源转化成果的延续和推广。总之"社团培养兴趣，集训组建队伍，比赛选拔人才"的培养模式是深化教学改革，推进依托大赛培养技能人才的积极有效尝试。

参考文献

[1] 刘东菊，汤国明，陈晓曦，等.全国职业院校技能大赛对教学改革与发展的影响力研究[J].职业技术教育，2015(10):30-34.

[2] 刘永新，杜学森.职业技能大赛与高职人才培养模式的关系[J].教育与职业，2014(21):43-44.

[3] 肖海慧，邓凯."以赛促学、以赛促训、以赛促教"教学模式的应用[J].中国成人教育，2013(16):154-155.

职业技能大赛引领专业建设——以"电子产品芯片级检测维修与数据恢复"赛项为例

陈开洪　孙学耕

（福建信息职业技术学院，福建福州　350019）

摘要： 本文以电子信息工程技术专业为例，遵循"以赛促建"的指导思想，结合"电子产品芯片级检测维修与数据恢复"赛项的具体内容，分析了大赛和专业建设的关系，并从课程体系、教学条件、教学评价和师资队伍等方面提出建设性意见。

职业技能大赛倡导"以赛促学、以赛促练、以赛促教、以赛促改、以赛促建"[1]，其核心就是要将专业建设与产业的发展紧密衔接。在这种基本思路的指导下，各个学校结合技能大赛及教学实际，开展了全方位的教学改革，如教学理念、方法手段和评价措施的改革[2]，以及人才培养方案的设计[3]等。这些具体的改革措施更多的是集中在体现"以赛促教、以赛促改"等方面，但却比较少地涉及"以赛促建"方面。基于上述原因，课题组以"电子产品芯片级检测维修与数据恢复"赛项为例，结合电子信息工程技术专业的具体情况，分析探讨如何进行"以赛促建"，从而实现专业建设满足产业快速发展对人才需求的目的。

1　专业导向

任何一个专业的建设与发展都必须适应社会经济发展的需要。我国"十二五"规划纲要中明确指出，要坚持走中国特色新型工业化道路，适应市场需求变化，根据科技进步新趋势，发挥我国产业在全球经济中的优势，并要求电子信息行业提高研发水平，增强基础电子自主发展能力。因此，电子信息类专业的建设应充分考虑我国当前电子产业发展趋势、行业发展特点及企业用人需求，才能把握时代脉搏。而"电子产品芯片级检测维修与数据恢复"职业技能大赛项目的设置，则充分体现了行业的发展变化和对职业岗位能力的最新需求，它强调以企业用人核心标准为参照，注意吸收专业领域中最新知识、最新科技、最前沿技术和最新问题而设置竞赛项目和命题[4]。

目前，电子产品已经走入人们工作和生活的各个方面，在使用中产生硬件故障及信息数据的丢失也不断增大，对电子产品检测维修与数据恢复的技能人才的需求日益增多。据我国计算机普及发展状况统计报告显示，目前我国芯片级维修及数据恢复从业人员规模为 100 多万人，未来 10 年内，电子产品芯片级维修及数据恢复需求将呈上升趋势，总增长量将超 100%。因此，怎样调整现有的电子信息工程技术专业，培养大量的满足现代电子产品维修急需的合格人才，将是我们面临的重要课题。

当然，作为一个经典专业，电子信息工程技术专业涵盖面比较广，包含电子产品的设计、生产、检测与维修，信息的获取与处理，信息系统的设计、应用和集成等。"电子产品芯片级检测维修与数据恢复"赛项也只是代表着其中一个重要的发展方向，是电子信息工程技术专业新的生命力的重要体现。

因此，专业建设和技能大赛相结合，可以建立起具有鲜明时代特色的专业（或专业方向）。

2　课程体系和教学内容

在高职专业的课程体系构建过程中，一般是按照职业分析（包括职业背景分析、典型工作任务分析、支撑知识和技能等）、培养目标和规格、课程体系与课程的顺序来开发建设的。

基于上述的开发步骤，本专业高职学生在三年的学习中，将学习公共基础课 7 门左右，职业平台课程 7 门左右，职业能力课程（按不同方向）7 门左右，能力拓展课程 7 门左右。这些课程将保证学生达到相关职业岗位应具备的理论基础、实践技能和分析能力。而这数十门课程，尽管在内容的衔接上考虑了前导、后续等联系，但在教学过程中，往往依然还是独立进行的。学生很难将相关的知识与技能有机地联系起来形成一个整体的概念，而形成满足某一个职业岗位所需要的完整的知识与能力。

但是通过职业技能大赛的引导，我们可以尝试在这方面进行一些改革。例如，在"电子产品芯片级检测维修与数据恢复"赛项中，通过让选手完成指定的电路维修和数据恢复任务，考核学生的电路分析、产品检测、仪器使用、软件应用等职业能力。那么，我们可以在原来课程体系框架下，按照相关职业岗位能力的要求，划分初级、中级、高级的水平来组织课程的教学内容，打破原有课程内容的组织形式，建立起以能力等级为培养目标的课程。例如，电路基础与应用、低频电路分析与应用、电路板设计与制作、电子电路设计基础等课程，本是内容有关联、有前后的课程，但在教学中，各门课一般分开进行。考虑整体的能力目标之后，可设立电子产品检测这一课程（教学目标），重新组织上述各门课程的内容，在教学时都以这一目标为导向，讲授、训练同一载体的、不同层次、不同方面的内容。这样，有助于学生从最开始就目标很明确，都清楚地明白自己所学的知识、技能是为什么岗位服务，并建立起目标岗位的知识、技能体系（这也可以认为是一种学徒制模式）。

例如，在"电子产品芯片级检测维修与数据恢复"赛项中，由于对高职和中职学生能力要求不同，中职大赛考核的主要是学生基本维修能力，如了解芯片出现问题，故障现象是什么，把芯片更换后就可以排除故障，对原理的要求比较浅，更侧重的是操作熟练和经验。高职大赛考核时，需要学生更多了解电路的基本工作原理，并能根据故障现象进行分析，判断故障可能出现的原因，并能排除故障。对能力要求更高，不仅仅是经验，还需要一定的分析能力。

3　教学条件配置

由于高职人才培养目标定位为技术技能人才，因此高职教育特别重视实践实训环节，高职院校需要配置大量的仪器设备作为支撑。考虑到使用及管理的实际情况，一般来说，仪器设备配置都是以满足课程教学要求为准。

例如，高职的电子信息专业，根据电子类课程的要求，学生需要学会使用大量的仪器仪表，如示波器、万用表、信号发生器、毫伏表、频率计、稳压电源等，而这些仪器仪表本身用途广、用法多，仅一个示波器就可以用来观察各种不同信号幅度随时间变化的波形曲线，还可以用它测试各种不同的电量，如电压、电流、频率、相位差、调幅度等。通常一次课程也用不到那么多台仪器。这样，实训室配置过多的仪器仪表，不仅会大量消耗学生的精力、分散学生的注意力，而且又容易损坏。

那么怎样配置更合理呢？"电子产品芯片级检测维修与数据恢复"赛项为实训室的建设提供了一个重要的参考。那就是以能力为导向，选择仪器也是以岗位的职业能力训练需要为导向。例如，为了让学生胜任岗位，要求学生了解电阻阻值、电压等电路特性，主要需要练习万用表；检测电路的工作情况，就用示波器检测电路中信号的特性，还有就是根据不同产品，选择专业的测试方法，测试工装与配套软件等。比如硬件检测平台、数据修复机等。这样，既不会出现仪器仪表过多，学生学习压力大，也不会出现仪器仪表过少，无法满足岗位能力训练需求的现象。仪器设备的合理配置不仅提高了教学效率，也节约了经费。

4 教学评价形式

在传统的教学评价中，方式比较单一，一般以知识考核为主，或者配合一些实验考核。特别是在标准题库建立之后，学生考试往往以客观题为主。这样的教学评价方式，既不能准确反映教师教学的效果，也无法准确测试学生实践能力的真实情况，更不符合高职的教育规律。因为它忽视了对学生操作过程的评价，无法检验学生解决实际问题的能力，不利于激发学生学习的主动性和积极性，不适合职业教育。

"电子产品芯片级检测维修与数据恢复"赛项也给我们带来很好的启示。它的考核形式，是从操作到理论的全面考核方式。技能大赛评分包含机评分、客观结果性评分及主观结果性评分三种。这种评价体系将形成性评价和总结性评价相结合，提高过程评价在总评中所占比例，减少总结性评价中模式化题目的比例，加强学生处理实际问题能力的考核。同时，考核的内容还将过程和效果、知识和应用结合起来，加强考核内容的实际性。

5 师资队伍建设

对于高职教师来说，都要求要具备双师素质。但是，专职教师很难做到时刻跟踪当前行业、企业最新技术；学校也很难保证仪器设备都是当前最新的。所以，学生在校学习期间，也必然会与实际岗位产生差距，无法真正做到企业与学校的"零距离"。当然，目前有许多院校都采取顶岗实习、二元制等方式来解决上述难题，但是效果并不理想。

作为一名专业教师，本人通过指导学生参加 "芯片级检测维修与数据恢复"赛项的工作，参观赛项的技术支持企业中盈创信（北京）科技有限公司并接受赛项指导教师的培训，能较系统地了解芯片级检修和数据恢复的技术，个人的实践能力不断提高，不仅对教学带来极大的帮助，也为后续参与企业的售后服务工作打下坚实的基础。

"电子产品芯片级检测维修与数据恢复"赛项在设计之时，就体现了当前行业、企业最先进的技术和技能要求，也与国家行业新的规范标准直接对接，通过技能大赛的培训等环节，可以实现教师与企业的无缝对接，保证教师熟悉目标岗位的实际情况，促进企业与学校的"零距离"。因此，积极参与职业技能大赛，是提高师资队伍水平的一个有效途径。

6　小结

技能大赛比赛项目的设置，体现了相关产业的发展变化，代表了行业、企业用人的职业标准，吸收了行业领域中最新知识、最新科技、最前沿技术和最新问题，考察和检验了高职教育对学生全方位培养的质量。通过与技能大赛的紧密结合，高职教育可以不断完善自己的专业建设，培养满足社会需要的技术技能人才。

参考文献

[1] 吴进. 高职学生专业技能大赛推进职业教育全方位的改革探索与研究[J]. 才智，2016（15）:43.

[2] 洪欣平. 从职业技能大赛反思高职学生英语思辨能力的培养[J]. 无锡商业职业技术学院学报，2016(2)：96-98.

[3] 郭振江. 高职技能大赛与人才培养探究[J]. 理论探索，2016(4)：40-44.

[4] 程庆珊. 关于职业技能大赛的客观性思考[J]. 湖北函授大学学报，2016(11):9-10.

[5] 张启慧，孙玺慧. 产教融合背景下浙江省高职物流技能大赛改革探究[J]. 宁波职业技术学院学报，2016(6)：24-28.

[6] 辛居敏. 对职业教育技能大赛的新思考[J]. 中国培训，2016(11):27.

基于职业技能大赛的技能精英人才培养

徐振华　卢海

（北京信息职业技术学院，北京 100018）

摘要： 全国职业院校技能大赛是职业院校专业建设和改革的风向标，每年的大赛紧跟专业人才需求和岗位技能要求，设计不同的竞赛内容，充分体现了职业技能大赛紧跟技术发展动态的特色，职业院校通过每年的参赛活动，选拔和培养了一批优秀学生，他们的成长可以说是基于技能大赛的精英型人才培养模式典型的培养成果。因此，如何借助大赛固化高技能型人才的选拔培养模式是大赛资源转换的一项重要内容。本文以信息安全与评估赛项为例，说明如何培养技能精英人才。

1　引言

全国职业院校技能大赛（以下简称"大赛"）是中华人民共和国教育部发起，联合相关部门、行业组织和地方共同举办的一项全国性职业院校学生技能竞赛活动。大赛作为我国职业教育工作的一项重大制度设计与创新，深化了职业教育教学改革，推动了产教融合、校企合作，促进了人才培养和产业发展的结合，扩大了职业教育的国际交流，增强了职业教育的影响力和吸引力。

2　赛项分析

2.1　赛项定位

赛项名称"信息安全管理与评估"，通过赛项检验参赛选手网络组建、安全架构和网络安全运维管控等方面的技术技能，检验参赛队组织和团队协作等综合职业素养，培养学生创新能力和实践动手能力，提升学生职业能力和就业竞争力。丰富完善学习领域课程建设，使人才培养更贴近岗位实际，实现以赛促教、以赛促学、以赛促改的产教结合格局，提升专业培养服务社会和行业发展的能力，为国家信息安全行业培养选拔技术技能型人才。信息安全技术人员应具备以下的职业技能。

（1）网络交换技术。能够配置 VLAN、STP、RSTP、MSTP、802.1X、端口安全、端口聚合等。

（2）网络安全设备配置与防护技术。能够在城域网中部署防火墙，使用防火墙规则保护内网服务安全，在防火墙上实现路由、NAT 转换、防 DDos 攻击、实现包过滤、URL 过滤、P2P 流量控制、IPSec VPN 或 SSL VPN 或 L2TP VPN 等；基于 IP、协议、应用、用户角色、自定义数据流和时间等方式的带宽控制，QoS 策略等。能够利用日志系统对网络内的数据进行日志分析，把控网络安全。能够利用 Web 应用防火墙保护内部网络，实现过滤和防护等。

（3）系统安全攻防及运维安全管控技术。首先要掌握网站防护技术，包含 HTTP 防护、会话跟踪、数据窃取防护、漏洞扫描、防篡改等技术；其次要掌握服务器渗透及加固技术，包括针对未设置防护的数据库和服务器进行扫描、密码猜测等渗透测试和强制访问控制、数据保护、行为审计等保护措施。

2.2 信息安全现状

（1）面临监听和刺探

近年来某些国家视中国为主要的竞争对手，加上日益加深的复合相互依赖关系，中国成为主要被监听对象是自然而然的事情。某些国家对于中国的监听行为具有时间跨度大、方式花样多、监听程度深等特点。"棱镜门"事件暴露出大国间信息攻防斗争的残酷性和我国相关建设的落后性。

（2）技术漏洞、管理不善

仅在 2015 年上半年，我国就有 12 起重大信息泄露事件曝光，主要包括移动应用分发渠道、旅行住宿、卫生社保等网站的用户资料外泄。如 1 月 5 日某科技公司旗下论坛被曝出存在高危漏洞，多达 2300 万用户的信息遭遇安全威胁，成为 2015 年国内第一起网络信息泄露事件。2 月 11 日据漏洞盒子报告显示，某些知名连锁酒店的网站存在高危漏洞——房客信息大量泄露，一览无余，黑客可轻松获取到千万级的酒店顾客的订单信息，包括顾客姓名、身份证、手机号、房间号、房型、开房时间、退房时间、家庭住址、信用卡后四位、信用卡截止日期、邮件等大量敏感信息。

2.3 信息安全运维技术发展趋势

IT 新技术和攻击手段变化的加快，使得信息安全新思想、新概念、新方法、新技术、新产品将不断涌现，未来信息安全技术发展动向具有以下特点。

（1）信息安全技术由单一安全产品向安全管理平台转变

信息系统安全是一个整体概念，单一的网络安全产品并不能保证网络的安全性能，安全产品的简单堆叠也不能带来网络的安全保护质量(QoP)，只有以安全策略为核心，以安全产品的有机组合形成一个安全防护体系，并由安全管理保证安全体系的落实和实施，才能真正提高网络系统的安全性能。

（2）信息安全技术发展从静态、被动向动态、主动方向转变

传统的计算机安全机制偏重于静态的、封闭的威胁防护，只能被动应对安全威胁，往往是安全事件事后才处理，造成安全控制滞后。随着信息环境动态变化，如网络边界模糊、用户的多样性和应用系统接口繁多，安全威胁日趋复杂。因此，动态、主动性信息安全技术得到发展和重视。例如，应急响应、攻击取证、攻击陷阱、攻击追踪定位、入侵容忍、自动恢复等主动防御技术得到重视和发展。

（3）信息安全防护从基于特征向基于行为转变

黑客技术越来越高，许多新攻击手段很难由基于特征的防护措施实现防护，所以，基于行为的防护技术成为一个发展趋向。

（4）内部网信息安全技术得到重视和发展

信息网络的安全威胁不仅来自互联网，或者说外部网络，研究人员逐渐地意识到内部网的安全威胁影响甚至更大。由于内部网的用户相对外部用户来说，具有更好的条件了解网络结构、防护措施部署情况、业务运行模式以及访问内部网；如果内部网络用户一旦实施攻击或者误操作，则有可能造成巨大损失。因此，内部网络安全技术得到重视和发展，Mitre 公司研究人员开始研究内部用户行为模型，以用于安全管理。

（5）信息安全机制构造趋向组件化

简化信息系统的安全工程复杂建设，通过应用不同的安全构件实现"宜家家具"样式自动组

合，动态实现"按用户所需"安全机制，快速地适应用户业务的发展要求。

（6）信息安全管理由粗放型向量化型转变

传统的信息网络安全管理好坏依赖于管理员的经验，安全管理效果是模糊的，安全管理缺乏有效证据来支持说明网络信息系统的安全达到了所要求的安全保护程度。随着信息网络系统复杂性的增加，信息安全管理走向科学化，信息安全管理要做到量化管理，信息安全管理也需要实施 KPI。目前，信息安全科研人员已经提出 QoP 概念，即安全保护质量，相关技术和产品正在研究发展中。

（7）软件安全日趋重要，其安全工程方法及相关产品将会快速发展

软件作为信息网络中的"灵魂"，其安全重要性日渐凸显，特别是信息网络中的基础性软件（如通信协议软件、操作系统、数据库、中间件、通用办公软件等），一旦存在安全漏洞，所造成的影响往往不可估量。由于现代社会越来越依赖于计算安全，软件可信性需求显得十分迫切。围绕软件安全问题研究已经得到安全人员关注，例如，软件安全工程、软件功能可信性验证、软件漏洞自动分析工具、软件完整性保护方法等都在进行。

（8）面向 SOA 的安全相关技术和产品将会快速发展

随着信息网络应用的发展，一种面向体系服务的 SOA（Service Oriented Architecture）思想得到发展，通过 SOA 可以增强企事业单位的协作能力，提升信息共享能力，有利于信息系统综合集成。但是，SOA 也带来一系列新的安全问题，例如 XML 安全、SOAP 协议安全等。

3 学生选拔

3.1 学生选拔的原则

学生是参赛的主体，选拔优秀的学生参加比赛是取得好成绩的关键。一个优秀的参赛选手要具备以下几点素质：第一，要有良好的服从性，能够按照指导教师的要求去完成自己的任务；第二，要有一定的专业知识和背景；第三，要有较强的自我管理能力，自我学习的能力；第四，要有较强的心里素质。

3.2 学生选拔的方法

首先通过任课教师和班主任的推荐，选出一部分学生进行培训；其次，在平时指导过程中注意观察比较，在这部分学生中找出具有潜力的学生；最后通过平时练习的成绩和北京市赛的成绩，选拔出最后参加国赛的三名选手。

3.3 学生专业技能选拔长效机制

为了保证学生专业技能选拔长效机制，可以在以下几个阶段对同学进行引导和培养。

（1）招生阶段。在招生阶段，根据学生的实际心理，确定学生的目标。将目标明确，并且目标对专业学习有向往的同学进行引导，使同学有意愿参加大赛。

（2）社团招生阶段。学生社团是学生自发的专业学习组织，招收对专业学习有兴趣的同学，由同学带领同学，相互交流初步的专业技术，讲解大赛历史，宣传大赛风采，使同学对大赛有初步的认识。

（3）二课堂阶段。通过老师推荐和学生间的推广，开展二课堂，由教师带领同学，系统地对大赛相关的流程以及部分知识点进行说明和答疑。

（4）大赛选拔阶段。在这个阶段应为大赛做好充足的准备。通过试题对学生进行笔试和上机考核，加以面试，充分照顾学生对大赛的要求，不放过每一个乐于学习的学生。

通过以上几点满足大赛发展的需要，营造一个良性的循环，以应对专业技能的选拔，增强学生知识技能的增长。

4 专业培训

4.1 培训目的

虽然参赛的学生有一定的专业知识和专业背景，但是专业培训是必不可少的一个环节。通过对赛题的分析，有针对性地对学生进行培训和辅导。可以巩固学生的现有知识体系，还可以补齐学生的知识短板，为参加比赛做好理论知识的储备。

4.2 培训方法

在培训方法上采用多种培训方式。首先采用讲授式培训，通过指导教师的语言表达系统地向学生传授安全知识，包括网络扫描、网络渗透等。其次，通过实验巩固学生对理论知识的学习。最后针对本次比赛试题做全方位的解答，包括试题分析、解题方案、实施、测试等。

4.3 培训内容

培训内容包括两部分知识，第一是网络安全设备知识，这部分知识包括网络交换技术、网络防火墙设备、网络流量整形、网络日志设备等，具体内容有：能够配置 VLAN、STP、RSTP、MSTP、802.1X、端口安全、端口聚合等；能够在城域网中部署防火墙，使用防火墙规则保护内网服务安全，在防火墙上实现路由、NAT 转换、防 DDos 攻击、实现包过滤、URL 过滤、P2P 流量控制、IPSec VPN 或 SSL VPN 或 L2TP VPN 等；基于 IP、协议、应用、用户角色、自定义数据流和时间等方式的带宽控制，QoS 策略等；能够利用日志系统对网络内的数据进行日志分析，把控网络安全。能够利用 WEB 应用防火墙保护内部网络，实现过滤和防护等。第二是网络系统安全，包括服务器系统安全和应用系统安全，这部分知识包括 HTTP 防护、会话跟踪、数据窃取防护、漏洞扫描、防篡改等技术；设置防护的数据库和服务器进行扫描、密码猜测等渗透测试和强制访问控制、数据保护、行为审计等。

5 学生管理

在集训过程中对学生的管理是重要的一个环节。在集训过程中对学生的管理主要包含三部分：计划管理、时间管理、文档管理。

5.1 计划管理

有了计划，工作就有了明确的目标和具体的步骤，就可以协调大家的行动，增强工作的主动性，减少盲目性，使工作有条不紊地进行。所以计划对工作既有指导作用，又有推动作用。在集训过程中，为学生制订一个好的集训计划要有针对性、可行性、约束性。这样的集训计划可以起到事半功倍的效果，是取得好成绩的前提。

5.2 时间管理

古人说"一寸光阴一寸金，寸金难买寸光阴"，充分说明了时间的价值。一天 24 小时，时间分配给每一个人都是公平的。在一天中我们需要做的事情很多，所以我们要做有效的时间管理。在集训中采用了 34 枚金币时间管理法，记录学生的集训时间。通过分析提高学生在集训过程中的有效时间和效率。

5.3 文档管理

对文档进行控制和管理已成为集训管理的主要工作，文档控制水平也渐渐成为集训管理水平的主要标志。文档管理工作是一项非常烦琐的工作，通过对文档的分析使用和系统管理可以及时得到有利的信息。在集训文档管理工作中，只有不断找出自身的问题并积极改进与解决问题，总结经验并提高文档管理水平，才能令集训管理工作的开展顺利进行。集训过程中产生的文档是一笔宝贵的财富，整理文档第一可以方便集训管理者掌握集训的进展情况，了解当前集训所出现的问题。第二，整理文档是比赛内容的一部分。第三，整理好的文档可以为明年的参赛选手提供一个好的参考。第四，整理好的文档可以应用到以后的教学当中。

6 实战演练

6.1 演练的目的

希望通过演练，使参赛的学生掌握比赛规程，熟悉比赛的大概环境，在比赛中可以快速、高效、有序地进行答题，从而最大限度地确保发挥出正常水平，特别是减少不必要的失误。同时通过演练活动培养学生听从指挥、团结协作的品德，提高在比赛中处理突发事件的应急反应能力。

6.2 演练的方式

（1）严格按照比赛规程进行，例如，比赛时间、比赛信息、比赛试题等。

（2）严格按照比赛要求提交各种文档，文档的格式，命名一定要符合试题要求。

（3）模拟比赛的物理环境，例如，比赛工位的位置、空间的大小、机器数量等。

6.3 演练的结果

通过实战演练，首先是学生更加熟悉比赛环境、比赛时间等客观因素；其次通过实战演练可以找出自己的不足并加以改进；第三通过实战演练增强学生的自信心；第四通过实战演练，可以锻炼学生处理突发事件的应变能力。

成绩固然重要，但资源转化更重要。怎样实现以赛促教、以赛促学、以赛促改的产教结合格局，提升专业能力，为国家信息安全行业培养技术技能型人才，把比赛的成果转化为教学资源是当前要解决的问题，通过比赛提高专业教学质量是最终目的。

参考文献

[1] 孟倩.高职院校技能型人才在职业技能大赛下的培养对策分析[J].求知导刊，2015(22).

[2] 陈衡.技能大赛背景下电子信息类课程教学模式改革研究[J].科学大众:科学教育，2015(12):20.

[3] 刘晓丽."校企互动 能力递进"人才培养模式改革探索[J].辽宁高职学报，2015, 17(11):4-7.

浅谈嵌入式技术与应用开发大赛对电子信息类专业教学改革与师资队伍提升的促进作用

梁长垠

（深圳职业技术学院，广东深圳 518055）

摘要： 职业技能大赛是检验高职院校教育教学质量的重要手段，也是检验专业建设与课程改革、师资队伍水平的主要平台。本文以全国职业院校技能大赛嵌入式技术与应用开发赛项为例，在分析赛项内容设计思路、要求、技术技能点的基础上，提出促进电子信息类专业教学改革的思路，以及提升专业教师能力的途径与方法。

1 引言

与普通高等教育相比，我国高职教育起步较晚，对高职教育教学质量还缺乏统一的评价标准。职业技能大赛不仅可以检验学生的技能水平，检验专业的师资力量，同时也可检验专业的课程建设与改革水平，是检验高等职业院校教育教学质量的一个主要平台。开展高职院校技能大赛，对于深化校企合作，调整人才培养方案，加强师资队伍建设，增强学校实践教学条件建设，优化教学内容，改革高职教育教学质量评价体系，提高高职人才培养质量等有着非常重要的意义[1]。

嵌入式技术与应用开发赛项旨在适应当前社会经济与产业发展需求，服务于中国制造 2025、移动互联网+、物联网、机器人等现代新兴产业，深化产教融合、校企合作，助力于培养高素质劳动者和技术技能型人才。通过竞赛，检验高职电子信息类专业学生在真实情景环境下的嵌入式技术应用开发能力和职业素养，加强学生对嵌入式技术开发知识的理解、掌握和应用，培养学生的创新意识、动手能力和团队协作能力，促进理论与实践的结合。赛项设计充分展示当前嵌入式技术领域的新技术，提升高职嵌入式技术应用方面的社会认可度，培养嵌入式技术行业发展急需的技术技能型应用人才，提高学生的就业质量和就业水平，进一步促进专业教学内容与教育教学方法改革，深化校企合作，共同推进嵌入式技术相关专业的建设与发展。

2 嵌入式技术与应用开发大赛与电子信息类专业教学改革

2.1 嵌入式技术与应用开发赛项内容设计思路与要求

嵌入式技术与应用开发赛项，邀请企业专家或能工巧匠从嵌入式产品开发实际岗位进行赛项内容设计，引入行业企业标准规范，针对企业对于嵌入式硬件开发和软件编程的岗位区分，考虑到各院校专业的不平衡性，将往年软硬结合的赛项内容划分为"嵌入式产品装配调试"和

"嵌入式产品应用开发"两个分赛项。这样对于选拔与竞赛更有针对性,对于专业定位与建设有更好的指导作用。赛项设计中硬件部分在焊接工艺和组装调试的基础上,增加了硬件故障排除和嵌入式底层程序编制与测试的要求,符合嵌入式与电子类高职学生的能力层次。软件部分在Android 应用优化与调试的基础上,增加了编程基本能力和简单数据处理算法实现的考核,同时还对产品性能稳定性和程序运行效率进行适当考量,综合考察了嵌入式技术开发相关专业高职学生的职业能力。

对"嵌入式产品装配调试"分赛项,要求参赛选手在规定时间内按照安全操作规范与制作工艺,焊接、组装、调试一套功能电路板,并进行故障排除,完成竞赛平台的装配。将装配好的功能电路板安装到指定的竞赛平台上,并编写 ARM 嵌入式应用控制程序使竞赛平台能够完成赛题要求的赛道任务。具体赛道任务包括按照规定路线行进、RFID 标签识别、超声波测距、红外通信、ZigBee 通信、光照强度检测、反馈系统控制等。与赛道任务相关的技术技能点包括电子元器件焊接装配技术、电子电路故障排查技术、RFID 技术、ZigBee 技术、无线通信技术、红外通信技术、超声波探测技术、光照强度检测技术、机器臂操控等嵌入式应用技术,较为全面地检验了高职电子信息类专业学生在模拟真实情景环境下的嵌入式技术应用开发能力和职业素养。

对"嵌入式产品应用开发"分赛项,引入"智慧交通"概念,要求参赛选手根据大赛现场抽取的任务流程表在规定时间内通过 Android 编程,完成软件的 UI 界面设计、Dialog 对话框设计、登录窗口设计、控件应用设计、Android 资源应用、图形与图像处理、网络应用、数据处理、竞赛平台控制、结果显示等任务,能够完成赛题要求的软件功能和各项赛道任务与人机交互功能。要求参赛选手根据赛题要求编写 Android 应用程序,并安装到移动终端,使之能够通过无线方式控制竞赛平台,在模拟的真实交通环境下通过二维码识别、颜色识别、车牌识别、图像采集、超声波测距、光照强度检测、红外通信及 ZigBee 通信、无线 Wi-Fi 网络等技术自动控制交通巡逻车完成各项巡逻执勤任务,在遇到事故车后通知救援车完成自动救援清障等赛道任务。与赛道任务相关的技术点包括 UI 组件应用、Android 事件处理、Activity 数据交互、Intent 对象应用、图像处理、Android 网络通信等。

2.2 以赛促教,推动电子信息类专业教学改革

从嵌入式技术与应用开发赛项设计来看,无论是"嵌入式产品装配调试"分赛项,还是"嵌入式产品应用开发"分赛项,其技术内容远不是高职学生在校学习期间任何一门课程包含的知识点与技能点所完成的,需要若干课程,甚至是跨专业课程的知识与技能训练的集合。

从参赛的不同高职院校来看,学生虽然来自电子信息大类专业,但具体专业则包含电子信息工程技术、应用电子技术、计算机、通信、移动互联、物联网、软件等不同专业,在竞赛过程中,在同样的比赛内容,不同的院校操作的进度、质量、比赛的结果不尽相同。究其原因,主要是各高职院校不同专业或相同专业虽然在嵌入式技术方向上的培养目标大致相同,但在具体教学中对于教学内容的认识和选取不尽相同。

因此,为适应嵌入式技术发展以及企业对嵌入式技术人才能力需求,培养嵌入式技术科技行业发展急需的技术技能型应用人才,提高学生的就业质量和就业水平,必须进一步深化校企合作,促进专业教学内容与教育教学方法改革。在专业课程体系构建和课程内容、教学实践设计过程中,将大赛典型工程案例、竞赛平台引入课程教学内容,使教学实践作品既源于企业又高于企业,既

源于产品又高于产品，共同推进电子信息类相关专业的建设与发展，使学校人才培养与社会需求实现"零对接"。

3 嵌入式技术与应用开发大赛与电子信息类专业教师能力提升

3.1 嵌入式技术与应用开发赛项对电子信息类专业教师能力要求

职业技能竞赛的成绩不仅能体现参赛选手的职业能力，更能反映出学校的专业教学水平。职业技能大赛表面上看是参赛学生之间的竞赛，但实质上赛的是教师的教学理念、教学经验、教学方法、专业能力和技能水平，赛的是指导学生的能力。参赛选手经过层层选拔能够进入到决赛，首先反映的是专业教师对学生长时间的指导与培养，其次是教师对赛项内容的理解与把握程度，并由此传给选手的创新精神。

在嵌入式技术与应用开发赛项中，由于涉及的知识面和技能点较为宽泛，要求参赛选手对新技术的理解与把握要有一定高度，例如，RFID 标签识别、图形图像识别与处理等，如果专业教师对信息的编解码技术不熟悉，不能正确理解与把握事先公布的赛题对相关技术的要求，学生在竞赛过程中不可能完成赛题规定的相关任务。由此可见，专业教师实践能力和技能水平的高低不仅反映在指导学生在大赛中取得成绩的好坏，同时决定了学校相应专业教育教学的质量与特色。只有实践经验、能力和技术过硬的专业教师，才能培养出真正符合企业需要的技术技能型应用人才。

3.2 高职电子信息类专业师资现状与专业能力提升途径

由于受客观条件限制，目前的高职院校教师，大多数来自于本科院校教师或毕业于本科院校的硕士、博士研究生，对高职教育教学理念不甚了解，缺乏实践工作经验，且很少有企业锻炼的经历。即使有些学校送教师到企业挂职锻炼或参与企业产品开发，但企业考虑到安全和效益问题，使得多数挂职锻炼都流于形式，尤其是涉及特殊行业的师资，多数教师理论经验虽然丰富，但实际动手操作能力有限[2]。

为使高等职业院校教师队伍适应人才培养的需要，专业教师必须在具备一定理论知识的基础上，要具备一定的操作技能，达到教学对"双师"素质的要求。近日，教育部等 7 部门联合印发《职业学校教师企业实践规定》，要求职业学校职业教师（含实习指导教师）要根据专业特点每 5 年必须累计不少于 6 个月到企业或生产一线实践，没有企业工作经历的新任教师应先实践再上岗。

教师实践技能水平和实践教学能力的高低，关系到学生职业素质和职业能力的高低。指导学生参加职业技能大赛及相关电子信息类设计大赛，也是提升电子信息类专业教师专业能力的一种有效途径。通过指导学生参加技能大赛，研究大赛规程文件，深入相关企业参观学习，或邀请企业专家来现场指导，学习企业行业标准规范、与同类院校教师进行交流等，有利于提高专业教师的创新能力，可以有效地解决教学与实际需要脱节的问题，增强教学过程中的针对性和实用性。

4 结束语

综上所述，通过组织、参与指导学生参加"嵌入式技术与应用开发"职业技能大赛，对于进一步促进电子信息类专业教学改革、提升教师专业能力，增强学生就业竞争力具有重要意义，也是落实"弘扬工匠精神，打造技能强国"的重要举措。

参考文献

[1] 王公强.创新技能大赛，促进人才培养质量提升[J].价值工程，2012(25):5-6.

[2] 张舸.高职院校师资队伍结构现状与成因分析的对策研究[J].继续教育研究，2015(2):56-58.

五、教育信息化支撑高职教学改革

高职信息化教学与课程开发要点探索

于京　王彦侠

（北京电子科技职业学院，北京 100176）

摘要：当今，在职教领域，信息化教学和课程开发风起云涌，其应用领域也从单一的课堂教学领域逐步渗透到学生的实训甚至课外学习活动中。但是，笔者认为教师在信息化课程设计方面有一定误区，例如，教师在信息化课程设计中总会突出 PPT、动画等所谓"信息化"的细节，而并没有突出信息化课程与教学本质的特点，笔者提出信息化教学的四个要点："提高交互性""利于快速传播""课程资源化""支持碎片学习"，希望供同行探讨与批评。

1　信息化教学的形式发展

1.1　信息化教学的各种形式

信息化教学的发展源头可追溯到广播电视大学时代，自 1979 年以来，广播电视大学依托计算机网络、卫星电视等现代传媒技术，通过文字教材、广播录音、电视录像、CAI 课件、学习网站等多种媒体实现优质教学资源共享。远程教育作为其重要特征，实现教与学异地异步或同步传播；电化教育在教学过程中充分应用现代教育技术，传播教学设计与研究和管理；录播系统是信息化教学的核心部分，系统包括录播主机、视频子系统、音频子系统、录播管理子系统等。

近年来，MOOC、微课、翻转课堂成为信息化教学中一些响亮的名词。翻转课堂以学生自主学习为主，利用视频实施教学，每个视频针对一个特定问题。学生在课堂上与教师互相沟通、答疑解惑；通过课前"信息传递"和课堂上"吸收消化"实现课堂翻转的优势，针对学习问题自我控制、自主学习。MOOC（大规模开放在线课程）以其规模大、开放性、网络化和个性化的特点，成为远程教育领域的新发展，它是为了增强知识传播而由个人或组织发布传播的互联网开放课程，但对学习者个人的学习能力有特殊要求。微课内容呈现形式多样，如卡通动画、电子黑板、真人演讲、PPT 及教师讲授、课堂实录片段等形式，课程内容与教学大纲紧密相连，课程面向不同年龄、专业等人群，同时要求相配套的资源设计和别具特色的在线测试、在线问答、课程讲义等内容。翻转课堂、MOOC、微课的共同特点都是用现代信息化手段，尤其是视频方式来实现资源共享与传播。

1.2　信息化教学的形式与信息化技术发展的关系

信息化教学形式的发展和信息化技术的发展息息相关。信息化技术的进步不断催生新的媒体，新媒体进入教育领域成为教学媒体。信息化教学形式的发展经历了从简单直观到复杂多元的变化，由传统的直观性教学媒体发展到基于计算机网络技术的多媒体智能教学体系，信息化教学手段趋于多媒体化，教学资源趋于数字化，教学方式趋于多元互补。信息化背景下的教学越来越基于多模态、多渠道的信息传递与沟通，以及多形式的知识理解与建构，而教学手段的一系列飞速变化实际上都依赖于以通信为基础的信息化技术的飞速发展。

2 信息化教学与课程开发的要点

信息化教学与课程开发的形式多样，发展迅速，其要点是什么呢？笔者认为信息化教学与课程开发的要点包括：提高交互性、利于快速传播、课程资源化、支持碎片学习。

现在对信息化课程评价有很多，例如，国家信息化教学竞赛对信息化教学的评价大体包括课程内容、课程信息化载体、课程信息化手段应用等几方面，但是对这些评价进行总结和抽象，发现这些指标也恰恰关注了课程教学中师生双方的交互性、课程的易传播性、课程的资源化利用和再开发以及碎片化学习这四个评价视角。

2.1 提高教学与课程的交互性

交互性：教学交互性决定于课程的内容和教学环节的设计，与教学的手段是否计算机化无关。最明显的对比就是板书和PPT，观察Yale University或其他名校的视频课程能够发现在许多公开课上，教师都利用原始的板书进行理论推导教学，与之不同的是，国内许多课堂上，教师将理论推导过程预先写成PPT文档，并在授课时放映，比较这两种方式，笔者认为放映PPT的形式易于重复教学时减轻教师劳动，但是板书的形式更易于学生理解和掌握推导过程中的重点和难点。究其原因，Dominic在他的著作 *You an Have an Amazing Memory* 中提到："理解和记忆时动用的感官越多，理解和记忆的效果越好"。简单理解就是教师和学生在教学交流时细节越多，交互感就越强，有效的交流就越多，反观教师展示大段推导文字的PPT，学生举起手机拍照（代替笔记）的听课方式，其中的交流细节就太匮乏了，导致教学与课程的交互感极端衰减，也就不会产生好的学习效果。

信息化教学手段与课程内容、教学环节的设计之间是内容与形式的关系，好的课程与教学必须与受众产生沟通，才能有效传播，而这种沟通源自于内容和内容结构的有效组织，而不在于表现形式。就如辩证法原理所指出的，形式不能决定内容。

提高信息化教学与课程的交互性，还是要遵照教学规律从课程内容与结构入手，例如，在职教领域经常采用的体验式教学的方法：将教学分为实际体验（模拟、案例学习、实地考察、亲身体验、演示、演练）、观察和思考（讨论、小组活动、集体讨论）、抽象与归纳（理论提升与内容分享传递）、积极的试验（自住型创新型实训和试验）。

信息化手段的有效运用会使受众理解传统课程和教学中难以讲解和表达的内容，例如，用动画的方式在三维坐标系中演示欧拉公式的使用，信息化手段可以将抽象的理论以容易理解的方式呈现，并易于构建学习者自身的知识认知。但是不能混淆：创立这个观察视角的真正原因恰恰是教师的学术理解和教学经验，而不是信息化技术本身。

2.2 教学的载体与课程的开发方式利于快速传播

传播性是课程形式的发展与计算机和网络技术的发展结合如此紧密的关键原因，教学与课程本质上是人类的交流方式，正如《教育学》所描述："教学是教师的教与学生的学的统一，这种统一的实质就是交往"。作为交流方式，教学自然会采用最快捷的传播方式，但是即使采用了容易传播数字化网络媒体手段，平庸和乏味的课程会淹没于信息的海洋中。所以，要使教学与课程的传播广泛和迅速还需要注意：课程的案例要关注当前问题、主题明确篇幅短小、教学步骤明晰可执行性强、多图形演示、少文字说明。总而言之，课程的制作要尽量符合人们的交流和信息传播习惯。

2.3 课程内容的资源化

随着新技术蓬勃发展，信息的教学内容也不断增多，但当今新课程和新的教学内容的交叉借鉴现象非常普遍，某些教学内容也有共同的理论基础，所以教师需要将构建课程的基础内容资源化，方便利用这些资源进行新课程的重构，所以在信息化教学与课程的设计过程中尽量将内容素材化、并将这些素材变为资源，以方便新课程的开发。而这种便利的课程开发方式的实现必须依赖信息化手段的使用。

2.4 信息化教学和课程要支持学习的碎片化

终身学习成为社会发展的趋势，当今时代，知识更新周期大大缩短，各种新知识、新情况、新事物层出不穷。有人研究指出，18 世纪以前，知识更新速度为 90 年左右翻一番；20 世纪 90 年代以来，知识更新加速到 3 至 5 年翻一番。近 50 年来，人类社会创造的知识比过去 3000 年的总和还要多。还有人指出，在农耕时代，一个人读几年书，就可以用一辈子；在工业经济时代，一个人读十几年书，才够用一辈子；到了知识经济时代，一个人必须学习一辈子，才能跟上时代前进的脚步"。新技术的高速发展也逼迫全体社会成员需要进行各种学习才能更好地利用技术社会生活带来的便利，例如，当医院普遍推出微信挂号平台时，即使是一些不知网络为何物的老年人，为了看病方便也需要按照说明视频和宣传页所指示的步骤，扫描二维码加入微信，选择挂号科室，完成网络支付，这实际上就是进行了如何挂号的微课的学习。上面这个实例说明了终身学习确实成为现代社会生活的必需。但是终身学习具有碎片化的趋势，例如，学习的时间和地点都具有非正式性。这就需要支持学习的平台和学习的课程具有支持学习碎片化的特点。具体的要求有：课程主题突出、课程时长短小、课程立体化地使用多种媒介、课程学习成果具有自我验证性不需要额外辅导。笔者认为在当前职业教育的课程开发中除了传统的信息化课程开发外还要注意这类适应碎片化学习的微课程开发，课程开发既要提供连续的课程，也要针对现代学习行为的特点对一些课程中的训练环节、知识点开发短小的微课，使得课程的立体化，以满足学习者碎片化学习的需求。

3 结语

笔者认为，将教学过程和课程信息化，是教学发展的必然，但是信息化手段并不能提高课程和教学的交互性等内在品质，就像炫目的特技不可能提升电影的情节和故事性。课程内在品质的提高依旧取决于教师的学术修养和教学经验，而信息化教学可以大大提高课程在开发、资源化以及传播过程中的效率。而信息化课程与教学的关键在于：提高交互性、利于快速传播、课程资源化、支持碎片学习。

参考文献

[1] David kolb，Experiential Learning: Experience as the source of learning and development，1984

[2] 王道俊，郭文安. 教育学[M]. 6 版. 北京：人民教育出版社，2009.

[3] 习近平 中央党校建校 80 周年庆祝大会暨 2013 年春季学期开学典礼上的讲话 2013.3

高职学生混合式学习接受度实证研究[1]

刘乃瑞　　张夕汉

（北京青年政治学院，北京 100102）

摘要：本文研究了混合式学习和技术接受模型的相关理论，探索高职学生对于混合式学习的接受度。通过实证研究和分析，混合式学习的影响因素包含网络平台的技术特点，计算机使用经验以及混合学习的组织管理等。为了进一步应用混合式学习，让高职学生能够接受混合式学习，利用这种方法更好地提升学习效率和效果，建议优化网络平台，建设网络资源以及提升混合式学习的组织管理。

1　引言

《国家中长期教育改革和发展规划纲要（2010–2020 年）》指出要加快教育信息基础设施建设，加强优质教育资源开发与应用，构建国家教育管理信息系统。近年来，国内各大学都投入了大量经费用于购买计算机、建设精品课程及网络课程、开发数字化资源。伴随着互联网在各行业中的渗透，在教育技术领域中也展现出众多新式的教学应用模式，例如，开放课程（Open Courseware）、混合式学习（Blended Learning）、翻转课堂（Flipped Classroom）、微课（Micro-lecture）以及慕课（MOOCs）等。

众多新概念、新名词层出不穷，对于教育者来说应接不暇，眼花缭乱。新东方创始人俞敏洪在其演讲中谈到：在接近十年前的时候，美国就出现了 MOOC 课程，当时的美国二三流大学发出了哀叹，说 MOOC 课程，所有全世界最优秀的老师和课程都能够经过这个体系，没有边界地，甚至部分意义上免费传递的时候，谁还会当一个社区学员或者去一个三流大学读书，听那些没有智慧的，只是混饭吃的教授和老师上课呢？然而，近十年 MOOC 系统越来越发达，但美国三流学院的发展依然蒸蒸日上。

互联网作为外在技术性的东西，它在某种意义上能够推动教育模式的改变，或者是手段的更新，但是它没法改变教育的本质。实际上，纵观教育技术半个多世纪的发展历程，技术进步所导致教学方法与模式变化之例证很多，但一个共同弊端是：每次皆过分强调教学技术较原有教学方法之先进性，对原有工具与方法的替代性，却忽略了新技术对传统教学方式中优点之继承和结合。从这个角度来说，强调面授教学与互联网相互结合的混合式学习确有其独特之处，它可被视为一种利用各种新技术手段来重组和构建教与学过程的指导思想和组织策略，它为我们在教学过程中使用各种各样的具体教学技术工具提供了一个基本思路。

在此背景之下，进一步探索高职学生对于混合式学习的接受度就成为一个关键问题，它将是混合式学习在高职中应用的第一步，同时也将直接关系到其未来发展前景。

---

[1] 本文系北京市教委社科计划面上项目《高职学生混合式学习接受度实证研究》SM201311626003 研究成果

2 文献综述

2.1 混合式学习的相关研究

到目前为止，混合学习仍没有一个权威的定义，学术界从不同的角度对此进行了界定，以下为笔者收集到的国内外几位著名学者对混合学习问题的定义。

格林汉姆（Graham）认为，混合式学习是"一种将面授教学与基于技术媒介的教学相互结合而构成的学习环境"。而麦森和莱恩尼（Mason，Rennie）则进一步扩展，认为"混合式学习是技术、场所、教学方法的多方面融合"，而不仅仅是教学组织形式的结合。辛恩和瑞德（Singh，Reed）则提出，混合式学习是"在'适当的'时间，通过应用'适当的'学习技术与'适当的'学习风格相契合，对'适当的'学习者传递'适当的'能力，从而取得最优化的学习效果的学习方式"。国内何克抗教授认为，混合式学习"就是要把传统学习方式的优势和 E-Learning 的优势结合起来"。

综合上述内容，我们认为：混合式学习是借助面授与网络这两种学习模式的优势来重新组织教学资源、实施学习活动，以达到提高教学效率的目标。混合式学习不是信息技术的简单应用和教学形式的简单改变，而是教学理念、教学模式和教学组织方式的综合性变化。

2.2 技术接受模型的相关研究

技术接受模型（Technology Acceptance Model，TAM）是 Davis 在理性行为理论（Theory of Reasoned Action ，TRA）的基础上提出的改进模型，它将 TRA 中对人类一般行为的研究具体化，用以解释和预测用户对信息系统或者信息技术的接受行为。

TAM 模型的提出难免存在不足之处，Davis 和他的研究团队对模型不断进行验证和改进，以增强其解释能力。到 1996 年，Davis 及其团队修正了已有模型，修正后的模型如图 1 所示。

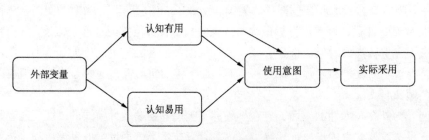

图 1　技术接受模型修正图

2.3 研究的聚焦问题

从文献中可以看出，混合式学习在学校教学和网络教育中得到广泛应用，其中对混合式学习的理论研究较多，对学生应用混合式学习关注较少。特别是以高职学生为研究对象更加罕见。在本研究中，以北京青年政治学院应用 Blackboard 网络教学平台开展混合式学习为案例，以技术接受模型（TAM）为基础，设计高职混合式学习接受度模型，参照其相关维度设计高职学生混合式学习接受度的量表，探讨学生是否接受混合式学习，以及影响学生接受度的因素有哪些，从而为高职开展混合式学习的相关应用提供理论支持。

3 研究模型构建

3.1 研究模型的设计

以 Davis 所提出的技术接受模型为基础，汤宗益等人丰富和发展了模型，本研究结合高职学生的特点提出"高职学生混合式学习接受度分析模型"。

本研究模型包含三个维度的变量，①前因变量：技术特点、计算机使用经验、组织管理。②中间变量：认知有用性、认知易用性。③结果变量：使用意图。本研究构建的模型大致体现了各变量及其相关关系，如图 2 所示。在此基础上，我们对模型的各个变量进行定义，进而设计高职混合式学习接受度的量表。

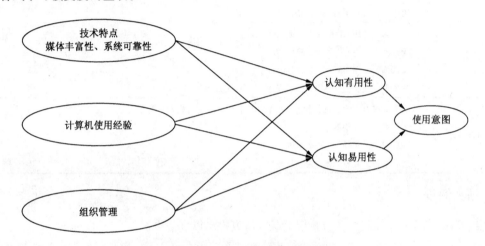

图 2　高职混合式学习接受度分析模型

3.2 高职混合式学习接受度量表设计

在以上模型的基础上，在面授教学与 Blackboard 平台相结合的混合式学习模式下，我们设计出以下高职混合式学习接受度量表，如表 1 所示。

表 1　高职混合式学习接受度量表

影 响 因 素	调 查 问 题
媒体丰富性	BB 平台所具有的功能能够延伸传统课堂的学习，实施多种灵活的学习方式
	BB 平台的课程目录管理功能能够方便我组织课程的内容
	BB 平台的功能能够方便我获取及共享资源
	BB 平台所具有的功能能够很好地满足我与老师、同学沟通、交流的需要
	BB 平台所具有的功能使得我们获得的反馈、评价更加方便快捷
系统可靠性	我总是能够顺利地登录 BB 平台
	我认为，在使用 BB 教学平台的各项功能时，性能非常稳定
	我认为，在使用 BB 教学平台的各项功能时，系统的表现都在预料之中
计算机使用经验	我认为，我已掌握有关电脑使用的各种基本技能和方法（如操作系统和常用软件等）
	我觉得，在学习过程中使用计算机是一件很有趣的事情
	我觉得，在学习过程中使用计算机既方便又对教学有促进

续表

影 响 因 素	调 查 问 题
组织管理	教师在平台上的活跃程度高
	教师的网络教学能力好（导学能力、情境创设能力、活动组织能力、教学设计能力）
	教师所共享资源的实用性、有效性和充足性（即教师是否经常更新资源、资源是否有用）
	教师在平台上的课程辅导能力及时、有效
	教师在平台上与我的情感交流好、交互频繁
	教师比较重视对我们在学习平台上行为的监控
认知有用性	我认为，使用 BB 平台可以让学习活动变得更加有效率
	我认为，使用 BB 平台可以提升学习效果
	我认为，BB 平台是一种有用的学习组织形式和方法
	我认为，BB 平台是一种有用的学习工具
认知易用性	我认为，使用 BB 平台是方便的
	我认为，使用 BB 平台是简单的
	我认为，使用 BB 平台是容易的
	整体上，我认为，BB 平台会使教学变得更加容易
使用意图	如果未来有需要的话，我会选择将 BB 平台作为支持教和学的平台
	如果有朋友需要我推荐一个平台的话，我会选择推荐 BB 平台
	以后我会经常使用 BB 平台进行学习
	总的来说，我有意愿使用 BB 平台

3.3 研究假设

根据高职混合式学习接受度分析模型，本研究提出以下假设：

H1：网络平台的技术特点（包括媒体丰富性和系统可靠性）正向影响高职学生的认知有用性。

H2：网络平台的技术特点（包括媒体丰富性和系统可靠性）正向影响高职学生的认知易用性。

H3：计算机的使用经验正向影响高职学生的认知有用性。

H4：计算机的使用经验正向影响高职学生的认知易用性。

H5：混合式学习的组织管理正向影响高职学生的认知有用性。

H6：混合式学习的组织管理正向影响高职学生的认知易用性。

H7：高职学生对混合式学习的认知有用性正向影响其接受度。

H8：高职学生对混合式学习的认知易用性正向影响其接受度。

4 数据统计与分析

本研究采用抽样调查法，下发问卷 200 份，回收有效问卷 115 份。采用 SPSS 软件对 115 份正式问卷的个人基本信息进行分析。

4.1 方差分析

由于学生年级、性别和课程类别有差异，因而在对混合式学习的接受情况可能存在差异。为了检验这种差异性，研究者首先检验年级、性别和课程类别是否对混合式学习接受度存在差异。

在学生年级上，用 ANOVA 进行方差分析发现，F= 0.825，P= 0.366> 0.05，表明学生的年级并不存在着显著差异。在学生课程类别上，用 ANOVA 进行方差分析发现，F= 1.430，P= 0.235> 0.05，表明课程类别也对混合式学习接受度没有显著性差异。在学生性别上，用 ANOVA 进行方差分析发现，F= 3.158，P= 0.079> 0.05，表明性别对混合式学习接受度也没有显著性差异。

4.2 路径分析

结构方程模式，又称为"潜在变量的路径分析"（Path Analysiswithlatentvariables；PA–LV），应用统合模型的概念与技术，利用潜在变量的模型来进行变量关系的探讨。因此，超越了传统路径分析的功能。结合修正后的学生混合式学习接受度分析模型，本研究利用 Amos 21.0 进行路径分析(Path Analysis)，从而验证各变量之间关系。

在路径上，计算机使用经验、组织管理、技术特点媒体丰富性系统可靠性三个外衍变量，经由认知有用性、认知易用性这两个中间变量，形成潜在变量，从而影响学生混合式学习的接受度（见图 3 和表 2 ）。

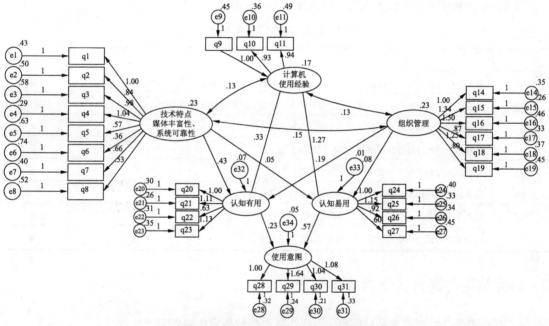

图 3　学生混合式学习接受度分析模型结果图

表 2　学生混合式学习接受度路径分析结果表

路　径　说　明	路　径　系　数	P 值
认知有用→技术特点_媒体丰富性、系统可靠性	.435	**
认知有用→计算机使用经验	.325	*
认知有用→组织管理	.194	***
认知易用→技术特点_媒体丰富性、系统可靠性	.045	.285
认知易用→计算机使用经验	1.272	***
认知易用→组织管理	.083	.311

续表

路径说明	路径系数	P 值
使用意图→认知有用	.226	***
使用意图→认知易用	.570	***

注：P 值栏中***表示 p<0.001，**表示 p<0.01，*表示 p<0.05

为检验学生混合式学习接受度模型的整体适配度，本研究挑选卡方值检定、卡方值与其自由度的比值、适配度指标（GFI、PGFI）、替代性指标（RMSEA）、残差分析指标（RMR）。整体模式适配度上：CMIN\DF 小于 3，为 1.433；GFI 的指数为 0.71，近似达到适配指标；PGFI 指数为 0.598，大于建议指标 0.5；指标 RMSEA 为 0.074，略大于适配指标；RMR 为 0.053，基本上达到适配指标。综上分析结果可以看出，本研究模式与观察资料之间具有较好的适配度结论可信。

4.3 研究结论

根据路径分析结果，本研究假设检验情况如表 3 所示。

表 3 研究假设结果检验情况

序号	假设	结果
H1	网络平台的技术特点（包括媒体丰富性和系统可靠性）正向影响高职学生的认知有用性；	显著
H2	网络平台的技术特点（包括媒体丰富性和系统可靠性）正向影响高职学生的认知易用性；	不显著
H3	计算机的使用经验正向影响高职学生的认知有用性；	显著
H4	计算机的使用经验正向影响高职学生的认知易用性；	显著
H5	混合式学习的组织管理正向影响高职学生的认知有用性；	显著
H6	混合式学习的组织管理正向影响高职学生的认知易用性；	不显著
H7	高职学生对混合式学习的认知有用性正向影响其接受度；	显著
H8	高职学生对混合式学习的认知易用性正向影响其接受度。	显著

5 研究结论与混合式学习应用对策

1. 混合式学习的相关因素对高职学生认知有用性和易用性的影响

网络平台的技术特点（包括媒体丰富性和系统可靠性）、计算机的使用经验、混合式学习的组织管理均对高职学生混合式学习的认知有用性具有显著影响。

说明：

（1）网络教学平台资源丰富、互动功能强大、界面友好，在课程组织，教学评价等方面能够积极地延伸传统课堂的学习，使得学生能够在混合式学习过程中改善学习效率，提升学习效果。

（2）计算机的使用经验包括对计算机应用的意识和基本计算机的操作都对学习者参与混合式学习有显著影响。

（3）教师对于混合式学习的组织，面授教学以及在线教学相结合的是否恰当也是影响学生学习效果的关键因素。

计算机的使用经验对混合式学习的认知易用性具有显著影响。说明学生在应用混合式学习时自身对计算机操作熟练程度和使用意识，能够使其感觉到有趣并对系统的使用更加积极，接受系统的意向就会越强烈。

网络平台的技术特点（包括媒体丰富性和系统可靠性）以及组织管理对于学生混合式学习的认知易用性影响不显著。结合上述结论说明高职学生更关注自身应用计算机的能力，对于技术特点和教师组织管理对于平台的易用性关注不大。

2. 认知有用性、认知易用性对技术接受度的影响

本研究发现，高职学生的认知有用性对混合式学习接受度有显著影响，而认知易用性与接受度之间则不存在显著关系。"认知有用性"是指学生认为混合式学习有助于改善自己学习效率、效果的程度，而"认知易用性"指学生对信息系统简便易用程度的认知。这一结果说明高职学生在使用混合式学习教学系统中更为重视的是系统是否有用，是否能够提升学习效果，而对技术使用的难易程度关注不多。

基于以上研究结论，我们对混合式学习提出以下应用对策。

第一，优化网络平台。网络平台的技术特点影响着学生的认知有用性。建议平台的建设在表现形式上更加简洁、易懂，在使用平台时不用过于繁杂，有些功能设计较隐蔽，往往徒有其名，没有很好地利用，因此在混合式学习开展之前，应当有网络平台操作和使用的培训，在进行培训时，应注意培训的过程不宜太长，培训的重点要明确。应秉承"技术不应成为学习的障碍，学习者不是要花较多的时间去学习软件的使用方法，而是将精力投入在如何利用平台载体获取信息和学习内容上"这一标准。

第二，建设网络资源。网络资源，扩大了面授课堂的知识容量，为学生深度学习提供了便利的条件。线上资源的内容影响着学生参与混合学习的程度。然而究竟什么样的线上资源是学生需要的呢？通过问卷和访谈，我们发现线上资源一部分要解决面授课程中的问题，也就是面授课程的资源应当丰富，事实说明学生如果还没有解决面授课程的问题，很难继续进行深度学习。在基本资源的基础上，教师再提供丰富的扩展资源，同时在混合式学习中，教师不再是唯一的主角，为了让学生更多地参与到混合式学习中来，学生同样可以参与资源建设、贡献资源，教师可以通过各种激励方式对学生进行鼓励。

第三，提升组织管理。教师的组织管理对于学生混合式学习的接受度有着关键的影响。与面授课堂相比网络学习的弊端在于缺乏时间和纪律控制，教师的组织和管理对于混合式学习的成效具有至关重要的影响。教师在组织混合式学习时可以从以下几个方面提升：1、提高信息素养，组织丰富的教学活动，设计活动时，充分利用平台提供的交流互动功能，调动学生与老师，学生与学生之间的交流积极性，利用网络资源延伸课堂教学；2、细化教学评价，通过评价的激励机制，调动学生学习的积极性。不论是协作学习还是自主学习，明确每一部分的教学评价将激励学生有效地学习。

参考文献

[1] 路兴，赵国栋，原帅，等. 高校教师的"混合式学习"接受度及其影响因素研究——以北大教学网为例[J]. 远程教育杂志，2011(4)：62-69.

[2] 赵国栋. 微课与慕课设计初级教程[M]. 北京：北京大学出版社，2014.

[3] Graham, C. R. Blended learning systems: definition, current trends, and future directions[A]. edited by C. J. Bonk and C. R.Graham In Handbook of Blended Learning: Global Perspectives, Local Design, San Francisco, CA: PfeifferPublishing. 2006: 3–21.

[4] 吴青青.现代教育理念下的混合式学习[J].贵州社会主义学院学报，2009(2)，57-59.

[5] 何克抗.从 Blending Learning 看教育技术理论的新发展[J].电化教育研究，2004(7).

[6] 李克东、赵建华.混合学习的原理与应用模式[J].电化教育研究，2004(07):1-6.

[7] SungYoulPark. An Analysis of the Technology Acceptance Model in Understanding University Students'Behavioral Intention to Use e-Learning [J]. Educational Technology & Society，12，(3): 150-162.

[8] Davis F D. Perceived Usefulness, Perceived Ease Of Use, And User Acceptance Of Information Technology[J].MIS Quarterly,1989,13(3):319-339.

[9] 刘莉莉.基于技术接受模型的大学生网络学习平台意向影响因素研究[D]. 浙江：浙江师范大学硕士论文，2013.

[10] 吕金鹤.高校网络教学平台学生接受度之研究:以辽宁某高校 Blackboard 平台为例[D].辽宁：辽宁师范大学硕士论文，2013.

移动信息化工具——蓝墨云班课解决高职翻转课堂教学落地问题

孙晓燕[①]　赵　鑫[②]

（① 苏州卫生职业技术学院, 江苏苏州 215009　② 北京智启蓝墨信息技术有限公司, 北京 100085）

摘要：翻转课堂是一种新型教学模式，让学习更加灵活、主动，让学生的参与度更强。但是在实际教学应用中会遇到如何确保学生课前学习了资源、如何有效开展课堂教学活动、如何对教学效果进行有效评价等问题。苏州卫生职业技术学院的孙晓燕老师在实际教学中，应用移动信息化学习工具——蓝墨云班课进行翻转课堂教学实践，对上述问题进行了探索，取得了一定的效果，希望能够对其他高职学校的翻转课堂教学研究有所助益。

1　翻转课堂概述

翻转课堂，或称颠倒课堂(Flipped Class/Inverted Classroom)，是将传统的课堂教学结构翻转过来，让学生在课前完成知识的学习，在课堂上完成知识的吸收与掌握的一种新型教学模式。翻转课堂起源于美国林地公园高中，两位化学教师乔纳森·伯格曼(Jonathan Bergmann)和亚伦·萨姆斯(Aaron Sams)在教学实践中发现学生最需要的不是传统课堂上教师对知识技能的讲解，而是做功课遇到问题时能得到及时有效的帮助，但这时教师往往并不在问题现场。从 2007 年开始，他们为学生提供教学视频和课件，学生在课前自主安排学习知识内容，在课堂中教师组织开展深入交流并提供个性化辅导。2011 年 TED 大会上，萨尔曼·可罕报告阐述了学生课后使用可汗学院提供的数学教学视频进行学习的模式。翻转课堂因此被更多教育者所了解，多个国家和地区的教师开始尝试对翻转课堂的应用进行实践。

在翻转课堂教学模式下，课堂内的宝贵时间，学生能够更专注于主动的基于项目的学习，教师不再占用课堂的时间来讲授信息，这些信息需要学生在课前、课后自主学习。教师也能有更多的时间与每个人交流。在课后，学生自主规划学习内容、学习节奏、风格和呈现知识的方式，教师则采用讲授法和协作法来满足学生的需要和促成他们的个性化学习，其目标是为了让学生通过实践获得更真实的认知。翻转课堂让学习更加灵活、主动，让学生的参与度更强。尤其是在互联网时代，学生可以通过互联网学习丰富的在线课程，不必一定要到学校接受教师讲授。翻转课堂是对基于印刷术的传统课堂教学结构与教学流程的彻底颠覆，由此引发教师角色、课程模式、管理模式等一系列变革。

2　翻转课堂实践中的问题

翻转课堂教学是一种混合了教学与学习的优秀方法，它能使课堂更加人性化，学生的学习更加灵活主动。目前在我国教育界各种层次的教学活动中都有广泛的开展和尝试。但是，在实践过程中，翻转课堂教育遇到了以下几个问题。

2.1 如何确保学生课前学习了资源

实现翻转课堂最重要的前提，是学生课前自主学习教师提供的数字化资源，鉴于我国当前教育的整体情况，学生不一定有充足的条件和时间学习这些资源，另外，学生的自主学习能力也无法确保学生提前学习的效果，如何确保学生切实有效地在课前充分学习了相关资源，是翻转课堂教育在我国落地面对的第一个问题。

2.2 如何有效开展课堂教学活动

翻转课堂教学应用在课堂上，是通过教师开展的课堂活动来达到提升教学效果的目的，如引导和答疑来检查学生学习的效果。在翻转课堂中，教师的角色其实不是被淡化了，而是从另一个侧面有所加强，它要求老师能够通过开展头脑风暴、分组讨论和完成作业、进行答疑讨论等活动来分析和把握学生的学习效果，相较于传统的教学模式，老师从主动变为被动，从主导变为引导，这对其职业素质有着更高的要求。在传统"粉笔+黑板"教学模式的影响下，教师如何设计并借助信息化手段开展高效的教学活动，巩固翻转教学的课堂效果，是翻转课堂教育在我国落地面对的第二个问题。

2.3 如何对教学效果进行有效评价

传统教学的评价方式以纸质笔试的测试方式为主，这种方法是无法测试出学生在翻转课堂中全部的学习效果的，因为翻转课堂不仅涉及学生对知识和技能的掌握程度，还涉及学生的合作能力、组织能力、个人时间管理能力、表达能力等，教师必须转变评价方式。此外，还应注重对学生情感、态度和价值观等方面的评价，如何适应评价方式的改变，建立有效、客观的评价体系，是翻转课堂教育在我国落地面对的第三个问题。

3 蓝墨云班课在翻转课堂中的应用

蓝墨云班课是北京智启蓝墨信息技术有限公司开发的一款移动信息化教学工具，包括移动APP应用及其配套的云服务，并且完全免费（访问地址：www.mosoteach.cn）。它能够在移动网络环境下，利用移动智能设备开展课堂内外及时反馈互动教学。蓝墨云班课为学生提供移动设备上的视频等授课资源的推送服务，激发了学生在移动设备上进行自主学习的兴趣，同时，可以用移动设备开展各种课堂互动活动，并实现了对每位学生学习进度跟踪和学习成效的评价。苏州卫生职业技术学院的孙晓燕老师在"细胞分裂"实验授课中，采用了翻转课堂+蓝墨云班课相结合进行教学的尝试，下面以此为例来介绍移动信息化工具——蓝墨云班课在翻转课堂中的应用。

课前，老师上传资源至蓝墨云班课资源库，包括细胞分裂动画、老师自制的用鞋带编织 DNA 双螺旋视频、同学制作的纸折 DNA 双螺旋视频、植物和动物细胞有丝分裂视频等。发送通知，要求学生课前学习，并通过蓝墨云班课的数据统计功能，确定学生课前学习的进度和情况，如图 1 所示。

课上，老师通过蓝墨云班课开展各种教学活动，首先进行手势签到，确保学生出勤率。然后用蓝墨云班课的测试活动功能对学生预习内容进行测试，了解学生的预习情况。实验过程中，要求学生在显微镜下查找有丝分裂并用手机拍摄视野中照片，及时上传到蓝墨云班课的分组讨论答疑模块，进行学生投票互评，如图 2 所示。最后，鼓励学生使用蓝墨云班课的头脑风暴功能进行本节课反馈讨论。

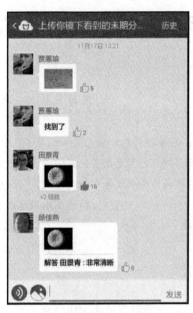

图 1 学生资源学习情况　　　　　　图 2 学生课堂讨论情况

　　课外，老师把校外的老师和专家请到蓝墨云班课里面来，然后在蓝墨云班课里设置开一个"云办公室"，这些老师称为"云老师"。他们分别是南通海门实验学校的陈建康老师、美国杜邦分子生物实验室的领头人朱群博士、苏州大学的史全良教授，学生如果有问题可以咨询这些"云老师"。比如一些同学说，"我在中学里面没有做过这个细胞分裂的实验"，那么可以进入陈建康老师的云办公室来，学生有问题可以在上面直接咨询；如果学生想知道世界上最先进的、最新的生物动态，可以咨询朱群博士；如果学生想知道大学生物课的学习情况，可以咨询史全良教授。结合以上课外活动，同时根据蓝墨云班课中记录的学生参与课内外教学活动的情况，可以对学生在翻转课堂中的学习进行全面、客观、细致的评价。

4　结束语

　　《教育信息化十年发展规划（2011–2020 年）》指出，教育信息化的发展要以教育理念创新为先导，以优质教育资源和信息化学习环境建设为基础，以学习方式和教育模式创新为核心。本案例探索了先进的教学方法（翻转课堂）与先进的移动信息化技术（蓝墨云班课）的结合，在实践中取得了良好的效果。随着我国信息化技术的不断发展，老师和学生信息化素养的不断提高，相信这种先进技术和先进教学方法的结合必将对我国高职教育产生重要的影响。

参考文献

[1] 教育部.教育信息化十年发展规划(2011－2020 年)[EB/OL]. http:// www.edu.cn/zong_he_870/20120330/t20120330_760603_3.shtml，2012-05-06

[2] 张跃国，张渝江.透视"翻转课堂"［J］.中小学信息技术教育，2012(3).

[3] 张金磊，王颖，张宝辉. 翻转课堂教学模式研究[J].远程教育杂志，2012，(4):46-51.

数字化教育视角下 MOOCs 模式的应用研究

吴　真

（山东商业职业技术学院，山东泰安　271000）

摘要： 数字时代的来临，为知识与文化的传播开创了前所未有的历史阶段，也为高等教育教学带来了惊喜与震撼。尤其是数字化教学资源在教学中的运用，不仅给各学科的教育教学提供了空前的便利与支持，给教与学带来了革命性的意义，同时也带来了挑战。目前我国高校教育行业数字化建设的发展相对滞后，如何利用 MOOCs 推进高职教学改革、改善高职教学质量、实现高职培养模式升级正是本文研究的重点。

1 引言

当前中国高等教育进入了由精英教育向大众化教育转变的崭新时代，高校也日益成为区域内大量人才和资源的集聚中心，成为区域快速、协调发展的主要动力与源泉，其中数字化教育资源是教育数字化发展的关键，建设好数字化教育资源对于推进教育数字化，实现教育现代化具有重要的意义。然而，由于社会对优秀高等教育资源的无限需求与优秀高等教育资源的有限供给之间的矛盾日益突出，在此背景下，推动教育资源开放共享成为高等教育深化持续发展的战略选择。在国家的大力倡导下和各种项目的推动下，近年来，教育资源共享建设虽然取得很大了的成绩，但由于理念陈旧和技术局限以及体制束缚等原因，导致高校间的数字化教育资源共享效果不佳，还需日臻完善。MOOCs 的异军突起已经深刻地影响着各个行业，它不仅是技术的发展，更代表着一种理念和服务模式。将 MOOCs 结合到教育领域，研究如何将其应用到高等职业教育数字化资源共享建设中，具有一定的理论意义和实践价值。

2 高职数字化教育资源的发展现状

我国的数字化教育资源存在整体匮乏、优质资源短缺、资源分布不均、缺乏科学的评价标准、整合共享难落实等问题。为了贯彻我国新时期实施数字化的战略方针，《中共中央关于全面深化改革若干重大问题的决定》中明确提出要以科学发展观为指导进一步构建利用数字化手段扩大优质教育资源覆盖面的有效机制，逐步缩小区域、城乡、校际差距的战略部署，把信息技术创新应用作为改革和发展职业教育的重要基础和战略支撑，坚持以人为本、需求导向、创新引领、共建共享、突出特色的理念，加快推进职业教育数字化进程。然而尽管我国付诸了很多努力，不断为高职教育数字化的发展进程加压，但仍然存在着许多矛盾和诸多不足。

（1）由于没有科学的标准，高校对于数字化教育的实施欠缺规范，随意性大，只注重建设投入机房、网络、多媒体等硬件设施，盲目追求数字化教育评价体系中的硬指标，而对于师资、课程、软件投入等内涵建设忽视不顾，让宝贵的教育投资变得低效甚至浪费，无法形成有效的应用保障体系，使数字化教育变成游离于现行教育教学过程之外的一种投资行为，不能满足现阶段职业教育的要求。对高职教育数字化认识落后，理解陈腐，应用性能差。

（2）教育数字化与教育经费的投入是密切相关的，一直以来我国在教育专项经费的匮乏使数字化设施难以完善，这同时也诱发了基础设施薄弱、资源结构性短缺、专业化人才匮乏的现状。各级政府投入教育数字化建设的财政经费重点放在了基础教育和高等教育领域，公共经费投入不均，没有设立职业教育数字化专项经费。国家先后实施的校校通、现代远程教育和教师教育技术能力建设等项目中涉及职业教育层面也是少之又少。

（3）师资水平良莠不齐，专业人才短缺。一方面高职教育教师结构不合理，很多高校达不到国家教育部规定的基本比例要求，其中部分教师知识结构和素质能力也适应职教数字化发展的要求；另一方面高校过分强调教师教学质量的考核强化，对数字化人才的配备不够重视，对专职从事职业教育数字化的部门设定、人员的选聘都缺乏科学的统筹布局，部分院校甚至没有专门的数字化管理部门和岗位，造成数字化建设管理和技术队伍力量不足。

3　MOOCs 在数字化教学资源建设中的意义

数字化教育资源是教育信息化发展的关键，建设好数字化教育资源对于推进教育信息化，实现教育现代化具有重要的意义。数字化教学资源是指经过数字化处理，能够在多媒体计算机及网络环境下运行的多媒体教学材料。数字时代为知识和文化的迅速传播带来了空前的变革，不仅给各学科的教育教学提供了便利与支持，也给传统的教与学带来了革命性挑战。国内外大量的数字化教育实践的经验表明，数字化教学资源的真正利用，可以激发学生的学习与发现的兴趣，对于学生学习及应用能力、主动思考意识的培养乃至创新性怀疑精神的塑造具有重要意义。

源于美国而遍布全球的 MOOCs 已经在教育资源上引发了一场浩荡的革命。MOOCs 指大规模在线开放课程，它是由过去的资源发布、学习管理系统以及将学习管理系统与更多的开放网络资源综合起来的新课程开发模式变更而来。它不是凭空产生的，而是数字化教育优化后的产物，它使现有的数字化教育提供者重新思考网络学习和开放教育，对高等职业教育的资源建设有重大作用和意义。

4　MOOCs 模式的应用策略

在数字化教育背景下，MOOCs 在一定时期内还不能完全取代传统课堂，但是它在优化课程建设、强化师资力量、提升教学水平、加快高职教育改革等方面有着其他模式不可比拟的优势。因此，如何充分发挥 MOOCs 的主体功能，运用数字化平台把大量的优质课程引进并分享，促进高职教育水平的进一步提升已迫在眉睫。

（1）我国职业教育的教学理念、教学模式与欧美等国差异很大，决不可盲目地照搬照抄，要根据我国职业教育信息化自身特点建立独具特色的 MOOCs。我国以往的网络教育中也有类似于MOOCs 的一些做法，如电大教育中大多数课程都是通过网络和电视向社会开放的。而这种预先编辑好的课件，或提前录制好的讲座视频往往会造成学生在学习时缺少沉浸感，学习过程更像是在教室走马观花的观看影像，学生缺少知识获取中必要的沟通与反馈，教师也无法检验知识的掌握程度。因此高校要找准定位，重新思考 MOOCs 课程构建，包括课程的内容设置、分层次教学管理、加强学习者的参与频率和深度、进行教学评价和学分互认等方面，要突破现有陈规和束缚，利用信息化平台通过对某一课程或某一领域的问题探讨、活动组织将原本分散在网络上的众多参与者和丰富资源聚集起来，搭建特定共享资源的 MOOCs 平台，师生通过交流思考，开展协作式学习活动实现知识的传递，这种全程参与模式的体验弥补了传统网络教育功能单一、交互性弱化等缺点，适需施教、因材施教，满足了学习者的求知需求，建立适合我国学习者特点和市场需要的 MOOCs 教学模式。

（2）高等职业教育包括学历教育和非学历教育两大部分，其服务对象不是精英而是在职继续教育、职业技能培训、终身教育等处于较高层次的职业技术人才，教育目标应考虑文化理论基础与职业实践基础两方面的要求，它包括定位在开放性大学的服务对象里。介于 MOOCs 求学者存在数量规模化、需求多样化和水平差别化的特点，高校要加大共享意识，摒弃各自为政、保守封闭、重复建设、高投入低效益等陋俗恶习，探索大规模共享优质教育资源的方式，开发终身教育、适合大众化高等教育和继续教育的 MOOC 平台，和三大课程提供商 Coursera、Udacity、edX 及国内外其他 MOOCs 课程提供商建立长期的、稳定的战略合作关系，把他们平台优质的、适合我们服务对象的课程资源整合到我们的平台。

（3）MOOCs 对高校教师有着直接又重大的影响，它打破固定的教学场地和课时限制，同时向数以万计的学生传授知识。对于同一门课程，一流大学的 MOOCs 会比一般院校更占优势。由此可见，在众多名校、名师、名课纷纷加入 MOOCs 要一争高下的时代，既要客观全面地重新审视信息手段下教学的实际效果，更要反思如何进一步端正教师的教学态度，提升教师的教学能力。

（4）加强师德建设，健全教师考核体系。受当前重科研、轻教学的不正之风影响，部分教师的价值观、世界观发生了扭曲，他们在教学过程中体现出的照本宣科、心不在焉的教学态度无法满足学生真正需求。MOOCs 正是凭借着高水平讲师和高素质的教学团队，以及教师对于教学的内容、方法、考核等方面进行创新性改革，建立一种以多形态化的资源、可选择的学习终端和对学生差异化管理的新型学习方式的课程开发体系，使得课程有趣、生动、不再枯燥，所以学生会愿意在课外投入更多的时间与精力。

（5）建立科学合理的 MOOCs 教学模式，构建新颖的运作机制提高学校教学质量。针对学生学习规律的深刻认识以及信息技术的充分运用，教师可将知识点切割成时长为 12 分左右的、若干关联的模块，求学者可根据自身水平、知识特长、已掌握的技能状况选择学习模块。将数字化的教学视频和交互联系穿插剪辑，加入有针对性的互动练习，教师在下一环节进行答疑分析讲解，促进长时记忆。借助科学的评价指标在 MOOCs 中加入学生自评和师生互评专栏，为不同学科构建专业性的学习社区，为求学者搭建起一个交互讨论的平台。建立灵活的学分互认制度，创建全新的职教学习体系，将优质 MOOCs 课程实现各高校的互认。

5 结 语

机遇永远留给有准备的人，无论是大学，还是教授，面对因数字化发展而带来的颠覆性创新都是不在烈火中永生，就在烈火中灭亡。当下的 MOOCs 平台尽管只是少数专业的少数课程，并未形成专业课程体系。这些少量课程的改革并不能从根本上改变高等职业教育，但是却可以让高校重新找到适应数字时代发展的道路，也会促使大学思考自己存在的特色和价值，思考新的业务模型、新的合作与伙伴关系。未来的高等职业教育将更加重视所培养的学生将具备什么样的能力，更加重视数字化、网络化在教学中的应用，MOOCs 教育模式规模的扩大是我们无法想象的，但可以预见的是它对高等职业教育体系和高校教师自身的冲击是必然的，因此积极参与并且融入这场变革，深化 MOOCs 的开发和应用才能切实加快高等职业教育教学管理改革和数字化建设。

参考文献

[1] 桑新民，李曙华，谢阳斌."乔布斯之问冶的文化战略解读在线课程新潮流的深层思考[J]. 开放教育研究，2013(3):30-41.

[2] 李青，王涛. MOOCs: 一种基于连通主义的巨型开放课程模式[J]. 中国远程教育，2012(3):30-36.

浅谈职业院校信息化教学有效性分析及提升策略[1]

周源　余静

（黄冈职业技术学院，湖北黄冈 438002）

摘要：随着信息技术与网络技术的快速发展，其被广泛应用在教育事业中，对人才的培养与教育教学质量的提高具有十分重要的现实意义，有利于实现教育的信息化发展。但是在信息化教学过程中还存在一些问题，导致教学的有效性不高，无法深入解读有效教学，如何评价与实现信息化教学的有效性问题，已经成为教育界研究的重要课题。本文对信息化教学有效性分析及提升策略进行探讨，以期为今后信息化有效教学应用提供借鉴。

对于信息化教学而言，其主要是指学习者与教育者利用现代化的教育技术、教育方法、教育资源等开展的双边活动。与传统的教学模式相比，信息化教学涵盖了现代化教学方法的应用与教学观念的指导，是形式与手段等方面的一场全新变革，包括教育环境、教育评价、教育技术、教育模式、教育内容、教育组织和教育观念等的变化[1]。信息化教学模式的应用，能够为学生的学习创设良好的环境，促进教学资源投入的减少，有效实现教学目标，提高教学效果，因此信息化教学的合理运用具有重要的意义。

1 信息化教学有效性概述

信息化教学的有效性主要是指在教学活动中对媒体与信息资源进行合理利用，创设有效的教学环境，利用最少的教学投入实现最佳的教学效果，并恰当选择课程内容，满足学生的学习需求，培养和提高学生的综合能力。一般在分析信息化教学有效性的内涵时，可从以下几方面加以考虑。

首先是实用方面。目前在相关教育技术方面由于缺乏统一的标准，受多元化理论的影响，无法明确有效性的评价方法与含义。因此对信息化教学的有效性需要利用全新的视觉来看待与探讨，从而提供相对的评价策略与思考方式，而实用视觉对教学的"情境"与"效果"较为重视，可将其作为研究教学有效性的重要指导思想。其次是有效教学方面。在评价信息化教学的有效性时，需要以信息技术的合理应用为判定标准，有效反思信息技术应用的现状。同时在实际评价过程中，应以有效教学为根本，对使用工具进行科学设计，并从信息化教学方面出发，进行案例的分析收集与调查访谈[2]。再次是学习策略方面。在教学过程中评价技术的应用效果时，往往从多个方面加以考虑，而要想保证信息化教学有效性评价的全面性，则需要对相关的指标加以合理选择。学习策略作为评价学习效果的重要指标，其需要学生采用有效的行动，以此展现自身的学习能力，而学生策略的培养是学会学习的重要保障，能够推动教育教学的进一步改革。最后是课堂

[1] 基金项目：2015 年度湖北省职教学会科学研究重点项目，《职业院校信息化教学资源建设存在问题及对策研究》（课题号：ZJGA201506）；2015 年度湖北省教育厅教育科学规划项目，《职业院校信息化课堂教学有效性研究》（课题号：2015GB261）阶段性成果

环境方面。信息化教学的基点是课堂教学环境，这是因为课堂教学是目前最为常用的一种教学形式，也是应用信息技术的主要时空，具有较强的代表性与实践价值。同时课堂具有一定的特殊性，其是虚拟与现实、社会与学员连接的重要桥梁，更是对信息技术教学价值的有力体现。

2　信息化教学有效性评价标准分析

信息化教学有效性的评价标准可从三个层面加以分析：一是教学形态的信息化。教学形态的信息化是教学设计方案实施的外在体现，是保证信息化教学有效性的重要形式[3]。部分人认为信息化教学作为一种教学过程或教学形态，因此在对其有效性加以判断时多是对其外部特征加以考虑，但其实际上具有一切"好教学"的特点，包括学生学习的高效与愉快、融洽的教学氛围、师生的默契配合、严谨的教学过程、强烈的成就感与满足感等。因此信息化教学的有效性应是可感与可见的现实形态，任何人都能对其进行认定与评价，不需进行深层次的价值论证与技术测量。由于教学形态具有多样性，其会受环境、教师和学科等因素影响，难以通过统一的标准加以评定，因此在实际评价过程中应深入学科与课堂，结合实际进行评价，保证评价结果的标准化与准确性。

二是教学理念的信息化。教学理念的信息化是人们认识信息化学习和教学活动规律的重要体现，是教师完成教学活动与教学设计的理论支撑，其对信息化教学的发展方向具有决定性作用[4]。教学理念的不同会导致教学思维的不同，从而影响教学形态与教学设计，先进的教学理念体现着教学规律的科学性，能够有效指导教学实践，因此在实际教学过程中应坚持先进的教学理念，保证教学活动的顺利开展，提高教学的有效性。

三是教学设计的信息化。对于信息化教学设计而言，其主要是教师在进行教学活动之前，系统规划信息化教学的过程中，是对教学理念信息化的重要体现，也是对教学过程的实践指导。教师在信息化教学过程中，应以教学目标为依据，以信息化教学理念为指导，遵循教学的一般规律，对各要素间的动态关联与现实状态进行认真分析，优化组合各因素。如教师在开展信息化教学课题之前，应预先设计和考量教学环节和技术手段，思考教学技术如何与教学实践进行组合才能实现教学目标，强化师生与生生之间的合作交流[5]。教师在进行信息化教学设计时，需要在信息化环境中进行信息教学实践，合理利用自身的创新能力、设计能力、知识水平和实践感悟，保证设计方案的高效性与可行性。一般好的教师在设计过程中，能够有效创设信息化技术的情境，准确掌控教学进度，将情感激励和知识建构加以协调统一，实现教学过程的信息化。由于具体的教学设计需要教师总结归纳信息技术手段、教学情境、教学策略、教学内容和教学目标等，因此教学的有效性可脱离课堂进行定性评价与定量测量。

3　信息化教学有效性的影响因素

3.1　师生因素

由于城乡和地域等因素的影响，学生在信息化能力的应用方面具有较大差异，在课程教学过程中采用"带两头、抓中间"的方式会导致学生群体的两级分化，信息化能力较低的学生无法跟上教学进度，难以消化知识，而能力高的学生则认为教学内容缺乏深度，降低其学习的积极性，无法做好因材施教。同时教师在教学过程中仅仅重视知识的传授，忽视学生的主动性，导致学生只能被动接受知识，缺乏自主性，难以实现师生的互动交流，影响学生创造性思维的发展，不利于教学效率的提高。

3.2 教学硬件环境因素

目前大部分学校在信息化教育背景下都开始加强计算机基础设施的建设，采购大量的基础硬件、信息资源、软件程序与教学平台等，从而为学生的学习创设良好的实践环境，有效提高教科研的质量。但是这种"购买"的模式需要投入较多的资金，易出现被动重复建设的情况，具有较低的回报率，并且由于产品的更新速度快，要想符合信息技术的发展需求则需要持续投入。此外，教学内容的不同，需要和各学科建立专门的实践平台，但是部分学校往往是一个机房只能对某一项实践，无法保证科目的复用性，影响信息化教学的有效性开展。

3.3 教学资源因素

部分学校在建立教育信息资源库时还存在一些问题，教学资源缺乏协作性、共享性和均衡性，资金多用于资源购置与重复建设，网络体系孤立化等。同时在对投资资源库、课程软件开放与精品课程的建设中，缺乏系统的规划，导致质量差与数量多等问题，教学体系缺乏标准。此外，不同系统、学生、教师与学校之间难以实现信息的共享，在考核测评、学生作业检查、课堂教学、教学信息的统计与查询等方面缺乏完善的系统功能，导致信息资源出现严重的资源建设重复，无法达到资源共享的目的。

4 提高信息化教学有效性的重要路径

4.1 积极改革教学方法

教学目的实现的重要途径就是教学方法。在信息化教学过程中应结合创新教育和素质教育的思想，对教学方法进行灵活选用，并将信息技术和现代教育技术引入到教学过程中，促进教学有效性的提高。院校在改革教学方法时，应对"平台"意识加以强化，为学生构建研究与交流的自主式平台，实现开放式、启发式与研究式教学。当然在实施和组织教学过程中，应构建虚拟与现实、校外与校内、课外与课内相结合的互动平台，创设互动交流的良好氛围，提高教学的有效性。同时应对校内外的教学资源加以充分挖掘，推行案例教学与研讨式教学等不同形式的教学方法，确保学生能从不同的角度与层次激活思维，强化能力。此外，教师在信息化教学活动中应对课程设置的弹性加以强化，拓展学生的学习空间，将学生的主观能动性加以充分调动；而学生应结合自身的实际需求，利用网络、数字图书馆等途径进行自主学习，增强学习的质量与效果。

4.2 做好教学设计，创新教学内容

做好信息化教学设计是前提，同时教学内容作为信息化教学中的核心，其质量对学生能力与教学方法的提高具有决定性作用。一般而言，教学内容的高质量不是对课本的简单修补，而是需要深度融合学科课程与信息技术，保证教学内容的信息化。院校在信息化教学过程中创新教学内容时，不需对其完整性与系统性过多追求，应对内容的应用性和针对性加以强化，培养学生的理性思维能力与实践应用能力。因此在组织教学过程中可以问题为中心，强化"问题"意识，从实际需要出发，对需要重点分析与解决的问题进行合理筛选，从而培养学生知识运用的能力和综合

素质，促进信息化教学有效性的提高。教师在信息化教学中应对启发式教学和问题式教学加以重视，鼓励和肯定学生提出与讨论问题，这样学生能够在思想的交流过程中培养自身分析与解决问题的能力，强化学习效果。

4.3 加强信息化资源建设

要想保证信息化教学的有效性，必须要强化教学资源建设，有机整合课程教学目标和信息技术，提高现代化教育技术在教学中的优化应用。当然在实际建设过程中，应对院校的整体信息服务和信息资源建设加以强化，以资源的开发利用为主，并且学生应从自身的实际需求出发进行针对性学习，促进教学资源利用率的提高。此外，应对各学科专业特色资源信息库的建设加以强化，使其成为最具特色、系统化和前沿性的资源库，如各级资源中心、教育区域网、校园网、多媒体教师等硬件建设，电子文献、电子教案、优秀教学案例、多媒体课件与素材等应用软件平台的建设。

4.4 强化教师队伍的建设

随着教育体制的深化改革，其对教师素质和能力的要求进一步提高，因此在信息化教学过程中应强化教师的能力素质建设，从课程整合、信息技术、教学方法、教学观念和教学理论等方面加以培训，转变教师的传统教育观念，促进其信息应用水平的提高。首先在教育观念的更新方面。教师的教育意识和思想会影响其教育行为，其在实际教学过程中应树立以学生为中心的观念，建立新型的师生关系，实现自主化、合作化与个别化教学。其次在信息素养的提高方面。教师应努力学习相关信息技术知识，如虚拟仿真技术、多媒体技术、网络技术和计算机技术等，能够对个性化和实用性的课件加以制作，或是利用信息资源与技术进行教学。最后在教育信息的展开方面。院校可鼓励和组织教员进行信息化教学活动，系统研究教学过程、教学环境、教学制度和教育思想等方面的问题，加快教育信息化的发展。

5 总结

综上所述，信息化教学有效性问题具有一定的复杂性和系统性，在信息化教学过程中，由于师生因素、教学硬件环境因素和教学资源因素等的影响，无法实现教学形态、教学理念和教学设计的信息化发展，影响信息化教学有效性的提高。基于这种情况，在实际教学过程中，必须要积极改革教学方法，创新教学内容，加强信息化资源建设，强化教师队伍的建设，合理利用教学资源，从而提高信息化教学的有效性和针对性，促进教育事业的信息化和持续性发展。

参考文献

[1] 孙沛华. 基于扎根理论的信息化课堂有效教学评价体系研究[J]. 现代教育技术，2011，(9):47-51.

[2] 张伟平，杨世伟. 高校信息化教学的有效性研究:基于设计的研究[J]. 电化教育研究，2010(1):103-106.

[3] 郭俊杰，王佳莹. 信息化教学过程的有效性策略研究[J]. 中国远程教育，2010(10):63-80.

[4] 胡晓玲. 信息化教学有效性解读[J]. 中国电化教育，2012(5):33-37.

[5] 赵玉. 职业教育师范生信息化教学能力培养策略与效果研究[J]. 中国电化教育，2014(8):130-134.

基于数字化教学平台的学习分析框架研究

袁春雨

（安徽职业技术学院，安徽合肥 200011）

摘要：目前高校正在利用教学平台实施混合学习和在线学习模式，平台中产生了大量的数据，对数据的分析利用正是学习分析的主要目的。通过对学习分析概念的解析，从学习分析过程入手，探讨了学习分析中的数据源、数据挖掘方法与目的，并提出了可视化输出结果的一般方法，然后给出了教学平台下基于学生数据学习分析的一般参考模型。最后提出了为了学习分析的发展趋势。

1 前言

互联网的发展正催生高等教育的革命，Web 2.0 的应用使得数字化学习成为一种潮流，政府、企业和高校对在线课程表示出极大的兴趣，特别是 MOOC 的兴起，作为一种强技术学习的创新模式和新的教育传递媒介，它促使教育者重新审视数字化教学平台的价值。目前越来越多的高校正在利用教学平台实施混合学习和在线学习模式。在学习平台上，大量学生参与学习活动，留下了可以用来描述他们的学习特征，分析学习行为的数据痕迹。因此使抽取数据形成有价值和关键的信息成为可能。

随着数据仓库、数据挖掘等技术的发展，企业开始运用诸如网页分析、商业智能等方法了解顾客需求改进产品和服务，数据驱动型决策能有效改进决策效果[1]。在过去的 20 年内，全球数据不断增长，大数据开启了重大的时代转型[2]。构建预测模型并正逐步运用到各行各业，也包括教育。技术提供了基础，企业应用提供了成功案例，教育需要实现的就是"大数据改善学习的三大核心要素：反馈、个性化和概率预测"[3]。

虽然可汗学院成为教育数据利用的一个典型代表，但是很多学校仍然忽视或不知道如何处理和运用平台上超载的数据。数字学习平台中，学生的学习活动并不能像传统课堂上那样得到实时的监控，也不易显著地观察。识别和度量 E-learning 的学习行为成为分析的重要目的，《新媒体联盟地平线报告》自 2011 年多次将学习分析作为高等教育中的重要教育技术。

2 学习分析

从 2005 年研究会出现到 2009 年第一个专业杂志——教育数据挖掘杂志的出版，可以看出学习分析是一个比较新的研究领域[4]，至今没有一个统一的定义。Siemens 把其看成是智能数据、基于学习者的数据和分析模型的混合使用以发现信息和社会联结，并给出学习的预测和建议[5]。根据第一届学习分析与知识国际会议，学习分析中加入了特定的使用环境以及分析过程，认为它是"为了理解和优化学习过程以及其所在的学习环境，针对关于学习者及特定情景下数据的收集、分析、评价及报告"。Elias 从更广泛的角度把学习分析描绘成一个用专业分析工具改进教学的信息领域[6]。这些定义都强调把教育数据转换成为有价值的信息辅助决策以帮助学习。因此有研究者将学习分析与教育数据挖掘（*Educational Data Mining*, *EDM*）等同起来[7]，但是更多研究者认为二者在研究领域、数据、过程和目标非常相似，但是学习分析的范畴更加广泛[8][9][10]。

对学习分析的研究文献众多且各异，大体上可以从学习分析的基础研究、具体技术运用和教育领域的实践三个方面展开。北京师范大学牟智佳等人以数据库论文为研究样本，从研究者国籍、关键词和研究主题三方面对文献进行内容计量分析[11]。Alejandro 则聚焦数据挖掘，从学生特征模型、行为模型、绩效模型、评价、工具等六个方面对 2010—2013 年的文献分年度进行了统计[12]。

学习分析的一般过程可分为数据采集、数据存储、数据挖掘、数据展现四个过程。数据是基础，分析的数据不仅包括学生、教师和课程等实体对象，还有一些行为动作等事件，来源多跨越不同的服务器，主要有集中式教学系统和分布式学习环境。对获取的异质化数据进行抽取、转换、装载等处理方式以确保数据格式的兼容性，再用相关拓扑方案来包含形成多个相互关联的事实表，完成所有数值和总结性信息的存储。部分数据在分析前可根据需要再进行规范化处理，再运用以监督学习、无监督学习和关联规则挖掘为代表的数据挖掘等方法进行分类、预测和相关性分析。最后以用户友好界面的形式可视化输出结果。

3　基于学生的教学平台数据

学习分析的数据主体是学生，广义地说，数据可以来自学校的学生信息系统，数字化学习系统，个人学习空间以及其他的开放数据集。根据学生参与 E-learning 的情况，可以从不同角度对学生进行分类，如从参与的活跃程度分活跃者、参与者、旁观者和潜伏者，从完成学习的态度和行为分主动学习者、被动学习者。学生类别的划分就是基于不同的数据分析的结果。以数据平台里的数据为例可以将数据按照学习活动分为四类，每一类都具有各自的事件动作和量化指标，见表 1。在学习平台上的学习行为主要包括资源学习、互动交流和测试评价三个环境，结合学习者特征构成了四大类。学习行为被离散化为不同的动作事件，即学习者的行为活动。量化指标是具体一个学习情境下被观测和捕捉的学习活动中能被度量的单位。

表 1　E-learning 学习活动数据一览表

学习行为	动作事件	量化指标
学习者特征	个人档案、登录	相关日志、登录次数、在线时长和时间段
资源学习	搜索资源、浏览网页、阅读电子数据、观看视频	学习主题分布情况、各资源学习驻留时间及分布、相关学习主题重复学习次数及进度、电子书籍的翻页次数等
互动交流	发帖、提问、回复、讨论、小组学习、任务完成	各动作数量及完成单个动作的时长，论坛在线时长，任务完成数
测试评价	问卷调查、参加测试、自我及相互评价	问卷分析、测试花费时间及结果、评价结论

对于表中的量化数据可以再细分，如对于学习主题具体内容、测试结果子项；一些量化数据相互结合产生新的量化数据，如时长与登录次数的结合。对难以量化的学习行为，如电子书籍的学习内容、论坛讨论的内容等可根据语义分析等网页文本挖掘技术进行分析量化。

4 教学平台下的学习分析参考模型

由于目前现有的大多数平台是根据自身的特点，具有一些数据的统计分析功能和部分挖掘结果，但是缺乏一个统一的框架体系。因此，根据学习分析的过程，并结合标准的数字化教学平台可量化的指标数据，构建一个基于学生数据的学习分析参考模型（如图 1）。

无论是何种来源，LA 需要整合集成来自多源的、异质化的、格式各异的源数据，创建有意义的教育数据集来折射学习者的分布活动。三类数据的规范性格式用来满足不同数据文件的兼容性操作：IEEE 学习技术标准、ADL's Experience API (xAPI)和 IMS's Caliper Analytics。经过 ETL 处理，按照特定主题和存储方案存在数据仓库中。

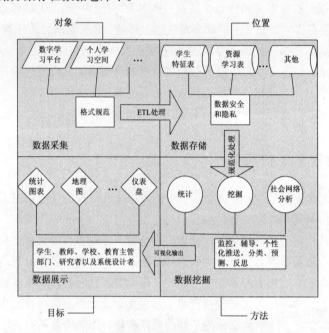

图 1　数字化学习平台学习分析参考框架图

目前大多数学习平台都提供基本学习信息的统计报告，如在线时长、登录次数等，这些统计数据常常产生一些简单的统计数据如均值、标准差等。数据挖掘方法主要有三类：分类、预测、聚类和关联规则挖掘。例如，根据多个学生的表征推断某个学生的可能学习行为，并形成规则用来判断学生类别，或者通过关联发现变量间的强关系。社会网络分析是一个研究个体与群体关系的量化研究工具，可用来管理、可视化和分析网络学习关系。

数据分析挖掘的结果追踪学生的学习行为并形成报告；预测学习者未来的学习业绩以采取相应的措施帮助需要额外辅助的学生；指导学生解决某个课程的学习所产生的特定内容问题；基于学习和用户关注的数据所产生的智能反馈，以及学习分析在学习者的偏好及其他学习者类似偏好的基础上，建立的个性化资源推送系统，明确给出学习者下一步学习的知识节点及资源，实现由知识推动学习模式向知识拉动学习模式的转换。最后学习分析对促进教学反思有着积极的作用。学生和教师可以通过课程间、班级间及学校间的数据比较得出相关结论，并反思教学实践的有效性。

学习分析应用的服务对象可包括学生、教师、学校、教育主管部门、研究者以及系统设计者。学生感兴趣的是分析如何提高他们的成绩并帮助他们搭建个人学习环境；教师更多的关注他们教学实践的有效性，并支持他们采用教学方法以满足学生的需要；学校和教育主管部门利用分析工具支持决策，调整相关计划确保学习效果；研究者则从实际成效研究教育教学方法的改进；系统设计者研究学习分析应用的成效，以改进适合非适应数据专家的工具植入到标准学习平台工具集中。

不同用户对结果的需求不同，而数据分析常被忽略的领域就是数据转换为可读格式，而不是简单的标明监控或提供总结性的反馈。由于我们视觉感知能力，可视化表达比普通文本和数据表达更具有效性，具有一定冲击力的图形形式展示结果更具优势，如智能仪表盘已成为绩效管理的关键成分。系统平台的分析结果界面可分为三个部分：一是集成界面，能访问所有功能的简单集成界面，涵盖了数据请求、数据下载、共享分析；二是特定主题分析界面，可按照现有数据挖掘的方法以标准化格式给出仪表盘；三是个性化分析界面，由使用者提出数据请求，按照用户自定义规则给出统计图表。

5　结论

数字化教学环境是学习分析的一个重要应用领域，一方面它们持续产生学习活动中的数据，如阅读材料、参加论坛，另一方面，目前在线课程或混合课程比传统课程有较高的关注，目前还是相对新的研究领域。本文从学习分析的过程入手，基于学生的数据，从用户需求处理，给出了学习分析的一般参考模型。同时也探讨了数据分析的三个主要方法，以及可视化输出的主要类别。未来随着万联网的出现，新的研究将不断深入，如大数据的挖掘技术有别于传统数据挖掘，应用领域如计算机辅助合作学习、虚拟学习以及教师学习得到进一步研究，总之，大数据与学习分析的进一步结合给高等教育提供了一个更美妙的蓝图。

参考文献

[1] DEL BLANCO A, SERRANO A, FREIRE M, et al. E-Learning standards and learning analytics. Can data collection be improved by using standard data models?[J]. 2013:1255-1261.

[2] [英]维克多·迈尔-舍恩伯格，肯尼斯·库克耶.大数据时代:生活、工作与思维的大变革[M].盛杨燕，周涛，译.杭州:浙江人民出版社，2012.

[3] [英]维克多·迈尔-舍恩伯格，肯尼斯·库克耶.与大数据同行: 学习和教育的未来[M].赵中建，张燕南，译.上海:华东师范大学出版社，2015.

[4] BAKER R S, INVENTADO P S. Educational Data Mining and Learning Analytics[M]// Learning Analytics. 2014:61-75.

[5] SIEMENS, G. (2010). What are Learning Analytics? from http://www.elearnspace.org/blog/ 2010/08/ 25/what-are-learning-analytics

[6] DEFINITIONS L A, Processes and Potential. Learning Analytics: Definitions, Processes and Potential[J]. Tanya Elias Learning Analytics Definitions Processes & Potential.

[7] Agudo-Peregrina A F, Hernandez-Garcia A, Iglesias-Pradas S. Predicting academic performance with learning analytics in virtual learning environments: A comparative study of three interaction classifications[C]// International Symposium on Computers in Education. 2012:1-6.

[8] Ifenthaler, D., & Widanapathirana, C. (2014). Development and validation of a learning analytics framework: Two case studies using support vector machines. Technology, Knowledge and

Learning,19(1–2), 221–240.

[9] BIENKOWSKI, M., FENG, M., & Means, B. (2012). Enhancing Teaching and Learning Through Educational Data Mining and Learning Analytics: An Issue Brief. Retrieved from http://tech.ed.gov/wp-content/uploads/2014/03/edm-la-brief.pdf

[10] JOHNSON, L., SMITH, R., WILLIS, H., Levine, A. & Haywood, K. (2011). *The 2011 Horizon Report*. Austin,Texas: The New Media Consortium.

[11] 牟智佳，武法提，乔治·西蒙斯.国外学习分析领域的研究现状与趋势分析[J]. 电化教育研究，2016(4).

[12] Alejandro Peña-Ayala. Educational data mining: A survey and a data mining-based analysis of recent works[J]. Expert Systems with Applications，2014，41(4):1432–1462.

六、其　　他

机器人研究与发展前景

于金平　张洪志　叶曲炜

（哈尔滨广厦学院，黑龙江哈尔滨 150025）

摘要： 针对社会智能化发展主流趋势，机器人发展技术应运而生，成为新兴产业不可替代的技术。本文主要对机器人发展技术在地面、空中、水下，乃至外太空等的应用，通过分析和梳理，归纳了机器人技术发展中的一些重要问题，探讨机器人技术的发展趋势。

1　引言

随着科技进步，高科技已经成为社会的主流趋势。机器人应用趋势越来越趋于高端化、国际化以及创新化，已经以刻不容缓的趋势席卷全球，成为高新技术的领头羊。国内外对机器人研究都表示出极大重视。特别是美国、日本、韩国等国家均启动了"国家机器人"计划。我国也在这方面表示极为重视，启动 863 计划。对于未来机器人的发展，全球都给予了极大的期望。由此可见，新兴产业技术的地位非同一般，占有重大地位。

目前机器人应用领域极其广泛，在医学医药业、工业制造业、化学化工业以及家政行业等社会的各行各业都有涉猎。近几年，各界人士对这项技术都有一定的成果。例如，工业机器人、医用机器人、化工机器人、康健机器人以及家政机器人等，都取得显著成果，成为社会不可替代的一道风采。

2　机器人研究现状

智能化市场的需求，使得机器人的发展前景极为优越。因为智能化产物不仅可以简化系统结构，同时也可实现协同作业的目的。例如，FANUC 公司研究适用的并联六轴结构机器人，具有较高的柔性，集成 iRVision 视觉系统、Force Sensing 力觉系统、Robot Link 通信系统和 Collision Guard 碰撞保护系统等多个智能功能，可对工件进行快速识别，并利用视觉跟踪系统引导完成作业[1]。在机器人研究中，国内很多大学和研究机构，如哈尔滨工业大学、中国科学院沈阳自动化研究所、清华大学等，在机构、驱动和控制等方面开展了大量工作，并取得了丰硕的成果，为国内机器人产业的发展奠定了技术基础。而随着国内工业机器人的需求越来越迫切，国内多家企业也在工业机器人产业方面不断发展壮大。

机器人的应用广泛，覆盖了地面、空中和水下，乃至外太空。本文简要介绍几种机器人，包括仿人机器人、医疗与康复机器人、水下机器人、飞行机器人以及外星探索机器人。

2.1　仿人机器人

仿人机器人研究主要集中于步态生成、动态稳定控制和机器人设计等方面。步态生成有离线生成方法和在线生成方法。离线生成方法为预先规划的数据用于在线控制，可完成如行走、舞蹈等动作，但无法适应环境变化；在线规划则实时调整步态规划、确定各关节的期望角[2]。在稳定性控制方面，零力矩点(Zero Moment Point，ZMP)方法虽广泛应用，但该方法仅适合于平面情况。日本本田公司研制的仿人机器人 ASIMO，高 1.3 m，行走速度达 6 km/h，可完成"8"字形行走、上下台阶、弯腰等动作，还可与人握手、挥手、语音对话，识别出人和物体等。此外，值得关注的是波士顿动力公司在液压四足仿生机器人基础上开发的液压驱动双足步行机器人 Petman，其行走过程显示出良好的柔性和抗外力干扰性，可完成上下台阶、俯卧撑等动作。国内在仿人机器人方面也开展了大量工作。国防科学技术大学研制开发了 KDW 系列双足机器人，研制了仿人机器人"先行者"。在小型仿人机器人方面，北京理工大学与中国科学院自动化研究所、南开大学等单位合作开展了乒乓球的高速识别与轨迹预测等关键技术研究，实现了两台仿人机器人、人与机器人的多回合乒乓球对打。

2.2 医疗与康复机器人

外科手术机器人系统可分为 3 类：监控型、遥操作型和协作型。监控型是由外科医生针对病人制订治疗程序，在医生监控下由机器人完成手术。遥操作型是由外科医生操纵控制手柄来遥控机器人完成手术。协作型主要用于稳定外科医生使用的器械以便于完成高稳定性、高级度的外科手术。第一例机器人辅助外科手术是由 Kwoh 等在 1985 年完成，利用工业机器人将固定装置稳定保持在患者头部附近以便于神经外科手术的钻孔和将组织取样针插入指定位置。目前，daVinci 外科手术辅助机器人是其中比较成功的商用系统，获得美国 FDA 认证，可用于多种外科手术，医生通过摄像头传回的图像获取手术部位信息，依靠踏板控制摄像头和手术器械、依靠主控手柄遥控机器臂动作来完成外科手术[7]。此外，Hansen Medical 公司的血管介入手术、Acrobot 公司研制的高精度膝关节外科手术、约翰霍普金斯大学研制的眼科手术等外科机器人手术都在国际上取得令人瞩目的成绩。

同时，用于辅助病人康复、生活自理的机器人研究工作已经开展起来。针对中风、脊髓损伤病人的上肢、下肢、手腕、手指、脚踝等肢体的康复。基于时间、受力、跟踪误差、肢体速度或体表肌电等信号反馈，阻抗控制、自适应控制等方法已在康复机器人上应用[8]。康复运动的轨迹规划也有很多研究工作，如模仿正常步态进行规划、依据健全肢体的运动进行规划等。针对老人、残障人辅助运动的动力机器外骨骼研究得到快速发展。

2.3 水下机器人

水下机器人，包括远程操作水下机器人和自治水下机器人，在军事、水下观测、水下作业方面具有很大的应用价值，其研究工作集中在系统模型、环境感知、定位导航、以及欠驱动和全驱动的推进系统控制、稳定控制等方面[9]。目前，对于水下机器人的容错控制、水下机器人载体和作业臂的协调控制、多水下机器人协作等方面的研究得到越来越多的关注。如多个水下滑翔器协作的研究，水下滑翔器通过控制机器人的比重和方向舵以高度节能的方式实现水下运动，多个水下滑翔器可以进行长时间、大范围的环境信息采集。我国在水下机器人方面的研究也取得了丰富的成果。中国科学院沈阳自动化研究所研制完成多种 ROV、AUV 水下机器人，如自治水下机器人"CR-02"、智能型水下机器人"北极 ARV"、水下滑翔器等。其中"北极 ARV"参与了 2008 年北极科考，成功获取冰底形态、海冰厚度、海水盐度等数据。2012 年我国研制的"蛟龙号"载人潜水器成功下潜 7 062.68 m，并利用机械臂完成水下标本采集。

2.4 飞行机器人

飞行机器人、无人机的研究和应用在近些年得到越来越多的重视。美国研制开发了全球鹰、捕食者、扫描鹰等一系列军用固定翼无人机，并在实战中完成了搜索、侦察和攻击任务；研制了无人直升机 MQ-8 火力侦察兵，可在海军舰船上起飞和着舰[10]。美国波音公司的两架 X45A 无人机完成了编队飞行和协同攻击任务的模拟演练。此外，国内很多研究机构也开展了大量工作，例如，北京航空航天大学、国防科学技术大学、上海交通大学等单位在固定翼飞行器、旋翼飞行器、飞艇等飞行机器人方面着手，研制了固定翼 WZ-5 型无人机、"海鸥" M22 无人驾驶直升机、折叠投放微小型无人机等。南京航空航天大学研制了 CK-1 无人机、西北工业大学研制了 ASN 系列无人机以及小型无人旋翼直升机等。中国科学院沈阳自动化研究所研制了多款旋翼无人直升机，起飞重量可达 120 kg，有效载荷 40 kg，最大巡航速度每小时 100 km，最长续航时间 4 h。总参 60 所研制的 Z-5 型无人直升机最大起飞重量 450 kg，可携带 60～100 kg 的各种装备连续飞行 3～6 h。武警工程学院研制 "天眼 2" 无人驾驶直升机。另外，国内在高超声速飞行器控制方面也开展了很多工作。

2.5 外星探索机器人

外星探索机器人是在地外行星上完成勘测作业的移动机器人，极端环境下的可靠控制是其面临的严峻挑战。美国开发的用于火星探测的移动机器人 "探路者" "勇气号" "机遇号" 和 "好奇号" 都成功登陆火星开展科研探测。其中 "好奇号" 火星车采用了六轮独立驱动结构，长 3 m，宽 2.7 m，高 2.2 m，自重 900 kg，具有一个 2.2 m 的作业臂和摄像头等多种探测设备，在 45° 倾角状态下不会倾翻，最高速度 4cm/s。不同于以往火星车采用太阳能供电，"好奇号" 采用核电池供电，使系统续航能力得到极大提升。我国在外星探索机器人方面经过长期努力也取得了丰富的成果。在外星探索机器人方面，哈尔滨工业大学研制了两轮并列式、6 轮摇臂-转向架式、行星轮式等多种型号的月球车样车，并搭载太阳能帆板、相机桅杆、定向天线、全向天线、前后避障相机等设备[12]。中国科学院沈阳自动化研究所、国防科学技术大学、复旦大学等单位都开展了相关研究，并研制了各具特色的月球车原理样机。

3 机器人技术发展趋势

通过分析已有的机器人技术研究工作，机器人技术的应用和研究显现出从工业领域快速向其他领域延伸扩展的趋势。而传统工业领域对作业性能提升的需求、其他领域的新需求，极大促进了机器人理论与技术的进一步发展。在工业领域，工业机器人的应用已不再仅限于简单的动作重复。对于复杂作业需求，工业机器人的智能化、群体协调作业成为解决问题的关键；对于高速度、高精度、重载荷的作业，工业机器人的动力学、运动学标定、力控制还有待深入研究；而机器人和操作员在重叠的工作空间合作作业问题，则对机器人结构设计、感知、控制等研究提出了确保人机协同作业安全的新要求。在工业领域以外，机器人在医疗服务、野外勘测、深空深海探测、家庭服务和智能交通等领域都有广泛的应用前景。在这些领域，机器人需要在动态、未知、非结构化的复杂环境完成不同类型的作业任务，这就对机器人的环境适应性、环境感知、自主控制、人机交互提出了更高的要求。

（1）环境适应性。机器人的工作环境可以是室内、室外、火山、深海、太空，乃至地外星球，其复杂的地面或地形、不同的气压变化、巨大的温度变化、不同的辐照、不同的重力条件导致机器人的机构设计和控制方法必须进行针对性、适应性的设计。通过仿生手段研究具有飞行、奔跑、跳跃、爬行、游动等不同运动能力的、适应不同环境条件的机器人结构和控制方法对于提高机器人的环境适应性具有重要的理论价值。

（2）环境感知。面对动态变化、未知、复杂的外部环境，机器人对环境的准确感知是进行决策和控制的基础。感知信息的融合、环境建模、环境理解、学习机制是环境感知研究的重要内容。

（3）自主控制。面对动态变化的外部环境，机器人必须依据既定作业任务和环境感知结果利用内建算法进行规划、决策和控制，以达到最终目标。在无人干预或大延时无法人为干预的情况下,自主控制可以确保机器人规避危险、完成既定任务。

（4）人机交互。人机交互对于提升机器人作业能力、满足复杂的作业任务需求具有重要作用。实时作业环境的三维建模，声觉、视觉、力觉、触觉等多种人机交互的实现方式、人机交互中的安全控制等都是人机交互中的重要研究内容。针对上述问题的研究，通过与仿生学、神经科学、脑科学，以及互联网技术的结合，可能将加速机器人理论、方法和技术研究工作的进展。机器人技术与仿生学的结合，不仅可以促进高适应性的机器人结构设计方法的研究，对于机器人的感知、控制与决策方法的研究也能够提供有力的支持。机器人学与神经科学、脑科学的结合。将使得人-机器人间的应用接口更加方便,通过神经信号控制智能假肢、外骨骼机器人或远程遥操控机器人系统，利用生物细胞来提升机器人的智能，为机器人研究提供了新的思路。

4 结论

机器人技术的研究和应用已从传统的工业领域快速扩展到其他领域，如医疗康复、家政服务、外星探索、勘测勘探等。而无论是传统的工业领域还是其他领域，对机器人性能要求的不断提高，使机器人必须面对更极端的环境、完成更复杂的任务，因而，也为机器人研究提供了新的动力。在概述工业机器人、移动机器人、医疗康复机器人和仿生机器人的主要研究进展基础上，分析归纳了环境适应性、感知、自主控制、人机交互等机器人研究的主要问题，并探讨了仿生学、神经科学、互联网等研究与机器人研究相结合的趋势。

参考文献

[1] 徐扬生. 智能机器人引领高新技术发展[N]. 科学时报，2010-08-12(A03).

[2] Stephan K D, Michael K, Michael M G, Jacob L, Anesta EP. Social implications of technology: the past, the present, and the future. Proceedings of the IEEE，2012，100 (Special Centennial Issue): 1752–1781.

[3] 吕洪波，宋亦旭，贾培发. 机器人修磨中融合先验知识的适应学习建模方法[J]. 机器人，2011，33(6): 641–648.

[4] Mukai T, Nakashima H, Kato Y, Sakaida Y, Guo S, HosoeS. Development of a nursing-care assistant robot RIBA that can lift a human in its arms. In: Proceedings of the 2010IEEE/RSJ International Conference on Intelligent Robot sand Systems. Taipei, China: IEEE, 2010. 5996–6001.

[5] Grindle G G, Wang H W, Salatin B A, Vazquez J J, CooperR A. Design and development of the

personal mobility and manipulation appliance. Assistive Technology, 2011, 23(2):81-92.

[6] 陈清阳，张小波，孙振平，等. 非结构化环境下自主车辆轨迹规划方法. 中南大学学报: 自然科学版，2011，42(11): 3377-3383

[7] 邓宗全，范雪兵，高海波，等. 载人月球车移动系统综述及关键技术分析[J]. 宇航学报，2012，33(6): 675-689.

[8] Feng Xi-Sheng, Li Yi-Ping, Xu Hong-Li. The next genera-tion of unmanned marine vehicles dedicated to the 50 an niversary of the human world record diving 10 912 m. Robot,2011, 33(1): 113-118.

[9] 黄英，陆伟，赵小文，等. 用于机器人皮肤的柔性多功能触觉传感器设计与实验[J]. 机器人，2011，33(3): 347-353，359.

[10] 王耀南，魏书宁，印峰，等. 输电线路除冰机器人关键技术综述[J]. 机械工程学报，2011，47(23): 30-38.

[11] 付宜利，高安柱，刘诰，等. 导管机器人系统的主从介入[J].机器人，2011，33(5): 579-584，591.

[12]Zhao Jie, Zhang He, Liu Yu-Bin, et al. Development and walking experiment of hexapod robot HITCR-I. Journal of South China University of Technology :Natural   Science Edition, 2012, 40(12): 17-23.

"2+2"四年制应用型本科人才培养方案修订的障碍与对策

万其明

（中山职业技术学院，广东中山 528404）

摘要：高本衔接协同开展应用型本科人才培养是我国加快构建现代职业教育体系的有益探索，其中"2+2"四年制应用型本科人才培养是一种新的高本衔接协同人才培养模式。人才培养方案修订是首当其冲的重点工作，本文结合电子信息工程技术专业的实例分析人才培养方案修订面临的问题与障碍，提出了人才培养方案修订的对策与建议。

1　引言

2014 年 6 月，国务院印发《国务院关于加快发展现代职业教育的决定》（国发〔2014〕19 号）（以下简称《决定》）提到：加快构建现代职业教育体系。统筹发展各级各类职业教育，引导一批普通本科高等学校向应用技术类型高等学校转型，加强职业教育与普通教育沟通。推动专业设置与产业需求对接、课程内容与职业标准对接、教学过程与生产过程对接、毕业证书与职业资格证书对接、职业教育与终身学习对接。

国家之所以推出这样的政策是当下产业结构升级以及解决大学毕业生就业之需：一方面是高校毕业生面临就业压力，一方面是许多企业找不到生产服务一线的高素质技术技能型人才。这种现象虽然由多种因素造成，但是，许多高校培养的人才与社会需求脱节是重要原因之一。

教育部有关部门对全球金融危机以来世界各国经济社会发展进程进行分析，得到一个重要启示，就是国家竞争力、实体经济的发展与现代职业教育体系的建设、高等教育的结构高度相关。德国、瑞士、芬兰、荷兰等应用技术类大学多的国家，不仅竞争力在世界上排名靠前，而且失业率较低。

通过高本协同培养，使本科层次的职业技术人才既接受系统的理论训练，又有一定的技能。有了本科层次的应用技术人才，就连接了已有的中职、专科层次的高职和侧重应用性的专业硕士，构建起各个层次的技术技能型人才培养体系，为技术技能型人才打通上升通道，使职业教育的"断头路"格局得以打破。

同时通过高本衔接，能够推动地方高校科学定位，全面深度融入区域发展、产业升级、城镇建设和社会管理。这也是高等教育内涵式发展的重要内容，有利于破解我国高等教育发展同质化、重数量轻质量、重规模轻特色问题。

在这样的背景下，根据《广东省教育厅关于开展 2014 年高职院校与本科高校协同育人试点申报工作的通知》（粤教高函〔2014〕35 号）精神，经广东省教育厅批准，韩山师范学院、中山职业技术学院联合开展电子信息工程专业"2+2"四年制应用型本科人才培养试点工作，自 2014 年开始实施。韩山师范学院以每届 100 名学生的规模进行招生，并承担前两学年（大一、大二）的教学，大二学期结束后学生将转移至中山职业技术学院进行学习。中山职业技术学院承担后两学年（大二、大三）的教学。试点工作的双方自 2013 年申报开始，不断进行各层面的磋商，克服了方方面面的困难，逐渐弥合双方因教育理念、办学定位等不同而造成的在人才培养方面的鸿沟，确保了工作的顺利开展。

本文依据相关工作实际经验实践，提出了高职本科一体化人才培养方案修订的建议。

2　人才培养方案修订的必要性

2.1　高职与本科相同或相近专业的人才培养方案不能直接衔接

虽然专业名称相同，因教育类型与层次不一样，决定了高职院校与本科高校的专业人才培养目标与课程设置有所不同。

本科在人才培养、科学研究、社会服务三者的关系上，强调了科研的作用，更多的是把自己定位于教科研究型院校，常常以"985"、"211"为目标，以硕士点、博士点的多少作为衡量办学的重要依据。以韩山师范学院电子信息工程技术专业的人才培养目标与课程设置为例，如表 1 和表 2 所示。

高职院校的办学定位较为明确，以就业为导向，服务于地方产业，主要是为地方培养高技术技能型人才。以中山职业技术学院电子信息工程技术专业的人才培养目标与课程设置为例，如表 1 和表 2 所示。

表 1　高职与本科电子信息工程技术专业人才培养目标比较表

高职学校专业人才培养目标	本科学校专业人才培养目标
掌握电子信息领域必备的基本理论和基本知识，具备小家电、音响、灯具行业所需的电路设计、生产制造、质量管理、技术服务等方面的专业技能，具有良好的职业道德和敬业精神，具有创新精神、创业意识或一定的创新创业能力，适应产业转型升级和技术创新需要的发展型、复合型和创新型技术技能型人才。	培养学生具有将电子信息科学技术原理及学科知识转化为设计方案的能力；具备在电子科学与技术、信息与通信工程、计算机科学与技术等相关领域从事各类电子设备和信息系统的设计、开发、应用、集成和生产管理等工作能力的高级工程技术人才。毕业生适宜到高新科技企业，科学研究部门和学校从事设计、生产、教学和工程开发。

表 2　高职与本科电子信息工程技术专业课程体设置比较表

类别	高职课程设置	本科课程设置
公共基础课程	入学教育与军训（含军事理论）、思想道德修养与法律基础、毛泽东思想和中国特色社会主义理论体系概论、形势与政策、思想政治理论课实践、大学英语、体育、计算机应用基础、大学生健康与心理卫生、职业生涯规划教育	军事理论、思想道德修养与法律基础、中国近现代史纲要、形势与政策、毛泽东思想和中国特色社会主义理论体系概论、马克思主义基本原理、大学英语、公共体育、军事课（含军训）
专业基础课程	高等数学、电路基础、模拟电路、数字电路、C 语言程序设计、电子 CAD、电路系统设计与制作、电子产品结构设计	科学和工程计算基础、科学和工程计算基础、线性代数、复变函数与积分变换、计算机导论、大学物理、电路分析、模拟电子技术、数字电子技术、C 语言程序设计、信号与系统、数字信号处理、机械制图 CAD

续表

类　别	高职课程设置	本科课程设置
专业技能课程	ARM 单片机原理与应用、小家电控制电路设计与制作、智能家电控制电路设计与制作、音频功放电路设计与制作、单机设计与制作、开关电源设计与制作、LED 应用电路设计与制作、灯具电路检测	单片机原理与技术、通信技术及其应用、传感器与检测技术、嵌入式操作系统

2.2　高职与本科相同或相近课程的内容不能直接衔接

即使课程名称相同，但绝大部分专业课程的教学内容与考核侧重点也有所不同，比如本例中的单片机课程，本科以 51 单片机为载体，高职则以 ARM 单片机为载体，因此授课内容有较大区别。

2.3　高职与本科学生的出口有所不同

因培养层次的不同，两所院校毕业生的就业区域与领域（即学生出口）有很大不同，尤其是试点双方的跨域较大时，比如本文所述的韩山师范学院在潮州市，而中山职业技术学院远在近 500 km 外的中山市，不同之处更加明显。

综上所述，高职本科一体化人才培养需要发挥高本双方各自优势，从而提高人才培养质量，达到培养适应新形势需求的应用技术型人才，因此人才培养方案的修订非常有必要。

3　人才培养方案修订面临的问题与障碍

3.1　学生出口的变化存在诸多不确定性

学生从本科院校转到高职校读完大四毕业后就业区域与领域（暨学生出口）比之前会发生变化，但由于没有先例，变化多少，有哪些变化，都还是未知，影响因素也非常多，原来两校的学生出口数据也仅能做参考。因此在学生出口没有明确前，不应按现有数据进行人才培养方案的修订。

3.2　人才培养方案不能照搬

如果照搬，高职就不能发挥自身的优势，无法保障比原本科院校的教学效果与质量更高。而且原本科课程体系与内容基本都还是学科体系，实践环节不够，大部分本科生觉得理论学习太枯燥，学的理论与工作岗位实际关联不大，通过调查发现大部分本科生希望增加动手实践的环节。

3.3　人才培养方案不可以高职版本为主进行修订

一是高职课程体系是三个学年，如果以此为基础增加一个学年的课程，改变较大，没有充足的科学论证下，很难做好这个改变；二是虽然高职课程实践环节较多，但对本科生来说，理论深度和广度还不够，如果照搬用于教学，会影响学生的知识迁移能力与职业发展能力。

3.4　人才培养方案修订不能搞简单拼凑

大一大二照原计划开展，大三大四的课就选高职院校相同专业现有的类似课程。这样的简单拼凑会使课程体系脱节，会让学生感到所学知识没有连贯性。

4　人才培养方案修订的对策与建议

4.1　及时掌握行业企业的发展动态，贯彻国家对应用技术人才培养的要求，修订人才培养目标

电子信息行业技术发展日新月异，必须通过调研及时了解行业企业的发展状况及趋势，而且调研的区域最好能涵盖双校主要的学生出口区域，重点调研高职院校的学生出口区域并适当扩大。如本文所例，依据现有两校学生出口数据，将调研区域由中山及周边区域延伸到整个珠三角地区。通过广泛调研发现珠三角电子信息行业正在向新一代移动通信、数字家庭、互联网+等泛物联网产业方向发展，再经分析企业的职业岗位、典型工作内容及能力要求的新变化，结合国家对应用技术人才"应用性、实践性"高技术技能型的培养要求，修订人才培养目标如表 3 所示。

表 3　电子信息工程技术专业人才培养目标修订前后对照表

原人才培养目标	修订后人才培养目标
培养学生具有将电子信息科学技术原理及学科知识转化为设计方案的能力；具备在电子科学与技术、信息与通信工程、计算机科学与技术等相关领域从事各类电子设备和信息系统的设计、开发、应用、集成和生产管理等工作能力的高级工程技术人才。毕业生适宜到高新科技企业，科学研究部门和学校从事设计、生产、教学和工程开发。	培养学生具有将信息感知与处理、无线通信等电子信息科学技术与物联网技术的原理及学科知识转化为设计方案的能力；具有智能电子产品、物联网应用系统的开发、方案实施与转化的能力；适应产业转型升级和企业技术创新需要的高素质、发展型、复合型和创新型的工程技术人才。毕业生适宜到高新科技企业，科学研究部门和学校从事电路、智能信息处理、单片机、智能电子产品、物联网系统等领域的设计、生产、教学和工程开发。

4.2　引导行业企业深度参与，调动高职院校相关专业群的优质资源，修订课程体系与课程标准

如前所述，课程体系首先应以原本科院校的版本为基础，引导行业企业深度参与，掌握职业岗位的典型工作任务及能力的新要求，结合修订过的人才培养目标，修订课程体系与课程标准。高职院校应打破专业的限定，在专业群内，依据修订过的课程体系与课程标准，选取优质资源，以保证较好的教学质量，提高学生就业竞争力。如本文示例，中山职业技术学院举电子信息工程技术专业群（包含了电子信息、物联网、软件等专业）之力，选取优质资源，配合相关工作。修订的课程设置如表 4 所示。

表 4　电子信息工程技术专业课程设置修订前后对照表

类别	原课程设置	修订后课程设置
公共基础课程	军事理论（含军训）、思想道德修养与法律基础、中国近现代史纲要、形势与政策、毛泽东思想和中国特色社会主义理论体系概论、马克思主义基本原理、大学英语、公共体育	思想道德修养与法律基础、毛泽东思想和中国特色社会主义理论体系概论、马克思主义基本原理、形势与政策、公共体育、大学英语、职业生涯规划与就业指导（讲座）、军事课（含军训）、体育俱乐部
专业基础课程	科学和工程计算基础、科学和工程计算基础、线性代数、复变函数与积分变换、计算机导论、大学物理、电路分析、模拟电子技术、数字电子技术、C 语言程序设计、信号与系统、数字信号处理、机械制图 CAD	科学和工程计算基础、科学和工程计算基础、线性代数、复变函数与积分变换、计算机导论、大学物理、电路分析、模拟电子技术、数字电子技术、C 语言程序设计、信号与系统、数字信号处理、机械制图 CAD

续表

类别	原课程设置	修订后课程设置
专业技能课程	单片机原理与技术、通信技术及其应用、传感器与检测技术、嵌入式操作系统	电子 CAD、单片机原理与技术、通信技术及其应用、无线传感网技术、Web 技术、物联网应用系统集成设计

4.3 构建质量反馈与改进保障系统，不断优化人才培养方案

本文示例的两校正努力构建适应应用型本科人才培养的校–校–行–企互动质量保障系统主要包括四个子系统：监控系统（动态、日常）、评价系统（静态、定期）、反馈系统（动态、日常）、决策系统（静态、定期）。

监控系统：由本科学校和高职学校两所学校教务处、督导室、教研室组成的人才培养监督系统，建立和健全各项规章制度，建立人才培养的监督、反馈、控制、建议等运行机制。

评价系统：构建由本科学校和高职学校两所学校教务处、督导室、行业专家、用人单位、学生及家长等组成的多元评价系统，建立人才培养质量评价标准和评价、反馈、建议等。

反馈系统：通过定期的监控报告、评价报告、教师座谈会报告、学生座谈会报告、人才培养质量报告等，形成收集、分析、反馈、建议的运行机制。

决策系统：以教育教学质量评价委员会为主体，建立教学制度、监控与评价标准，形成讨论、审议和制订标准运行机制。

4.4 人才培养方案的科学修订需要调动教师参与的积极性

虽然高职本科一体化人才培养试点工作得到院校的积极响应，因为本科院校可以因此而多招学生，在各种补贴增多的情况下又可以节省设备采购等经费，获得可观的经济效益；高职院校可以因此为申办本科做好铺垫，提高学校声誉，获得不小的社会效益。但是作为人才培养主体的学校教师就不是很积极，甚至有抵抗的情绪。因为对本科院校老师来说大三大四的课删除会迫使一些老师教授新课或者转岗；且随着因提高人才培养质量而修订人才培养方案，大一、大二的部分课程甚至全部课程会进一步优化，势必增加老师们的工作量。对高职学校老师来说要承担开发课程、提高教学质量的重任，而且承担着只许成功不得失败的压力。所以为了保证试点工作的顺利开展，需要出台一些政策，比如提高课酬标准；增加学历提升与荣誉获取的机会等，从而提高教师参与的积极性，以使人才培养方案修订更科学、更及时。

人才培养方案的修订是一个系统工程，需要考虑到方方面面，还要考虑学生的需求，修订过程需要同学生多沟通交流，听取他们的意见。另外，通过不断探索，积累经验，应努力建立高本"2+2"四年制应用型本科人才培养的教学标准，为高本衔接工作开展提供重要参考。

参考文献

[1] 李海东，杜怡萍.中高职衔接标准建设新视野：从需求到供给[M].广州：广东高等教育出版社，2014.

[2] 贾晓慧，高职与本科协同培养的人才培养目标及一体化课程体系构建理论研究[J].教育教学论坛，2015(18):233-234.

"互联网+"思维下职业教育改革的几点思考

杜艳绥

（辽宁行政学院，辽宁沈阳 110161）

摘要： "互联网+""工业 4.0""中国制造 2025""一带一路"等一系列的国家战略规划被不断地提出和推广，这就需要大批的符合发展战略的技术性人才与之相匹配，新型的技术性人才必须要紧跟时代的步伐，而职业教育对于人才培养的重点更加倾向于专业型与技能型，可见，在这样产业变革的新形式之下，职业教育则迎来了发展的黄金时期，在"互联网+"的新时代之下，职业教育必将不断地飞跃去顺应巨大的发展与挑战。

2015 年 3 月，自从"两会"上李克强总理在政府工作报告中对"互联网+"行动计划强调以来，受到了社会上的广泛关注，"互联网+"的时代已经正式到来。在"互联网+"的时代之下，传统的经济模式研究不断地被新的模式所转变或是被替换，对于高职院校所进行的职业教育同样也受到了"互联网+"思维的感染，教育被公认为"未来互联网行业最受关注的领域"[1]。在"互联网+"的浪潮之下，职业教育与大数据、云计算等新兴技术密不可分，在教育领域掀起了微课、慕课、翻转课堂等一系列的革命，可见，在"互联网+"思维之下的职业教育正在发生着叹为观止的转变。

1 "互联网+"职业教育的内涵

1.1 "互联网+"的内涵

"互联网+"在不同的产业界中有不同版本的解读。由阿里研究所发布的《"互联网+"研究报告》中认为"互联网+"是以互联网为主的一整套信息技术在经济、社会生活各部门的扩散、应用过程[2]。腾讯研究院对于"互联网+"的解读是：利用现代信息通信技术，将互联网及包含传统行业在内的诸多行业紧密结合起来，开创一种新的业态[3]。两种解读概括来说就是认为"互联网+"是某一领域或行业以互联网为平台，对于海量的信息资源以及无处不在的大数据进行开放、透明的处理，并将外部资源与内部环境进行充分的利用，从而为社会产生出巨大的现实生产力和发展能力提升的整个过程。

1.2 "互联网+"职业教育的内涵

"互联网+"可以与各种传统行业进行耦合，诸如：互联网金融、互联网医疗、互联网交通等各种的新业态。这就不得不说"互联网+"与职业教育的融合，事实上，职业教育与"互联网+"不算是跨界，笔者认为恰恰是物尽其才，使二者发展的更加融洽。在"互联网+"的时代之下，职业教育要不断地升华，要将传统的教育模式进行升华，职业教育要培养更多的高素质技能型人才，毋庸置疑，这是职业教育的核心社会责任。因此，"互联网+"职业教育可以理解为是借助于互联网的技术，不断地提升教师的整体素质、课程的专业设置、实训条件、校企合作的融洽关系等，使职业教育朝着数字化、智能化、在线化与协同化的水平发展，将传统的办学壁垒攻破，不断地进行跨行业、跨区域的跨界融合，使资源协同配置和优化能力不断增强，产生规模的外部经济效应，最终，使得职业教育的发展潜力和价值优势得到增强与提升。

1.3 "互联网+"职业教育的意义

将"互联网+"思维融入职业教育当中，对于降低时间成本、打破空间限制、增强技能培养等都有极大的促进作用。首先，"互联网+"职业教育是与社会经济同步发展的内在要求。职业教育对于国家经济的发展起到助推器的作用，同时职业教育是以服务发展为宗旨的，产教融合不断适应社会进步与经济的发展；其次，"互联网+"职业教育是产业转型升级不断推进的客观要求。因为职业教育本身即是跨界的教育，职业教育的目标是为企业培养优秀人才，因此，根据行业发展的趋势要求，对专业进行合理的调整与设置，深化教育改革是有利于推进产业发展的；最后，"互联网+"职业教育是促进职业教育自身发展的必然要求。职业教育要不断地加强自身的社会吸引力与生活的活力，不断地提升办学品质，将自己的办学空间不断地拓展，最终，使职业教育在"互联网+"的作用之下保持健康的可持续发展。

2 "互联网+"职业教育改革

2.1 教育思维的转变

"互联网+"是将产业和民生深度融合的一种先进生产力，是一种能够促进经济发展的新常态，是一种国民生活的新格局，"互联网+"的思维已经悄然地改变着传统行业，同时也正在改变着传统的职业教育。互联网思维颠覆了传统思维，强调用户思维、简约思维、极致思维、迭代思维、流量思维、社会化思维、大数据思维、平台思维和跨界思维[4]。而作为核心的"用户思维"则要求高等职业教育必须转变教育思维，接受全新的挑战。传统的教学模式是教师作为知识的主体，向学生传播知识，学生被动地接受知识，这种观念就必须要进行改革，使得教育的对象不是被动地接受，而是真正地成为教育的主体，成为整个知识传播的中心，职业教育要根据当前学生的特性合理有效地进行教育体系的设置。

将"互联网+"的思维融入职业教育之中，将传统课堂空间向社交媒体空间进行转变，依靠互联网建立教师与学生之间的平等关系，教师可以通过微课、翻转课堂、虚拟现实等方式将知识更加直观生动的传播给学生，可以达到 24 小时的在线分享，使得社交分享成为常态。可以借鉴德国的双元制教育方式，校外的资源与校内的资源进行融合，与企业进行合作，为企业培养所需人才，传统的课堂管理模式也可以转变为企业管理课堂模式，这样可以将传统课堂上培养的知识技能型人才转化为岗位化知识技能人才，更加适应社会的需要。这样的"互联网+"的思维更有利于营造快乐轻松的教育环境。

2.2 教育对象的转变

在"互联网+"的时代，主要遵从的就是用户需求至上，对于高职院校来说，"用户"的主体就是学生，职业院校要遵循职业的规律与规则，在如今的大数据时代，移动通信冲击着学生的生活，可以说现在的学生无时无刻不在扮演着"低头族"的角色，如今职业院校的学生都是"95 后"，尤其在 2015 年以后入学的学生甚至都是"97 后"，他们拥有着新奇的想法、好动的个性，能够极快地接受新时代的信息，此时，如果教师再一味地去做课堂的主导，只传授知识，是不能够吸引学生的注意力的，没有了吸引力，学生自然对学习失去的兴趣，因而，必须要转变教育对象的培养方式，要将互联网思维融入其中。移动互联网的发展使得这些"97 后"成为忠实的粉丝，教师就应该将互联网中的这些碎片化的信息进行整理，使知识更加简约，多吸收最新最热的事物吸引学生注意力，学生对于教师的期待不再是书本上的知识转移，教师的人格魅力、社交分享等成为基本要素，教师不能整节课都在知识灌输，而是要让学生通过娱乐的、简约的方式去接受知识与技能。

2.3　教育领域的转变

《国务院关于积极推进"互联网 +"行动的指导意见》于 2015 年 7 月 6 日发布。"互联网+"已不单纯的是概念而是被落实，也提出了工作重点发展的 11 个领域：创业创新、协同制造、现代农业、智慧能源、普惠金融、益民服务、高效物流、电子商务、便捷交通、绿色生态、人工智能。这项文件当中也提到了到 2025 年，要将"互联网+"农业生态体系向着网络化、智能化、服务化和协同化的方向去完善。因此就经济形态的发展趋势可以看出高职院校对于教育的领域也要随之进行转变，在"互联网+"的思维之下要对高职教育领域的课程设置和课程内容不断地改进，要拓展"互联网+"的内容。只有这样，才能为新时代培养出符合时代要求的人才。

2.4　教育目标的转变

一直以来，传统教育和传统思想束缚着许多人的观念，一直认为高等教育的毕业生会得到社会的高认可度，而职业院校的毕业生则会低人一等。这样的思想和观念是错误的，也就是说教育目标要进行转变，只要学生是精英、优秀、不平庸，便与毕业院校都无关。人们之所以有这样根深蒂固的观念，归根结底是受高考的分数制约，认为高分才可以被本科院校录取，低分只能进入高职院校，而事实上，在互联网快速发展的今天，与其读一个并不理想的本科专业，倒不如选择一所培养实际操作技能且自己喜欢专业的高职院校进行学习。在互联网发展的黄金时代，高职院校本着培养高机能型人才的目标，每年为社会培养了许多优秀的人才，关注技能型的培养目标，鼓励学生参加技能大赛，许多学生在技能大赛中表现优异，便可直接向用人单位进行人才输送，高职院校已经为互联网企业培育一批又一批的精英人才。因此，我们常说，低分不代表低能，高职教育更不是低端教育，即使低分的学生也能够成为专门领域的精英人才，高职学院培养出的技能型人才将为"中国制造的 2025"贡献力量且注入新鲜血液，职业教育在互联网思维的作用下也定会塑造更多的精英。

3　"互联网+"职业教育的创新

3.1　借助"互联网+"实现职业教育的针对性与时效性　促进经济发展

传统的职业教育往往注重学生在校期间获取各种的职业资格证书，以便增大就业几率，而事实上，随着时代的发展，许多的资格证书在学生未离开校门，便失去了时效性与市场性，看不到由执业证书所带来的经济效益，因而，可以借助于"互联网+"利用云计算与大数据的网络平台，将最新的时代资源进行共享，同时，可以让一线教师去合作的企业进行市场调研，了解最新的市场需求，通过云计算的智慧校园等手段来实现职业教育的资源共享。

3.2 借助"互联网+"实现校企合作 校企共赢

职业院校的培养目标便是为企业大量的输送优秀人才，但是往往出现学生在校园中的实训技术与软件的滞后性，实践教学方面也是滞后于社会的变化，由于缺乏资金与政策的扶持，导致教育跟不上时代发展，而相反，企业却能对变化多端的市场需求有所预见，大力发展校企合作，可以将最新的知识传递到学校，共同完成对学社的实践技能的培养，借助于"互联网+"更是可以完成企业线上线下的合作，将职业教育与企业与市场密切结合，最终，为社会培养出合格的人才。

3.3 借助"互联网+"激发职业院校学生创新创业热情

李克强总理在政府工作报告中，同时提出"大众创业、万众创新"，创新创业教育应当融入职业教育人才培养方案之中，且贯穿于整个人才培养全过程，"互联网+"与创业创新可以很好地结合，为职业教育的学生寻觅基于"互联网+"的创新创业新模式。可以通过一些创新创业的知识教育，将职业教育的课程体系进行完善，对学科的定位更加明确，不断地整合教学资源，与企业进行交流，为学生提供更多的实践机会，从而提升基于"互联网+"的职业教育学生创新创业能力。

总而言之，将"互联网+"思维与职业教育相结合，应用到职业教育的教学改革之中，使学生的整体素质得到提升，技能不断增强，对传统的职业教育的教学方式、教学资校企合作等各个方面进行改革，充分的利用"互联网+"思维，使学生的学习活动可以更加的自主化与个性化，使这些充满创新能力的"95后"可以在职业教育领域大显身手，是值得每一位教育工作者所深思的。

参考文献

[1] 解继丽. "互联网+"引领教育改革新趋势[J]，楚雄师范学院学报，2015.30（2）:85-88.

[2] 柳洲. "互联网+"与产业集群互联网化升级研究[J]. 科学学与科学技术管理，2015（8）:73-82.

[3] 马化腾. 互联网+国家战略行动路线图[M]. 北京：中信出版集团，2015.

[4] 周敏. "互联网+"时代中国高职教育转型思考[J]. 北京教育，2015（12）:24-25.

[5] 南旭光. "互联网+"职业教育：逻辑内涵、形成机制及发展路径[J]. 职教论坛，2016（1）:5

探究"互联网+"背景下高职创业教育研究

李 敏

（黄冈职业技术学院，湖北黄冈 438002）

摘要："随着网络技术飞速发展，"互联网+"时代到来，各种基于网络的新技术、新岗位、新产业不断涌现，网络创业也越来越红火。将互联网与高职创业教育有机结合，势必会引发一场教育革命，将对高职学生创业能力培养带来积极的影响。

1 高职院校实施创业教育的意义

大学生自主创业可概括为大学生利用所学内容、自身技术、才能，以技术入股、资金入股或者团体合作等方式进行经济市场竞争。若想自主创业成功，大学生必须扭转传统的就业理念，通过可利用资源在经济市场中寻找商业机遇，建立产业或者企业，为社会提供所需产品和服务，这样才能实现自我提升，实现社会、经济以及个人等方面的价值。总之，大学生自主创业对提高全社会就业率、推进产业进步、对建设创新型社会具有重要意义。

1.1 创业教育符合我国高等职业教育的发展形势

1983 年，第一届商业计划竞赛在美国德州大学奥斯丁分校举办，拉开了大学生创业的序幕。德国大学校长会议在 1998 年提出了"独立精神"并向全国发声，希望德国能够为大学生独立创业营造一个有利环境，让高校成为创业者和创造性人才的发展基地。经过多年发展，大学生创业已然是一种全球性的潮流。对于世界经济而言，大学生创业活动是促进其发展的内部动力，如今众多知名高科技公司基本都由大学生创业发展而来。此外，创业也由最初零散的形式发展到正规模式，扩充了就业的方式。

目前，世界各国政府都高度关注创业教育这种新的教育发展理念。国际教育署、联合国教科文组织以及世界劳工组织也对创业教育大力推崇，联合国教科文组织还推出了"提高青少年创业能力的教育联合革新项目"以鼓励和推进大学生创业工作。中国也加入了亚太地区的创业教育项目，并不断提高支持力度，与其他成员国共同为创业教育的发展、革新而努力，让其符合国际教育发展的新潮流。

1.2 创业教育顺应了我国新兴产业发展的需求

现阶段，我国经济处于重要的转型时期，进入了新常态。劳动力和职业岗位因为城乡产业结构的变革和经济发展有了很多转变，特别是伴随着大数据、物联网以及云计算等技术的出现，涌现了众多区别于传统产业的新技术市场。这些市场的发展需要新理念、新技术的支持，进而为大学生创业提供了广阔的空间。

为了顺应经济发展的新形式，推动创业、就业工作，李克强总理在 2015 年的政府工作报告中提出了"大众创业，万众创新"的口号。他表示要让中国涌现出"人人创业""全民创新"草根兴起的新形势。高等教育的任务就是为国家建设和经济发展培养各种高素质的技术性人才，更需要顺应当下形式开展创业教育。

1.3 创业教育是高职学校内涵发展的需要

一直以来，就业、创业都是教育职业教育发展的重要研究课题。与同普通高等教育相比，职业院校在学校名誉、学历层次等方面都处于劣势，若想顺利解决学生就业问题，抢占就业市场就必须有一定特色。因此，职业院校必须进行全面改革，在教育理念、教育思想、教育模式等方面有所创新，培养具有适应力和创造力的新型人才。

1.4 创业教育是学生自身发展的需要

当下，我国社会正处于高新技术不断涌现、知识大爆发的时代，知识更新快、市场瞬息万变，在这种社会形势下，学校教育就会有所不足，大学生毕业后很难快速融入社会，找到自身的立足之地。怎样才能让大学生不惧各种就业问题，永远保持良好的心态，顺应市场需求，克服社会中的考验与难关，实现人生价值呢？唯一策略就是通过创业教育培养大学生的创业精神与能力，培养并提高其整体素质。创业意识、创业精神和创业能力是创业教育的主要内容，能够持续提高学生的素质，让他们更好的进行创造，在社会中争取到立足之地。所以，只有不断地接受创业教育的培养，受教育者才能在社会发展中找到长久发展的方向和道路。

2 "互联网+"时代创业特征

不断快速发展、更新的互联网技术让社会迎来了一个新时代——"互联网+"，各行各业都受到了很大的影响。对于我们而言，"互联网+教育"是一种全新且颠覆性的改变，带来了全新的教育模式，但它也让我们面临了新的问题，高职创业教育如何顺应"互联网+"时代对人才的新需求。对此，我们需要分析新时代创业的标志性特征。

2.1 互联网创业相对快捷，操作简单

首先，同实体创业相比，互联网创业成本比较低，有时只需一台可连接网络的计算机即可，极大地降低了创业投入资本；其次，创业门槛低，无须创业者全面掌握专业的知识，只需进行短期培训或者自我学习，掌握基础的运作能力即可；再者，创业风险低，创业失败导致的损失较少，而且失败经历还可为创业者进行二次创业提供相应经验。相关调查显示，现阶段，淘宝上有 12 万家注册店铺的店家是个人创业者，其中有很多是在校学生或者毕业大学生创业者。这个群体因互联网创业拥有的巨大优势在不断扩大。

2.2 互联网时代，信息获取方便，有利于创业

当今社会，经济信息日新月异，若无法及时掌握商业信息，创业成功的概率就不高。大学生通过互联网很容易了解到行业发展资料以及发展趋势和前景，这些信息可为其创业提供参考，让他们及时把控创业时期，如此一来就可大大提升创业成功的可能性。

2.3 互联网缩短了大学生创业时间，让他们尽快成长

资金问题、团队管理、人际关系等是大学生进行创业时要面临的问题。对于刚刚毕业进入社会的大学生而言，人际关系是其面对的最大问题。但是，互联网创业在人际交流方面的困难较少，大家基本无须见面，讨论问题、谈业务都可以通过网络进行，这样一来谈判也会更容易一些。这些优势可缩短大学生创业时间，提高创业的成功率，让其在短时间内积累相应的经验，从而为以后事业发展奠定坚实的基础。

2.4 互联网对高校创业教育有极大的影响

近年来，教育部为激励大学生自主创业而举办了大学生创业比赛。相关调查显示这些比赛项目超过一半都涉及互联网、移动互联网。大学生创业在互联网时代中以网络技术为基础，这种新模式不仅对传统商业模式带来冲击，同时也在改变着人们的生活。因此，高职院校要跟上时代潮流，及时将创业教育同互联网相融合，借助互联网强大的交互性，开展高等院校创业教育。

3 目前高职创业教育存在的问题

3.1 高校创业教育滞后，人才培养理念需更新

教育部办公厅于 2008 年在教学原则、教学目标、教学方法、教学内容以及教学组织五个方面对高校进行创业教育做了规定与要求，并印发了《普通本科学校创业教育教学基本要求（试行）》，2010 年 5 月份，又对该要求进行了完善，其关注人群从本科生发展到了高职生，且颁发了《关于大力推进高等学校创新创业教育和大学生自主创业工作的意见》。然而，高职院校的创业教育质量要落后于本科院校，其主要原因是教育理念。不少高职院校认为高职学生缺乏创新意识以及相应能力，基础不扎实，只要能够掌握一线工作相应的技能就算达到目标，所以对创业教育的关注度不够。有些学校虽然开设了创业教育课程，但这些课程多为选修内容，旨在让学生知晓与创业相关基础知识和注意点，并没有硬性要求，所以难以激起学生对创业的热情和培养他们创业的能力，更不会有指导或帮助大学生创业的作用。

3.2 大部分高职院校创业课程体系有待完善

很多高职院校创业课程体系有待完善，其课程多存在以下问题：第一，高校科学性的创业教育教材尚未统一；第二，某些高校虽然开设了创业教育课程，如创业素质提高、创业意识培养等课程，但是这些课程之间以及同其他课程之间的逻辑性需要进一步完善；第三，创业教育的目标和内容缺乏规范性、确定性的标准。

高校教学在创业教育方面也存在问题：第一，高校的教学方法因为没有统一的教材而缺乏创新性与科学性；第二，创业教育课程需要实践来证明，如此才能体现创业教育的意义与价值，然而很多高校开展创业教育时多为理论方面，即便让学生设计创业计划也是空谈模式，学校无法给学生提供创业实践基地、创业硬件设施等教学环境；第三，高校创业教育评价体系各有不同，缺乏科学性和规范性。

3.3 创业教育师资队伍力量严重不足，教育方法与手段有待完善

师资力量决定了教育质量，因此高校要提高创业教育质量，培养出可适应社会发展和经济发展需求的大学生，就必须建立起一支高水平的师资队伍，这是培养高素质创业人才的重要前提。目前，我国高职院校在开展大学生创业教育以及相关工作方面尚处于发展时期，存在很多尚未解决的问题和困难，如创业教育师资力量严重不足，而且该问题已经成为限制高职院校开展创业教育工作的巨大障碍。

高职院校创业教育师资力量严重不足主要表现以下几个方面：第一，教师理论知识充足但缺乏创业实践能力和经验，目前众多高职院校中负责创业教育教学工作的教师主要是学院类经济管理专业教师或者指导大学生毕业工作的干部，这些人虽然拥有丰富的创业理论知识但都不熟悉企业经营过程中团队管理、经营模式、商机把握、市场战略等情况；第二，现今创业教育的形式因为学校条件有限、教师个人因素等原因多为课堂式教学，教学方法和策略过于单一，无法让受教育者学到更多想学的东西；第三，创业教育的形式有些落后。有些高职院校让一些年龄偏高的思想政治教师讲授创业教育课程。这些人大多都不熟悉网络技术，而且教学形式基本采取说教形式，与当代大学生有一定的代沟，无法引起他们的学习兴趣，如此一来教育教学质量就会比较低。

3.4 资源有限，纸上谈兵，缺乏实际锻炼

实践不仅可以验证创业教育的成果，还可增加学生的社会经验，因此，若只有纸上谈兵的理论，教学是无法激发学生的热情的，也达不到教育目标。对我国众多高职院校而言，缺乏创业教育资源是开展创业教育过程中遇到的第一难题。资金、场地、信息资源是创业不可缺少的，而高校可以借助飞速发展的网络技术整合学校和社会的资源，为大学生创业提供一个高效、开放的资源库。前文提到，网络创业操作简单、门槛低、创业风险低，高校可整合大量的信息，借此开展网络创业实践，提供创业项目并加以指导，这样既可以实现教学教育目标又可让学生增加社会经验、提高创业技能。

4 互联网+背景下高职创业教育的相关建议

4.1 转变观念，树立信心

现今，应试教育依旧是我国教育的主体，将分数定为判断学生能力的标准，认为只有分数高、考上本科院校的才是人才。处于高等教育底层的高等职业教育在各个方面都无法同本科院校相比，因此高职高专的学生难免会有心理落差，缺乏去跟本科学生竞争的信心，而这种自卑感会使得学生对创业存在一定的抵触。自信心是培养高职高专学生自主创业意识的关键所在。所以，高职高专院校应对学生思想进行引导、改变，培养其正确的人生观、价值观、就业观，弘扬创业精神。为激励学生进行自主创业，学校还应通过不同渠道去传播大学生自主创业成功的例子、人物等，并将个人创业同国家发展、经济进步以及人类文明联系到一起，让学校形成一种良好的创业思想氛围，在培养学生信心的同时增强其使命感和责任感。自主创业不仅能够让大学生收获另外一种体验，实践其人生价值，成就自身辉煌，还可以为我国社会发展建设贡献一份力量，可谓意义重大。

高职教师们也应明白创业教育的开展是学校为跟随社会经济发展的决策，不仅可体现高等职

业教育的特色、完成教育目标，还能满足学生发展需求、社会发展需求，对我国发展建设有重要意义。

4.2　构建互联网创新创业型课程体系

高职院校要重点关注互联网创新创业教育，要建立以理念、理论、实践三方面为中心的创业教育课程体系，将创业教育分为创业思想、创业理论、以及创业实践三个板块。例如，有些高职院校开设了公开性的大学生职业发展与创业指导、创业教育、创业实践等课程，用以激发全校学生的创新、创业意识，让其有意向参与创新创业。而后，根据学生的意愿进行分类教育，筛选并针对性培养、培训有意愿进行创新创业的学生，不断巩固其理论知识，增添其创业信心。对此，学校可开设一些与互联网教育有关的课程，如网络创业营销实务、网上经营实务、网店运营与管理等，进一步为学生奠定基础。

4.3　加强创业课程师资队伍建设

师资队伍建设是高职院校进行创业教育时要解决的第一难题。创业师资队伍的质量可极大影响创业教育的发展。现阶段，我国高职高专院校不仅缺乏创业课程师资队伍，现有的创业课程教师还缺乏丰富的知识和创业经验，无法为创业大学生提供更及时、准确的创业指导。由此可见，师资力量不足会严重影响高校的教学质量和效果，而高职高专院校想要长久地、顺利地开展创业教育就必须尽可能地在短期内建设一支符合学校教育建设、具有创业教育探索精神且配合良好的师资队伍，这样才能培养出一批又一批地创业型、实干型的学生。

创业教育的主要目的是培养学生的创业创新能力，因此课程理论知识覆盖面广、实践性和综合性都比较强，这就要求创业课程负责教师在传授中能够分享更多的创业经验。对此，高校可以分为两个方面构建师资队伍。第一，内部培养，开展专业的创业创新教育教师培育课程，重视创业骨干教师的培训，为优秀教师提供更多的进修机会，进而提升学校整体的科研教学水平。与此同时，高职院校还应改善教师激励制度，鼓励教师在闲暇时间参与创业活动，分析企业发展和市场的动态，获得相应的创业经验并将其融入创业教育教学之中。此外，高职院校还应"强强联合"，加强合作关系，定期举行交流研讨会，分享创业教育的教学成果。第二，定期聘请一些创业、管理、投资经验丰富的创业实干家或者一直参与创业教育教学工作，熟悉相关政策的官员，并开展教学课程，通过实例和及时信息让学生获得更多创业方面的指导。高职院校一定要双管齐下，两方面都要抓，走多元化的师资建设模式，优化教师队伍结构。

4.4　建立互联网创业平台

构建创业平台。具有即时性、远程性以及自我教育性特征的互联网创业教育需要一个平台，而这个平台可以构建在互联网之上。互联网创业平台的构建主要分为四个部分：第一，整合创业教育的资源；第二，评估互联网创业平台，在确保统一管理的情况下，让教育界、企业界的资深人士对平台上创业者的创业项目或计划进行评价分析，及时纠正错误的创业方向，提高创业成功的概率；第三，创业能力再指导，配备企业专家、成功的创业者为学生进行指导；第四，为大学生创业提供资金支持，组织企业专家、相关人士对具有实际操作意义的创业提供创业资金、融资平台，并成立创业指导团队，及时监控创业型公司的运转以及资金风险。

另外，高职院校要将互联网创业活动同建设创业教育体系结合起来。大学生创业离不开理论知识的支持和实践活动，更离不开真正的市场考验。所以，高职院校在构建创业教育体系时应引入新的教学理论，大胆改革教育内容，顺应社会需求，融入互联网创业活动，进而改变空对空的创业教育形式。

5 结语

当今社会，互联网已经深刻影响着人们的生活、学习和工作，甚至影响着整个社会的发展进步，以互联网为基础的大学生创业不仅有其他创业方式无法比拟的优势，而且具有广阔的发展前景。高校是培养大学生的摇篮，应该适时更新教育理念与思维，将"互联网+"理念与教育教学相结合，创造出新的教育模式，培养大学生创业意识，鼓励其通过网络进行创业，由此提高其创业能力，实现"创业带动就业"的目的。

参考文献

[1] 杨琼. 高职学生职业能力评价体系研究[D]. 浙江大学硕士论文.2011.

[2] 吴智文. 创新驱动发展战略背景下的高职院校创业教育研究[J]. 高等农业教育，2015.8.

[3] 吴英健. 高职院校创新人才培养的探索 [D].复旦大学硕士论文.2012.8.

[4] 宋灵燕. 浅议"互联网+"与高职教育融合发展[J].中国成人教育，2015.12.

[5] 陶钧宜. 高职高专大学生自主创业的困境与对策研究[D]. 南昌大学硕士论文，2012.4.

[6] 杜安杰. 创业教育应是高职的必修功课[J].四川职业技术学院学报，2013.4.

[7] 付萍. 互联网环境下高职创新创业型人才培养的思考[D].电子商务.2015.8.

[8] 任湘. 高职院校创业教育存在的问题及对策研究[D].湖南农业大学硕士论文.2008.12.

基于现代职业教育视域的现代学徒制构建机制

陈 永

（江苏海事职业技术学院，江苏南京　211100）

摘要： 中国制造 2025 是我国实施制造强国战略第一个十年的行动纲领，成为制造强国，培养各个行业的技术蓝领则是中国职业教育的必然使命。国家教育"十二"五发展纲要提出职业教育要支撑重点产业转型升级和企业技术创新需要，培养发展型、复合型和创新型的技术技能人才。如何让职业教育与产业零距离？2015 年 9 月教育部办公厅公布了首批现代学徒制试点名单，共 165 家单位，覆盖了不同地区、院校、行业，给予了中国职业教育国家层面的政策支持。现代学徒制是由企业和学校共同推进的一项育人模式，其教育对象既包括学生，又包括企业员工，生产与学习混合，学生与员工身份迭代，开展生产型教学实践，"生产应用技能、学习中进行实践"，培养具有"工匠精神"的技术精英。现代学徒制作为一种新模式在推广中需要政府、企业和学校专门制订相应的人事政策进行支持，开展基于现代职业教育的现代学徒制构建机制。

1　开展现代学徒制的背景

我国高等教育已经从精英教育转型成大众教育，一方面在不断推动普通教育向前发展的同时，让更多的学生能够接受高等教育，掌握专业的知识；另一方面，国家对于职业教育体系也越来越重视，职业教育体系旨在让更多的学生掌握比较专业的技术，能够在当前的就业环境下运用自己的技术来进行发展。那么，现代学徒制到底是一种什么样的制度？它在当前的现代教育的视角下如何进行构建？

当今就业难和技术蓝领招聘难的双重的问题一直在困扰着我们，如何解决就业难和技术荒的问题，如何让职业教育与产业零距离，专业设置与产业需求对接？开展现代学徒制教育，推动产教融合、校企合作，推进工学结合、知行合一的职业教育体系是唯一途径。促进行业、企业参与职业教育人才培养全过程，课程内容与职业标准对接，教学过程与生产过程对接，毕业证书与职业资格证书对接，职业教育与终身学习对接，提高人才培养质量和针对性。职业教育体系和就业体系互动发展，打通和拓宽技术技能人才培养和成长通道；职业教育中突出素质教育，强化职业技能和培养职业精神融合，培养学生社会责任感、创新精神、实践能力。

开展职业教育下的学徒制，即是中国高等职业教育一种培养人才的模式，也是中国职业的教育制度。虽然传统学徒制在我国历史悠久，相比于西方的现代学徒制，我国学徒制的发展依然比较缓慢。本文基于这一背景，探讨现代职业教育视角下现代学徒制的构建机制。

2　现代学徒制的含义

学徒制准确来讲，是一种比较传统的职业教育的培训方式。它曾经广为流传，在中国它兴起于奴隶社会，发展完善于封建社会，隋唐官营手工业作坊的发展，促进了学徒制的完善，从中央政府到地方政府机构中都设有的官营手工业作坊均采用学徒制的教育形式。木工的鼻祖鲁班和传授纺织技艺的黄道婆、春秋时代的孔子都是著名的师傅[1]。

现代学徒制是通过学校、企业的深度合作与教师、师傅的联合传授，对学生以技能培养为主，强调知识、技能、素养相结合的现代人才培养模式。它主要是在学校学习相应的理论知识和技能的基础上，通过校中厂、实际项目顶岗以及其他的方式，对学生的专业知识加以运用，是一种工读结合的教学方式。职业院校承担系统的专业知识学习和技能训练；企业通过师傅带徒形式，依据培养方案进行岗位技能训练，真正实现知行合一、校企一体化育人。

从国家的层面上来讲，现代学徒制就是一种职业教育的制度。它主要是为了培养理论和实际操作相结合的人才。在社会上，对于现代学徒制的实行都应该有一定的法律法规，相对比较完善的框架和流程。所以，在国家的层面上来讲，现代学徒制就是一种职业的教育制度[2]。

目前在学校层面，培养目标和培养的途径，以及对学生课程的安排和教育考核的方式都比较完善，可以说现代学徒制有了一整套较为完善的人才培养方案。但是职业院校与合作企业根据技术技能人才成长规律和工作岗位的实际需要，共同研制人才培养方案、开发课程和教材、设计实施教学、组织考核评价、开展教学研究等尚处于摸索阶段。

3 现代学徒制构建条件

虽然学徒制的发展时间比较长，但是我国学徒制的发展并没有达到完善的地步，相关的体制机制仍然有所欠缺，现代学徒制的构建所需要的条件主要有以下几个方面。

（1）完善的证书制度，科学的人才培养和评价机制。

在西方国家，学徒制的培训效果一般会通过职业资格证书进行衡量，而且社会对于获得的职业资格证书的认可度越高，学徒在整个社会人才市场中的竞争力也就越大。但是从我国目前的发展来看，职业资格证书的制度还不是很健全和完善，部分职业证书社会认可度低，取得证书的手段不规范和不标准，由证书带给企业和员工的相关保障体制也没有明确，这些问题都导致我国的现代学徒制度质量不高[2]。因此将学徒制和各个不同等级的国家职业资格证书进行挂钩，建立科学的人才培养和质量评价体系，人才培养既有证书又有可信的评价鉴定。同时将开展现代学徒制的院校教师也纳入证书和评价鉴定体系，可以使得学徒制的培训目标更加明确，使得学徒更加容易获得社会和用人单位的认可。

（2）政府行业等社会组织管理机构积极参与。

现代学徒制的开展需要"政行企校"的共同推动。但是从目前来看出现了学校热、企业冷的尴尬局面。实施单位主要是一些职业学校和用人单位，也存在学生学徒期间过程管理不足，学徒毕业流动性过大，企业培养成本高，这是由于企业的利益导向及缺乏人才培养规划，政府相关优惠政策及税收补贴层面尚不到位。综合来看，对于现代学徒制的组织和管理都没有达到应有的水平。双元制办学，企业设在学校，学校参与企业运营等尝试需要政府的鼓舞和指导。发挥政府的管理和组织的作用，学校和企业在现代学徒制的职业能力标准、相关的法律法规以及教学的内容上共赢发展，确保人才培养质量和企业利益，才能确保现代学徒制的有效发展。同时鼓励职业院校教师和学生校园创业，给予政策和资金扶植，使得现代学徒制的"师傅"具有行业一线实战经验，同时也是进行现代学徒制的有效保障。建立校园常态化的以教师为负责人的现代学徒制团队，能够承担企业的商业化项目，在项目实施中规范和形成教学标准。

（3）现代学徒制体系的完善。

现代学徒制不仅要保障学徒经过培训可以获得比较高的职业技能，而且还能够满足学徒们对于普通教育的需求。职业教育关注与改善创新和研究，借助现代学徒制体系培养学徒对于职业的坚守和"工匠精神"，现代学徒的师傅选拔体系，晋升体系，薪酬体系也都需要参照企业薪酬的设计和保障制度。同时由于国家的职业资格证书是分为不同等级的，完善的现代学徒制可以保证学徒们能够通过训练获得不同的证书，而且还可以满足有些学徒想要转入普通学校的愿望。所以，现代学徒制应该能够形成完整的体系，不断提高学徒的技术能力和水平，使更多的学生对于现代学徒制产生兴趣[3]。

（4）相关的法律法规的完善。

现代的学徒制度，要有相关的法律法规来进行支撑，这样才能够让现代的学徒制有效地发挥作用。因为现代学徒制涉及各种各样的利益，稍有不慎，就会发生一些矛盾和纠纷。比如现代学徒的薪酬指导标准、生产安全、保险等。所以，如果现代学徒制的法律法规较为完善，能够使得学徒制的运行更加有效和规范化，这样一旦出了问题，我们可以根据相关的法律法规来进行解决，这样也能够促进我国现代学徒制的发展[4]。相关政策的完善也是保障教师创新创业激情，推动现代学徒制落地，激发学生参与试点的重要保障。

本文对于现代学徒制的含义做了阐述，同时对于如何才能构建相应学徒制度的条件进行了分析，从而对于现代学徒制的构建有了更加充分的认识。通过这些分析，对我国的现代学徒制的发展环境有了比较充分的了解，从而可以根据构建现代学徒制的条件来促进我国对于学徒制的完善和发展。

参考文献

[1] 陈家刚. 认知学徒制研究[D].上海:华东师范大学，2009.

[2] 岑华锋. 现代职业教育体系视角下现代学徒制构建研究[J]. 职教论坛，2013(16):30-33.

[3] 李智勇，方秦盛，刘晓燕，等. 基于就业导向视域下构建现代学徒制育人模式的实践与思考:以无锡科技职业学院物流管理专业为例[J]. 物流技术，2015(16):219-221.

[4] 张庆良，陈春颖. 基于现代学徒制的现代职业教育体系构建研究[J]. 科教导刊(上旬刊)，2015(10):7-9.

软件技术专业中高职衔接专业建设探索

陈建潮　古凌岚

（广东轻工职业技术学院，广东广州 510300）

摘要： 本文以广东省理工职业技术学校与广东轻工职业技术学院软件技术专业的中高职衔接为案例，分析了中高职课程衔接中存在的问题，提出了构建专业课程体系的重要性，并介绍了探索、实践的过程，为我国建立健全职业教育课程衔接体系提供了现实借鉴。

1　引言

根据《国务院关于加快发展现代职业教育的决定》（国发〔2014〕19 号）和《广东省人民政府关于创建现代职业教育综合改革试点省的意见》（粤府〔2015〕12 号）等文件，明确了今后一个时期加快发展现代职业教育的指导思想、目标任务和政策措施，提出"到 2020 年，形成适应发展需求、产教深度融合、中职高职衔接、职业教育与普通教育相互沟通，体现终身教育理念，具有中国特色、世界水平的现代职业教育体系"。

广东省于 2010 年在部分院校开展"中高职衔接三二分段"培养试点工作，包括省内 49 所中职学校的 18 个专业和 10 所高职院校对应专业，2011 年试点规模扩大到近百所中职学校（含技工学校）和 27 所高职院校。发展到现在，2016 年通过申报、征求有关院校意见并在省教育厅网站公示，确定了 49 所高职院校与 178 所中等职业学校对接，开展自主招生三二分段衔接人才培养试点工作，招生计划 26 305 人。

随着职业教育改革的不断推进，越来越多的中职和高职院校参与了中高职衔接专业改革的探索与实践。但是，中职和高职教育由不同层次职业教育机构实施，对于培养目标、教学任务理解不一致，课程标准也不统一，中、高职课程设置各自为政，造成了专业课程教学内容重复与断档、文化素质要求脱节、技能与职业资格考证不衔接等问题，严重制约了中职和高职教育的有效衔接。

2　中高职衔接存在的问题——以软件技术专业为例

首先，目前中职专业目录中尚无软件技术专业，高职与中职的专业衔接并非一对一。从院校调研情况来看，高职院校采取了与相近专业衔接的折中方式，包括软件与信息服务、计算机网络、计算机平面设计等。由此带来了一些问题，就业岗位的选择范围受到原有中职就业岗位的限制，课程体系的设计也会受限于原有中职专业的课程设置。但是，从另一方面来看，这些专业均为计算机类，主要专业基础课程设置比较一致，如 C/VB 程序设计、网页制作、网络基础等，与软件技术专业的基础课程基本吻合，只是内容和程度上需要调整。同时，还有各具专业特色的核心课程，知识面会较高职同专业的学生要宽，尤其是在图形图像处理、动画制作等方面能力优于高职学生，这是好的一面，这将使学生在高职阶段能更快进入角色，有利于学生的专业学习。

其次，中高职课程设置的衔接存在问题。中职和高职培养目标层次不清，且课程设置各自为政，缺乏统筹规划，导致衔接不畅。从整体性角度来看，中职和高职的课程设置存在着重叠和脱节问题，重叠部分主要是高职的部分专业基础课程在中职已有设置，如计算机网络基础、网页制作等，脱节是指软件技术专业对于逻辑思维方面要求较高，且对英文阅读也有一定要求，而中职的数学课和英语课时均很少，会导致高职阶段的课程教学很难开展。

3 课程衔接是中高职衔接的核心与关键问题

中高职衔接时，中职和高职虽然专业一致，但是培养层次不同。中职培养目标是生产一线的技术工人，高职培养目标是生产一线的管理人员。中高职衔接必须要做好两点：一是中职和高职课程必须有较明确的目的与界线，二是中高职衔接课程之间存在良好的接口。因此，制订统一的课程标准才能避免课程重复设置问题。

中高职课程衔接体系不仅是我国职业教育的政策诉求，也是我国从重视中高职形式上衔接到重视实质上衔接订发展的结果。要实现中高职课程衔接体系，国家或者省级教育主管部门层面应该组织理论与相关行业实践专家从岗位角度制订中职与高职培养目标，根据培养目标划分岗位能力与岗位知识，再根据岗位要求制订课程体系，明确中职、高职中每门课程的能力、目标及内容。

4 职业能力分析，构建专业课程体系

4.1 调研

职业能力分析是构建软件专业课程体系的一个重要环节，是确定职业能力标准、获取技能点和知识点的前提和先决条件。为了明确软件技术专业岗位的主要工作项目、每个工作项目所需要的具体工作任务，以及每个岗位的通用能力，确保工作项目和具体工作任务描述的条目化，系统化和精确化。在广东省教育研究院的统一指导下，广东轻工职业技术学院联合广东省理工职业技术学校项目组举行了软件技术专业职业能力分析会，拟开发中高职衔接软件技术专业教学标准。通过开展社会调研及岗位分析，分析中职到高职的职业生涯发展路径，以确定专业的职业能力标准，明确中高职人才培养目标与定位，制订中高职衔接的人才培养方案，构建软件技术专业课程体系。

调研采取了文献研究法、访谈法、问卷调查法、统计分析法、个案分析法等调研方法，先后查阅分析论文 110 篇，行业规范和职业标准 50 项，调研了广东省 94 家企业，18 所高职院校，12 所中职院校。

调研的主要思路为：

（1）由项目组预设调研样本分布，根据调研内容设计调查问卷，并进行任务分配和责任划分，规定调研完成时间。

（2）重点企业和院校调研对象，由项目负责人和项目组成员直接联系，通过与企业（专业）

负责人、业务（教学）骨干进行座谈，并在沟通指导的情况下填写调查问卷；对其他企业、院校及毕业生调研对象的调研工作，由项目负责人设计问卷和撰写填写说明，通过问卷星平台完成；最后对企业、院校调研结果进行整理汇总，分析中高职计算机软件技术专业人才需求、岗位设定、职业发展路径、培养目标以及课程设置等信息。

　　问卷调查和统计分析面向的企业覆盖了中高职毕业生就业的94家，其中民营（私营）企业是职业院校毕业生的主要工作单位，调查样本回收统计表明民营（私营）企业占88%，说明调查的企业分布符合中高职毕业生就业企业的类型分布规律。从单位的规模来看，企业规模在500人以下的占81%，反映出中小型企业是吸纳高职和中职毕业生的主体和中坚力量。调查企业的单位性质和人员规模具体如图1、图2所示。

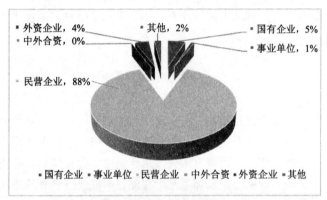

图 1　毕业生单位性质统计

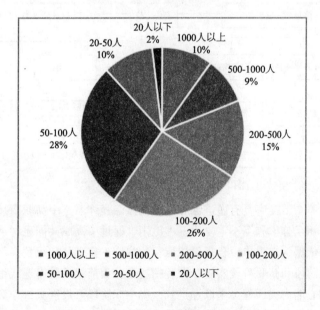

图 2　企业人员规模统计

4.2　调研结果

　　根据本项目组对于广东省的IT企业调查反馈显示：

　　（1）企业对于中高职毕业生的专业要求明确。对于高职毕业生而言，要求较强的编程能力、熟练运用经典算法、熟练运用一种框架技术、应用和管理数据库的能力、了解网络协议并会网络编程，以及理解需求分析、详细设计等项目文档；对于中职毕业生，要求基本的编程能力、基本理解经典算法、基本的数据库应用能力、基本了解网络协议，以及理解需求分析文档、说明书等项目文档。

（2）企业对于中高职衔接软件人才有需求。在调研的 94 家企业中，只有 18 家认为不需要，有 51 家明确表示需要对中高职衔接人才，并可提供软件测试、软件开发、小型网站开发、软件运行维护等岗位。

（3）中高职毕业生岗位分布有较大差异。高职毕业生岗位较集中，近 40%从事软件开发，其次是软件测试和软件运维，中职毕业生岗位相对分散，就职于软件运维、产品销售、软件测试和网络运维，毕业 4 年后有一定比例从事软件开发工作。中高职毕业生工作 3~4 年后，晋升到中、高级比例明显增加。

5 结论与建议

（1）形成中高职人才培养衔接框架。针对中高职衔接不畅的问题，要借鉴国外先进经验，形成科学合理的衔接技术路线，有利于实现中高职有效衔接。根据企业人才需求，确立中高职衔接专业的总体培养目标，分析中职和高职现有的人才培养定位、课程体系、毕业生职业能力等方面的差异性，从培养目标、培养规格、课程体系三个层面，形成递进培养的层次结构，结合国家职业资格标准，形成职业能力标准，构建课程体系，如图 3 所示。

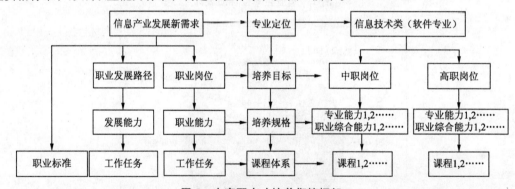

图 3 中高职人才培养衔接框架

（2）中高职课程体系衔接应具有递进性和模块化。课程体系是中高职衔接的核心，课程体系设计应以相互承接、相互分工和互不重复为基本原则，通过中高职共同研讨，进行内容选取、重构优化、课程设计，依据认知规律，合理设置课程的梯度，实现从初级到高级循序渐进的衔接。教学计划可分为中职阶段和高职阶段实施，课程衔接可分为前置后续串连式衔接和前浅后深递进式衔接两种模式，核心能力类课程可采取递进式，如中职阶段开设网页制作和网站构建初步了解网站建设的基本流程，学习可视化的、简单的构建网站方法，高职阶段开设网站前端开发，学习网站建设相关协议，掌握动态网页设计语言的构建网站方法。专业基础课程可以采取串连式衔接，如中职阶段的网络操作系统，作为高职阶段 Linux 应用的基础。采取模块化课程形式，围绕专业核心能力，设置专业基础、人文素质、专业拓展等模块，以达到培养岗位职业能力的目标。为了使课程设置具有普适性，重点规范统一核心能力课程，以便各中高职院校根据自身特点和需求，进行扩展和调整。

（3）中高职课程内容衔接应具有内涵延续性和可扩展性。中高职衔接在学制上是"三年中职+二年高职"，但应将其看作一个整体，在关注中职和高职分层的同时，更应注重专业内涵属性上的衔接，在职业能力标准框架下，合理设计各阶段的专业核心能力课程。在内容选取上，中职阶段应具有延续性，可开设可视化编程等课程，培养学生的基础编程能力，还应对网页制作、计算机网络基础等基础课程在内容上进行适当调整，以适应高职阶段项目开发能力培养的需要，而高职阶段还应注重其可扩展性，根据技术发展趋势，将新技术和新应用引入拓展课程，为学生可持续性发展做好铺垫。

（4）建立中高职课程学分互换互认机制。目前"三二分段"中高职衔接通过转段考核完成中职到高职的过渡，考核内容由中高职对接学校自行决定。在职业能力标准框架下，制订各教学单元、职业资格认证的学分标准，取消转段考核，使得不同学历背景、不同专业的生源都可以按照学分标准，灵活选修课程，修满学分即可进入高职学习，这样中高职衔接就可以从源头上形成连贯有序的有机整体。

参考文献

[1] 荆瑞红.中高职课程衔接的现状与对策研究[J].职业技术，2015，14(10):13-16.

[2] 刘荣秀.中高职衔接的现状调查与政策评析：以广东省为例[J].职业技术教育，2010，16(31):29-31.

[3] 曹毅，蒋丽华，罗群.试论中高职衔接专业结构模型的构建[J].职教论坛，2012(30):4-6.

[4] 陆国民，王玉欣.中高职衔接中的课程开发与实践[J].职教论坛，2014(6):56-59.

[5] 朱琳佳，芦京昌.中高职课程衔接初探[J].职教论坛，2012(22):57-59.

基于 STM32 的城轨列车电气系统仿真设计

郑 莹

（南京交通职业技术学院，江苏南京 211188）

摘要： 本文综合运用单片机编程技术、模拟电子技术、通信技术和电子 CAD 技术，通过电路模块化设计、灯光建模设计等软硬件结合的手段，构建了城市轨道列车主电气回路系统的模拟环境。该模拟环境通过一条主控制回路，把城市轨道列车运行过程中涉及的电气电路部分有机的连接起来，实现了强电控制逻辑的弱电仿真再现，并通过 LED 点阵扫描实现了城市轨道列车电气回路得电状态的动态呈现，完成了一个集教学演示、故障设置、故障排除等检修一体的仿真系统。此设计方案探索了利用模拟电子技术与器件模拟仿真电气控制电路的新途径，打破了高校利用多媒体软件进行仿真实训室建设的传统，为高校进行新型仿真实训室建设提供参考模型。

1 引言

随着城市化建设步伐的加快，中心城市不断向周边辐射，轨道交通建设的紧迫性也在增加。中国已形成一个世界上规模最大、发展最快的轨道交通建设市场。城市轨道交通电气系统的正常运行为城市轨道交通系统的运营安全提供了保障。电气系统的安全可靠运行十分重要，需要大量的运营维护人员，因此，应做好电气系统运营维护人才的培养与培训工作，该研究就是在这种行业发展与人才需求驱动下展开的。

2 系统框架设计

基于 STM32 的城轨列车电气系统仿真硬件设计主要包含五个模块。

（1）轨道列车控制中心，用于仿真轨道列车主/副驾驶操作台，实现对列车的控制，即通过操作台的操作，控制电气仿真模块按照轨道列车实际的控制逻辑来改变线路的状态。

（2）电气仿真模块，其基本作用是采用模拟电子技术及其元器件仿真列车电气系统，实现相同的控制逻辑与线路状态，并通过相关监控电路实现对控制逻辑和线路状态的监控，并实时将监控数据通过自定义通信协议传送到数据处理中心。该模块包含 2 个部分：轨道列车线路弱电仿真模块和轨道列车线路运行状态监控模块。

（3）数据处理中心，该模块主要是基于 STM32 单片机实现对电气仿真模块中的监控数据进行处理，分析出各个电气段的得电和失电状态，并进而推理出线路运行动态和电路运行逻辑，从而控制并驱动后面的轨道列车线路 LED 显示面板模拟显示线路运行动态和电路运行逻辑。

（4）轨道列车线路 LED 显示模块，主要通过 STM32 单片机根据轨道列车线路运行动态和电路运行逻辑来驱动该模块中的 LED 灯的显示，从而模拟显示线路运行动态和电路运行逻辑。

（5）轨道列车动作同步动画显示模块，通过电气仿真模块中的轨道列车线路运行状态监控模块所采集的电路状态经数据处理中心处理，驱动轨道列车动作同步动画显示模块显示其状态：开门/关门、手柄档位、升弓/降弓，高速开关状态等。系统设计框架如图1所示。

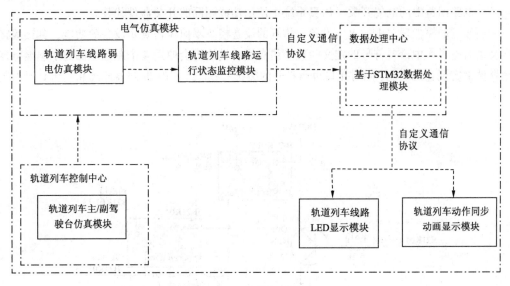

图1 系统框架图

3 系统硬件分模块设计

城轨列车电气系统由大量的继电器及开关按钮、指示灯、电磁阀等组成，用来控制列车的运行，根据司机操作发出指令，控制线路中相关的继电器得电或失电，使得相对应的主电路接触器动作，最终控制牵引电机运转，从而控制列车的牵引、制动等工况。

3.1 轨道列车控制中心

轨道列车控制中心由控制面板和控制器组成，控制面板以上海地铁一号线列车实际驾驶面板为参照进行设计，尺寸规格为1∶1。控制面板上控制器部分按实际情况采用直接使用实物和模拟设计相结合的方式设计。控制器采用SMT32处理器进行设计，负责整个ATE系统内部信号处理、控制和通信等功能。

3.2 线路弱电仿真模块

为了真实反映电气线路之间控制逻辑关系，以"AC01型电动列车综合线路图"为基础将电气线路连接关系直译为仿真模块的控制电路，列车电气回路共分为8个大类，26个单元电路。线路弱电仿真系统中，电气连接设计完全按照真实的电气回路，但是为了适应应用环境，在保留电气控制逻辑和电气运行状态的情况下，为了降低建设费用，所采用的模拟电子技术和电气器件和电气参数都做了必要的调整。主要调整如下。

（1）电气回路中的直流110 V电压，仿真系统中调整为直流24 V。

（2）电气回路中的各种接触器、继电器，仿真系统中均使用线圈电压为DC 24 V的小型继电器代替。

（3）电气回路中的熔断保护器，仿真系统中使用通断开关代替。

（4）电气回路中的部分监测单元，仿真系统中由相应电路采集并送往处理单元。

（5）电路回路中的电气开关，仿真系统中使用功能相同的开关器件代替。

为更接近的模拟现实中的电气设备，仿真的设备模块不但模仿真实设备的功能，其接线接口的定义也与电子版中设备符号的定义一致。仿真设备模块将会使用 4 个单路双掷的小型继电器和其他器件来实现它的功能，同时接口也与符号的编排一致。21–K01 断路器原理和其仿真原理图如图 2 所示。

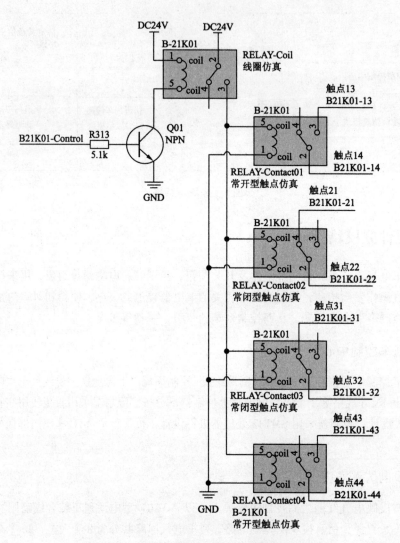

图 2　21–K01 断路器原理图与仿真原理图

3.3　线路运行状态监控模块

（1）电压采集电路

电压采集电路如图 3 所示。

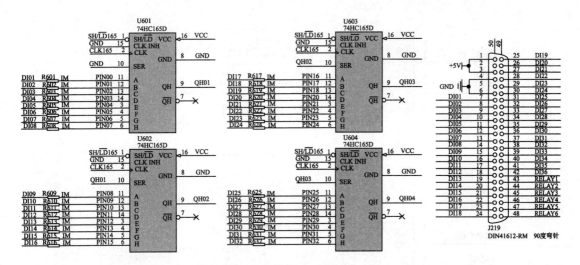

图 3 电压采集电路

（2）数据处理电路

数据处理电路如图 4 所示。

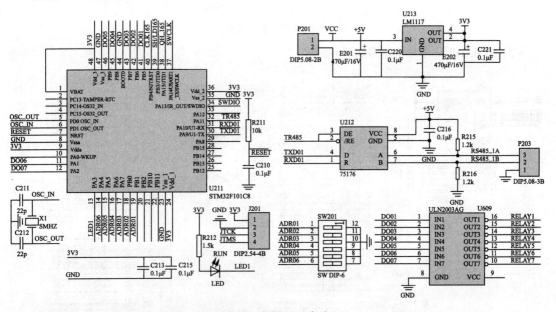

图 4 数据处理电路

3.4 数据处理中心

（1）RS485 总线接口电路如图 5 所示。

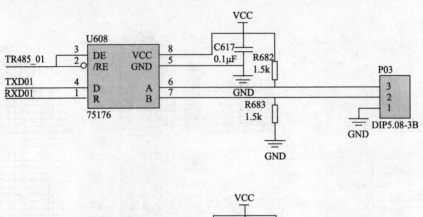

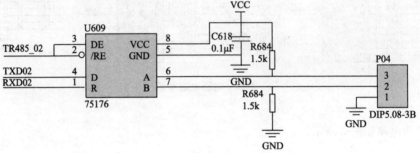

图 5　总线接口电路

（2）STM32F103 单片机电路如图 6 所示。

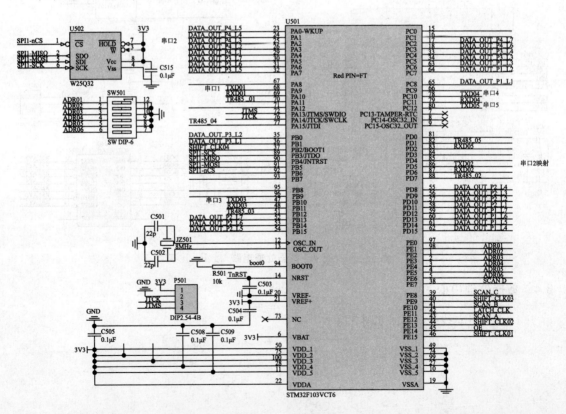

图 6　STM32F103 单片机电路

（3）LED 点阵显示模块部分驱动接口电路

LED 点阵显示模块部分驱动接口电路如图 7 所示。

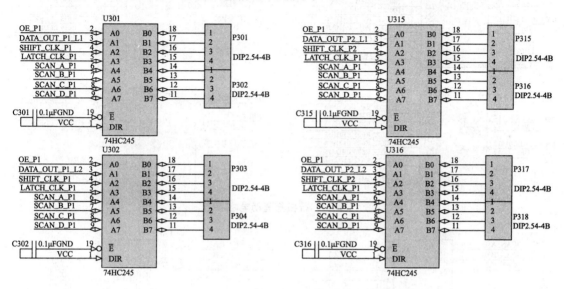

图 7　LED 点阵显示模块部分驱动接口电路

3.5　轨道列车线路 LED 显示模块

一方面，为了提高使用者的读图便利性和简单化，实现标准纸质电路图的真实再现，电子化电路按照纸质电路图等比例设计，所有元器件位置严格按照纸质电路图设计摆放，并采用 LED 流水驱动效果模拟实际电路中电流的运行效果，将电路运行状态直观地呈现出来。另一方面，每幅线路 LED 显示模块平均需要近 200 个 LED 灯，为了降低功耗和成本，采用点阵方式来设计组织 LED 驱动电路。

（1）LED 模块驱动卡电路接口如图 8 所示。

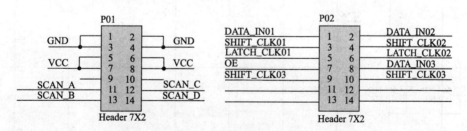

图 8　LED 模块驱动卡电路接口

（2）行扫描驱动电路如图 9 所示。

（3）列扫描驱动电路如图 10 所示。

（4）LED 点阵部分电路如图 11 所示。

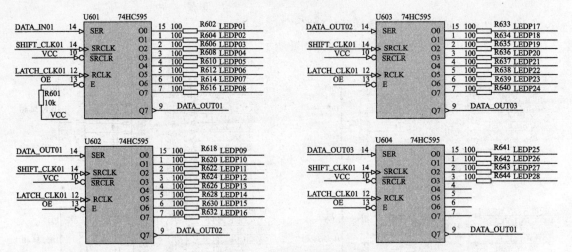

图 9　行扫描驱动电路

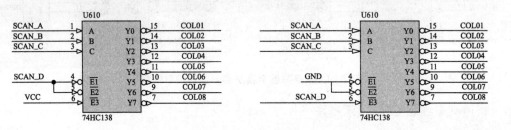

图 10　列扫描驱动电路

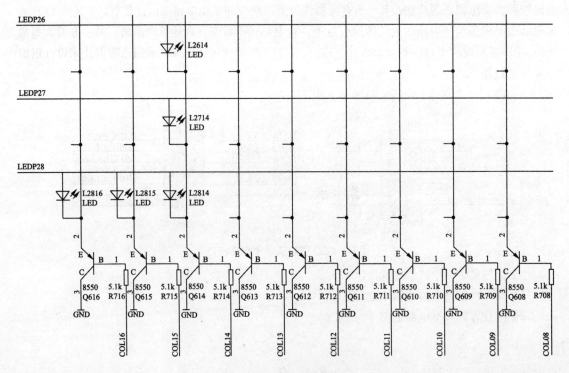

图 11　LED 点阵部分电路

3.6 轨道列车动作同步动画显示模块

采用 16×16 点阵屏设计实现,16×16 点阵需要 32 个驱动,分别为 16 个列驱动及 16 个行驱动。每个行与每个列可以选中一个发光管,共有 256 个发光管,采用动态驱动方式。每次显示一行后再显示下一行。该模块采用 16×16 点阵屏,拼接成 320×96 的大屏,点阵显示屏电路如图 12 所示,点阵显示屏行驱动电路如图 13 所示,点阵显示屏列驱动电路如图 14 所示。

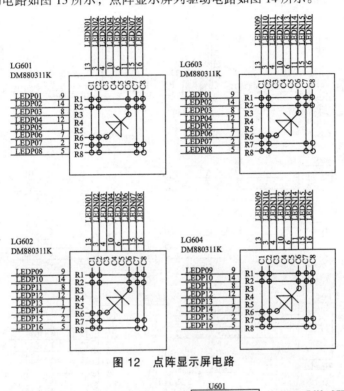

图 12　点阵显示屏电路

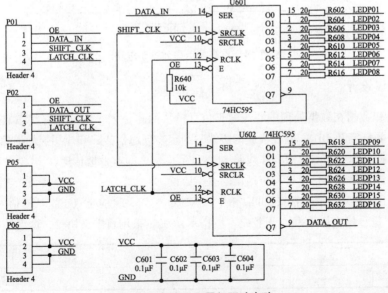

图 13　点阵显示屏行驱动电路

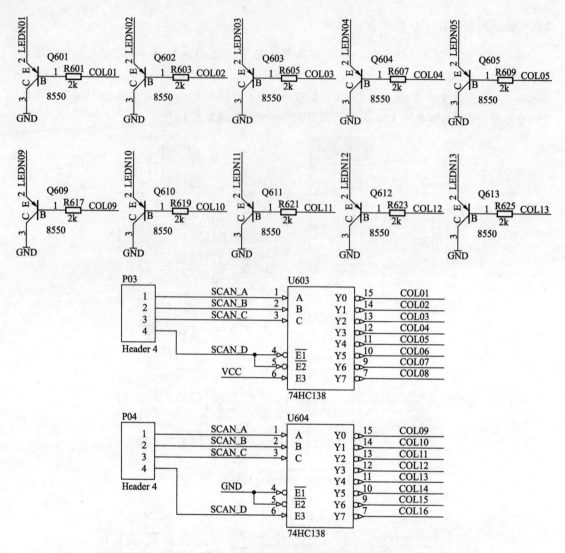

图 14　点阵显示屏列驱动电路

3.7　通信协议设计

为使信息和数据在数据处理中心与电气仿真模块的轨道列车线路运行状态监控模块之间有效地传递，需要自定义 DIDO 监控板通信协议，约定物理通信接口和应用层的通信协议；为使信息和数据在数据处理中心与轨道列车线路 LED 显示模块之间有效地传递，需要自定义 LED 驱动板通信协议，约定物理通信接口和应用层的通信协议。

接口均采用 RS-485 通信接口（TX、RX、GND），一问一答的半双工主从通信方式。起始位 1 位，数据位 8 位，停止位 1 位，无校验，波特率 9600，采用自定义协议，命令帧格式如下：

帧头	地址	字节个数	帧类型	数据部分	校验码
0xf9	0x--	0x04	0x01		

答复帧格式

帧头	地址	字节个数	帧类型	数据部分	校验码
0xfa	0x--	0x08	0x0-		

4 单片机程序设计

（1）线段状态采集卡程序流程图如图15所示。

（2）LED显示模块驱动程序流程图如图16所示。

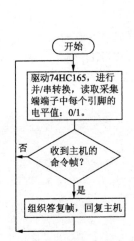

图15 线段状态采集卡程序流程图

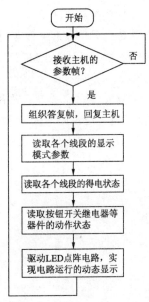

图16 LED显示模块驱动程序流程图

（3）数据处理中心程序流程图如图17所示。

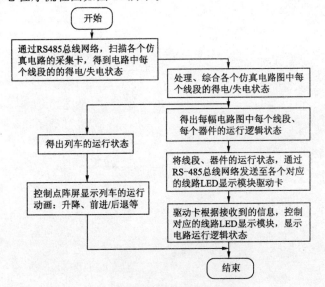

图17 数据处理中心程序流程图

5　总结

基于 STM32 的城轨列车电气系统仿真设计与实现，创新地探索了利用模拟电子技术与器件模拟仿真电气控制电路的新途径，打破了高校利用多媒体软件进行仿真实训室建设的传统，为高校城市轨道交通等相关专业进行实训室建设提供了经济有效的建设途径和参考模型，也为轨道交通电气维修人员再培训提供了实用方案。

参考文献

[1] 邢华栋.城市轨道交通供电仿真系统的研究与开发[D].华北电力大学，2013.

[2] 邓子渊.城轨车载 ATP 系统的仿真设计与实现[J].铁道通信信号，2013(2):41-45.

[3] 王东.轨道交通信号系统仿真测试与验证技术研究与应用[D].浙江大学，2014.

[4] 吕鹏，栾童童.基于 ARM7STM32 控制点阵液晶屏的设计[J].橡塑技术与装备，2015(24):186-189.

[5] 周江.STM32 单片机原理及硬件电路设计研究[J].数字技术与应用，2015(11):1.

[6] 王东. 轨道交通信号系统仿真测试与验证技术研究与应用[D].浙江大学，2014.

[7] 李高杰. 轨道列车智慧门控制系统设计与开发[D].南京理工大学，2013.

基于职业素养培养的高校建设

鲍建成

（江苏海事职业技术学院，江苏南京 211100）

摘要： 高校建设是高等教育实现教育目标的主要手段。高等教育的培养目标指向毕业生的职业发展，职业性是其重要特征。当前，我国高校大学生"职业素养"不够是突出问题，其症结是多方面的，但高校建设自身发展的不足是重要的一个方面，应引起高度重视。本文分析职业素养的内涵及对高等教育的意义，从定位、量、质等三方面分析了高校建设的现状及存在的问题，重点从立足职业素养本位构建高校建设体系、提高职业素养课程在高校建设中的地位、多举措提升高校课程建设的实效性三个角度，探究了服务于职业素养的高校建设对策。

1 前言

近年来，随着我国高等教育的发展，高校建设取得了重要成就，为社会培养了大批职业素养高，职业能力强的人才，在社会转型和经济社会发展中发挥了重要作用。但成绩不能掩盖缺点，多年来，人们对高等教育的质疑也从没有停止过，其中高校生"职业素养"不够是突出问题。问题的症结是多方面的，但高校建设的不足是重要方面，应引起有关方面的高度重视。基于此，探究服务于职业素养培养的高校建设具有重要的现实意义。高等教育的培养目标指向毕业生的职业发展，职业性是其重要特征。高校建设也是高等教育实现教育目标的主要手段。如何在高等教育中实现培养学生职业素养的目标，高校建设责无旁贷承担主要任务。

2 职业素养的内涵及意义

2.1 职业素养的内涵

职业素养顾名思义是一个人在职业生涯中表现出的素养与品质，具体来说，职业素养包括职业精神、职业知识与技能、职业观念、职业态度等。职业精神是对企业文化理解和适应的人文精神；职业知识与技能是从事某种职业所需要的专业知识和专业技能；职业观念是指执业活动中表现出的吃苦耐劳精神、爱岗敬业精神等；职业态度是实事求是态度和诚信态度。

2.2 职业素养的意义

职业素养是一个职业人必需的基本条件，影响和制约了职业人的职业成就。在我国高等教育中，培养高校大学生的职业素养具有重要意义。

（1）职业素养是高校学生顺利就业的重要条件。具有较强的动手能力和专业技能，熟悉企业基层岗位的工作场景，能很快进入职业角色，胜任岗位工作的毕业生是用人单位所青睐的，所以用人单位在选择高校毕业生时特别重视其职业素养，职业素养成为毕业生顺利就业的重要砝码。

（2）职业素养是高校学生创造工作成绩的重要条件。高校教育的成功与否不仅仅是毕业生能不能就业，更重要的是毕业生的职业表现，比如职业稳定性高低、工作成绩优劣、上升空间和可持续发展能力强弱等。同样的道理，一个高校毕业生能否在工作中创造更大的工作成绩，主要看其是否具有较强的专业知识和专业技能胜任各种工作任务、是否具有吃苦耐劳精神承担工作压力等，这些都是职业素养的重要内容。从这个角度讲，职业素养是高校学生创造工作成绩的重要条件。

3　高校建设的现状及存在的问题

3.1　目标定位的功利化

（1）目标定位过于宽泛，追求层次的高、大、上，忽视学科建设的专门化、专业化。很多高校甚至包括很多的重点大学，都以建设高水平大学为目标，倾向于建设研究性大学，在培养层次上，规划了从专科、本科、研究生、博士生的多层次、逐步走"高"的发展趋势。这种功利化的做法，也许能给高校建设带来更多的社会效益和经济效益，但在高速上层次、上规模的背景下，对学科建设的专门化、专业化是个非常大的挑战，如果教学师资、实验设备等保障条件不能与这种速度相匹配，挑战会更大。

忽视学科建设的专门化、专业化对培养目标的影响是显而易见的，其培养的大学生缺乏职业素养，职业针对性差，也很难保证其毕业生的就业竞争力。

（2）高校建设的目标定位过于高远，办学模式"范式化"或者"趋同性"，缺乏特色和品牌。诸如众多高校所确立的"创建世界一流大学"是一个艰巨而又长期的任务，这种定位的高远，往往表现在办学模式的"范式化"或者"趋同性"，一味追求大而全，缺乏自身建设的历史继承性，抛弃了自己的特色和品牌，形成了千军万马奔精英的局面。

这个对高校建设来说，也许表现为外在的规模宏大和办学层次的高端，但其人才培养质量等内涵建设却没有从中得到提高，反而会因为过度追求目标的远大，而影响了人才培养质量，致使毕业生的职业素养无法适应社会需要的变化，就业质量大打折扣。

3.2　大学生职业素养教育"量"不足是高校建设的"软肋"

（1）人文素养课程少。专业课程和公共课程构成高校课程体系，从数量来看，专业课程数量远大于公共课程。人文素养课程是公共课程的一个组成部分，例如，"思想道德与法律基础""大学语文""企业管理与文化""大学生职业生涯规划"等。在这些课程中，除了"思想道德与法律基础""毛泽东思想和中国特色社会主义理论概论"等思想政治课程国家有明确的学时要求，其他课程都没有明确的学时要求，开设与不开设，开设的数量多还是少，都是各高校根据自己的情况而定。在强调大学生专业技能的背景下，很多人文素养课程让位于专业课程，人文素养课程少是很普遍的现象。

（2）职业素养内容少。据调查，当前高校各专业中大约有 80% 的专业在其素质结构构建中，没有"职业素养"的具体要求，部分专业简单提到"基本职业素质"。在课程体系中，只有在"大学生就业指导""企业管理"等少数课程设计职业素养的内容。从数量来看，职业素养教育的量严重不足，显然与企业对人才的需求不对称。企业对高校学生职业素养有较高的需求，高校课程体系中职业素养内容的不足，显然无法满足学生提高校业素养的教育需求。

（3）职业实践课程比例少。大学生职业素养的培养离不开理论课程，但仅仅有理论没有实践也很难达到好的效果，职业实践课程为大学生深入职业现场，体验职业活动，感受职业精神和企业文化，提供了很好的平台。但从现实看，高校学生的理论课程和实践课程的比例中，实践课程所占比例相对少。更重要的是，在为数不多的实践课程中，仍然以培养学生的动手能力为主要任务，指导教师没有在实践课程中引导学生增强职业素养。

3.3 大学生职业素养课程"质"不高是高校建设的"硬伤"

据梁国胜发表在《中国青年报》的文章《培育职业素养是高校教育第一要务》指出，对 876 名北京工业职业技术学院学生进行了职业素养的调查，根据调查结果的研究表明：高校学生崇尚自由，但纪律涣散，希望能改变自己的现状，但又不愿做出更大的努力和付出。很想做出一番事业或干出一番成就，但又不愿从一线做起，不愿意从小事做起，学习状态浮躁，找工作浮躁，走向工作岗位的他们难免出现这样或者那样的问题。这一现象，说明了高校在培养大学生职业素养教育的质量不高，效果不明显。另据麦可思调查数据显示，高校毕业生就业后的离职率比本科生相对要高，存在职业规划模糊、不能客观地认识自己、不善于处理人际关系、专业知识不扎实、基础知识面不宽等问题。这些都直接指向高校学生职业素养的缺失，追究其原因，也是职业素养教育质量不高。

4　服务于职业素养的高校建设对策

高校学生的职业素养教育不是一朝一夕就能取得成效的，要将职业素养教育贯彻在高校建设的方方面面，全过程、全方位培养，既要在量上有所体现，又要在质上有所提升，才能保障职业素养教育不流于形式，才能保障高校毕业生顺利毕业，并在职业生涯中有大的发展。

4.1 立足职业素养本位构建高校建设体系

教育部在《关于推进高等职业教育改革创新引领职业教育科学发展的若干意见》中明确提出，要把强化学生职业素养培养放在重要位置，蕴含了高校建设在职业素养教育上的要求。

（1）从高校人才培养目标看：实现高校人才培养目标需要职业素养本位的高校建设。高素养，包括职业素养、人文素养等。培养学生高素养的主要抓手就是职业素养本位的课程体系，把职业素养教育作为高校课程的重要内容和重要任务。

（2）从内涵建设需要看：内涵建设需要职业素养本位的高校。内涵建设就是质量建设，提高人才培养质量是内涵建设的根本任务和根本目标。什么样的人是高质量的？职业素养不可或缺，一个没有职业素养或者职业素养不高的高校毕业生，不能称得上是高质量的毕业生。从这一点看，职业素养在高校建设中的重要作用，职业素养本位显然是必要的、必需的。

（3）从毕业生的就业竞争力看：职业素养本位的高校建设是提高毕业生竞争力的主阵地。从市场需求看，用人企业对高校毕业生职业素养的重视程度越来越大，那么，学生的就业竞争力也已经向职业素养偏移。只有不断加强学生职业素养的培养，促进高校学生全面发展，才能提升就业竞争力，使其立足岗位、融入社会。

4.2 提高职业素养课程在高校建设中的地位

高校建设重视学生的职业素养教育首要是体现在课程的量上，因此，在具有一定目标指向性的课程体系中，职业素养教育的内容数量要占优势，比重要高。

（1）增加人文素养课程比重。人文素养课程种类繁多，当然不能面面俱到，但要结合学生所学专业情况，开设足够数量的课程。有一些通识课程适合各类专业，比如《大学生职业生涯规划》课程，这个课程对提高大学生的职业素养有很重要的作用。当前很多高校大学生就业稳定性差，很多专家、学者将原因归结为学生的职业素养不高，但如果再深层次追究，稳定性差和工作不符合学生的主体意识有很多的关系。当前，就业压力较大，很多大学生无暇顾及自己的主体意识，过多从自身之外考虑工作的去向，但进入工作岗位后却发现，自己的工作岗位不符合自己的兴趣爱好，违背了主观愿望，造成工作积极性不高，成就感不强，或者得过且过，或者跳槽，影响了职业稳定性和可持续发展的连续性。《大学生职业生涯规划》课程解决了学生职业选择与职业发展中的盲目性，有利于发挥主体意识，职业素养自然就高了。

（2）在专业课程中贯彻职业素养教育。职业素养教育一定和职业有关，也一定和专业有关，学生所学专业不同，所需要的职业素养不尽相同。要将职业素养教育融入专业教育中，构建职业素养与专业教育为一体的课程体系。一是在职业技能教育中融进职业素养教育，当前，很多高校院校的专业技能教育模式是实习或者实训，这种教学模式很容易和未来的职业状况形成关联，职业教育的融入是很自然的过程，容易形成职业技能提升与职业道德形成、职业习惯养成为一体的教育体系。二是将职业素养融入理实一体化课程中。理实一体化教学模式是高校惯用的教学模式，在促进学生掌握理论、实践理论、提高技能等方面有较好的效果。在理实一体课程中融入诚信教育、职业道德教育、企业文化教育等，有利于形成职业导向基点，引导学生重视提升自身的职业素养，否则会影响就业质量。

4.3 多举措提升高校建设的实效性

基于职业素养教育的高校建设具有较强的指向性，就是培养高校大学生的职业素养。高校建设的实效性是影响素养教育质量的重要因素，在一个高校中，无论职业素养教育在高校建设中的量有多大，但如果实效性不强，教学效果就不明显，表现为质量差，要采取多种措施提升高校建设的实效性。

（1）与专业对接，提高职业素质教育的针对性。提高学生的职业素养教育仅仅依靠几门通识课程或者几场讲座，很难达到效果。原因在于，开设的课程通识强，忽视学生的专业差异，学生自然将这些课程定位为"不重要的公共课"，不能引起学生的重视，教学效果自然就差。因此，院校要结合不同的专业自主研发课程体系的内容与结构，职业素养课程在不同专业有所差异。比如在工程机械专业、机电一体化专业等工科类专业中，要强调生产安全的重要性，培养安全意识并掌握安全知识是职业素养要求，那么这些专业要增设安全相关的课程。而在旅游管理、贸易、餐饮、航空服务等服务类专业中，要求学生具有较好的服务意识，理解服务对象的意图，满足服务对象的各种需求，那么在这些专业中要开设服务礼仪、心理常识等课程，提升学生在服务和理解意图方面的职业素养。

（2）创新教学模式，提升教学质量。职业素养教育和未来的职业活动关系密切，仅仅依靠课堂教学远不能满足学生的现实需求。要创新教学模式，将知识储备和能力提升融入现实生活中或者职业活动中，效果明显。有的高校院校探索了"三个课堂教学法"，给我们提供了很好的借鉴作用。"三个课堂"是将理论课堂称为"第一课堂"，学生坐在教室里听老师讲理论知识，获得相关的知识储备；将学生在校内开展的各种文体活动称为"第二课堂"，学生在处理人际关系、组织活动、参加活动中，验证或者实践"第一课堂"理论知识，实现技能和能力的提升；将学生外出实习称为"第三课堂"，真正深入职业现场，体验职业生活，感受职业素养的重要性，并逐步提升自身的职业素养。"三个课堂"教学模式涵盖了学生大学时期的各个阶段、各项活动，这种全方位、多元化的教学模式，有理论、有实践，有锻炼、有提升，实效性突出。

（3）推行素养证书，客观记录高校建设的实效性。有的高校已经开始推行学生职业素养证书制度，全面记录学生在校期间的职业素养提升情况，进而客观反映高校建设在提高学生职业素养方面的作用和意义。证书记录的内容是在校大学生对提高自身综合素质产生积极作用的重要经历和取得的主要成绩，不包括课堂教学成绩。证书记录分项进行，包括在思想政治与道德素养、社会实践与志愿服务、学术科技与创新创业、文化艺术与身心发展、社团活动与社会工作、技能培训等六个方面。证书以体现学生的经历和客观表现为主，一般不做主观评价，所参加的活动需注明是"组织"还是"参与"，所获奖励需注明名称和级别，所发表文章需注明报刊名称及日期。六个栏目可能有互相交叉的地方，填写时应看活动具体侧重哪个方面选择适当栏目。表格的设计以学年为单位，填写和认证以学期为单位，因此填写时应根据本校每学年的学期数适当预留空间。本证书除了作为高校院校评价学生综合素质的重要依据，可用于用人企业对求职毕业生的评价。

参考文献

[1] 王双金，孙秀艳.论"职业素养"及其教育途径[J].继续教育研究.2014(04).

[2] 魏赤文.基于职业素养教育的高校课程反思与构建[J].教育与职业.2014(33).

[3] 张振伟，叶雅雅.基于职业素养视角的高校教育课程改革探究[J].高等职业教育(天津职业大学学报).2014(01).

[4] 陈晓雁.基于职业素养培养的高校课程体系研究[J].天津商务职业学院学报.2014(03).

[5] 万晖，饶勤武."90后"高校学生职业素养培养的缺失与重建研究[J]. 职教论坛.2011(34).

[6] 王九程.高校生基本职业素养课程体系构建[J].湖北工业职业技术学院学报.2014(01).

电子商务经济活动基于流式分类的发展性研究[1]

戴 云

（江苏经贸职业技术学院，江苏南京 210009）

摘要： 电子商务的流式分类说法从对其进行理论研究的初期就存在，但其在电子商务经济发展中起到的作用却分析较少。本文在电子商务流式分类的前提下，通过电子商务经济在每个不同的发展时期，遵循社会经济大市场的规律，研究电商企业以侧重不同流式的对应发展举措来应对电子商务经济发展的大需求、大趋势的现象，从而获知电子商务流式的对电子商务宏观经济的推动作用。

1 电子商务经济活动的流式分类简介

电子商务这种新型经济体从诞生进入行业专家的研究视野起，就曾对其进行了经典的流式分类。原始的分法电子商务由商流、资金流、物流和信息流组成，这种分法经典却有些笼统，比较适合电子商务经济发展的初期。

经过了十多年的电子商务经济蓬勃发展的关键期，这种分法已经不精确了，电子商务经济已经超深度、超细度的融入到社会经济生态系统中。现在，电子商务经济活动的流式分类法为：由主要流和扩展性次要流组成。其中主要流还是由经典的商流、资金流、物流和信息流组成，而扩展性次要流则是由扩展领域涉及的人才流、服务流和设计流组成。这样，最新的电子商务组成的流式分法由7种流式组成，如图1所示。

图 1 电子商务的 7 种流式

2 电子商务典型社会应用模式的流式分类活动流程

电子商务主体经济来源的社会应用模式还是由经典的 3 种应用模式组成，分别是 B2B（Business to Business）模式、B2C（Business to Consumer）模式、C2C（Consumer to Consumer）模式。研究电子商务基于流式分类的应用发展情况，也就要先分析这 3 种电子商务典型应用模式的经济活动流程基于流式分类法的应用情况。

（1）B2B 模式。

B2B 应用模式流式分类法的经济活动图如下，B2B 模式应用的企业一般是供应链上的供需双方，有一定的经济实力，又基本是实体企业。故根据符合这种电商模式的企业在市场经济系统中的实际角色特征和流式分类法，如图2所示。

B2B 模式的经济活动中四种基本流（商流、资金流、物流和信息流）的本质功能保持不变。

[1]院级重点课题《后电子商务时代的社会应用性研究》（项目编号：JMZ2201236）

另外，电商企业自建网站或经营管理各种 ERP 系统，就存在了人才流和设计流；企业利用网络所享受的网络服务商所提供的增值服务，就产生了服务流。设计流和服务流存在于 B2B 模式交易流程的内部环节，人才流存在于 B2B 模式交易流程的外部初始端。

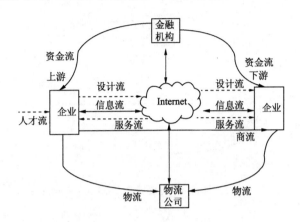

图 2   7 种流式之 B2B 模式

（2）B2C 模式。

B2C 模式中开始出现了消费者的角色地位，而且是主角之一，预示着潜在的未来"顾客至上、服务第一"的营销理念。由于消费者的直接参与，B2C 模式经济活动流式分类图与 B2B 模式的流式分类有所不同，如图 3 所示。

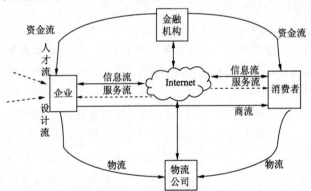

图 3   7 种流式之 B2C 模式

B2C 的经济活动中四种基本流（商流、资金流、物流和信息流）的本质功能也保持不变。另外，电商企业的内部经营管理和运营实施需要人才流和技术性的设计流；企业从网络运营商那里获得服务流；消费者得以实现消费的关键途径工具是网络，而互联网提供的就是服务流。由于消费者的直接参与，提升了服务的重要性，故服务流置于 B2C 活动流程的内部环节，而只与企业有关的人才流和设计流置于 B2C 模式活动流程的外部初始端。

（3）C2C 模式。

C2C 应用模式的诞生与推广，更是显性的突出了消费者的主导作用，蕴含着"买方市场"的趋势前景。C2C 模式的经济活动的流式分类图也更加的精简和准确，如图 4 所示。

C2C 模式的经济活动流程中四种基本流（商流、资金流、物流和信息流）的本质功能保持不变。这种应用模式的流式经济活动图中，由于交易双方角色比较单纯，因此流式活动也比较简捷，只有基本的四种主要流就可以了。但是，C2C 模式的流式活动图简单了，并不说明此种应用模式落后、不适应后电商经济发展，相反消费者的纯粹性取代出现正是预示着真正的后电子商务经济竞争市场还是围绕着争夺消费者的竞争。

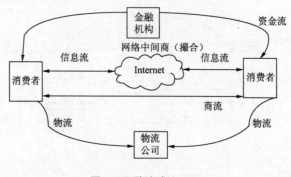

图 4　7 种流式之 C2C

3　基于流式分类下的电子商务经济发展分析

电子商务经济的发展经历了初期（尝试期、涌入期）、中期（平稳收益期）、后期（创新扩展期）。每一个时期的电子商务经济活动流式组成主体基本不变，而变化的是不同时期中某种或某几种流式，在社会应用中从经济发展的配角变为主角，而有些流式从主角后退成配角，又有些流式迎合社会电子商务经济创新发展而诞生。

（1）初期——商流为主盈利点，设计流为难点。

电子商务早期经济诞生于提供所需信息方便获得的服务、实现超越地理位置商品的购买。这个时期，消费者主要沉浸于电子商务初期现象的神奇，而并没有对电子商务市场系统提出过多的要求，故此时相对来说是"商家市场"。只要电子商务企业自己构建或合作性构建合适的网络销售平台，以及找到适合网上销售的商品（可能是实体商品或信息商品），就可以在初期阶段站在电子商务市场盈利的一线了。适宜网上销售的商品就是商流的体现，网络销售平台就是设计流的体现。

这个时期，电子商务经济市场的门槛如此低，而市场的收益前景又是非常具有吸引力，与互联网的联姻又使其充满了高科技的神秘。这些背景催生了形形色色的电子商务企业。商品定位精准的当当、掌控网络销售平台的阿里巴巴，商品和销售平台都掌控的 DELL 等。

（2）中期——信息流、资金流、物流为主。

只要有可实施的网络销售平台、适合网络销售的商品存在，就可以使电商企业盈利的时期已经成为过去。电子商务经济形态经过消费者市场的洗礼，逐步多元化、生态化。电子商务企业不再盲目的武断开展网络销售活动，其表现在科学的选择网络销售平台构建方式（自建或租赁）、系统的整体规划战略性网络营销方案（从前期市场定位一直到后期售后服务）、科学的选择第三方服务合作商（网络支付方式或物流方面）；消费者网络购物更理性、所需服务水平要求越来越高，其表现为获取商品信息的途径更优化、网络支付方式的选择要求更多样化和安全化、整体购物流程满足度和对商品的满意度要求越来越高。在双重的市场需求因素驱动之下，更快更好展示商品的信息流、标志实质性商务交易成功的资金流、对提升顾客忠诚度和提高消费者综合满意度起到关键作用的物流在这个时期就登上了电子商务经济市场的主力发展地位。

这个时期，任何形式、任何环节的电子商务经济从业者掌控了信息流、资金流和物流或者其中一部分的绝对市场，就可以拥有大量忠实的客户群，从而就在电子商务经济市场中是个"赢家"的角色。发现这个原理，并运筹帷幄开展不错的电子商务企业存在不少。百度、谷歌利用搜索引擎功能掌控信息流，存在已久的腾讯利用不断功能强大 QQ 掌控信息流，诞生于阿里巴巴公司旗下的支付宝、第三方金融机构银联、各家银行的网上银行也是发现了电子商务经济市场中资金流的赢利点，故利用自己专业的技术、成熟的顾客群成功地参与到掌控资金流的队伍中；随着"最后一公里"的服务理念提出，物流在电子商务经济市场的地位就显现出来了，京东、苏宁花大力气自建的物流系统，第三方物流公司顺丰、圆通、联邦快递等都发挥各自优势力争掌控部分物流市场，从而从电子商务经济中成功分得一杯羹。

（3）后期——人才流、服务流为主。

电子商务经济经过二十多年的发展，到了如今的后期（其实就是近期）。经济形态已经基本成熟，电子商务生态系统已经初具规模，电子商务生态平衡也有些雏形，但是这些宏观的平和景象并不是说明电子商务经济市场已经风平浪静，而实际上是存在着不小势力的"暗流涌动"。这种情形也是符合市场经济发展规律的，市场经济中就是从一种平衡到不平衡，然后再到平衡这也反复下去，从而推动社会进步、经济发展，当然电子商务经济市场也没有例外。

到了电子商务经济市场多元共处的时期，存活的电子商务企业短期的赢利已经不是问题，进而追求相对长久的市场占有、追求获得未来潜在的利润空间；消费者也不再停留在能够购买到心仪商品获得的满足上，而是在意于购买的过程经历上，希望所购商品能更加物美价廉的展示、购物途径更便捷，同时也希望电子商务市场能渗透并能满足潜在的几乎所有需求。这样，高层次策划分析并能准确定位市场前景的工作就需要才流，获得高质量、高品质的购物满意度就需要推广发展服务流。

在这个时期，全民电子商务的愿景基本也成了现实，电子商务企业也是如此希望的，只有这样电子商务市场才足够大，利润空间才足够大。但是，大的布景、大的市场，也不是普通的人所能掌控的，故需要真正高层次的人才流诞生。如苏宁易购提出的 O2O 模式理念，改变了电子商务经济从诞生初期就存在的顽固性市场矛盾，实现了线上线下的辩证统一。这种高技术、高科学的决策，就是发挥了人才流的作用。O2O 模式借助人才流诞生后，其积极效果也同步推动了服务流。和苏宁易购一样，借助 O2O 模式，同时推广人才流和服务流的还有 2012 年诞生、2013 年底展开白热化竞争的热门软件快的打车、滴滴打车。这两种软件的应用和推广，不只是表面表现出来的软件应用到出租车、通信两个领域而已，其背后却能预示着人才流和服务流的无缝合作。除此之外，现在正在流行的手机营销、正大步进入市场的 4G 技术也将人才流和服务流进行了提升性的合作，它们也将是随后的电子商务经济市场竞争的利剑。

电子商务经济市场的内部发展日新月异，但是电子商务经济发展的未来主旋律是不会改变的。不管经济形态所处哪个时期，其流式分类的主体不会大变，只不过每个时期力推发展的侧重点不同而已，侧重点也是由电子商务经济市场决定，最终推动着电子商务经济向生态平衡靠近。

参考文献

[1] 吴丘林.浅谈我国电子商务模式[J]. 现代商业，2008(35).

[2] 岳彩军.电子商务模式分析及中国电子商务的发展[J].中国市场，2008(32).

[3] 姜艳静.关于电子商务模式创新的思考[J].现代商业，2007(26).

[4] 叶乃沂.电子商务模式分析[J].华东经济管理，2004(04).

[5] 吴红.电子商务发展模式探讨[J].内蒙古科技与经济，2006(08).

探析后电子商务时代的"大网络营销"新理念——O2O 模式[1]

戴 云

（江苏经贸职业技术学院，江苏南京 210009）

摘要： O2O 模式的形成到发展至现在并不久远，但其形成确是电子商务经济发展的实践结果，也是电子商务经济市场需求的结果。O2O 模式既是一种能够解决线下和线上问题的创新型、实用性新模式，也是一种内在蕴含着"顾客价值至上"的网络营销新理念。

1 网络营销理念下的 O2O 模式的诞生需求

随着电子商务总体经济的迅猛发展，网络营销相对于电子商务经济的重要性凸显的越来越明显。网络营销经典的作用域主要是覆盖电子商务经济活动的前期信息流的传递过程，其营销策略的重心也是策划到达消费者的需求信息能尽可能的"完美"而已。但是随着电子商务市场经济的自由发展，对网络营销理念的定位也就提出了"顾客价值至上"宏观、战略性的要求，故随之诞生了辐射面涉及电子商务经济全活动的信息传递、交易、物流、售后服务的"大网络营销"新理念——O2O 模式。

2 O2O 模式简介

2.1 模式定义

O2O，原始的定义为"Online To Offline 从线上引导到线下消费"。经过电子商务经济实践性发展的磨练，定义又可以辩证的扩展为："Online To Offline 和 Offline To Online"的"辩证统一"即"线上线下，商品同价，品质同位，服务同享"的模式。

2.2 核心理念

O2O 的核心理念是"把线上消费者引导到现实的实体商铺中去体验激发其购买欲，同时也把线下的、有意向的消费者通过便捷的支付和送货方式吸引到线上，两种不同次序的购物流程共享商家提供的优质服务"这种营销模式对于消费者需求鲜明的服务型，尤其是体验型的产品是最佳的方式。

---

[1] 院级重点课题《后电子商务时代的社会应用性研究》（项目编号：JMZ2201236）

2.3 模式分类

电子商务经济经典的分类主要由信息流、资金流、物流和商流组成，而 O2O 模式就是分离了信息流和资金流、物流和商流的流通途径。正向的 O2O（Online To Offline）把信息流和资金流放到线上，物流和商流放到线下；反向的 O2O（Offline To Online）把信息流和商流放到线上，资金流和物流放到线下。

2.4 网络营销本质体现

O2O 模式，从定义上就表达出"满足消费者需求"是这种模式的精髓，而这一点正好与新网络营销理念中的追求"最终顾客价值"是一致的，故 O2O 模式就是一种新电子商务经济下的系统性、整体性的大网络营销理念模式。它的系统性、完整性体现在"O2O 模式的营销理念从诞生就以战略性的策略贯穿着电子商务经济活动的始终"。传统的网络营销策略重心一直都放在交易前的营销活动或营销预期效果，但 O2O 模式的网络营销理念则把经典的网络营销策略预先地、战略性地布置到电子商务活动领域的信息收集、交易、物流、售后服务之中，并形成了一种模式。故 O2O 模式寓意着网络营销理念，网络营销理念贯穿 O2O 模式应用始终，彼此融合，彼此交融。

3 O2O 模式的阶段性发展性应用

O2O 模式的形成缘由就是当电子商务经济中，许多消费者的完整购物流程（完整购物流程包括消费者从信息收集有购买欲→购买交易活动→商品物流配送→商品收后体验→售后服务） 没有完全的全部在网上完成，但这种需求的电商经营市场又存在的情况下激发而来的。满足这种消费者需求的市场经营形式在 O2O 模式的形成期、发展期、前景展望期都存在。

3.1 雏形期——服务业市场（旅游、票务、团购、房产中介）

服务业市场的电商应用特点是消费者网络购物流程中信息收集和对比或购物可在线上完成，但最后客户体验部分必须在线下完成。这种"线上"和"线下"的分工合作共同完成完整购物的特点，恰是体现出 O2O 模式的核心精髓。

旅游行业比较有代表性的电商企业有携程旅游网、途牛旅游网、驴妈妈、艺龙旅行网、去哪儿网。票务网站有 12306 火车票订票官网、东方航空公司官方网站、春秋航空公司官方网。其中携程旅游网和艺龙旅游网也兼营票务业务。

携程旅游网早在 1999 年成立，其利用线上信息吸纳游客并通过收购或合作线下的旅游公司，让游客到线下享受旅行服务。携程模式算是中国最早的 O2O 模式：它专注于线上信息流的传递，服务体验则发生在线下。之后 365 房产网、赶集网、58 同城等本地房地产中介类平台也是 O2O 的早期实践者，它们抓住了有利的早期膨胀需求的先机，发展得如火如荼。到后来团购业务火爆，大众点评网、拉手网等一系列团购网站如雨后春笋般涌出，蓬勃发展起来。而且团购网实现了成熟的线上支付，使 O2O 模式得以进一步演进。"信息流与资金流通过线上实现，商业流与服务流则在线下实现。"O2O 模式基本逐步形成了。

3.2 正式形成——实体和网上商城销售策略上的"高纯度统一"（苏宁易购）

自从电子商务经济帝国逐步膨胀以后，线下商家企业就与日俱增的视电商线上企业为强敌，如实体的沃尔玛和线上的亚马逊在国际经济市场上的战争是硝烟不断的。直到 2012 年 12 月 26 日，苏宁的 CEO 提出了划电商经济时代的创新营销理念策略——"全力打造线上线下的两种销售平台虚实结合，构建超电器化经营，供应链物流全面开放，服务全客群，经营全品类，扩展全渠道"，即名副其实的 O2O 模式形成。

苏宁集团的 O2O 模式提炼是真正意义的因地制宜，把自己不同于京东的有实体店的经营劣势，通过 O2O 模式转变成了制胜的优势，即不会忧虑企业内部线上与线下客源的竞争，又把线上或线下销售环境扩展成线下或线上的服务补充。实体企业的电商时代也就随着 O2O 模式的应用真正到来。

3.3 扩展发展——餐饮业移动订餐（大众点评），汽车租赁（易到用车网）

伴随电子商务经济活动越发活跃，社会渗透度越高，越来越多的部分电商活动必须线下完成的行业领域涉足 O2O 模式的探索性应用。

餐饮业，北京易淘食是国内首家大型的一站式网络餐饮综合性服务机构，是国内领先的 O2O 模式餐饮平台。本地顾客从易淘食网站下单即可享受易淘食旗下易淘送为顾客提供的送餐服务。大众点评网也从计算机版衍生出手机版的客户端。

易到用车网是智能交通和汽车租赁共享融合的国内 O2O 电子商务模式的先行者。随时通过手机版或者计算机版客户端登录网站，发出订车需求，通过地图定位系统，最近的车辆就会联系客户。

随着手机营销的硬件技术成熟和移动营销理念的深入商家心，手机端应用 O2O 模式开展电子商务也会越来越普及。从计算机端到手机端的推广应用只是技术的问题，不需要理念的创新。

电子商务经济市场是变化的，消费者的需求也是多变的，只要坚持"顾客价值至上"的网络营销理念来应用 O2O 模式，以大网络营销理念统筹整个电子商务经济活动，就会推动着电子商务经济发展的更加创新、长远，电子商务生态社会也会早日实现。

参考文献

[1] 崔婧. 苏宁探路 O2O 模式[J]. 中国经济和信息化，2013(1):58-60.

[2] 马红春. 电子商务模式在我国的应用现状分析[J]. 科技视界，2012(9): 244-245.